浙江省高职院校“十四五”重点立项建设教材

高职高专土建专业“互联网+”创新规划教材

地基与基础

主　编◎文壮强

副主编◎范大波　魏志范　杜强强

参　编◎杜卫兵　李德春　张雪丽

姚欣宇　李中培

内 容 简 介

本书包括土力学、地基和基础三部分内容。全书共分为七个学习情境，分别为土的工程分类及工程性质研究，土中应力计算与地基变形分析，抗剪强度计算与地基承载力分析，土压力计算与边坡稳定分析，浅基础工程技术应用，深基础工程技术应用，软弱地基及特殊土地基处理。每个学习情境分解为若干任务，每个任务按“提出工作任务—运用工作手段—提交任务成果”为主线完成各知识点的学习。本书结尾还设置了两个附录，其中附录一为本书引用的国家、行业部门颁布的现行规范和标准，附录二为土工试验实训指导手册，可通过扫描二维码的方式查看。

本书既可以作为高职高专院校市政工程、建筑工程、道路桥梁等专业的教材用书，也可以作为相关从业人员的学习、参考用书。

图书在版编目（CIP）数据

地基与基础/文壮强主编．—北京：北京大学出版社，2024.6

高职高专土建专业“互联网+”创新规划教材

ISBN 978-7-301-35104-8

Ⅰ．①地…　Ⅱ．①文…　Ⅲ．①地基-高等职业教育-教材　②基础（工程）-高等职业教育-教材

Ⅳ．①TU47

中国国家版本馆 CIP 数据核字（2024）第 108238 号

书　　名	地基与基础 DIJI YU JICHU
著作责任者	文壮强　主编
策划编辑	刘健军
责任编辑	于成成
数字编辑	蒙俞材
标准书号	ISBN 978-7-301-35104-8
出版发行	北京大学出版社
地　　址	北京市海淀区成府路 205 号　100871
网　　址	http://www.pup.cn　新浪微博：@北京大学出版社
电子邮箱	编辑部 pup6@pup.cn　总编室 zpup@pup.cn
电　　话	邮购部 010-62752015　发行部 010-62750672　编辑部 010-62750667
印 刷 者	北京圣夫亚美印刷有限公司
经 销 者	新华书店
	787 毫米×1092 毫米　16 开本　20.75 印张　497 千字
	2024 年 6 月第 1 版　2024 年 6 月第 1 次印刷
定　　价	59.00 元

前言

Preface

随着城市建设的快速发展以及高层建筑、大型公共建筑、重型设备基础、城市地铁、越江越海隧道等工程的大量兴建，土力学理论与地基基础技术显得越来越重要。本书结合高职高专院校的特点，以突出实用性和实践性为原则，在保证土力学与地基基础相关理论框架完整性的基础上，适当删减了实践中很少应用的理论推导公式，增加了实用性较强的施工技术，理论联系实际，以满足高职高专院校培养技术技能人才的需要。

本书包括土力学、地基和基础三部分内容。本书涉及的知识与技能，是土木工程技术人员必须具备的，也是国家职业技能鉴定规范规定的筑路工、桥隧工、砌筑工、混凝土工等工种及建筑领域施工现场专业人员（如施工员、质量员等）考核应具备的基础知识和基本技能。

本书在广泛吸收国内优秀专著、教材、研究成果的基础上编著完成，具有体系完整、内容全面、解析翔实、资源丰富、适应面广等特点，具体表现在以下方面。

（1）采用任务化编写模式。每个学习情境按任务描述→相关知识→小结→实训练习模式进行一体化编排，此种从思维引领到任务驱动的编写模式能够让学生更感兴趣，让学习过程更具启发性，让学习内容更加丰富多彩。

（2）融入国家现行规范、标准与前沿的工程实例。本书按照国家、行业部门颁布的建筑地基基础设计、施工、识图、检测等方面的现行规范、标准编写。

（3）利用数字信息化处理素材与内容。本书部分内容可通过扫描二维码，实现移动终端查看照片、视频、动画、习题答案等，丰富的数字拓展资源可帮助教师备课，拓展学生眼界，使其课上课下相结合学习，迅速进入最佳学习状态。

（4）设置了“工程师寄语”专栏，通过知识点的讲授以润物细无声的方式将正确的世界观、人生观、价值观有效地传递给学生。

此外，本书在编写时融入了党的二十大报告内容，突出职业素养的培养，全面贯彻党的二十大精神。

本书由杭州科技职业技术学院文壮强担任主编，杭州科技职业技术学院范大波、浙江省工程勘察设计院集团有限公司魏志范、杭州滨江水务有限公司杜强强担任副主编，杭州水务工程建设有限公司杜卫兵、杭州市地铁集团有限责任公司李德春和杭州科技职业技术学院张雪丽、姚欣宇、李中培参编。具体编写分工：绪论、学习情境 2 和附录由文壮强编写；学习情境 1 由魏志范编写；学习情境 3 由范大波编写；学习情境 4 由张雪丽

编写；学习情境 5 由杜强强、杜卫兵编写；学习情境 6 由姚欣宇、李中培编写；学习情境 7 由李德春编写。

本书在编写过程中，引用了大量作者的文献，同时还得到了学院领导和诸多企业专家的大力支持，在此一并对他们表示衷心的感谢！

编　者

2024 年 3 月

目录 Catalog

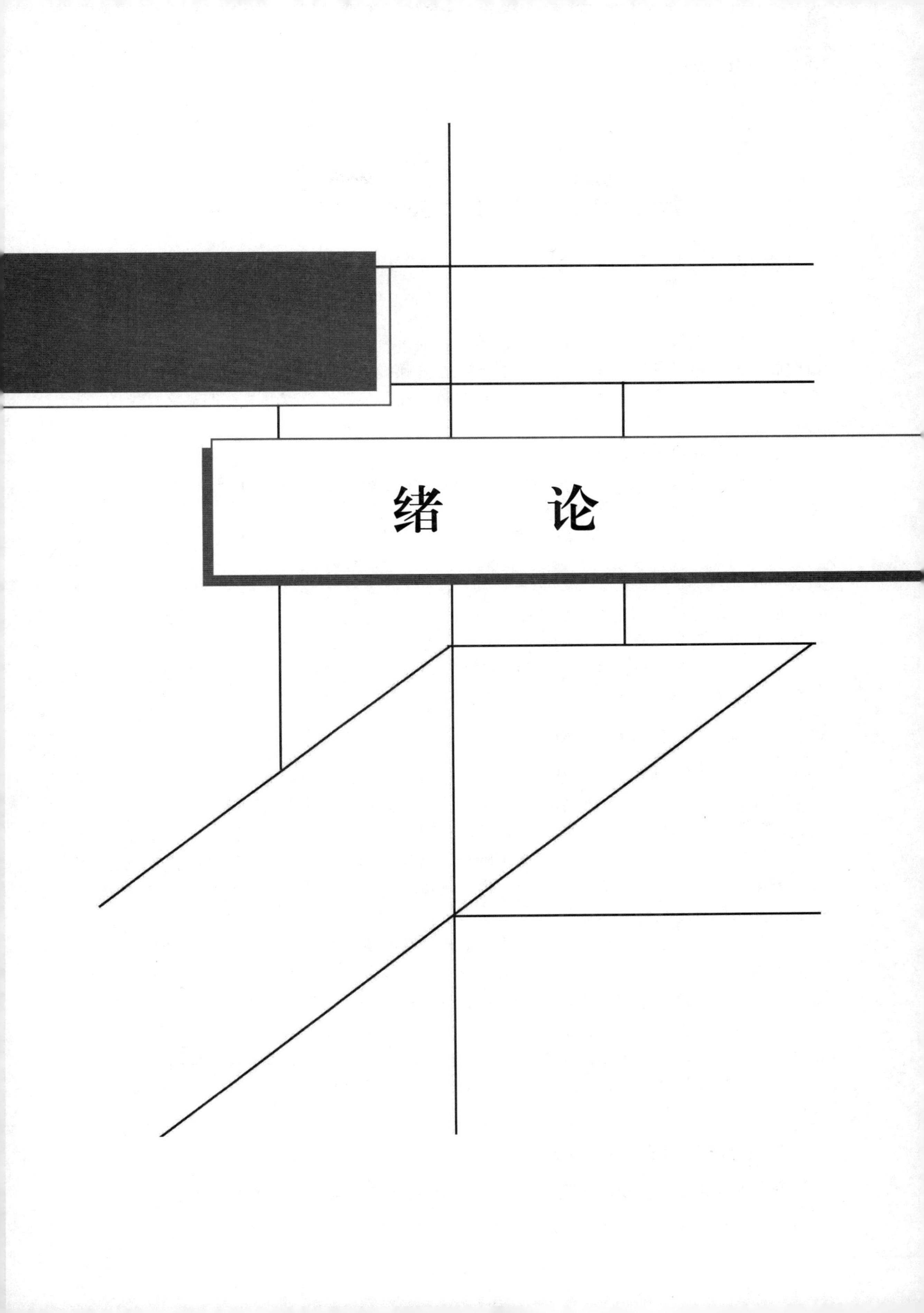

绪　论

任务 0.1　地基与基础的研究对象

地基与基础既是一项工程技术，又是一门应用科学，是以土为研究对象的。

1．土

土是岩石在地质作用下经风化、破碎、剥蚀、搬运、沉积等过程的产物，是没有胶结或弱胶结的颗粒堆积物。土是由固体土颗粒（固相）、水（液相）和空气（气相）三相物质组成的三相体系。土的最主要特点就是它的散粒性和多孔性，以及具有明显区域性的一些特殊性质。

土在工程建设中有以下两类用途。

（1）作为建（构）筑物天然地基或经地基处理后形成的人工地基，在地基上修筑住宅、道路、桥梁、隧道、大坝等建（构）筑物。

（2）用作建筑材料，如公路路基填筑用砂土、黏性土。

2．土力学

地基与基础设计的主要理论依据为土力学。土力学是以工程力学和土工测试技术为基础，研究与工程建设有关的土的应力、变形、强度和稳定性等力学问题的一门应用科学。广义上土力学还包括土的成因、组成、物理化学性质及分类等在内的工程地质学。土力学主要用于土木、交通、水利等工程。

3．地基与基础

地基与基础是建立在土力学基础上的设计理论与计算方法，和土力学密不可分。研究地基与基础工程，必然涉及大量的土力学问题。

（1）地基。当土层承受建筑物的荷载作用后，土层在一定范围内会改变其原有的应力状态，产生附加应力和变形，该附加应力和变形随着深度的增加向周围土层中扩散并逐渐减弱。我们将受建筑物影响在土层中产生附加应力和变形所不能忽略的那部分土层称为地基。

地基是有一定深度和范围的。当地基由两层及两层以上土层组成时，通常将直接与基础底面接触的土层称为持力层；在地基范围内持力层以下的土层称为下卧层（当下卧层的承载力低于持力层的承载力时，称为软弱下卧层），如图 0.1 所示。

（2）基础。建筑物的下部通常要埋入土层一定深度，使之坐落在较好的土层上。我们将埋入土层一定深度的建筑物下部承重结构称为基础。基础位于建筑物上部结构和地基之间，承受上部结构传来的荷载，并将荷载传递给下部的地基，因此，基础起着上承和下传的作用，如图 0.1 所示。

4．地基与基础设计的基本要求

为了保证建筑物的安全和正常使用，地基与基础设计应满足以下基本要求。

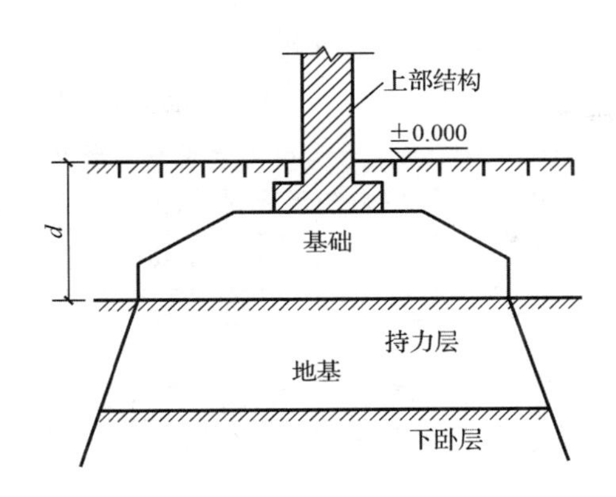

图 0.1　地基与基础示意图

（1）地基的强度要求。要求建筑物的地基应有足够的承载力，在荷载作用下不发生剪切破坏或失稳。

（2）地基的变形要求。要求建筑物的地基不产生过大的变形（包括沉降量、沉降差、倾斜和局部倾斜）。

（3）基础结构本身应具有足够的强度和刚度，在基底反力作用下不会发生强度破坏，并且具有改善地基沉降与不均匀沉降的能力。

任务 0.2　土力学、地基与基础的重要性

1．土力学发展简史

土力学是人们在长期工程实践中形成发展起来的一门学科。土力学的发展历史可以大致划分成古代、近代和现代三个阶段。

1）第一阶段（古代）

人类从远古时代就能利用土石作为地基和建筑材料修筑房屋了。世界上著名的古建筑如埃及胡夫金字塔塔高 146.59m，相当于 40 层大厦高，塔身用 230 万块巨石堆砌而成，塔的总质量约为 6.84×10^6t；罗马斗兽场是古罗马帝国供给奴隶主、贵族和自由民观看斗兽或奴隶角斗的地方，整个建筑用凝灰石建造而成，占地面积约 2×10^4m^2，围墙高约 57m，可以容纳近 9 万名观众；印度泰姬陵是一座用白色大理石建成的陵墓清真寺；雅典卫城内部的建筑均用白色的大理石建造。

我国的很多古建筑历史悠久，如西安新石器时代的半坡遗址，就发现有土台和石础，这就是古代“堂高三尺、茅茨土阶”的建筑；举世闻名的秦万里长城逾千百年而留存至今；隋朝石工李春所修建成的赵州桥，桥台砌置于密实的粗砂层上，历经千百年其沉降量才几厘米，现在验算其基底压力为 500～600kPa，这与现代土力学理论给出的承载力值很接近；北宋初著名木工喻皓在建造开宝寺塔时，考虑到当地多西北风，便特意使建于饱和土上的塔身稍向西北倾斜，设想在风力的长期不断作用下可以渐趋复正。以上这些无一不体现我国古代劳动人民的智慧和高超建造水平。

在这一阶段，人们解决工程问题一般基于感性认识和经验判断。

拓展思考

党的二十大报告提出，中华优秀传统文化源远流长、博大精深，是中华文明的智慧结晶。请查阅相关资料了解我国古代著名的建筑，感受深厚悠久的历史文化。

2）第二阶段（近代）

第二阶段始于第一次工业革命。大型建筑的兴建和数学、物理等学科的发展，为研究土力学提供了需求和条件，人们开始从工程问题出发，基于对感性认识的理解寻求理性解释。在这一阶段，法国科学家库仑先后发表了土压力滑动楔体理论（1773 年）和土的抗剪强度准则（1776 年）；法国科学家达西在研究水在砂土中渗透规律的基础上提出了达西定律（1856 年）；英国科学家朗肯在分析半无限空间土体处于自重作用下达到极限平衡状态的应力条件的基础上，提出了朗肯土压力理论（1857 年）；法国科学家布辛内斯克提出了用于求解地基应力分布的半无限空间弹性体应力分布计算方法（1885 年）；德国科学家莫尔基于最大最小主应力提出了抗剪强度理论（1900 年）。

19 世纪中叶到 20 世纪初期，人们在工程实践中积累了大量与土有关的实际观测和模型试验资料，对土的强度、变形、渗透性进行了理论研究。

3）第三阶段（现代）

不良土和特殊土地区的大规模开发，大型特殊工程的兴建、室内外试验技术和测试技术的发展，促使人们系统总结试验成果并开展理论研究。从 1925 年土力学家太沙基出版第一本土力学专著开始，土力学作为一个完整、独立的学科初步形成。在专著中，太沙基提出了著名的有效压力原理和一维固结理论。

我国对土力学的研究始于 1945 年，当时黄文熙在中央水利实验处创立第一个土工试验室，但是，大规模的研究则是在中华人民共和国成立以后随着一批国外留学人员回国，和 20 世纪 50 年代初大批青年学者参加工作以后才开始的。经过多年发展，各方面研究都取得了长足的进展，提出许多重要成果，为土力学的发展和完善做出了积极的贡献。

工程师寄语

上网查询国内著名的土木工程专家和学者，了解他们对祖国建设做出的积极贡献和事迹，从他们身上学习树立正确的人生观、世界观、事业观和价值观，增强历史责任感和使命感，为推进中国式现代化而努力学习。

2．研究地基与基础的重要意义

地基与基础是一门实用性很强的学科，其研究的内容涉及工程地质学、土力学、结构设计、施工技术及与工程建设相关的各种技术问题。

研究地基的问题实际上就是研究土的问题，因为一切工程的基础都建造在地表上或埋置于土中，与土有着密切的关系，因此研究地表土层的工程地质特征及力学性质，具有很重要的意义。

地基与基础是建筑物的根基，属于隐蔽工程，直接关系建筑物的安全。工程实践表明，建筑物的很多事故都和地基与基础问题有关，而且一旦发生地基与基础事故，往往后果严重，补救十分困难，有些即使可以补救，但其加固修复工程所需的费用也十分庞大。因此从技术角度看，研究地基与基础对勘察、设计和施工具有重要的意义。

3．与地基和基础有关的工程问题

若人们对地基和基础不够重视或处理不当，往往会造成不可估量的损失。下面举例说明。

1）与地基强度有关的工程问题

（1）加拿大特朗斯康谷仓倾倒。

① 事故概况。加拿大特朗斯康谷仓于1911年动工，1913年秋完工。该谷仓平面呈矩形，南北向长59.44m，东西向宽23.47m，高31.00m，容积36368m^3，共65个圆柱形筒仓。谷仓基础为钢筋混凝土筏板基础，厚61cm，埋深3.66m。1913年9月谷仓开始装谷物，在同年10月17日装至31822m^{3}谷物时，发现谷仓1小时内沉降量达30.5cm，并向西倾斜，24小时后倾倒，西侧下陷7.32m，东侧抬高1.52m，倾斜26°53′。地基虽破坏，但筒仓却保持完整，如图0.2所示。

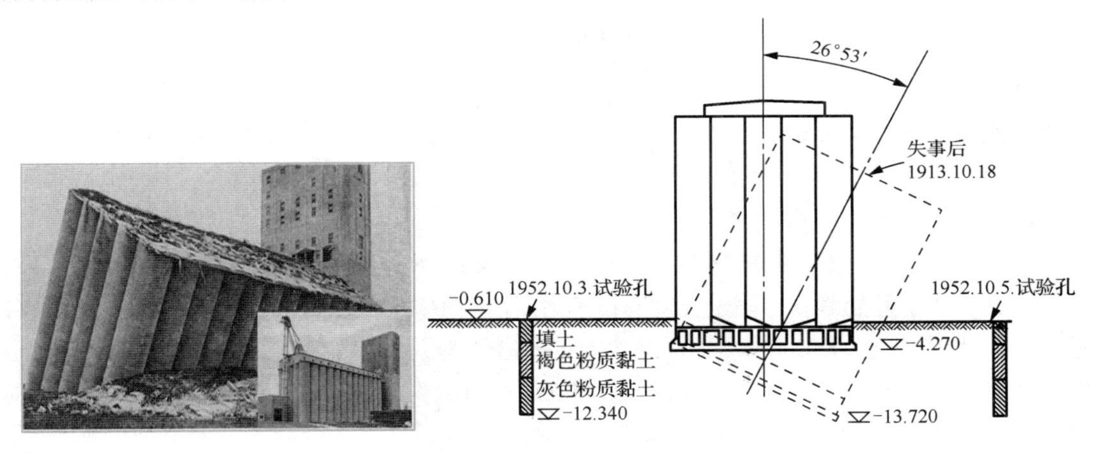

图0.2　加拿大特朗斯康谷仓倾倒事件现场

② 事故原因。谷仓所在的地基土事先未进行地质勘察，据邻近结构物基槽开挖取土试验结果，计算地基承载力并应用到此谷仓。1952年经勘察试验与计算，地基实际承载力远小于谷仓破坏时发生的基底压力。因此，谷仓地基因超载发生强度破坏而滑动。

③ 事故处理。为修复谷仓，在基础下设置了70多个支承于深16m基岩上的混凝土墩，使用了388只50t的千斤顶，逐渐将倾斜的谷仓纠正。补救工作在倾斜谷仓底部水平巷道中进行，新的基础在地表下深10.36m。经过纠倾处理后，谷仓于1916年起恢复使用。修复后，谷仓标高比原来降低了4m。

（2）中国香港宝城大厦滑坡。

① 事故概况。中国的南方广东以丘陵地带为主，并具有典型的亚热带气候，雨季期间，

年降雨大。滑坡事件在雨季发生的概率很高，重大的滑坡事件也时有发生。特别是中国香港地区的楼房大多紧靠山坡而建，因而要修建不少高陡的挡土墙以抵抗山坡的外力。挡土墙上表土严重风化破碎，在暴雨期突发性地沿着陡峭的山坡迅速倾泻而下，并在下滑过程中不断地冲刷坡面，造成路毁、楼塌、人亡等严重事故。陡峭的山坡、独特的地质条件、倚山而建的高密集城市发展及频繁而强烈的暴雨，使得滑坡灾害一直以来成为该地区的主要自然灾害。1972 年 7 月某日清晨，香港宝城路附近，$2\times10^4 m^3$ 残积土从山坡上下滑，巨大的滑动体正好冲过一幢高层住宅——宝城大厦，顷刻间宝城大厦被冲毁倒塌并砸毁相邻一幢大楼一角的 5 层住宅，如图 0.3 所示。本次滑坡导致 67 人死亡。

图 0.3　香港宝城大厦滑坡事故现场

② 事故原因。当年该地区 5—6 月降雨量达 1658.6mm。山坡上残积土本身强度较低，加之雨水入渗使其强度进一步降低，土体滑动力超过土的强度，于是山坡土体发生滑动。

2）与地基变形有关的工程问题

（1）意大利比萨斜塔。

① 事故概况。该塔于 1173 年破土动工，开始时，塔高设计为 100m 左右，但动工五年后，塔身从 3 层开始倾斜，限于当时的技术水平，因不知原因而于 1178 年停工。1231 年工程继续，倾斜问题不能解决，1278 年又停工；1360 年再次复工，直到 1372 年全塔竣工。完工后塔还在持续倾斜，在其关闭之前，塔顶已南倾（即塔顶偏离垂直线）3.5m。1990 年，意大利政府将其关闭，开始进行整修工作，如图 0.4 所示。

② 事故原因。塔身建造在深厚的高压缩性土之上（地基持力层为粉砂，下卧层为粉土和黏土层），地基的不均匀沉降导致塔身的倾斜。

③ 事故处理。为了纠偏，从 1934 年开始，意大利政府先后采取了一些临时稳定措施和最终稳定措施，即往塔基注入水泥浆、底层铺设一圈混凝土环、在塔的北侧堆放铅块作为配重、从塔的北侧地基挖除土壤、在斜塔北侧引入一套全新的排水系统。直至 21 世纪初，经过科学家和工程技术人员的不懈努力，该塔的倾斜程度明显减小，加固取得成功。

（2）中国的比萨斜塔——苏州虎丘塔。

① 事故概况。虎丘塔位于苏州市，落成于公元 961 年，为七级八角形砖塔。从明朝开始，虎丘塔即已开始倾斜，塔顶偏离中心线已约达 2.3m，底层塔身也发生不少裂缝，如图 0.5 所示。

图 0.4　意大利比萨斜塔

图 0.5　苏州虎丘塔

② 事故原因。虎丘塔地基为人工地基，由大块石组成，人工块石填土层厚 1～2m，西南薄，东北厚。块石下为粉质黏土，呈可塑至软塑状态，也是西南薄，东北厚。底部即为风化岩石和基岩。塔底层直径 13.66m 范围内，覆盖层厚度相差 3.0m。地基土压缩层厚度不均及砖砌体偏心受压等原因，造成该塔倾斜。

③ 事故处理。在塔四周建造一圈桩排式地下连续墙并对塔周围与塔基进行钻孔注浆和打设树根桩加固塔基。

任务 0.3　本课程的内容及学习要求

1．本课程的内容

本书共分绪论和七个学习情境。“绪论”要求掌握地基与基础的概念、重要性及学习要求；学习情境 1“土的工程分类及工程性质研究”是本课程的基本知识，要求掌握土的工程分类方法与野外鉴别方法，掌握土的物理性质指标的概念及换算方法，掌握土的渗透变形；学习情境 2“土中应力计算与地基变形分析”、学习情境 3“抗剪强度计算与地基承载力分析”是土力学的基本理论部分，也是本课程的重点内容，要求掌握地基土中应力的分布规律及计算方法、地基沉降的计算方法，掌握土的抗剪强度理论、抗剪强度指标的测定方法，掌握地基承载力特征值的确定方法；学习情境 4“土压力计算与边坡稳定分析”，是关于挡土墙土压力计算、土坡的稳定性分析及基坑支护施工的知识，要求掌握各种情况下土压力的计算方法，掌握重力式挡土墙的设计；学习情境 5“浅基础工程技术应用”、学习情境 6“深基础工程技术应用”、学习情境 7“软弱地基及特殊土地基处理”，是关于浅基础、深基础的设计与施工及地基处理的知识，要求掌握基础设计的一般方法，以及各类软弱地基和特殊土地基处理的方法等。

2．本课程的学习要求

“地基与基础”是一门理论性和实践性均较强的专业课，它涉及工程地质学、土力学、建筑结构、建筑材料及建筑施工等学科领域，所以内容广泛、综合性强，学习时应理论联系实际、抓住重点、掌握原理、搞清概念，从而学会设计、计算与工程应用。从土木工程专业的要求出发，学习本课程时，应注意以下要求。

（1）重视工程地质基本知识的学习，掌握土的物理性质指标，培养在野外鉴别土类别的能力。

（2）紧紧抓住土的应力、变形、强度这一核心问题。掌握土的自重应力和附加应力的计算、地基变形的计算及地基承载力特征值的确定方法。

（3）应用已掌握的基本概念和原理并结合建筑结构的理论和施工知识，熟练地进行浅基础和深基础的设计、挡土墙的设计、软弱地基和特殊土地基处理及基坑支护设计等，从而提高分析和解决地基与基础中存在的工程问题的能力。

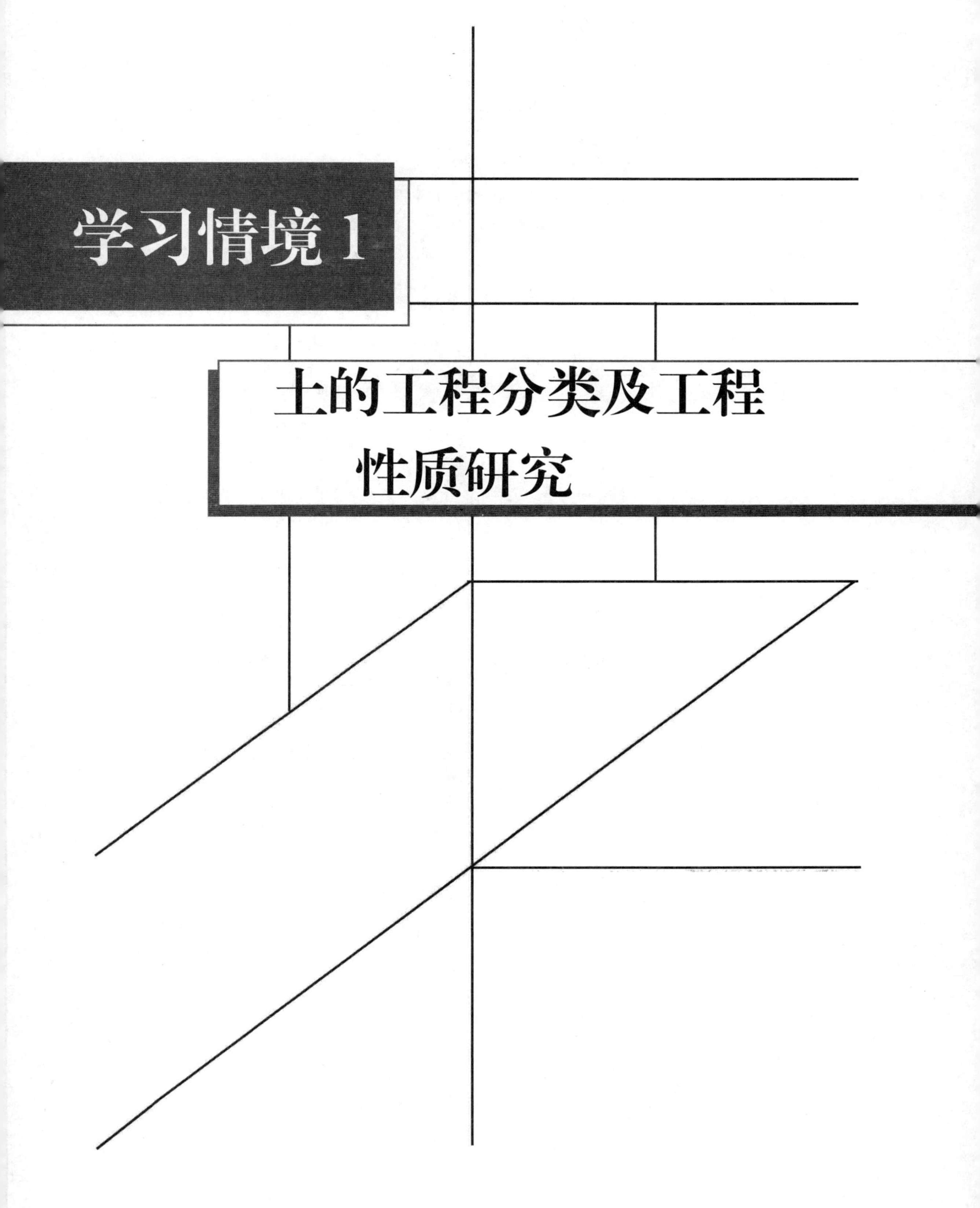

学习情境 1

土的工程分类及工程性质研究

教学目标

1. 了解工程地质基本知识，掌握土的工程分类方法与地基土的野外鉴别方法。
2. 了解土的形成过程，理解土的基本概念及结构和构造特点。
3. 掌握土的三相组成，土颗粒级配的分析方法。
4. 掌握土的物理性质指标，土的三相比例指标常用换算公式，土的物理状态指标。
5. 掌握击实试验原理，土的渗透规律，熟悉土的渗透变形形成。

思维导图

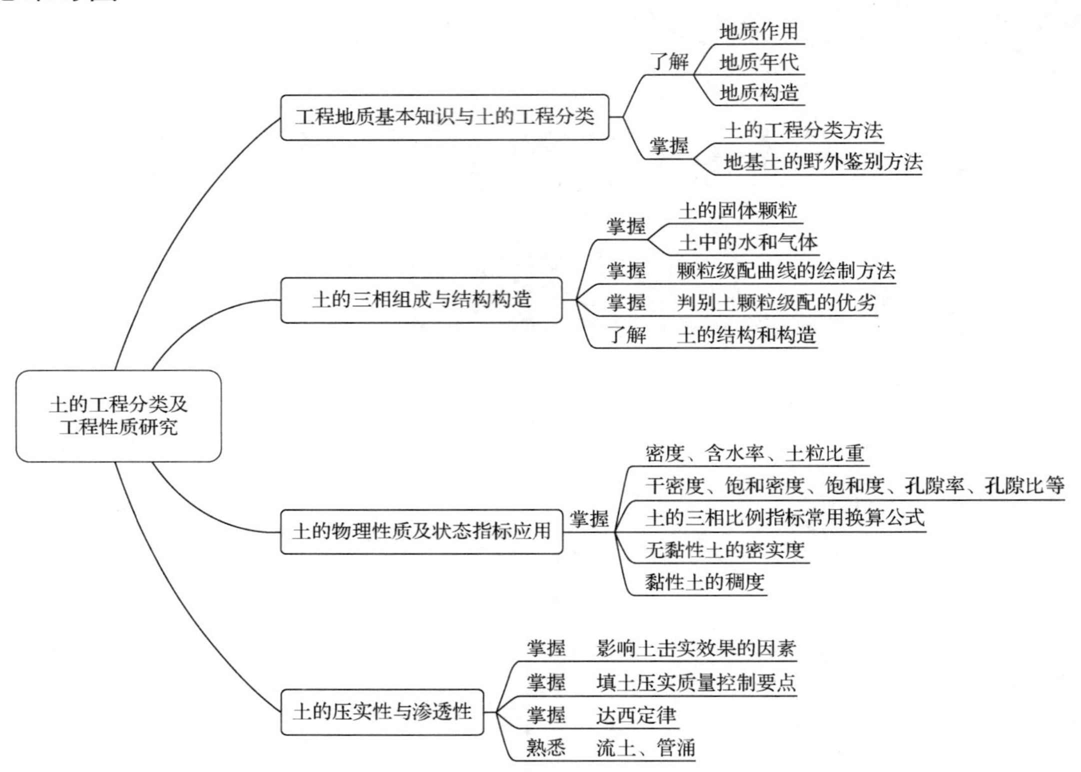

任务 1.1　工程地质基本知识

任务描述

工作任务	（1）能够正确区分内力地质作用和外力地质作用的表现形式。 （2）熟悉地质年代表，掌握新生代第四纪沉积物中不同成因类型的土所具有的分布规律和工程地质特性。 （3）掌握地质构造的表现形式，能够利用地质罗盘正确测量和记录岩层产状。 （4）了解地基（岩土工程）勘察等级划分、目的、内容，了解几种常用地基（岩土工程）勘察方法。 （5）熟悉岩土工程勘察报告的编制规程
工作手段	《岩土工程勘察规范（2009 年版）》（GB 50021—2001）
提交成果	（1）每位学生独立完成本学习情境的实训练习里的相关内容。 （2）将教学班级划分为若干学习小组，每个小组独立完成使用地质罗盘测量岩层产状的视频拍摄

相关知识

1.1.1　工程地质概述

1. 地质作用

由自然动力引起的形成与改变地壳物质组成、外部形态、内部构造的作用，称为地质作用。建筑场地的地形地貌，组成物质（土与岩石）的成分、分布厚度及特性，取决于地质作用。地质作用按能量来源的不同分为内力地质作用和外力地质作用。

1）内力地质作用

内力地质作用一般认为是由地球自转产生的旋转能和放射性元素蜕变产生的热能等引起地壳物质成分、内部构造，以及地表形态发生变化的地质作用，表现为岩浆活动、地壳运动（构造运动）和变质作用。

岩浆活动可使岩浆沿着地壳薄弱地带侵入地壳或喷出地表，岩浆冷凝后生成的岩石称为岩浆岩。地壳运动则形成了各种类型的地质构造和地球表面的基本形态，如地壳垂直运动（即升降运动）造成陆海迁移，水平运动（即造山运动）形成褶皱，断裂运动发生地震或形成断裂等。在岩浆活动和地壳运动过程中，原来生成的各种岩石在高温、高压及渗入挥发性物质（如水、二氧化碳）的变质作用下，生成另外一种新的岩石，称为变质岩。

2）外力地质作用

外力地质作用一般认为是由太阳辐射能和地球重力位能引起的地质作用，如昼夜和季节气温变化，雨雪、山洪、河流、冰川、风及生物等对地壳表层岩石产生的风化、侵蚀、搬运与沉积作用。

外力地质作用过程中的风化、侵蚀、搬运与沉积是彼此密切联系的。风化作用为侵蚀作用提供条件，侵蚀作用为新的风化作用提供基础，风化作用与侵蚀作用的产物成为搬运物，搬运作用是沉积作用的前提，沉积作用又为固结成岩提供条件。地表已有的各种岩石，经过风化和侵蚀，在风、流水、冰川、海洋等的作用下，搬运到另一地点堆积起来，经过压密和胶结成为新的岩石，这种岩石称为沉积岩。

（1）风化作用。风化作用是指地表或接近地表的岩石，因太阳辐射、大气、水及生物的作用，而产生物理、化学变化，并在原地形成松散堆积物的全过程，分为物理风化、化学风化、生物风化三种类型。

① 物理风化。岩石受风、霜、雨、雪的侵蚀，以及温度、湿度的变化，出现不均匀膨胀与收缩，产生裂隙，崩解为碎块，这个过程称为物理风化，如图 1.1 所示。物理风化只改变岩石颗粒的大小和形状，并不改变其矿物成分。其产物的矿物成分与母岩相同，称为原生矿物，如石英、长石和云母等。物理风化会生成粗颗粒的无黏性土，如碎石、砾石、砂等。

图 1.1　物理风化图例

② 化学风化。岩石碎屑与周围的水、氧气、二氧化碳等物质接触，并受到动植物、微生物的作用，发生化学反应，会生成与母岩矿物成分不同的次生矿物，这个过程称为化学风化，如图 1.2 所示。化学风化形成的细粒土颗粒具有黏结力，为黏土矿物，如蒙脱石、伊利石和高岭石等，通常称为黏性土。

图 1.2　化学风化图例

③ 生物风化。生物风化是指受生物生长及活动影响而产生的风化作用，生物对母岩的破坏方式既有机械作用（如根劈作用），也有生物化学作用（如植物、细菌分泌的有机酸对岩石的腐蚀），如图 1.3 所示。生物化学作用是通过生物的新陈代谢和生物死亡后的遗体腐烂分解来进行的。植物和细菌在新陈代谢中常常析出有机酸、硝酸、碳酸、亚硝酸和氢氧化铵等溶液而腐蚀岩石。

图 1.3　生物风化图例

（2）侵蚀作用。侵蚀作用是指风、流水、冰川、波浪等外力在运动状态下改变地面岩石及其风化物的过程，如图 1.4 所示。侵蚀作用可分为机械剥蚀作用和化学剥蚀作用。

图 1.4　侵蚀作用图例

在干旱的沙漠地区常常可以见到一些奇形怪状的岩石。它们有的像古代城堡，有的像擎天立柱，有的像大石蘑菇，这并非雕塑家们的精工巧作，而是风挟带岩石碎屑磨蚀岩石的结果，人们称之为风蚀地貌。流水的侵蚀作用更是强大而普遍，大陆面积约 90%的地方都处于流水的侵蚀作用控制之下，降水冲蚀地表，沟谷和河流的流水使谷底和河床加深加宽，坡面上的流水冲刷着整个坡面，使之趋于破碎。例如我国的黄土高原由于植被多遭破坏，流水侵蚀严重，形成千沟万壑的地表形态。在高寒地区，巨大的冰川可以刨蚀地面，形成冰斗、角峰、U 型谷等冰川地貌。在海岸线，海浪不断拍击岩石，一面把岩石击成碎屑，一面以碎屑为工具加速破坏岩石，在海岸形成海蚀桥、海蚀洞穴等奇特的海蚀地貌。

此外，流水对岩石还有溶蚀作用。地表水、地下水能溶解岩石中的可溶解性盐类，如碳酸钙、氯化钠，形成天然溶液而随水流失。我国的广西桂林山水、云南路南石林、杭州瑶琳仙境等岩溶地貌就是可溶性石灰岩受到含有二氧化碳流水的长期溶解和冲刷作用而形成的。

（3）搬运与沉积作用。搬运作用是指流水、风、冰川等将风化和侵蚀作用形成的碎屑物质转移离开原来位置的作用。例如全世界的河流每年都要搬运大量泥沙入海。沉积作用是指经流水、风、冰川等搬运的物质在一定条件下沉积、堆积的过程。例如我国黄土高原广泛分布的深厚黄土就是在风力搬运和沉积作用下形成的，而广袤的华北平原则是在流水沉积作用下形成的。

搬运与沉积作用常见于平原地区和三角洲地带，如洪积平原发育于山前，河漫滩平原发育于河流中下游，三角洲形成于河流入海后的海滨地区，如图 1.5 所示。

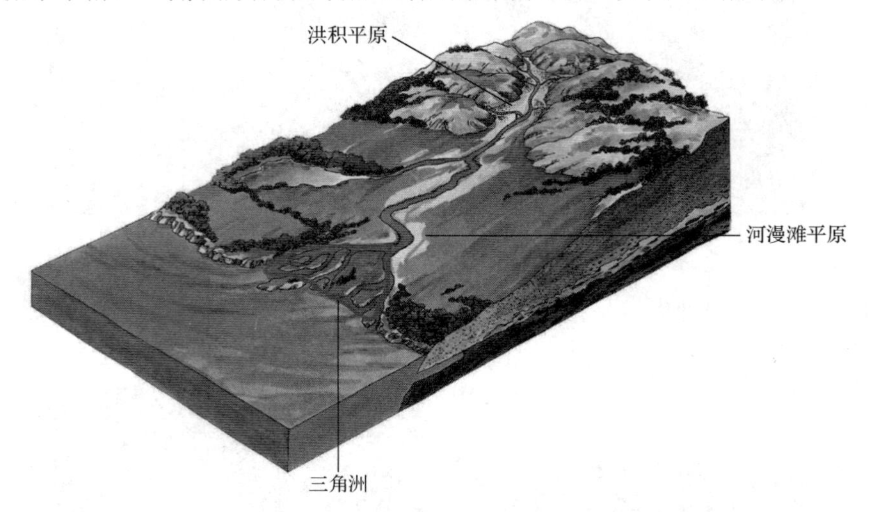

图 1.5　搬运与沉积作用图例

内力地质作用和外力地质作用是相互独立又相互联系同时进行的，但在一定时期和地点，则是某种地质作用占主导地位。对地壳的发展来说，内力地质作用起着决定性的作用，它引起地壳的升降，形成地表的隆起、凹陷、褶皱、断层等，从而改变了外力地质作用的过程。

2．地质年代

土和岩石的性质与其生成的地质年代有关，生成年代越久，土和岩石的工程性质越好。

地质年代是指地壳发展历史与地壳运动、沉积环境及生物演化相应的时代段落。地球形成至今约 46 亿年，地壳经历了一系列复杂的演变过程，形成了各种类型的地质构造和地貌，以及复杂多样的岩石和土。地质年代有绝对和相对之分，相对地质年代在地史的分析中广为应用。根据地层对比和古生物学方法，把相对地质年代划分为五大代（太古宙、元古宙、古生代、中生代和新生代），下分若干纪、世、期，相应的地层单位为界、系、统、阶（层）。地质年代的划分详见表 1-1。通常所说的土产生于新生代第四纪更新世（距今 1.2 万～100 万年），更新世又分为早更新世（Q_1）、中更新世（Q_2）、晚更新世（Q_3），其后为全新世（Qh）。

表 1-1　地质年代的划分

相对地质年代				构造阶段	地史简要特征
代		纪	世		
新生代（Cz）		第四纪（Q）	全新世（Qh）	喜马拉雅阶段	地球表面发展成现代地貌
			更新世（Qp）		冰川广布，黄土生成
		新近纪（N）	上新世（N2）		西部造山运动，东部低平，湖泊广布
			中新世（N1）		
		古近纪（E）	渐新世（E_3）		哺乳类分化
			始新世（E_2）		蔬果繁盛，哺乳类急速发展
			古新世（E_1）		（我国尚无古新世地层发现）
中生代（Mz）		白垩纪（K）	晚白垩世（K_2）		造山作用强烈，岩浆岩活动，矿产生成
			早白垩世（K_1）	燕山阶段	
		侏罗纪（J）	晚侏罗世（J_3）		恐龙极盛，中国南山俱成，大陆煤田生成
			中侏罗世（J_2）		
			早侏罗世（J_1）		
		三叠纪（T）	晚三叠世（T_3）	印支阶段	中国南部最后一次海侵，恐龙哺乳类发育
			中三叠世（T_2）		
			早三叠世（T_1）		
古生代（Pz）	晚古生代（Pz_2）	二叠纪（P）	晚二叠世（P_3）		世界冰川广布，新南最大海侵，造山作用强烈
			中二叠世（P_2）		
			早二叠世（P_1）	海西阶段	
		石炭纪（C）	晚石炭世（C_2）		气候温热，煤田生成，爬行类昆虫发生，地形低平，珊瑚礁发育
			早石炭世（C_1）		
		泥盆纪（D）	晚泥盆世（D_3）		森林发育，腕足类鱼类极盛，两栖类发育
			中泥盆世（D_2）		
			早泥盆世（D_1）		
	早古生代（Pz_1）	志留纪（S）	晚志留世（S_3）	加里东阶段	珊瑚礁发育，气候局部干燥，造山运动强烈
			中志留世（S_2）		
			早志留世（S_1）		
		奥陶纪（O）	晚奥陶世（O_3）		地势低平，海水广布，无脊椎动物极盛，末期华北升起
			中奥陶世（O_2）		
			早奥陶世（O_1）		
		寒武纪（ϵ）	晚寒武世（ϵ_3）		浅海广布，生物开始大量发展
			中寒武世（ϵ_2）		
			早寒武世（ϵ_1）	泛非阶段／兴凯阶段	
元古宙（PT）	新元古代（Pt_3）	震旦纪（Z）			地形不平，冰川广布，晚期海侵加广
		南华纪（Nh）			
		青白口纪（Qb）		晋宁阶段	沉积深厚，造山变质强烈，火成岩活动，矿产生成

续表

相对地质年代				构造阶段	地史简要特征
代		纪	世		
	中元古代（Pt_2）	蓟县纪（Jx）		晋宁阶段	
		长城纪（Ch）			
	古元古代（Pt_1）			吕梁阶段	早期基性喷发，继以造山作用，变质强烈，花岗岩侵入
太古宙（AR）					
地球初期发展阶段					地壳局部变动，大陆开始形成

第四纪沉积物

3．第四纪沉积物

地表的岩石经风化剥蚀成岩屑，又经搬运、沉积而成沉积物，年代不长、未经压紧硬结成岩石之前其呈松散状态，称为第四纪沉积物，即土。不同成因类型的土各具有一定的分布规律和工程地质特性，根据搬运和沉积的情况不同，可分为以下几种类型。

1）残积物

残积物是残留在原地未被搬运的那一部分原岩风化产物，如图 1.6 所示。颗粒未被磨圆或分选，多为棱角状粗颗粒土。残积物与基岩之间没有明显界限，通常经过一个基岩风化带而直接过渡到新鲜基岩，其矿物成分很大程度上与下卧基岩一致。残积物主要分布在岩石出露地表，经受强烈风化作用的山区、丘陵地带与剥蚀平原。残积物没有层理构造，裂隙多，强度低，压缩性高，均质性很差，因此若以其作为建筑物地基，应注意不均匀沉降和稳定性问题。

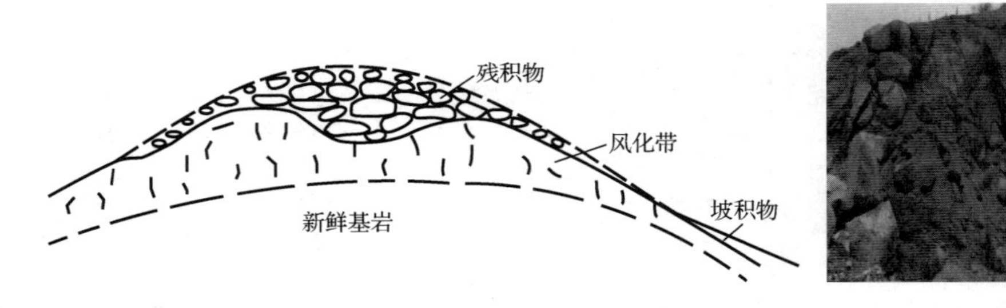

图 1.6　残积物示意图

2）坡积物

坡积物是由于雨、雪、流水的作用将高处岩石风化以后形成的碎屑物缓慢地冲刷、剥蚀，顺着斜坡冲刷移动，沉积在较平缓的斜坡上或坡脚处所形成的沉积物，如图 1.7 所示。

坡积物自上而下呈现由粗而细的颗粒分选现象，其矿物成分与下卧基岩没有直接关系。坡积物组成物质粗细颗粒混杂，土质不均匀，厚度变化大，土质疏松，压缩性高，若以其作为建筑物地基，应注意不均匀沉降和稳定性问题。

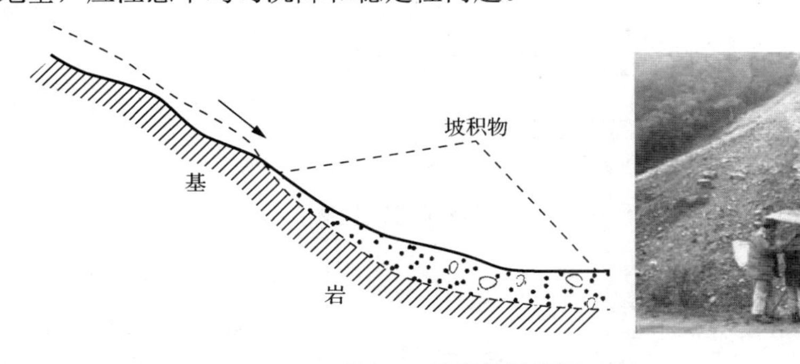

图 1.7　坡积物示意图

3）洪积物

洪积物是由于暴雨或大量融雪形成山洪急流，其冲刷地表，并挟带着大量碎屑物质堆积于山谷冲沟出口或山前倾斜平原而形成的沉积物，如图 1.8 所示。洪积物的颗粒由于搬运距离短，颗粒棱角仍较为明显。此外，山洪是周期性发生的，每次的大小不尽相同，堆积物质也不一样。因此，洪积物常呈现不规则的交替层理构造，如有夹层、尖灭层或透镜体等，如图 1.9 所示。靠近山地的洪积物颗粒较粗，地下水位较深；而离山较远地段的洪积物颗粒较细，成分均匀，厚度较大，土质密实，这两部分土的承载力一般较高，常为良好的天然地基。而上述两部分的过渡地带由于地下水溢出地表造成沼泽地，土质较软、承载力较低。洪积物作为建筑物地基，应注意土中尖灭层和透镜体引起的不均匀沉降。

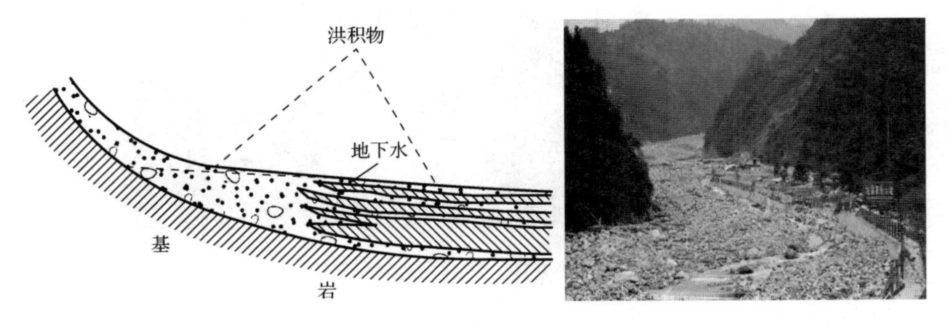

图 1.8　洪积物示意图

4）冲积物

冲积物是经流水的作用力将河岸基岩及其上部覆盖的坡积物、洪积物剥蚀后搬运、沉积在河流坡降平缓地带而形成的沉积物，如图 1.10 所示。其特点是呈现明显的层理构造，土颗粒上游较粗，下游较细，分选性和磨圆度较好。在这类土上修建筑物时，要特别注意软弱层引起的建筑物地基过量沉降的问题。典型的冲积物可分为平原河谷冲积物和山区河谷冲积物等。

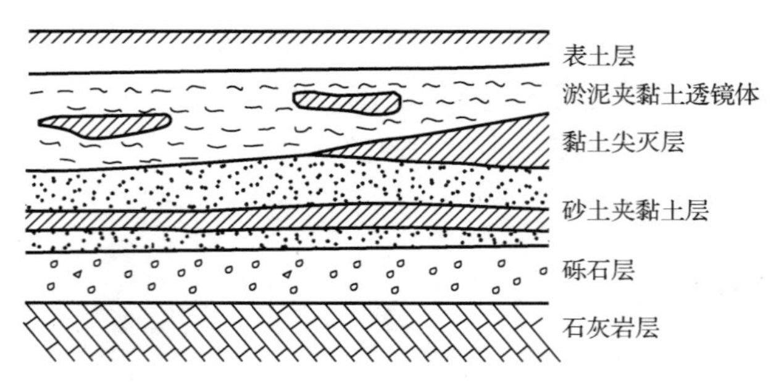

图 1.9　洪积物的层理构造

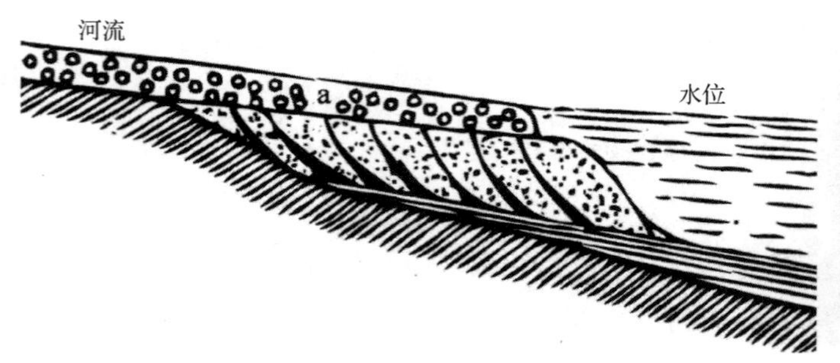

图 1.10　三角洲冲积物示意图

5）其他沉积物

除了上述四种类型的沉积物，还有海洋沉积物、湖泊沉积物、沼泽沉积物、冰川沉积物和风积物等，它们分别由海洋、湖泊、沼泽、冰川和风等的地质作用形成。

（1）海洋沉积物（图 1.11）。海洋按海水深度及海底地形划分为滨海区、浅海区、陆坡区和深海区。

图 1.11　海洋沉积物

滨海沉积物主要由卵石、圆砾和砂土等组成，承载力较高。浅海沉积物主要由细粒砂土、黏性土、淤泥和生物化学沉积物组成，有层理构造，较疏松，含水率高，压缩性大而强度低。陆坡和深海沉积物主要是有机质软泥，成分均一。

（2）湖泊沉积物（图 1.12）。湖泊沉积物可分为湖边沉积物和湖心沉积物。

湖边沉积物是湖浪冲蚀湖岸形成的碎屑物质在湖边沉积而形成的。近岸带沉积的多是粗颗粒的卵石、圆砾和砂土，远岸带则是细颗粒的砂土和黏性土。近岸带承载力较高，远岸带则差些。

湖心沉积物是由河流携带的细小悬浮颗粒到达湖心后沉积而形成的，主要是黏土和淤泥，常夹有细砂、粉砂薄层，土的压缩性高，强度低。

图 1.12　湖泊沉积物

（3）沼泽沉积物（图 1.13）。沼泽是指陆地上被水充分湿润，并有大量喜湿性植物生长及有机质堆积的地带。沼泽沉积物主要由半腐烂的植物残体—泥炭组成，含水率极高，承载力极低，不宜作为天然地基。

图 1.13　沼泽沉积物

（4）冰川沉积物（图 1.14）。冰川沉积物是由冰川或冰水挟带搬运石屑或碎屑物质所形成的沉积物，分选性极差，石料占多数，有一定成层性、分选性。

图 1.14　冰川沉积物

（5）风积物（图 1.15）。风积物是在干旱的气候条件下，岩石的风化碎屑物被风吹扬，搬运一段距离后，在有利的条件下堆积起来的一类土，最常见的是风成砂和风成黄土。

图 1.15　风积物

4．地质构造

地球在漫长的地质历史发展过程中，在各种地质作用下，地壳不断运动演变，如垂直运动、水平运动等，造成地层不同的构造形态（如地壳中岩体的位置、产状及其相互关系等），称为地质构造。地质构造主要有褶皱构造和断裂构造，如图 1.16 所示。

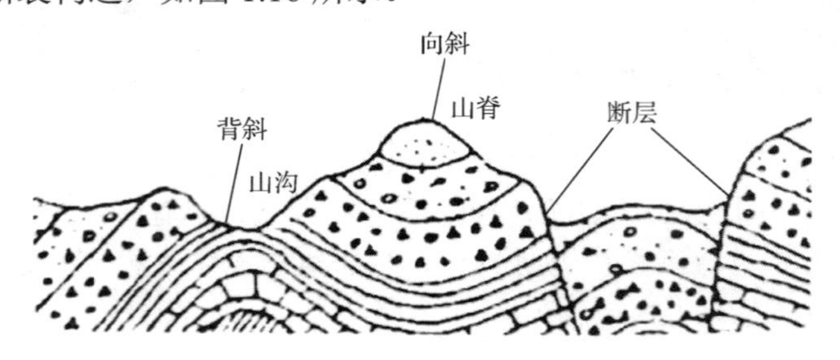

图 1.16　褶皱构造和断裂构造

1）褶皱构造

地壳中原本呈水平产状的层状岩层，在水平运动作用下，发生波状弯曲现象。每一个波状弯曲是一个褶曲，两个或两个以上连续、完整的褶曲就形成了褶皱构造。实际可以看到的山区褶曲，由于形成年代已久，经受长期的风化剥蚀作用，褶曲顶部被侵蚀变成了低洼谷地（即背斜谷），而两侧的坚硬岩层及向斜部分就相对突出成为山地（即向斜山）。

褶曲地区地形不平，经多次构造运动的褶曲地区，岩层受到强烈破坏，裂隙发育，倾斜角大，如果在该类地区的斜坡或坡脚上建造建筑物，要特别注意分析其稳定性。

2）断裂构造

岩体受地壳运动作用，在其内部产生许多断裂面，使岩石失去了原有的连续性，甚至相互错动，称为断裂构造。断裂构造又分为节理构造（图 1.17）和断层构造（图 1.18）两种。

图 1.17　节理构造

图 1.18　断层构造

断裂面两侧岩层没有或仅有很小的移动，称为节理。由于节理破坏了岩石的整体性，有利于大气和水的渗入，从而加速了岩石的风化，也就降低了岩石地基的承载力，常造成边坡的滑动和崩塌。如果岩石为可溶性石灰岩等，水沿裂隙流动，可能发展成为溶洞。

断层是指断裂面两侧岩层发生了显著的位移。地壳发生断裂运动时，断裂面往往是一个带，大的断层带宽可达数十米至数百米，长可达数千米。断层带中岩石破碎，岩石和土的物理力学性质变化很大，其中可能有大量黏土矿物和可溶性矿物。断层形成的年代越新，它活动的可能性就越大。断层的活动表现为强烈的地震，也可以表现为缓慢的相对垂直运动，所以在选择建筑场地时，应尽量避开断层带，尤其是活动的断层带。

岩层产状的测量

5．岩层产状

工程中常采用岩层的层位要素，称为岩层产状，来确定岩层的空间形态，包括走向、倾向、倾角，如图 1.19 所示。岩层产状是用专用的地质罗盘测量的，如图 1.20 所示。

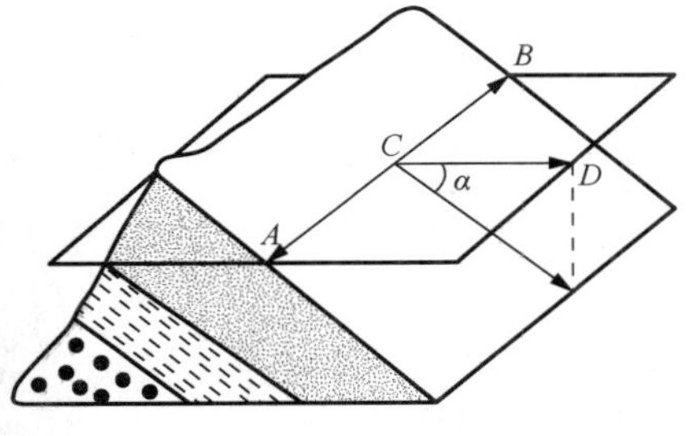

图 1.19　倾斜岩层产状

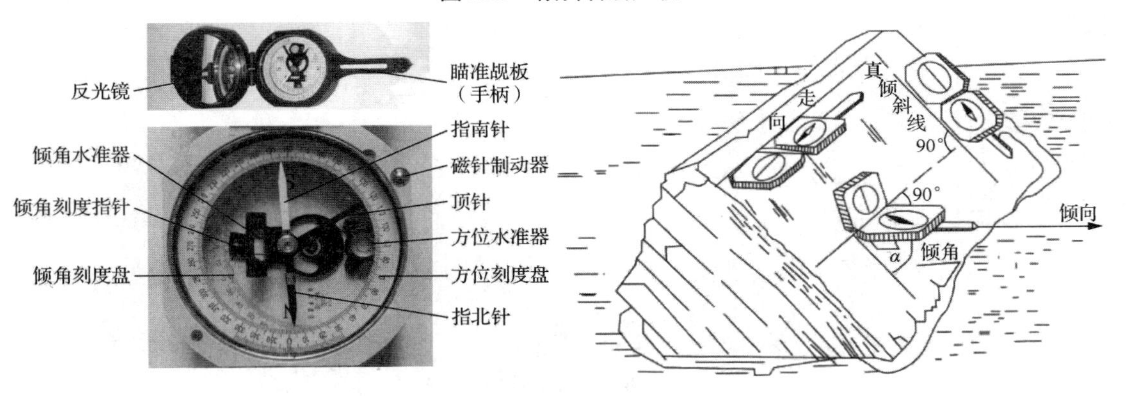

图 1.20　地质罗盘

1）走向的定义及测量

岩层延伸的方向称为走向，也就是倾斜岩层面与水平面交线的方向角。测量时将地质罗盘长边与层面紧贴，然后转动地质罗盘，使方位水准器的水泡居中，读指北针所指方位刻度盘的刻度即为走向。其表达方式一般为：用两个大写的英文字母表示方向，后加读数，先写南北方向，再写东西方向，比如 NE60°、SW195°。

2）倾向的定义及测量

岩层的倾斜方向称为倾向，也就是与走向线垂直（即倾向与走向相差 90°），沿倾斜岩层面向下所引的直线在水平面的投影方向角。测量时将地质罗盘北端或瞄准觇板指向倾斜方向，地质罗盘南端紧靠着层面并转动，使方位水准器水泡居中，读指北针所指方位刻度盘的刻度即为倾向。

3）倾角的定义及测量

倾角是倾斜岩层面与假想水平面之间所夹的锐角。测量时将地质罗盘直立，并以长边靠着岩层的真倾斜线，沿着层面左右移动地质罗盘，并用中指扳动地质罗盘底部的活动扳手，使倾角水准器水泡居中，读倾角刻度指针所指倾角刻度盘的刻度即为倾角。

岩层产状有两种表示方法。一是方位角表示法。一般记录倾向和倾角，如 SW205°∠65°，即倾向为南西 205°，倾角 65°，其走向则为 NW295° 或 SE115°。二是象限角表示法。一般测记走向、倾向和倾角，如 N65° W / 25° SW，即走向为北偏西 65°，倾角为 25°，向南西倾斜。

工程师寄语

测量岩层产状是野外地质工作中最基本的技能，因此，必须通过实践熟练掌握。

1.1.2 水文地质

1. 地下水的定义

地下水是指存在于地面下土和岩石的孔隙、裂隙或溶洞中的水。建筑场地的水文地质条件主要包括地下水的埋藏条件、地下水位及其动态变化、地下水化学成分及其对混凝土的腐蚀性等。

2. 地下水的分类

地下水按埋藏条件不同分为三类，如图 1.21 所示。

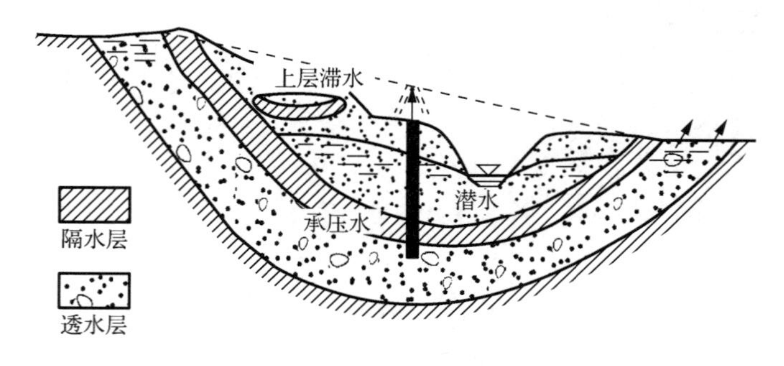

图 1.21 各种类型地下水埋藏示意图

1）上层滞水

地表水下渗，积聚在局部透水性小的黏性土隔水层上的水为上层滞水。它为雨水补给，有季节性。上层滞水通过蒸发或向隔水底板的边缘下渗排泄。其水量小，动态变化显著且极易遭受污染。

2）潜水

埋藏在地表以下第一个连续分布的稳定隔水层以上，具有自由水面的重力水为潜水。它为雨水、河水补给，水位有季节性变化。潜水一般埋藏在第四纪沉积层及基岩的风化层中。其水面标高称为地下水位。

3）承压水

埋藏在两个连续分布的隔水层之间，完全充满的有压地下水为承压水。它通常存在于卵石层（透水层）中，卵石层呈倾斜式分布，地势高处卵石层中地下水对地势低处产生静水压力。其埋藏区与地表补给区不一致。因此，承压水的动态变化受局部气候因素影响不明显。

3. 地下水对工程的影响

1）基础埋深

通常设计基础埋深应小于地下水位深度，以避免地下水对基槽的影响。

2）施工排水

当地下水位高，基础埋深大于地下水位深度时，基槽开挖与基础施工必须进行排水。中小型工程可以采用挖排水沟与集水井排水，重大工程必要时应采用井点降水。如排水不好，基槽被踩踏，则会破坏地基土的原状结构，导致地基承载力降低，造成工程隐患。

3）地下水位升降

地下水位在地基持力层中上升，会导致黏性土软化、湿陷性黄土严重下沉、膨胀土吸水膨胀；地下水位在地基持力层中大幅下降，则会使地基产生附加沉降。

4）地下室防水

当地下室位于地下水位以下时，应采取各种防水措施，防止地下室底板及外墙渗漏。

5）地下水水质侵蚀性

地下水含有各种化学成分，当某些成分含量过多时，会腐蚀混凝土、石料及金属管道等。

6）空心结构物浮起

当地下水位高于水池、油罐等结构物基础埋深较多时，水的浮力有可能使空心结构物浮起。该情况应在此类结构物的设计中予以考虑。

7）承压水冲破基槽

当地基中存在承压水时，基槽开挖应考虑承压水上部隔水层的最小厚度问题，以避免承压水冲破隔水层，浸泡基槽。

1.1.3 工程地质勘察简介

1. 地基（岩土工程）勘察等级划分

地基（岩土工程）勘察是根据建设工程的要求，查明、分析、评价建设场地的地质、环境特征和岩土工程条件，编制勘察文件的活动。它具有明确的工程针对性。地质、环境特征和岩土工程条件是勘察工作的对象，主要指岩土的分布和工程特征、地下水的赋存及变化、不良地质作用和地质灾害等。勘察工作的任务是查明情况、提供数据、分析评价和提出处理建议，以保证工程安全，提高投资效益。因此，各项工程在设计和施工之前，必须按基本建设程序进行地基（岩土工程）勘察。

地基(岩土工程)勘察等级划分

工程建设项目的岩土工程勘察任务、工作内容、勘察方法、工作量的大小等取决于工程的技术要求和规模、工程的重要性、建设场地和地基的复杂程度等因素。

1）工程重要性等级

根据工程的规模和特征，以及由于岩土工程问题造成工程破坏或影响正常使用的后果，可分为三个工程重要性等级。

（1）一级工程：重要工程，后果很严重。

（2）二级工程：一般工程，后果严重。

（3）三级工程：次要工程，后果不严重。

2）场地复杂程度等级

根据场地的复杂程度，可按下列规定分为三个场地等级。

（1）符合下列条件之一者为一级场地（复杂场地）：

① 对建筑抗震危险的地段；

② 不良地质作用强烈发育；

③ 地质环境已经或可能受到强烈破坏；

④ 地形地貌复杂；

⑤ 有影响工程的多层地下水、岩溶裂隙水或其他水文地质条件复杂，需专门研究的场地。

（2）符合下列条件之一者为二级场地（中等复杂场地）：

① 对建筑抗震不利的地段；

② 不良地质作用一般发育；

③ 地质环境已经或可能受到一般破坏；

④ 地形地貌较复杂；

⑤ 基础位于地下水位以下的场地。

（3）符合下列条件者为三级场地（简单场地）：

① 抗震设防烈度等于或小于 6 度，或对建筑抗震有利的地段；

② 不良地质作用不发育；

③ 地质环境基本未受破坏；

④ 地形地貌简单；

⑤ 地下水对工程无影响。

3）地基复杂程度等级

根据地基的复杂程度，可按下列规定分为三个地基等级。

（1）符合下列条件之一者为一级地基（复杂地基）：

① 岩土种类多，很不均匀，性质变化大，需特殊处理；

② 严重湿陷、膨胀、盐渍、污染的特殊性岩土，以及其他情况复杂，需作专门处理的岩土。

（2）符合下列条件之一者为二级地基（中等复杂地基）：

① 岩土种类较多，不均匀，性质变化较大；

② 除上面①规定以外的特殊性岩土。

（3）符合下列条件者为三级地基（简单地基）：

① 岩土种类单一，均匀，性质变化不大；

② 无特殊性岩土。

4）岩土工程勘察等级

《岩土工程勘察规范（2009 年版）》（GB 50021—2001）根据工程重要性等级、场地复杂程度等级和地基复杂程度等级，按下列条件划分岩土工程勘察等级。

（1）甲级：在工程重要性、场地复杂程度和地基复杂程度等级中，有一项或多项为一级。

（2）乙级：除勘察等级为甲级和丙级以外的勘察项目。

（3）丙级：工程重要性、场地复杂程度和地基复杂程度等级均为三级。

另外，建筑在岩质地基上的一级工程，当场地复杂程度等级和地基复杂程度等级均为三级时，岩土工程勘察等级可定为乙级。

2. 地基（岩土工程）勘察的目的和内容

1）地基（岩土工程）勘察的目的

地基（岩土工程）勘察的主要目的，就是要正确反映建设场地的岩土工程条件，分析与评价场地的岩土工程条件与问题，提出解决岩土工程问题的方法与措施，建议建筑物地基基础应采取的设计与施工方案等。

2）地基（岩土工程）勘察的内容

（1）查明建设场地的地貌、地层结构，地质年代、岩土层的成因类型和分布特征等工程地质条件，尤其应查明基础下软弱和坚硬地层分布，以及各岩土层的物理性质指标，确定土的密实度和岩石的风化等级，并划定其界限。

（2）查明建设场地不良地质现象的分布情况，如地下障碍物、天然气和可能产生流砂、管涌、震动液化的粉性土、砂土分布范围、厚度、埋深及性质；分析不良地质现象对工程设计、施工可能产生的不利影响和潜在威胁，并提供所需的计算参数和防治处理措施。

（3）查明地下水类型、埋藏条件、补给及排泄条件、初见及稳定水位，提供季节变化幅度和主要地层的渗透系数；进行地下水及地基土对建筑材料的腐蚀性评价；提供基坑开挖工程应采取的地下水控制措施，并分析评价采用降水措施对周围环境的影响。

（4）对地基土层的工程特征和地基的稳定性、适宜性进行分析评价，提供各土层的地基承载力特征值、变形计算参数等设计所需的各类计算参数，论证分析可供采用的地基基础设计方案，对持力层选择、基础埋深等内容，提出经济合理的设计方案建议。

（5）对拟建场地及地基土层进行抗震条件评价，提供有关的建筑抗震设计基本参数，划分场地土类型和场地类别，在抗震设防烈度 7 度条件下，判定饱和粉（砂）土的地震液化的可能性，提出液化指数及处理建议。

（6）对复合地基或桩基类型、适宜性及持力层的选择提出建议，提供桩的极限侧阻力、极限端阻力和变形计算的有关参数，建议合理的桩尖持力层，并预估单桩承载力，对沉桩的可能性、施工时对环境的影响及桩基施工中应注意的问题提出意见。

（7）对与基础施工有关的岩土工程问题（基坑开挖、边坡稳定、边坡支护）进行评价，并提供有关岩土技术参数，论证其对周围已有建筑物、地下设施和斜坡的影响。

3）地基（岩土工程）勘察阶段

建筑物的岩土工程勘察宜分阶段进行，一般划分为以下阶段。

（1）可行性研究勘察（或称选择场址勘察）。其应符合选择场地方案的要求，对拟建场地的稳定性或适宜性做出评价。

（2）初步勘察。其应符合初步设计的要求，对场地内拟建建筑地段的稳定性做出评价。

（3）详细勘察。其应符合施工图设计的要求，对建筑地基做出岩土工程评价。

（4）施工勘察。场地条件复杂或有特殊要求的工程，宜进行施工勘察，以解决施工中的工程地质问题。

场地较小且无特殊要求的工程可合并勘察阶段。当建筑物平面布置已经确定，且场地或其附近已有岩土工程资料时，可根据实际情况直接进行详细勘察。

4）地基（岩土工程）勘察的任务和勘探点的布置

（1）地基（岩土工程）勘察的任务。

详细勘察应按单体建筑物或建筑群提出详细的岩土工程资料和设计、施工所需的岩土技术参数；对建筑地基做出岩土工程评价，并对地基类型、基础形式、地基处理、基坑支护、工程降水和不良地质作用的防治等提出建议。主要应进行下列工作。

① 搜集附有坐标和地形的建筑总平面图，场区的地面整平标高，建筑物的性质、规模、荷载、结构特点，基础形式、埋深，地基允许变形等资料。

② 查明不良地质作用的类型、成因、分布范围、发展趋势和危害程度，提出整治方案的建议。

③ 查明建筑范围内岩土层的类型、深度、分布、工程特性，分析和评价地基的稳定性、均匀性和承载力。

④ 对需进行沉降计算的建筑物，提供地基变形计算参数，预测建筑物的变形特征。

⑤ 查明埋藏的河道、沟浜、墓穴、防空洞、孤石等对工程不利的埋藏物。

⑥ 查明地下水的埋藏条件，提供地下水位及其变化幅度。

⑦ 在季节性冻土地区，提供场地土的标准冻结深度。

⑧ 判定水和土对建筑材料的腐蚀性。

（2）勘探点的布置。

① 勘探点的间距。对土质地基，详细勘察勘探点的间距可按表 1-2 确定。

表 1-2　详细勘察勘探点的间距　　单位：m

地基复杂程度等级	勘探点间距	地基复杂程度等级	勘探点间距
一级（复杂）	10～15	三级（简单）	30～50
二级（中等复杂）	15～30		

详细勘察的勘探点布置，应符合下列规定。

a. 勘探点宜按建筑物周边线和角点布置，对无特殊要求的其他建筑物可按建筑物或建筑群的范围布置。

b．同一建筑范围内的主要受力层或有影响的下卧层起伏较大时，应加密勘探点，查明其变化。

c．重大设备基础应单独布置勘探点；重大的动力机器基础和高耸构筑物，勘探点不宜少于 3 个。

d．勘探手段宜采用钻探与触探相配合，在复杂地质条件、湿陷性土、膨胀岩土、风化岩和残积土地区，宜布置适量探井。

详细勘察的单栋高层建筑勘探点的布置，应满足对地基均匀性评价的要求，且不少于 4 个；对密集的高层建筑群，勘探点可适当减少，但每栋建筑物至少应有 1 个控制性勘探点。

② 勘探孔的深度。

详细勘察的勘探孔深度自基础底面算起，应符合下列规定。

a．勘探孔深度应能控制地基主要受力层，当基础底面宽度不大于 5m 时，勘探孔的深度对条形基础不应小于基础底面宽度的 3 倍，对单独柱基不应小于 1.5 倍，且不应小于 5m。

b. 对高层建筑和需作变形验算的地基，控制性勘探孔的深度应超过地基变形计算深度；高层建筑的一般性勘探孔的深度应为基础宽度的 50%～100%，并深入稳定分布的地层。

c．对仅有地下室的建筑或高层建筑的裙房，当不能满足抗浮设计要求，需设置抗浮桩或锚杆时，勘探孔深度应满足抗拔承载力评价的要求。

d．当有大面积地面堆载或软弱下卧层时，应适当加深控制性勘探孔的深度。

e．在上述规定深度内遇基岩或厚层碎石土等稳定地层时，勘探孔深度应根据情况进行调整。

3．地基（岩土工程）勘察方法

岩土工程勘察中，可采取的勘察方法有工程地质测绘和调查、勘探、原位测试与室内试验等。《建筑地基基础设计规范》（GB 50007—2011）对不同地基基础设计等级建筑物的地基勘察方法、测试内容提出了不同的要求：设计等级为甲级的建筑物应提供载荷试验指标、抗剪强度指标、变形参数指标和触探资料；设计等级为乙级的建筑物应提供抗剪强度指标、变形参数指标和触探资料；设计等级为丙级的建筑物应提供触探及必要的钻探和土工试验资料。

1）工程地质测绘和调查

工程地质测绘和调查的目的是通过对场地的地形地貌、地层岩性、地质构造、地下水与地表水、不良地质现象等进行调查研究与必要的测绘工作，为评价场地工程条件及合理确定勘探工作提供依据。对建设场地的稳定性和适宜性进行研究是工程地质测绘和调查的重点。

工程地质测绘和调查宜在可行性研究勘察或初步勘察阶段进行。在可行性研究勘察阶段搜集资料时，宜包括航空相片、卫星相片的解译结果。详细勘察时，可在初步勘察测绘和调查的基础上，对某些专门地质问题（如滑坡、断裂等）作必要的补充调查。

2）勘探

勘探是地基勘察过程中查明地质情况的一种必要手段，它是在工程地质测绘和调查的基础上，进一步对场地的工程地质条件进行定量的评价。常用的勘探方法有坑探、钻探、触探和地球物理勘探等。

（1）坑探。

坑探可在建设场地挖探井（槽）以取得直观资料和原状土样，这是一种不必使用专门机具的常用勘探方法。当场地的地质条件比较复杂时，利用坑探能直接观察地层的结构变化，但坑探可达的深度较浅。探井的平面形状为矩形或圆形，探井的深度不宜超过地下水位，一般为3～4m。较深的探井应支护坑壁以保证安全。

（2）钻探。

钻探用钻机在地层中钻孔，以鉴别和划分地层，观测地下水位，并可沿孔深取样，用以测定岩石和土层的物理力学性质，此外，土的某些性质也可直接在孔内进行原位测试获得。

钻探方法一般分回转式、冲击式、振动式和冲洗式四种。回转式利用钻机的回转器带动钻具旋转，磨削孔底地层而钻进，通常使用管状钻具，能取柱状岩芯标本；冲击式利用钻具的重力和向下冲击力使钻头击碎孔底地层，形成钻孔后以抽筒提取岩石碎块或扰动土样；振动式将振动器高速振动所产生的振动力，通过连接杆及钻具传到圆筒形钻头周围的土中，使钻头依靠钻具和振动器的重量进入土层；冲洗式则是在回转钻进和冲击钻进的过程中使用了冲洗液。《岩土工程勘察规范（2009年版）》（GB 50021—2001）根据岩土类别和勘察要求，给出了各种钻探方法的适用范围。

另外，对浅部土层的勘探可采用人力钻，如小口径麻花钻（或提土钻）、小口径勺形钻、洛阳铲。

（3）触探。

触探是通过探杆用静力或动力将金属探头贯入土层，并量测能表征土对触探头贯入的阻抗能力的指标，从而间接地判断土层及其性质的一类勘探方法和原位测试技术。作为勘探手段，触探可用于划分土层，了解地层的均匀性，但应与钻探等其他勘探方法配合使用，以取得良好的效果；作为测试技术，则可估计地基承载力和土的变形指标。

触探分为静力触探和动力触探。

① 静力触探。

静力触探试验是用静力匀速将标准规格的探头压入土中，利用电测技术测得贯入阻力来判定土的物理力学特性的方法，具有勘探和测试双重功能，适用于软土、一般黏性土、粉土、砂土和含少量碎石的土。另外，根据静力触探资料，还可以估算土的塑性状态或密实度、强度、压缩性、地基承载力、单桩承载力、沉桩阻力，进行液化判别等。

② 动力触探。

动力触探试验是将一定质量的穿心锤，以一定高度自由下落，将探头贯入土中，然后记录贯入一定深度的锤击次数，以此判别土的性质的方法。动力触探设备主要由触探头、触探杆和穿心锤三部分组成。根据触探头的形式不同，动力触探试验可分为标准贯入试验和圆锥动力触探试验两种类型。

a．标准贯入试验。其设备是在钻机的钻杆下端连接标准贯入器，将质量为63.5kg的穿心锤套在钻杆上端。试验时，穿心锤以76cm的落距自由下落，将贯入器垂直打入土层中15cm（此时不计锤击数），随后打入土层30cm的锤击数，即为实测的锤击数。标准贯入试验可按锤击数的大小，确定土的承载力，估计土的抗剪强度和黏性土的变形指标，判别黏性土的稠度和无黏性土的密实度，以及估计砂土液化的可能性。

b．圆锥动力触探试验。试验是用标准质量的重锤，以一定高度的自由落距，将标准规格的圆锥探头贯入土中，根据打入土中一定距离所需的锤击数，来判定土的物理力学特性的一种原位试验方法。《岩土工程勘察规范（2009 年版）》（GB 50021—2001）给出了轻型、重型和超重型三类规格和各自适用土类。圆锥动力触探试验可用于估算天然地基的地基承载力，鉴别其岩土性状；估算需处理土地基的地基承载力，评价其地基处理效果；检验复合地基增强体的桩体成桩质量；评价强夯置换墩的着底情况；鉴别混凝土灌注桩桩底持力层岩土性状。

（4）地球物理勘探。

地球物理勘探（简称物探）也是一种兼有勘探和测试双重功能的技术。物探之所以能够被用来研究和解决各种地质问题，主要是因为不同的岩石、土层和地质构造往往具有不同的物理性质，利用诸如其导电性、磁性、弹性、湿度、密度、天然放射性等的差别，通过专门物探仪器的量测，就可推断有关地质问题。对地基勘探的下列方面可采用物探。

① 作为钻探的先行手段，了解隐蔽的地质界线、界面或异常点、异常带，为经济合理确定钻探方案提供依据。

② 作为钻探的辅助手段，在钻孔之间增加物探点，为钻探成果的内插、外推提供依据。

③ 作为原位测试手段，测定岩土体的某些特殊参数，如波速、动弹性模量、土对金属的腐蚀性等。

常用的物探方法有电法、电磁法、地震波法和声波法等。

3）原位测试与室内试验

在土工试验室或现场原位进行测试工作，可以取得土和岩石的物理力学性质和地下水的水质等定量指标。

室内试验项目应根据岩土类别、工程类型、工程分析计算要求确定。如对黏性土、粉土一般应进行天然密度、天然含水率、土粒比重、液限、塑限、压缩系数及抗剪强度（采用三轴仪或直剪仪）试验。

原位测试包括静载荷试验、旁压试验、十字板剪切试验、现场直接剪切试验、地基土的动参数测定、触探试验等。有时，还要进行地下水位变化和抽水试验等测试工作。一般来说，原位测试能在现场条件下直接测定土的性质，避免土样在取样、运输以及室内试验操作过程中被扰动导致测定结果的失真，因而其结果较为可靠。

4．岩土工程勘察报告的编写

岩土工程勘察报告是岩土工程勘察的最终成果，是工程设计和施工的重要依据。勘察工作结束后，把取得的野外工作和室内试验记录和数据及收集到的各种直接、间接资料经分析整理、检查校对、归纳总结后做出对建设场地的工程地质评价，最后以简要明确的文字和图表编成报告书。报告是否正确反映工程地质条件和岩土工程特点，关系到工程设计和建筑施工能否安全可靠、措施得当、经济合理。

岩土工程勘察成果是对岩土工程勘察工作的说明、总结和对勘察区的工程地质条件的综合评价及相应图表的总称，一般由岩土工程勘察报告及附件两部分组成。

1）岩土工程勘察报告编写的内容和要求

岩土工程勘察报告的内容应根据任务要求、勘察阶段、工程特点和地区条件等具体情况编写，通常包括以下内容。

（1）勘察的目的、任务要求和依据的技术标准。

（2）拟建工程概况。

（3）勘察方法和勘察工作布置。

（4）建设场地的岩土工程条件，包括场地地形地貌、地层、地质构造、岩土性质及其均匀性。

（5）各项岩土性质指标，岩土的强度参数、变形参数，地基承载力特征值的建议值。

（6）地下水埋藏情况、类型、水位及其变化。

（7）土和水对建筑材料的腐蚀性。

（8）对可能影响工程稳定的不良地质作用的描述和工程危害程度的评价。

（9）场地稳定性和适宜性的评价。

岩土工程勘察报告应对岩土利用、整治和改造方案进行分析论证，提出建议；对工程施工和使用期间可能发生的岩土工程问题进行预测，提出监控和预防措施的建议。

成果报告应附下列图件。

（1）勘探点平面布置图。

（2）工程地质柱状图。

（3）工程地质剖面图。

（4）原位测试成果图表。

（5）室内试验成果图表。

2）岩土工程勘察报告编写的格式

（1）绪论。绪论，主要说明勘察工作的任务，勘察阶段需要解决的问题，采用的勘察方法及其工作量，以及取得的成果并附以实际材料图。

为了明确勘察的任务和意义，应先说明建筑的类型和规模，以及国民经济意义。

（2）通论。通论，主要阐明工作地区的工程地质条件，所处地区的地质地理环境，以明确各种自然因素（如大地构造、地势、气候等）对该地区工程地质条件形成的意义。

通论一般可分为区域自然地理概述，区域地质、地貌、水文地质概述，以及建筑地区工程地质条件。概述等章节的内容，应当既能阐明区域性及地区性工程地质条件的特征及变化规律，又须紧密联系工程目的，不要泛泛而论。在规划阶段的岩土工程勘察中，通论部分占有重要地位，在以后的各阶段中其比重越来越小。

（3）专论。专论一般是工程地质报告书的中心内容，因为它是结论的依据。

专论的内容是对建设中可能遇到的工程地质问题进行分析，并回答设计方面提出的工程地质问题与要求，对建筑地区做出定性、定量的工程地质评价，作为选定建筑物位置、结构形式和规模的地质依据，并在明确不利的地质条件的基础上，考虑合适的处理措施。专论部分的内容与勘察阶段的关系特别密切，勘察阶段不同，专论涉及的深度和定量评价的精度也有差别。专论还应明确指出遗留的问题以及进一步勘察工作的方向。

（4）结论。结论是在专论的基础上对各种具体问题做出的简要、明确回答。态度要明朗，措辞要简练，评价要具体，问题不能彻底解决的可以如实说明，但不要含糊其词，模棱两可。

工程地质报告书必须与工程地质图一致，互相映照、互相补充，共同达到为工程服务的目的。

任务 1.2　土的工程分类与野外鉴别方法

任务描述

工作任务	（1）掌握我国土的工程分类方法。 （2）熟悉《建筑地基基础设计规范》（GB 50007—2011）中土的分类标准。 （3）掌握地基土的野外鉴别方法
工作手段	《土的工程分类标准》（GB/T 50145—2007）、《岩土工程勘察规范（2009 年版）》（GB 50021—2001）、《建筑地基基础设计规范》（GB 50007—2011）
提交成果	（1）每位学生独立完成本学习情境的实训练习里的相关内容。 （2）将教学班级划分为若干学习小组，每个小组独立完成几种不同土样（砂类土、黏性土、粉土）的野外鉴定

相关知识

1.2.1　土的工程分类

1．分类的目的

（1）根据土类，可以大致判断土的基本工程特性，并可结合其他因素评价地基土的承载力、抗渗流与抗冲刷稳定性，在振动作用下的可液化性及作为建筑材料的适宜性等。

（2）根据土类，可以合理确定不同土的研究内容与方法。

（3）当土的性质不能满足工程要求时，也需根据土类（结合工程特点）确定相应的改良与处理方法。

2．分类应遵循的原则

（1）工程特性差异性的原则。分类应综合考虑土的各种主要工程特性（强度与变形特性等），用影响土的工程特性的主要因素作为分类的依据。

（2）以成因为基础的原则。土的工程性质受土的成因（包括形成环境）控制。

（3）分类指标便于测定的原则。采用的分类指标，要既能综合反映土的基本工程特性，又要测定方法简便。

3．我国土的工程分类方法（不限于）

（1）根据《土的工程分类标准》（GB/T 50145—2007）的规定，土按其不同粒组的相对含量可划分为巨粒土、粗粒土、细粒土三类。

（2）根据地质成因，土可划分为残积土、坡积土、洪积土、冲积土、海积土、湖积土、风积土和冰川沉积土等。

（3）根据有机质含量，土可划分为无机土、有机质土、泥炭质土和泥炭。

（4）根据工程特性，土可划分为湿陷性土、红黏土、软土（包括淤泥和淤泥质土）、冻土、膨胀土、盐渍土、混合土和污染土。

（5）根据颗粒级配和塑性指数，土可划分为碎石土、砂土、粉土、黏性土。

（6）根据《建筑地基基础设计规范》（GB 50007—2011）的分类方法，作为建筑地基的岩土，可分为岩石、碎石土、砂土、粉土、黏性土和人工填土。

（7）根据土的开挖难易程度，可将土分为松软土、普通土、坚土、砂砾坚土、软石、次坚石、坚石、特坚石，前四类为一般土，后四类为岩石。八类土的野外鉴别方法详见表1-3。

表1-3　八类土的野外鉴别方法

土的分类	土的名称	野外鉴别方法
一类土（松软土）	砂土、粉土、冲积砂土层、疏松的种植土；淤泥（泥炭）	用锹、锄头挖掘，少许用脚蹬
二类土（普通土）	粉质黏土；潮湿的黄土；夹有碎石、卵石的砂；粉土混卵（碎）石；种植土、填土	用锹、锄头挖掘，少许用镐翻松
三类土（坚土）	软及中等密实黏土；重粉质黏土、砾石土；干黄土、含有卵（碎）石的黄土；压实填土	主要用镐，少许用锹、锄头挖掘，部分用撬棍
四类土（砂砾坚土）	坚硬密实的黏性土或黄土；含卵（碎）石的中等密实的黏性土或黄土；粗卵石；天然级配砂石；软泥灰岩	整体先用镐、撬棍，后用锹挖掘，部分使用楔子及大锤
五类土（软石）	硬质黏土；中等密实的页岩、泥灰岩、白垩土；胶结不紧的砾岩；软石灰及贝壳石灰石	用镐或撬棍、大锤挖掘，部分使用爆破方法
六类土（次坚石）	泥岩、砂岩、砾岩；坚实的页岩、泥灰岩，密实的石灰岩；风化花岗岩、片麻岩及正长岩	爆破方法开挖，部分用风镐
七类土（坚石）	大理岩；辉绿岩；玢岩；粗、中粒花岗岩；坚实的白云岩、砂岩、砾岩、片麻岩、石灰岩；微风化安山岩、玄武岩	爆破方法开挖
八类土（特坚石）	安山岩；玄武岩；花岗片麻岩；坚实的细粒花岗岩、闪长岩、石英岩、辉长岩、辉绿岩、玢岩、角闪岩	爆破方法开挖

4．《建筑地基基础设计规范》（GB 50007—2011）分类标准

自然界中的土类很多，工程性质各异。目前，我国建筑工程系统的分类体系主要侧重于把土作为建筑地基和环境，所以以原状土作为基本研究对象，土在分类时除需考虑土的

组成外，还应考虑土的天然结构性，以及土粒间的连接性质和强度。我国现行的《建筑地基基础设计规范》（GB 50007—2011）与《岩土工程勘察规范（2009年版）》（GB 50021—2001），对各类土的分类方法和分类标准基本相同，差别不大。现将《建筑地基基础设计规范》（GB 50007—2011）的分类标准介绍如下。

（1）岩石。岩石（基岩）是指颗粒间牢固联结，为整体或具有节理、裂隙的岩体，其分类有地质分类和工程分类。

岩石的地质分类主要依据地质成因、矿物成分、结构构造和风化程度。岩石按地质成因可分为岩浆岩、沉积岩和变质岩；按风化程度可分为未风化、微风化、中等风化、强风化和全风化，见表1-4。

岩石的工程分类主要依据岩体的工程性状，包括岩石的坚硬程度和岩体的完整程度。岩石的坚硬程度直接与地基的强度和变形性质有关，而岩体的完整程度反映了它的裂隙性、破碎程度。它们对岩石强度和稳定性影响很大，尤其对边坡和基坑工程更为突出。岩石的坚硬程度应根据岩块的饱和单轴抗压强度按表1-5分为坚硬岩、较硬岩、较软岩、软岩和极软岩，当缺乏饱和单轴抗压强度资料或不能进行该项试验时，可在现场通过观察定性划分。岩体的完整程度应按表1-6划分。

表1-4　岩石风化程度划分

风化程度	特征
未风化	岩质新鲜，表面未有风化迹象
微风化	岩质新鲜，表面稍有风化迹象
中等风化	1. 结构和构造层理清晰。 2. 岩石被节理、裂缝分割成块状（200～500mm），裂缝中填充少量风化物。锤击声脆，且不易击碎。 3. 用镐难挖掘，用岩心钻机方可钻进
强风化	1. 结构和构造层理不甚清晰，矿物成分已显著变化。 2. 岩石被节理、裂缝分割成碎石状（20～200mm），碎石用手可以折断。 3. 用镐难挖掘，用手摇钻不易钻进
全风化	1. 结构和构造层理错综杂乱，矿物成分变化很显著。 2. 岩石被节理、裂缝分割成碎屑状（＜20mm），用手可捏碎。 3. 用锹、镐挖掘困难，用手摇钻钻进极困难

表1-5　岩石坚硬程度划分

坚硬程度类别	坚硬岩	较硬岩	较软岩	软岩	极软岩
饱和单轴抗压强度标准值 f_{rk}/MPa	$f_{rk}>60$	$30<f_{rk}\leqslant 60$	$15<f_{rk}\leqslant 30$	$5<f_{rk}\leqslant 15$	$f_{rk}\leqslant 5$

表1-6　岩体完整程度划分

完整程度等级	完整	较完整	较破碎	破碎	极破碎
完整性指数	＞0.75	0.75～0.55	0.55～0.35	0.35～0.15	＜0.15

注：完整性指数为岩体纵波波速与岩块纵波波速之比的平方。选定岩体、岩块测定波速时应有代表性。

（2）碎石土。粒径大于 2mm 的颗粒含量超过总质量 50%的土为碎石土。根据粒组含量及颗粒形状可将其进一步分为漂石、块石、卵石、碎石、圆砾、角砾，碎石土的分类见表 1-7。

表 1-7 碎石土的分类

土的名称	颗粒形状	粒组含量
漂石	圆形及亚圆形为主	粒径大于 200mm 的颗粒含量超过总质量 50%
块石	棱角形为主	
卵石	圆形及亚圆形为主	粒径大于 20mm 的颗粒含量超过总质量 50%
碎石	棱角形为主	
圆砾	圆形及亚圆形为主	粒径大于 2mm 的颗粒含量超过总质量 50%
角砾	棱角形为主	

碎石土的密实度，可按表 1-8 分为松散、稍密、中密、密实。

表 1-8 碎石土的密实度

重型圆锥动力触探锤击数 $N_{63.5}$	密实度	重型圆锥动力触探锤击数 $N_{63.5}$	密实度
$N_{63.5} \leqslant 5$	松散	$10 < N_{63.5} \leqslant 20$	中密
$5 < N_{63.5} \leqslant 10$	稍密	$N_{63.5} > 20$	密实

注：1. 本表适用于平均粒径小于或等于 50mm 且最大粒径不超过 100mm 的卵石、碎石、圆砾、角砾。对于平均粒径大于 50mm 或最大粒径大于 100mm 的碎石土，可按现场观察鉴别其密实度。
2. 表内 $N_{63.5}$ 为经综合修正后的平均值。

（3）砂土。粒径大于 2mm 的颗粒含量不超过总质量 50%、粒径大于 0.075mm 的颗粒含量超过总质量 50%的土为砂土。根据粒组含量可将其进一步分为砾砂、粗砂、中砂、细砂和粉砂，砂土的分类见表 1-9。

表 1-9 砂土的分类

土的名称	粒组含量
砾砂	粒径大于 2mm 的颗粒含量占总质量 25%～50%
粗砂	粒径大于 0.5mm 的颗粒含量超过总质量 50%
中砂	粒径大于 0.25mm 的颗粒含量超过总质量 50%
细砂	粒径大于 0.075mm 的颗粒含量超过总质量 85%
粉砂	粒径大于 0.075mm 的颗粒含量超过总质量 50%

（4）粉土。粉土是指工程性质介于砂土与黏性土之间，粒径大于 0.075mm 的颗粒含量不超过总质量 50%、塑性指数 $I_p \leqslant 10$ 的土。必要时，可根据颗粒级配将其分为砂质粉土（粒径小于 0.005mm 的颗粒含量不超过总质量 10%）和黏质粉土（粒径小于 0.005mm 的颗粒含量超过总质量 10%）。粉土的颗粒级配中 0.05～0.1mm 和 0.005～0.05mm 的粒组占绝大多数，而水与土粒之间的作用明显不同于黏性土和砂土，这主要表现“粉粒”的特性。

现有资料分析表明，粉土的密实度与天然孔隙比 e 有关，一般 $e \geqslant 0.9$ 时，为稍密，强度较低，属软弱地基；$0.75 \leqslant e < 0.9$ 时，为中密；$e < 0.75$ 时，为密实，强度高，属于良好的天

然地基。粉土的湿度状态可按天然含水率ω（%）划分，当ω<20%，为稍湿；20%≤ω<30%，为湿；ω≥30%，为很湿。若将含水率接近饱和的粉土团成小球，放在掌上左右反复摇晃，并以另一手振击，则土中水迅速渗出，并呈现光泽，这是野外鉴别土样时常用方法之一。

（5）黏性土。黏性土是指塑性指数I_P＞10的土。黏性土的工程性质与土的成因、生成年代的关系很密切，不同成因和生成年代的黏性土，尽管某些物理指标值可能很接近，工程性质却相差悬殊。因而将黏性土按沉积年代、塑性指数进行分类。

① 黏性土按沉积年代分类。黏性土按沉积年代可分为老黏性土、一般黏性土和新近沉积黏性土。

老黏性土是指第四纪晚更新世（Q_3）及其以前沉积的黏性土。它是一种沉积年代久、工程性质较好的黏性土，一般具有较高的强度和较低的压缩性。其物理力学性质比具有相近物理指标的一般黏性土要好。

一般黏性土是指第四纪全新世（Qh）（文化期以前）沉积的黏性土。其分布面积最广，工程中遇到的也最多，工程性质变化很大。

新近沉积黏性土是指文化期以来新近沉积的黏性土，一般为欠固结土，且强度较低。

一般来说，沉积年代久的老黏性土，其强度较高，压缩性较低。但经多年的工程实践表明，一些地区的老黏性土承载力并不高，甚至有的低于一般黏性土；而有些新近沉积黏性土，其工程性质也并不差。因此，在进行地基基础设计时，应根据当地的实践经验，作具体的分析研究。

② 黏性土按塑性指数分类。黏性土按塑性指数I_P的指标值分为黏土和粉质黏土，其分类见表1-10。

表1-10　黏性土分类

土的名称	塑性指数I_P
黏土	I_P＞17
粉质黏土	10＜I_P≤17

注：塑性指数由相应于76g圆锥体沉入土样中深度为10mm时测定的液限计算而得。

（6）人工填土。人工填土是指由人类活动而堆填的土，其物质成分较杂乱，均匀性较差。其根据物质组成和成因，可分为素填土、压实填土、杂填土和冲填土四类。

素填土是由碎石土、砂土、粉土、黏性土等一种或几种材料组成的填土，不含杂质或含杂质很少。其按主要组成物质分为碎石素填土、砂性素填土、粉性素填土及黏性素填土。经分层压实或夯实后的素填土，称为压实填土。

杂填土为含有大量建筑垃圾、工业废料或生活垃圾等杂物的填土，按其组成物质成分和特征，分为建筑垃圾土、工业废料土及生活垃圾土。

冲填土是由水力冲填泥砂形成的填土。

1.2.2 地基土的野外鉴别方法

1）砂土鉴别方法

砂土粒径和湿度的野外鉴别可参考表1-11和表1-12所示的方法。

表 1-11　砂土粒径的野外鉴别

名称	粒径鉴别方法	潮湿时用手拍击	黏着感
砾砂	有四分之一以上颗粒接近或超过小高粱粒大小	表面无变化	无黏着感
粗砂	有一半以上颗粒接近或超过细小米粒大小	表面无变化	无黏着感
中砂	有一半以上颗粒接近或超过鸡冠花籽粒大小	表面偶有水印	无黏着感
细砂	颗粒粗细程度较精制食盐稍粗与玉米粉近似	表面有水印	偶有黏着感
粉砂	颗粒粗细程度较精制食盐稍细与小米粉近似	表面有显著水印	有轻微黏着感

表 1-12　砂土湿度的野外鉴别

潮湿程度	稍湿	潮湿	饱和
饱和度	$S_r \leqslant 50\%$	$50\% < S_r \leqslant 80\%$	$S_r > 80\%$
感觉鉴定	呈松散状手摸稍觉潮	可以勉强捏成小团	孔隙中的水可以自由渗出

2）黏性土、粉土野外鉴别方法

黏性土、粉土的野外鉴别可参考表 1-13 所示的方法。

表 1-13　黏性土、粉土的野外鉴别

分类	鉴别方法				
	用手搓捻时的感觉	干时土的状态	潮湿时搓捻土的情况	潮湿时用小刀切削情况	其他特征
黏土	极细均匀土块，很难用手搓碎	坚硬，用锤能打碎，碎块不会散落	很容易搓成直径小于 0.5mm 的长条，易滚成小球	光滑表面，土面上无砂粒	干时有光泽，有细狭条裂
粉质黏土	没有均质感觉，感到有些砂粒土块易被压碎	用锤击及手压土块易碎开	能搓成比黏土粗的短土条，能滚成小球	可感到有砂粒存在	干时光泽暗沉，条纹较黏土粗而宽
粉土	土质不均匀，有砂粒存在，稍一用力土块即被压碎，有干面似的感觉	土块容易散开，用手压或铲起丢掷土块散落成土屑	不能或几乎不能搓成土条，滚成小球易开裂和散落	—	干时似粉砂状

3）碎石土野外鉴别方法

碎石土的野外鉴别可参考表 1-14 所示的方法。

表 1-14　碎石土的野外鉴别

名称	颗粒粗细	干燥时状态	潮湿时用手拍击	黏着感
卵（碎）石	一半颗粒接近或超过蚕豆粒大小	颗粒完全分散	表面无变化	无黏着感
圆（角）砾	一半颗粒接近或超过小高粱粒大小	颗粒完全分散	表面无变化	无黏着感

任务 1.3　土的三相组成与结构构造

任务描述

工作任务	（1）掌握土的三相组成。 （2）熟悉粒组划分标准，能根据土粒呈现的特征正确判别其粒组名称。 （3）掌握颗粒分析试验原理，并能独立进行试验操作。 （4）能根据土样筛分试验结果计算不均匀系数及曲率系数，并判断颗粒级配情况。 （5）了解土的结构和构造，并能作正确区分
工作手段	《土的工程分类标准》（GB/T 50145—2007）、《土工试验方法标准》（GB/T 50123—2019）
提交成果	（1）每位学生独立完成本学习情境的实训练习里的相关内容。 （2）将教学班级划分为若干学习小组，每个小组独立使用标准分析筛和密度计对土样进行颗粒分析试验，并根据试验结果正确绘制颗粒级配曲线

相关知识

1.3.1 土的三相组成

自然界中的土是由固体颗粒（固相）、水（液相）和气体（气相）组成的三相体系，如图 1.22 所示。固体颗粒形成土的骨架，骨架之间的孔隙充有水和气体，因此，土也被称为三相孔隙介质。在自然界的每一个土单元中，这三部分所占的比例不同，土的物理状态和工程性质也不相同。当土中孔隙没有水时，称为干土；当土位于地下水位线以下，孔隙全部被水充满时，称为饱和土；当土中孔隙同时有水和气体存在时，称为非饱和土（湿土）。

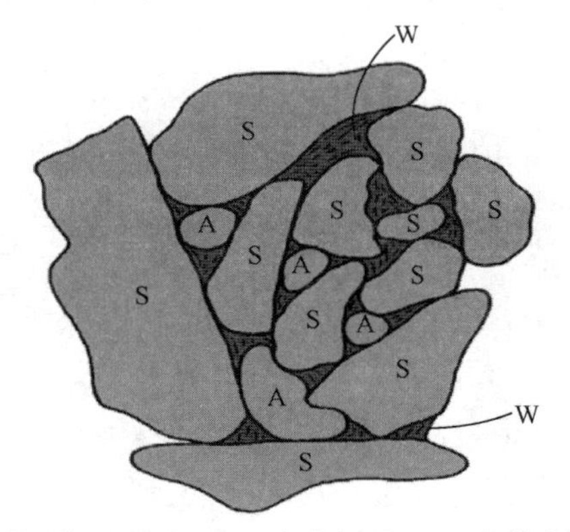

S—固体颗粒（固相）；W—水（液相）；A—气体（气相）

图 1.22　土的三相示意图

1. 土的固相

土的固体颗粒即为固相。土的固体颗粒（简称土粒）的大小和形状、矿物成分及其组成情况是决定土的物理力学性质的重要因素。

1）土粒的矿物成分

土粒的矿物成分主要取决于母岩的成分及其所经历的风化作用。不同的矿物成分对土的性质有着不同的影响。土粒的矿物可分为原生矿物和次生矿物两大类。土的固相物质包括无机矿物颗粒和有机质，有时还有粒间胶结物，它们构成了土的骨架。

2）土的颗粒级配

自然界中的土都是由大小不同的颗粒组成的。土粒的大小与土的性质密切相关。如土粒由粗变细，则土的渗透性会由大变小，由无黏性变为有黏性等。故工程中采用不同粒径颗粒的相对含量来描述土的颗粒组成情况。

土中各种不同粒径的土粒，按适当的粒径范围分为若干粒组，各个粒组的性质随分界尺寸的不同而呈现出一定的质的变化。划分粒组的分界尺寸称为界限粒径。我国习惯采用的粒组划分标准见表 1-15。表中把土粒分为六大粒组：漂石（块石）、卵石（碎石）、圆砾（角砾）、砂粒、粉粒和黏粒。

表 1-15　粒组划分标准

粒组统称	粒组名称		粒组范围/mm	一般特征
巨粒	漂石（块石）粒组		$d>200$	透水性很大，无黏性，无毛细水
	卵石（碎石）粒组		$60<d\leqslant 200$	
粗粒	圆砾（角砾）粒组	粗	$20<d\leqslant 60$	透水性大，无黏性，无毛细水，上升高度不超过粒径大小
		中	$5<d\leqslant 20$	
		细	$2<d\leqslant 5$	
	砂粒粒组	粗	$0.5<d\leqslant 2$	易透水，当混入云母等杂质时透水性减小，而压缩性增加；无黏性，遇水不膨胀，干时松散；毛细水上升高度不大，随粒径变小而增大
		中	$0.25<d\leqslant 0.5$	
		细	$0.075<d\leqslant 0.25$	
细粒	粉粒粒组		$0.005<d\leqslant 0.075$	透水性小，湿时稍有黏性，遇水膨胀小，干时有收缩；毛细水上升高度较大、速度较快，极易出现冻胀现象
	黏粒粒组		$d\leqslant 0.005$	透水性很小，湿时有黏性、可塑性，遇水膨胀大，干时收缩显著；毛细水上升高度较大，但速度较慢

土体中包含有大小不同的颗粒，通常把土中各个粒组的相对含量（各个粒组占土粒总质量的百分数），称为土的颗粒级配。这是决定土的工程性质的主要因素，是确定土的名称和选用建筑材料的主要依据。

确定各个粒组相对含量的颗粒分析试验方法有筛分法和密度计法两种。

（1）筛分法。筛分法适用于粒径不小于 0.075mm 的土。筛分法的主要设备为一套标准分析筛，筛子孔径分别为 60mm、40mm、20mm、10mm、5mm、2mm、1mm、0.5mm、0.25mm、

0.1mm（或 0.075mm），如图 1.23 所示。将风干的均匀土样放入一套孔径不同的标准分析筛中，标准分析筛的孔径从上至下逐渐减小，经筛分机上下震动，将土粒分开，由上而下顺序称出留在各级筛上及盘内的土重，即可求出各粒组的相对含量。

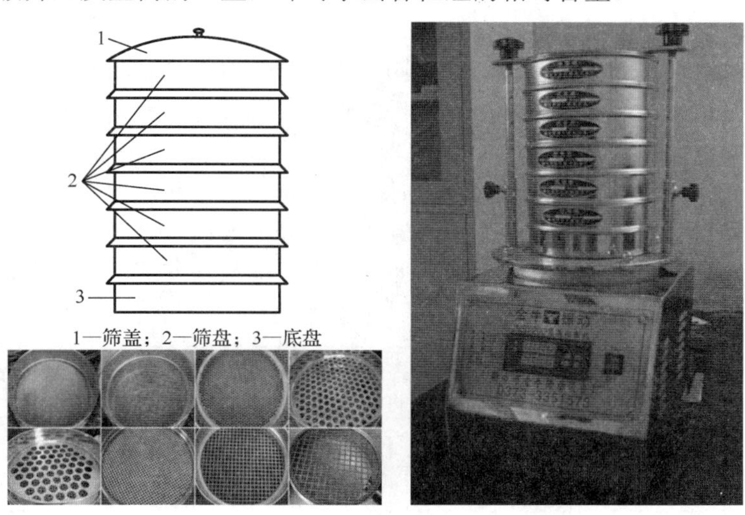

图 1.23　标准分析筛

（2）密度计法。密度计法又称水分法，适用于粒径小于 0.075mm 的细粒土。将一定质量的风干土样倒入盛纯水的 1000mL 玻璃量筒中，经过搅拌将其拌成均匀的悬液状，土粒会在悬液中靠自身重力下沉，土粒的大小不同在水中沉降的速度也不同，在土粒下沉过程中，用密度计测出悬液中对应不同时间的不同溶液密度，如图 1.24 所示。记录密度计读数和土粒的下沉时间，就可以根据公式计算出不同土粒的粒径及其小于该粒径的质量百分数。

图 1.24　密度计法观测

当土中粗、细粒组兼有时，可将土样用振摇法或水冲法过 0.075mm 的筛子，使其分为两部分。大于 0.075mm 的土样用筛分法进行分析，小于 0.075mm 的土样用密度计法进行分析，然后将两种试验成果组合在一起对土样进行分析。

3）颗粒级配曲线

颗粒级配曲线是根据颗粒分析的方法，通过筛分及密度计试验结果绘制而成的，如图 1.25 所示。从图上可以看出，横坐标表示粒径，因粒径范围为 0.001～200mm，跨度很大，故也可以对数坐标表示；纵坐标表示小于或大于某粒径的土重含量。

颗粒级配曲线的作用有两种：一是利用颗粒级配曲线可以计算出各粒组的含量，以此作为土的工程分类定名的依据；二是利用颗粒级配曲线定性和定量地分析判断土的级配好坏。

利用颗粒级配曲线判断土的级配好坏时，可用定性分析法。若土样含的土粒粒径范围广，粒径大小相差悬殊，即颗粒级配曲线较平缓并光滑连续，则级配良好；反之，若土样含的土粒粒径范围窄，粒径大小差不多，即颗粒级配曲线较陡或出现平台，则级配不良。从图 1.25 中的级配曲线 a 和 b 可看出，曲线 b 级配良好，曲线 a 级配不良。

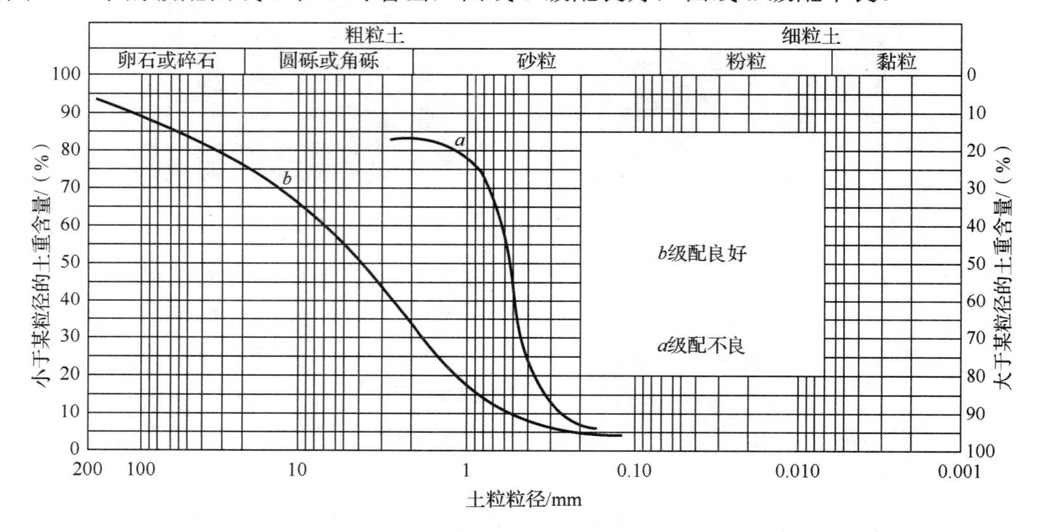

图 1.25　颗粒级配曲线

定量分析常用两个级配指标不均匀系数 C_u 和曲率系数 C_c 来描述土的级配特征。

不均匀系数 C_u 为

$$C_u = \frac{d_{60}}{d_{10}} \tag{1-1}$$

曲率系数 C_c 为

$$C_c = \frac{d_{30}^2}{d_{60} \times d_{10}} \tag{1-2}$$

式中：d_{60}——土的控制粒径或限制粒径，是指小于某粒径的土重含量为 60%时对应的粒径；

d_{10}——土的有效粒径，是指小于某粒径的土重含量为 10%时对应的粒径；

d_{30}——土的连续粒径，是指小于某粒径的土重含量为 30%时对应的粒径。

不均匀系数 C_u 反映大小不同粒组的分布情况。C_u 越大表示土粒粒径范围越广，粒径大小相差悬殊，颗粒大小越不均匀，其级配越良好，作为填方工程的土料时，则比较容易获得较大的密实度。曲率系数 C_c 则反映曲线的整体形状是否连续。

从工程上看：$C_u \geqslant 5$ 且 $C_c=1 \sim 3$ 的土，称为级配良好的土；不能同时满足上述两个要求的土，称为级配不良的土。

【例 1.1】 某工程场地地基土取样 500g 作筛分试验，试验结果见表 1-16，表中数值为留筛土样质量，盘底土样质量为 20g，试计算不均匀系数及曲率系数，并判断颗粒级配情况。

表 1-16　筛分试验结果

筛孔孔径/mm	2	1	0.5	0.25	0.075	盘底
留筛土样质量/g	50	150	150	100	30	20

解：（1）计算小于某粒径的土重含量，计算结果见表 1-17。

表 1-17　计算结果

小于筛孔孔径/mm	＜2	＜1	＜0.5	＜0.25	＜0.075
小于某粒径的土重含量	90%	60%	30%	10%	4%

（2）计算不均匀系数。

$$C_u = \frac{d_{60}}{d_{10}} = \frac{1}{0.25} = 4$$

（3）计算曲率系数。

$$C_c = \frac{d_{30}^2}{d_{10} \times d_{60}} = \frac{0.5^2}{0.25 \times 1} = 1$$

（4）判断颗粒级配。

根据评判标准，尽管 C_c 在 1～3 之间，但 $C_u < 5$，所以该试验土样级配不良。

2．土的液相

土中水即为液相。水在土中以固态、液态、气态三种形式存在，土中水按存在方式不同，可分为如下类型，如图 1.26 所示。

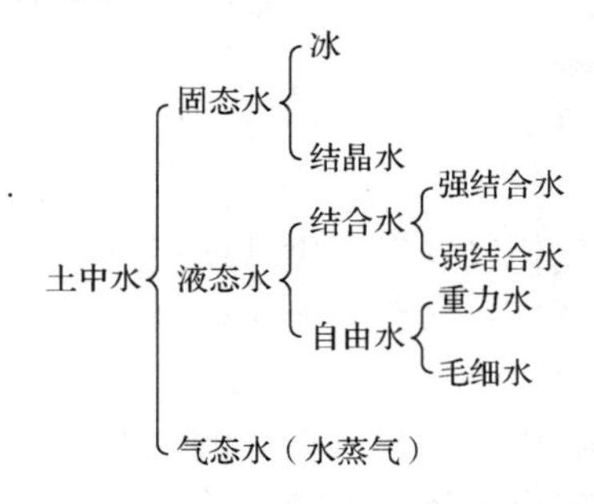

图 1.26　土中水按存在方式不同分类

1）结合水

结合水是指受土粒表面电场力作用失去自由活动的水。大多数黏土颗粒表面带有负电荷，因而围绕土粒周围形成了一定强度的电场，该电场使孔隙中的水分子极化，这些极化后的极性水分子和水溶液中所含的阳离子（如钾、钠、钙、镁等阳离子），在电场力的作用下共同定向地吸附在土粒表面周围，形成一层不可自由移动的水膜，即结合水。结合水又可根据受电场力作用的强弱分为强结合水和弱结合水。

（1）强结合水。强结合水是指被强电场力紧紧地吸附在土粒表面附近的结合水（又称吸着水）。其密度为 1.2～2.4g/cm^3，冰点很低，可达-78℃，沸点较高，在 105℃以上才可以被释放，而且很难移动，没有溶解能力，不传递静水压力，失去了普通水的基本特性，性质与固体相近，具有很大的黏滞性和一定的抗剪强度。

（2）弱结合水。弱结合水是指分布在强结合水外围吸附力稍低的结合水（又称薄膜水）。这部分水由于距颗粒表面较远，受电场力作用较弱，它与土粒表面的结合不如强结合水紧密。其密度为 1.0～1.7g/cm^3，冰点低于 0℃，不传递静水压力，也不能在孔隙中自由流动，只能以水膜的形式由水膜较厚处缓慢移向水膜较薄的地方，这种移动不受重力影响。

黏性土孔隙中主要充填的水为结合水，当两个土粒之间的距离小于其结合水厚度之和时，土粒间便形成公共水膜。公共水膜的存在是黏性土具有黏性、可塑性和力学强度的根本原因。

2）自由水

土孔隙中位于结合水以外的水称为自由水，自由水由于不受土粒表面电场力的作用，故可在孔隙中自由移动，其按运动时所受的作用力不同，可分为重力水和毛细水。

（1）重力水。受重力作用而运动的水称为重力水。重力水位于地下水位以下，重力水与一般水一样，可以传递静水和动水压力，具有溶解能力，可溶解土中的水溶盐，使土的强度降低，压缩性增大；可以对土粒产生浮力，使土的重力密度减小；还可以在水头差的作用下形成渗透水流，并对土粒产生渗透力，使土体发生渗透变形。重力水对土中的应力状态和开挖基槽、基坑及修筑地下构筑物时所应采取的排水、防水措施有重要的影响。

（2）毛细水。土中存在着很多大小不同的孔隙，有的可以相互连通形成弯曲的细小通道（毛细管），由于水分子与土粒表面之间的附着力和水表面张力的作用，地下水将沿着土中的细小通道逐渐上升，形成一定高度的毛细水带，地下水位以上的自由水称为毛细水。毛细水在以下几个方面有影响：毛细水的上升是引起路基冻害的因素之一；对于房屋建筑物，毛细水的上升会引起地下室过分潮湿；毛细水的上升还可能引起土的沼泽化和盐渍化，对工程及农业经济都有很大影响。

3. 土的气相

土中气体即为气相。土中气体可分为自由气体和封闭气体两种基本类型。

自由气体是与大气连通的气体，受外荷作用时，易被排出土外，对土的工程力学性质影响不大。

封闭气体是与大气不连通、以气泡形式存在的气体，封闭气体的存在可以使土的弹性增大，使填土不易压实，还会使土的渗透性减小。

1.3.2 土的结构

土的结构是指土的组成物质，主要是土粒，也包括孔隙的空间排列及相互联结特征。

它对土的物理力学性质有重要的影响。

土的结构包含微观结构和宏观结构两层概念。土的微观结构，常简称为土的结构，是指土粒的原位集合体特征，是由土粒单元的大小、矿物成分、形状、相互排列及其联结关系，土中水的性质及孔隙特征等因素形成的综合特征，通常用光学显微镜、电子显微镜才能观察到。土的宏观结构，常称为土的构造，是同一土层中的物质成分和颗粒大小等都相近的各部分之间相互关系的特征，表征了土层的层理、裂隙、孔洞等宏观特征，通常用肉眼即可观察到。

一般认为土的结构包括以下几种类型。

1. 单粒结构

单粒结构是碎石、砂砾等在沉积过程中形成的代表性结构。由于碎石、砂砾等粒径较大，其比表面积小，在沉积过程中粒间力的影响与其重力相比可以忽略不计，即土粒在沉积过程中主要受重力控制。当土粒在重力作用下下沉时，一旦与已沉稳的土粒相接触，就滚落到平衡位置形成单粒结构，如图 1.27（a）所示。

根据其矿物成分、颗粒形状、级配情况、沉积环境和排列特征等，单粒结构又可分为紧密和疏松两种情况。呈紧密单粒结构的土，由于土粒排列紧密，在动荷载、静荷载作用下都不会产生较大的沉降，所以强度较大，压缩性较小，是较为良好的天然地基。具有疏松单粒结构的土，其骨架是不稳定的，当受到振动及其他外力作用时，土粒易于发生移动，土中孔隙大大减少，引起土的很大变形，因此，这种土层如未经处理一般不宜作为建筑物的地基。饱和疏松的细砂、粉砂及粉土，在振动荷载作用下，会引起“液化”现象，在地震区将会引起震害。

2. 絮状结构

极细小的黏粒（粒径小于 0.005mm）在缓慢水流中常处于悬浮状态，当悬浮液的介质发生变化，比如细小颗粒被带到电解质含量较高的海水中，土粒在水中作杂乱无章的运动时一旦相互接触，粒间力表现为净引力，彼此就容易结合在一起逐渐形成小链环状的土粒集合体，使质量增大进而下沉，下沉过程中，当一个小链环碰到另一个小链环时又相互吸引，不断扩大形成大链环，此时即为絮状结构，又称二级蜂窝结构，如图 1.27（b）所示。絮状结构是黏土颗粒特有的结构形式。这种结构的土粒任意排列，具有较大的孔隙，因此强度低，压缩性高，对扰动比较敏感，在压缩环境下，该类土常有较大的压缩变形，土粒间的联结强度会由于固结而增大。

3. 蜂窝结构

当土粒较细（一般认为粒径在 0.005～0.075mm 范围）时，在水中单个下沉碰到已沉积的或正在下沉过程中的土粒，由于土粒之间的引力大于土粒自重，则下沉的土粒被吸附从而影响其下沉过程。后续下沉的细粒如此依次累积，逐渐形成具有很大孔隙的蜂窝结构，如图 1.27（c）所示。蜂窝结构是以粉粒为主的土的结构特征。

虽然蜂窝结构的土具有很大孔隙，但由于弓架作用和一定程度的粒间联结，使其可以承担一定应力水平的静力荷载。然而，当其承受高应力水平的静力荷载尤其是动力荷载时，其结构将被破坏，并可导致较大的地基变形。

（a）单粒结构

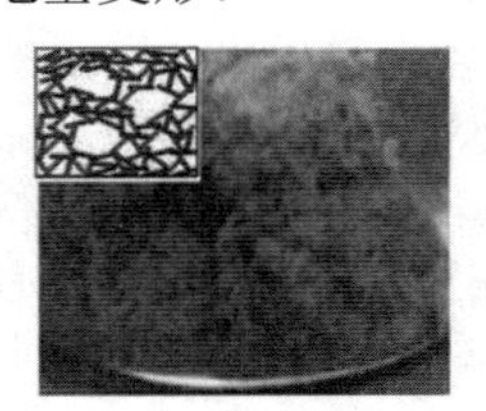
（b）絮状结构

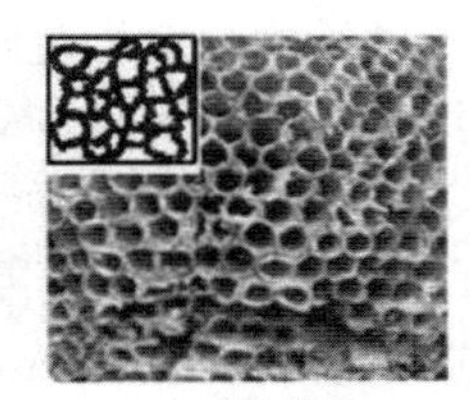
（c）蜂窝结构

图 1.27　土的结构

1.3.3　土的构造

土的构造即土层在空间的赋存状态，一般有以下几种。

1. 层状构造

土粒在沉降过程中，不同阶段沉降的物质成分、颗粒大小和颜色不同，它们沿竖向呈现不同的层状特征，称为层状构造。常见的有水平层状构造和带有夹层、尖灭层和透镜体等的交错层理构造，如图 1.28 所示。

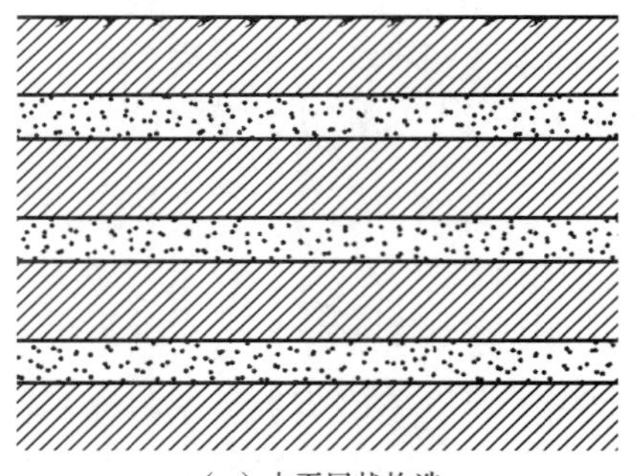
（a）水平层状构造

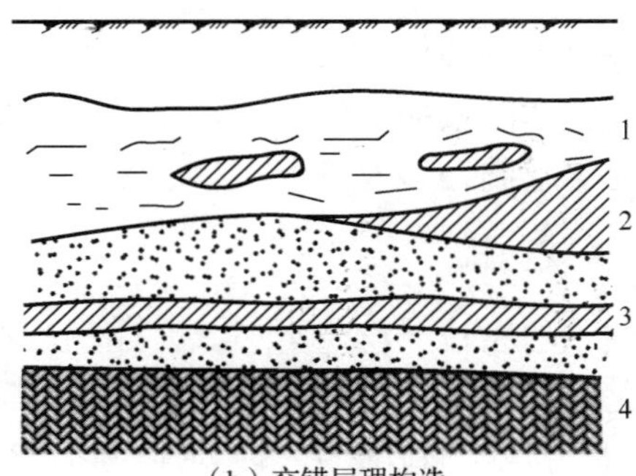

（b）交错层理构造

1—淤泥夹黏土透镜体；2—黏土尖灭层；3—砂土夹黏土层；4—基岩

图 1.28　层状构造

2. 分散状构造

在颗粒搬运和沉积过程中，经过分选的卵石、砾石、砂等，沉积厚度往往较大，其间没有明显的层理，呈现分散状构造，如图 1.29 所示。具有分散状构造的土层中各部分土粒无明显差异，各部分性质接近，在研究对象相对土粒本身较大时，可将土层作为各向同性体来考虑。

3. 裂隙状构造

在裂隙状构造中，土体被许多不连续的小裂隙所割裂，裂隙内部往往被各种盐类沉淀物所充填，如图 1.30 所示。土的裂隙性是土的构造的另一特征。如黄土的柱状裂隙，膨胀土的收缩裂隙等，裂隙的存在大大降低了土体的局部强度，损害了土的均质性，使该处成为软弱面或软弱带，对工程不利，往往成为工程结构或土体边坡失稳的控制性因素。此外，土体中的包裹物如腐殖物、贝壳、结核体等，以及虫洞或者巢穴等天然或人为的孔洞存在，也是造成土体不均质的原因。

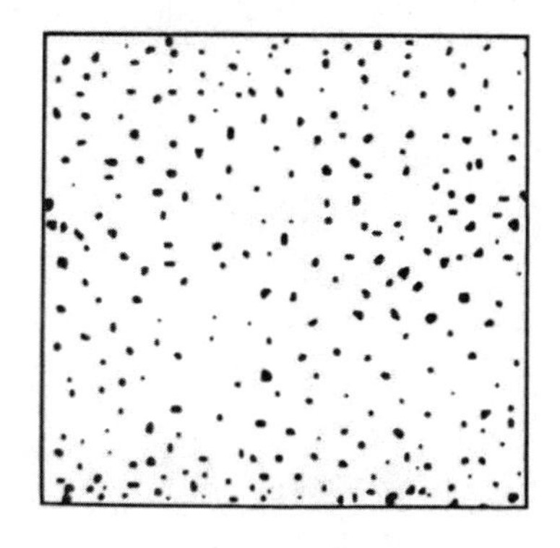

图 1.29　分散状构造

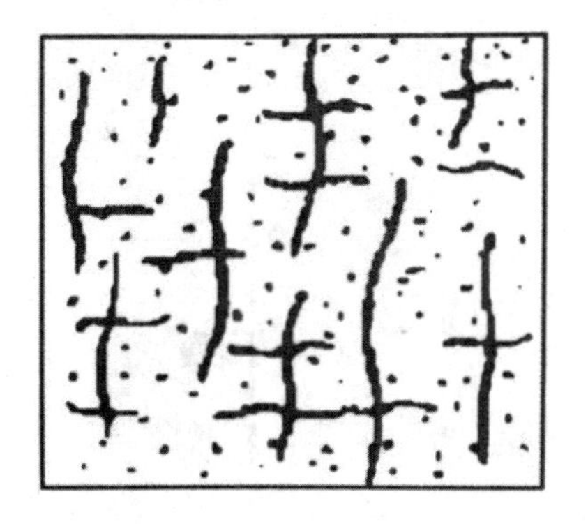

图 1.30　裂隙状构造

任务 1.4　土的物理性质及状态指标应用

任务描述

工作任务	（1）掌握土的物理性质指标及三相比例指标之间的换算关系。 （2）熟悉无黏性土、黏性土的物理状态指标，掌握相对密实度、塑限、液限、塑性指数和液性指数等基本概念，能判别土的软硬程度和土的类别
工作手段	《土的工程分类标准》（GB/T 50145—2007）、《土工试验方法标准》（GB/T 50123—2019）
提交成果	（1）每位学生独立完成本学习情境的实训练习里的相关内容。 （2）将教学班级划分为若干学习小组，每个小组独立完成土的密度试验、土的含水率试验、土的液塑限试验

相关知识

1.4.1　土的物理性质指标

土是由固体颗粒、水、气体三相组成的，为了分析问题方便，可将三相简化成一般的物理模型进行分析。表示土的三相组成部分质量、体积之间比例关系的指标，称为土的三相比例指标。这些指标随着土体所处的条件的变化而改变，如地下水位的升高或降低，土中水的含量也相应增大或减小；密实的土，其气相和液相占据的孔隙体积少。这些变化都可以通过相应指标的数值反映出来。土的三相比例指标是其物理性质的反映，与其力学性质也有内在联系，显然固相成分的比例越高，其压缩性越小，抗剪强度越大，承载力也越高。

土的物理性质指标

1．土的三相图

为了便于说明和计算，用如图 1.31 所示的土的三相组成示意图来表示各部分之间的数量关系。三相图的两侧表示三相组成部分的质量关系和体积关系。

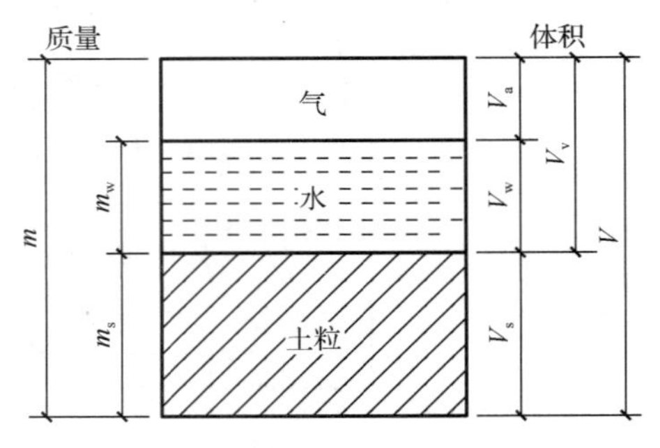

V—土的体积；
V_a—土中气体所占的体积；
V_w—土中水所占的体积；
V_s—土粒所占的体积；
V_v—土中孔隙所占的体积；
m—土的总质量；
m_w—土中水的质量；
m_s—土粒的质量

图 1.31　土的三相组成示意图

图 1.31 中各符号的意义如下。

m 表示质量，V 表示体积；下标 a 表示气体，下标 s 表示土粒，下标 w 表示水，下标 v 表示孔隙。从图中可以看出，气体的质量是忽略不计的。

2．土的基本指标

土的含水率、土的密度、土粒相对密度（土粒比重）三个三相比例指标可由土工试验直接测定，称为基本指标，也称实测指标。

1）土的含水率ω

土中水的质量与土粒质量之比，称为土的含水率，以百分数表示，即

$$\omega = \frac{m_w}{m_s} \times 100\% = \frac{m - m_s}{m_s} \times 100\% \tag{1-3}$$

含水率是标志土的干湿程度的一个重要物理性质指标，含水率越小，土越干；反之，土很湿或饱和。天然状态下土层的含水率称为天然含水率，其变化范围很大，它与土的种类、埋藏条件及其所处的自然地理环境等有关。一般干的粗砂土，其值接近于零，而饱和砂土，可达 40%；坚硬黏性土的天然含水率小于 30%，而饱和状态的软黏性土（如淤泥），其值则可达 60%或更大。一般说来，同一类土，当其含水率增大时，其强度就降低。土的含水率对黏性土、粉土的影响较大，对粉砂、细砂稍有影响，而对碎石土等没有影响。

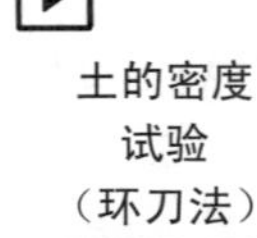

土的含水率一般用烘干法测定。先称小块原状土样的湿土质量，然后置于烘干箱内维持 100～105℃烘至恒重，再称干土质量。湿、干土质量之差与干土质量的比值，就是土的含水率。

2）土的密度ρ

单位体积土的质量，称为土的密度（单位 g/cm^3），即

$$\rho = \frac{m}{V} \tag{1-4}$$

单位体积土体所受的重力，称为土的重度（单位 kN/m^3），工程上常称为容重，即

$$\gamma = \rho g \tag{1-5}$$

式中：g——重力加速度，取值 9.8N/kg。

天然状态下土的密度变化范围较大。一般黏性土 $\rho = 1.8 \sim 2.0 g/cm^3$，砂土 $\rho = 1.6 \sim 2.0 g/cm^3$，腐殖土 $\rho = 1.5 \sim 1.7 g/cm^3$。

土的密度一般用环刀法测定，用一圆环刀（刀刃向下）放在削平的原状土样面上，徐徐削去环刀外围的土，边削边压，使保持天然状态的土样压满环刀内，称得环刀内土样质量，求得它与环刀容积的比值即为其密度。

3）土粒相对密度（土粒比重）d_s

土粒质量与同体积的 4℃时纯水的质量之比，称为土粒相对密度或土粒比重（无量纲），即

$$d_s = \frac{m_s}{V_s} \times \frac{1}{\rho_w} = \frac{\rho_s}{\rho_w} \tag{1-6}$$

式中：ρ_s——土粒的密度（g/cm^3）；

ρ_w——纯水在 4℃时的密度（单位体积的质量），等于 $1g/cm^3$ 或 $1000kg/m^3$。

土粒比重决定于土的矿物成分，如黏性土为 2.72～2.75，粉土为 2.70～2.71，砂土为 2.65～2.69，有机质土为 2.40～2.50，泥炭土为 1.50～1.80。同一种类的土，其土粒比重变化幅度很小。

土粒比重在试验室内用比重瓶法测定。将置于比重瓶内的土样在 105～110℃下烘干后冷却至室温，用精密天平测其质量，用排水法测得土粒体积，并求得同体积 4℃纯水的质量，土粒质量与水质量的比值就是土粒比重。由于土粒比重变化的幅度不大，通常可按经验数值选用。

3．其他物理指标

1）土的干密度 ρ_d 和干重度 γ_d

单位体积土中土粒部分的质量，称为土的干密度，即

$$\rho_d = \frac{m_s}{V} \tag{1-7}$$

单位体积土中土粒所受的重力称为土的干重度，即

$$\gamma_d = \rho_d g \tag{1-8}$$

在工程上常把干密度作为评定土的密实程度的标准，以控制填土工程、高等级公路路基和坝基的施工质量。

2）土的饱和密度 ρ_{sat} 和饱和重度 γ_{sat}

土孔隙中充满水时单位体积的质量，称为土的饱和密度 ρ_{sat}，即

$$\rho_{sat} = \frac{m_s + V_v \rho_w}{V} \tag{1-9}$$

土中孔隙完全被水充满时土的重度称为土的饱和重度，即

$$\gamma_{sat} = \rho_{sat} g \tag{1-10}$$

土的饱和重度一般为 $18 \sim 23 kN/m^3$。

3）土的有效密度（或浮密度）ρ'和浮重度γ'

在地下水位以下，土体中土粒的质量扣除土体排开同体积水的质量，即单位体积土中土粒的有效质量，称为土的有效密度（或浮密度）ρ'，即

$$\rho' = \frac{m_s - V_s\rho_w}{V} \tag{1-11}$$

地下水位以下的土受到水的浮力作用，扣除水浮力后单位体积土所受的重力称为土的浮重度γ'，即

$$\gamma' = \rho' g \tag{1-12}$$

处于地下水位线以下的土，由于受到水的浮力作用，使土的重量减轻，土受到的浮力等于同体积的水重$V_s\gamma_w$。

4）土的孔隙比e和孔隙率n

土中孔隙体积与土粒体积之比称为土的孔隙比，孔隙比用小数表示，即

$$e = \frac{V_v}{V_s} \tag{1-13}$$

土在天然状态下的孔隙比称为天然孔隙比，它是一个重要的物理性质指标，可以用来评价天然土层的密实程度。一般$e<0.6$的土是密实的低压缩性土，$e>1.0$的土是疏松的高压缩性土。

土中孔隙体积与总体积之比称为土的孔隙率，用百分数表示，即

$$n = \frac{V_v}{V} \times 100\% \tag{1-14}$$

土的孔隙率亦用来反映土的密实程度，一般粗粒土的孔隙率比细粒土的小，黏性土的孔隙率为30%～60%，无黏性土为25%～45%。

土的孔隙比和孔隙率都用来表示孔隙体积的含量。同一种土，孔隙比和孔隙率不同，土的密实程度也不同。它们随土的形成过程中所受到的压力、颗粒级配和颗粒排列的不同而有很大差异。

5）土的饱和度S_r

土中水的体积与孔隙体积之比，称为土的饱和度，以百分数表示，即

$$S_r = \frac{V_w}{V_v} \times 100\% \tag{1-15}$$

土的饱和度反映了土中孔隙被水充满的程度。当土处于完全干燥状态时$S_r = 0$，当土处于完全饱和状态时$S_r = 100\%$。根据饱和度S_r的指标值，土可划分为稍湿、很湿与饱和三种湿度状态，即$S_r \leqslant 50\%$，稍湿；$50\% < S_r \leqslant 80\%$，很湿；$S_r > 80\%$，饱和。

4．指标换算

土的三相比例指标中，其他物理指标可通过土的含水率ω、土的密度ρ和土粒比重d_s三个基本指标导得。土的三相比例指标换算公式见表1-18。

表 1-18　土的三相比例指标换算公式

名称	符号	三相比例表达式	常用换算公式	单位	常见的数值范围
土粒比重	d_s	$d_s=\frac{m_s}{V_s}\times\frac{1}{\rho_w}=\frac{\rho_s}{\rho_w}$	$d_s=\frac{S_r e}{\omega}$	—	黏性土 2.72～2.75；粉土 2.70～2.71；砂土 2.65～2.69；
含水率	ω	$\omega=\frac{m_w}{m_s}\times 100\%$	$\omega=\frac{S_r e}{d_s}$ $\omega=\frac{\rho}{\rho_d}-1$	—	20%～60%
密度	ρ	$\rho=\frac{m}{V}$	$\rho=\rho_d(1+\omega)$ $\rho=\frac{d_s(1+\omega)}{1+e}\rho_w$	g/cm^3	1.6～2.0
重度	γ	$\gamma=\rho g$	$\gamma=\frac{d_s+S_r e}{1+e}\gamma_w$	kN/m^3	16～20
干密度	ρ_d	$\rho_d=\frac{m_s}{V}$	$\rho_d=\frac{\rho}{1+\omega}=\frac{d_s}{1+e}\rho_w$	g/cm^3	1.3～1.8
干重度	γ_d	$\gamma_d=\rho_d g$	$\gamma_d=\frac{\gamma}{1+\omega}=\frac{d_s}{1+e}\gamma_w$	kN/m^3	13～18
饱和密度	ρ_{sat}	$\rho_{sat}=\frac{m_s+V_v\rho_w}{V}$	$\rho_{sat}=\frac{d_s+e}{1+e}\rho_w$	g/cm^3	1.8～2.3
饱和重度	γ_{sat}	$\gamma_{sat}=\rho_{sat}g$	$\gamma_{sat}=\frac{d_s+e}{1+e}\gamma_w$	kN/m^3	18～23
有效密度	ρ'	$\rho'=\frac{m_s-V_s\rho_w}{V}$	$\rho'=\rho_{sat}-\rho_w$ $\rho'=\frac{d_s-1}{1+e}\rho_w$	g/cm^3	0.8～1.3
浮重度	γ'	$\gamma'=\rho' g$	$\gamma'=\gamma_{sat}-\gamma_w$ $\gamma'=\frac{d_s-1}{1+e}\gamma_w$	kN/m^3	8～13
孔隙比	e	$e=\frac{V_v}{V_s}$	$e=\frac{d_s\rho_w}{\rho_d}-1=\frac{d_s\rho_w(1+\omega)}{\rho}-1$	—	黏性土和粉土 0.4～1.2；砂类土 0.3～0.9
孔隙率	n	$n=\frac{V_v}{V}\times 100\%$	$n=\frac{e}{1+e}\times 100\%=\left(1-\frac{\rho_d}{d_s\rho_w}\right)\times 100\%$	—	黏性土和粉土 30%～60%；砂类土 25%～45%
饱和度	S_r	$S_r=\frac{V_w}{V_v}\times 100\%$	$S_r=\frac{\omega d_s}{e}\times 100\%=\frac{\omega\rho_d}{n\rho_w}\times 100\%$	—	0～100%

常用如图 1.32 所示土的三相物理指标换算图进行各指标间关系的推导，令 $V_s=1$，则：

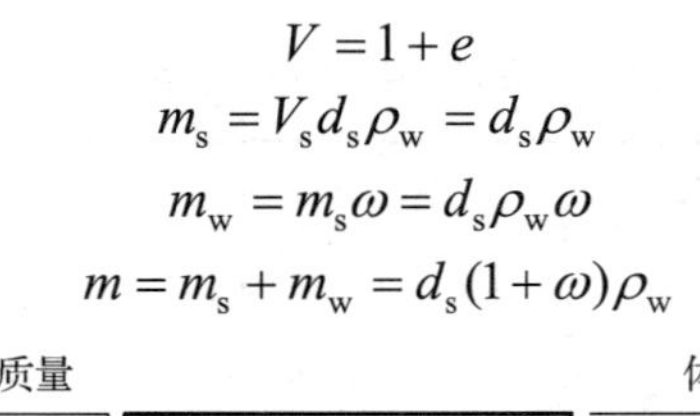

$$V = 1 + e$$
$$m_s = V_s d_s \rho_w = d_s \rho_w$$
$$m_w = m_s \omega = d_s \rho_w \omega$$
$$m = m_s + m_w = d_s(1+\omega)\rho_w$$

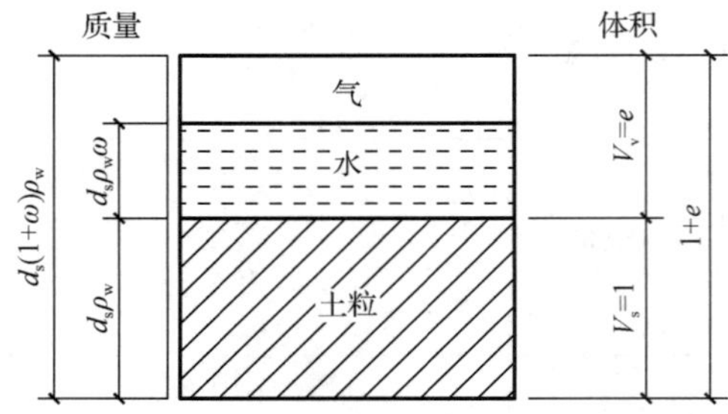

图 1.32　土的三相物理指标换算图

【例 1.2】一块原状土样，经试验测得土的密度 $\rho = 1.9\text{g/cm}^3$，含水率 $\omega = 28\%$，土粒比重 $d_s = 2.69$。试求土的孔隙比 e、孔隙率 n、饱和度 S_r、干密度 ρ_d、饱和密度 ρ_{sat} 及有效密度 ρ'。

解：设 $V = 1\text{cm}^3$，则 $m = m_s + m_w = \rho V = 1.9$（g），由式（1-3）得 $m_w = 0.28 m_s$。

联立上述二式解得 $m_s = 1.484\text{g}$，$m_w = 0.416\text{g}$。

由式（1-6）得

$$V_s = \frac{m_s}{d_s \rho_w} = \frac{1.484}{2.69 \times 1} \approx 0.552 \text{（cm}^3\text{）}$$

$$V_w = \frac{m_w}{\rho_w} = \frac{0.416}{1} = 0.416 \text{（cm}^3\text{）}$$

$$V_a = V - V_s - V_w = 1 - 0.552 - 0.416 = 0.032 \text{（cm}^3\text{）}$$

$$V_v = V_w + V_a = 0.416 + 0.032 = 0.448 \text{（cm}^3\text{）}$$

根据各物理指标意义可得

孔隙比 $e = \dfrac{V_v}{V_s} = \dfrac{0.448}{0.552} \approx 0.81$

孔隙率 $n = \dfrac{V_v}{V} \times 100\% = \dfrac{0.448}{1} \times 100\% = 44.8\%$

饱和度 $S_r = \dfrac{V_w}{V_v} \times 100\% = \dfrac{0.416}{0.448} \times 100\% \approx 92.9\%$

干密度 $\rho_d = \dfrac{m_s}{V} = \dfrac{1.484}{1} = 1.484$（g/cm^3）

饱和密度 $\rho_{sat} = \dfrac{m_s + V_v \rho_w}{V} = \dfrac{1.484 + 0.448 \times 1}{1} = 1.932$（g/cm^3）

有效密度 $\rho' = \rho_{sat} - \rho_w = 1.932 - 1 = 0.932$（g/cm^3）

【例 1.3】薄壁取样器采取的土样，已知土粒比重 $d_s = 2.6$，测出土样体积与质量分别为 38.40cm^3 和 67.21g，把土样放入烘干箱烘干，并在烘干箱内冷却到室温后，测得土样质量为 59.35g。试求土样的密度 ρ 、干密度 ρ_d 、含水率 ω 、孔隙比 e、孔隙率 n、饱和度 S_r 。

解：$\rho=\dfrac{m}{V}=\dfrac{67.21}{38.40}\approx1.75$ （g/cm^3）

$$\rho_d=\frac{m_s}{V}=\frac{59.35}{38.40}\approx1.55\ (\text{g/cm}^3)$$

$$\omega=\frac{m_w}{m_s}\times100\%=\frac{m-m_s}{m_s}\times100\%=\frac{67.21-59.35}{59.35}\times100\%\approx13.2\%$$

$$e=\frac{d_s\rho_w}{\rho_d}-1=\frac{2.6\times1}{1.55}-1\approx0.68$$

$$n=\frac{e}{1+e}\times100\%=\frac{0.68}{1+0.68}\times100\%\approx40.5\%$$

$$S_r=\frac{\omega d_s}{e}\times100\%=\frac{0.132\times2.6}{0.68}\times100\%\approx50.5\%$$

1.4.2 土的物理状态指标

土的三相比例指标反映着土的物理状态，如干燥或潮湿、疏松或紧密。土的物理状态对土的工程性质（如强度、压缩性）影响较大，类别不同的土所表现出的物理状态特征也不同。所谓土的物理状态指标，对于无黏性土是指土的密实度；对于黏性土，是指土的软硬程度或称黏性土的稠度。因此，不同类别的土具有不同的物理状态指标，不同状态的土具有不同的工程性质。

土的物理状态指标

1．无黏性土的密实度

无黏性土一般是指具有单粒结构的碎石土和砂土，土粒之间无黏结力，呈松散状态。无黏性土的密实度是指单位体积土中被固体颗粒充满的程度，是反映无黏性土工程性质的主要指标。密实的无黏性土由于压缩性小、抗剪强度大、承载力大，可作为建筑物的良好地基。但如处于疏松状态，尤其是细砂和粉砂，其承载力就有可能很低。因为疏松的单粒结构是不稳定的，在外力作用下很容易产生变形，且强度也低，很难作为天然地基。如位于地下水位以下的土，在动荷载作用下还有可能由于超静水压力的产生而发生液化。因此，工程中把密实度作为评定无黏性土地基承载力的依据。

判别无黏性土密实状态的指标通常有下列三种。

1）孔隙比 e

采用天然孔隙比的大小来判断无黏性土的密实度是一种比较简便的方法。一般 $e<0.6$ 时，属密实的无黏性土，是良好的天然地基；当 $e>0.95$ 时，无黏性土为松散状态，不宜作天然地基。这种方法的不足之处是没有考虑级配对无黏性土密实度的影响。有时，较疏松的级配良好的无黏性土，比较密实的颗粒均匀的无黏性土孔隙比要小。另外，原状砂样不宜从现场获得，孔隙比测定存在困难。

2）相对密实度 D_r

相对密实度 D_r 用下式表示，即

$$D_r=\frac{e_{max}-e}{e_{max}-e_{min}} \tag{1-16}$$

式中：e——无黏性土在天然状态下的孔隙比；

e_{max}——无黏性土在最松散状态下的孔隙比，即最大孔隙比，一般用松砂器法测定；

e_{min}——无黏性土在最密实状态下的孔隙比，即最小孔隙比，一般用振击法测定。

由上式可知，若无黏性土的天然孔隙比 e 接近于 e_{min}，即相对密实度 D_r 接近于 1 时，土呈密实状态；当 e 接近 e_{max} 时，即相对密实度 D_r 接近于 0 时，土呈松散状态。

根据 D_r 值，可把无黏性土的密实状态划分为下列三种。

（1）当 $0.67<D_r\leqslant1$ 时，无黏性土属密实的。

（2）当 $0.33<D_r\leqslant0.67$ 时，无黏性土属中密的。

（3）当 $0<D_r\leqslant0.33$ 时，无黏性土属松散的。

不同矿物成分、不同级配和不同颗粒形状的无黏性土，最大孔隙比和最小孔隙比都是不同的，因此相对密实度 D_r 比孔隙比 e 更能全面反映上述各种因素的影响。

理论上讲，采用相对密实度的概念比较理想，但是测定 e_{max} 和 e_{min} 的试验方法不够完善，试验结果有很大出入。最困难的是现场取样，一般条件下不可能完全保持无黏性土的天然结构，因而无黏性土的天然孔隙比的数值很不可靠，这就使相对密实度的指标难以测准，所以在实际工程中该指标使用不普遍。

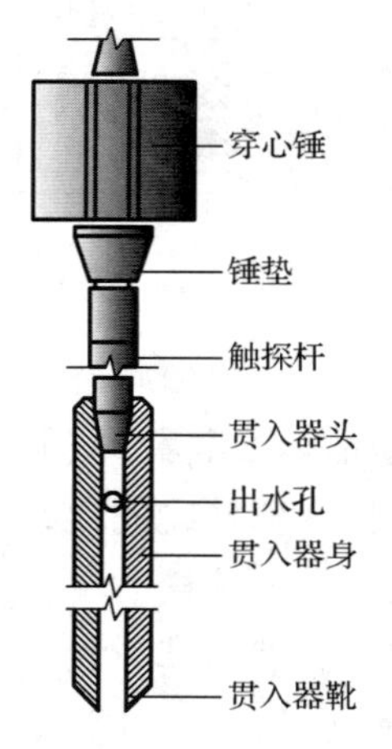

图 1.33　标准贯入器

3）标准贯入试验锤击数 N

对于天然土体，较普遍的做法是采用标准贯入试验锤击数 N 来现场判定无黏性土的密实度。标准贯入试验是在现场进行的原位试验，试验所用的设备标准贯入器如图 1.33 所示。该法是用质量为 63.5kg 的穿心锤，以一定高度的落距（76cm）将贯入器打入土中 30cm，该过程所需要的锤击数即为标准贯入试验锤击数 N。显然标准贯入试验锤击数 N 越大，表明土层越密实；反之 N 越小，土层越疏松。按标准贯入试验锤击数 N 划分无黏性土密实度的标准见表 1-19。

表 1-19　无黏性土密实度的划分

标准贯入试验锤击数 N	密实度	标准贯入试验锤击数 N	密实度
$N\leqslant10$	松散	$15<N\leqslant30$	中密
$10<N\leqslant15$	稍密	$N>30$	密实

注：当用静力触探探头阻力判定无黏性土的密实度时，可根据当地经验确定。

2．黏性土的稠度

1）黏性土的稠度状态

黏性土与无黏性土在性质上有很大的差异，黏性土的特性主要是由土中的黏粒与水之间的相互作用而产生的。因此，黏性土最主要的状态特征是它的稠度。黏性土的稠度是指黏性土的软硬程度和土体对外力引起的变形或破坏的抵抗能力。黏性土的稠度与含水率密切相关，当土中含水率很小时，由于黏粒表面电荷的作用，水紧紧吸附于黏粒表面，成为强结合水，土表现为固态或半固态；当含水率增加时，被吸附在黏粒周围的水膜加厚，黏粒周围有强结合水和弱结合水，在这种含水率情况下，土体可以被捏成任意形状而不破裂，这种状态称为可塑状态；当土中含水率再增加，土中除结合水外，还出现了较多的自由水，黏性土就变成了液体呈流动状态。由此可见，黏性土随含水率的增加可从固态转变为半固态、可塑状态及流动状态，如图 1.34 所示。

图 1.34　黏性土稠度状态与含水率的关系

2）黏性土的界限含水率

所谓界限含水率是指从一个稠度状态过渡到另一个稠度状态时的分界含水率，也称稠度界限。黏性土的稠度状态随其含水率的变化而有所不同，四种稠度状态之间有三个界限含水率，分别为缩限、塑限和液限，如图 1.34 所示。土由可塑状态转到流动状态的界限含水率叫作液限（也称塑性上限含水率或流限），用符号 ω_L 表示。土由半固态转到可塑状态的界限含水率叫作塑限（也称塑性下限含水率），用符号 ω_P 表示。土由半固态不断蒸发水分，则体积逐渐缩小，直到体积不再缩小时土的界限含水率叫作缩限，用符号 ω_S 表示。

黏性土的界限含水率可通过相应的试验测定，其中缩限采用收缩皿试验测定，塑限与液限可以采用液塑限联合测定仪测定，如图 1.35 所示。塑限与液限也可分别采用传统的滚搓法和碟式液限仪测定。

采用液塑限联合测定仪进行液限和塑限的测定时，将调成不同含水率的土样先后装于盛土杯内，分别测定圆锥仪在 5s 时的下沉深度，据此绘出圆锥仪下沉深度和含水率的关系，如图 1.36 所示，该直线上圆锥仪下沉深度为 17mm 时所对应的含水率为 17mm 液限，下沉深度为 10mm 时所对应的含水率为 10mm 液限，下沉深度为 2mm 时对应的含水率为塑限。

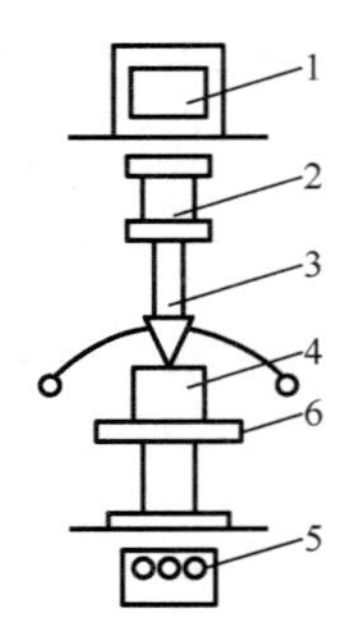

1—显示屏；2—电磁铁；3—带标尺的圆锥仪；
4—盛土杯；5—控制开关；6—升降座

图 1.35　液塑限联合测定仪示意图

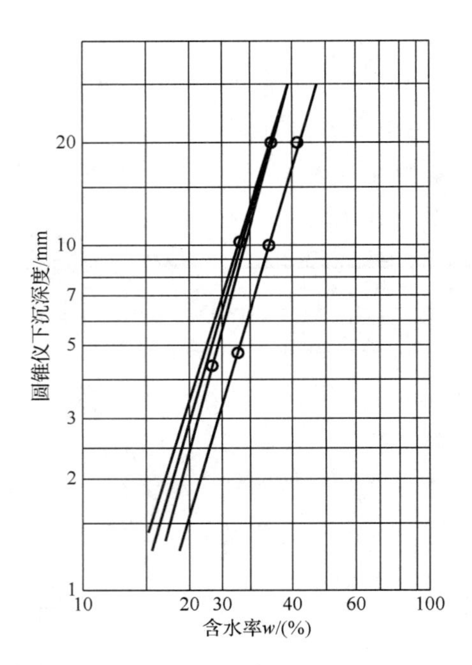

图 1.36　圆锥仪下沉深度和含水率的关系

3）黏性土的塑性指数和液性指数

对同一种性质的土而言，土的含水率可以表示土的软硬程度。但对于两种性质不同的黏性土，当天然含水率相同时，土所处的状态可能完全不同，原因是不同土的液限和塑限不同。因此，仅知道土的含水率时，还不能说明土所处的状态，而必须将天然含水率与其液限和塑限进行比较，才能确定黏性土的状态。为此，工程上采用塑性指数和液性指数来判别黏性土的状态。

（1）塑性指数 I_P。

塑性指数是指液限与塑限的差值，其表达式为

$$I_P = \omega_L - \omega_P \tag{1-17}$$

塑性指数表明了黏性土处在可塑状态时含水率的变化范围，习惯上用直接去掉百分号的数值来表示。它的大小与土的黏粒含量及矿物成分有关，土的塑性指数越大，说明土中黏粒含量越多，土处在可塑状态时含水率变化范围也就越大；反之，含水率变化范围越小。所以，塑性指数是一个能反映黏性土性质的综合性指数，工程上可采用塑性指数对黏性土进行分类和评价。《建筑地基基础设计规范》（GB 50007—2011）中按塑性指数大小对黏性土的分类标准为：当 $I_P > 17$ 时，黏土；当 $10 < I_P \leqslant 17$ 时，粉质黏土。

（2）液性指数 I_L。

液性指数是黏性土的天然含水率和塑限之差与塑性指数的比值，其表达式为

$$I_L = \frac{\omega - \omega_P}{I_P} = \frac{\omega - \omega_P}{\omega_L - \omega_P} \tag{1-18}$$

上式中，当 $\omega < \omega_P$ 时，$I_L < 0$，土呈坚硬状态；当 $\omega = \omega_P$ 时，$I_L = 0$，土从半固态进入可塑状态；当 $\omega = \omega_L$ 时，$I_L = 1$，土由可塑状态进入流动状态。显然，I_L 越大，土质越软；反之，I_L 越小，土质越硬。根据液性指数的大小可将黏性土的软硬划分为五种状态，见表 1-20。

表 1-20　黏性土的稠度标准

状态	坚硬	硬塑	可塑	软塑	流塑
液性指数 I_L	$I_L \leqslant 0$	$0 < I_L \leqslant 0.25$	$0.25 < I_L \leqslant 0.75$	$0.75 < I_L \leqslant 1.0$	$I_L > 1.0$

必须指出，液限试验和塑限试验都是把试样调成一定含水率的土样进行的，也就是说 ω_L 和 ω_P 都是在土的结构被彻底破坏后测得的。因此，以上判别标准没有反映土的结构性影响，用来判断重塑土的状态比较合适，而对原状土则使测试结果对工程应用来说偏于安全。

工程师寄语

在土工试验室进行试验，不仅可以掌握试验原理，增强动手能力，而且能培养沟通与合作的品质，增进学生之间的相互信任。

【例 1.4】某工程场地的地基土的天然含水率 $\omega = 30\%$，塑限 $\omega_P = 22\%$，液限 $\omega_L = 45\%$，试判别土的软硬程度和土的类别。

解：土的塑性指数 $I_P = \omega_L - \omega_P = 45 - 22 = 23 > 17$，该土为黏土。

土的液性指数 $I_L = \dfrac{\omega - \omega_P}{I_P} = \dfrac{30 - 22}{23} \approx 0.35$

由于 $0.25 < I_L \leqslant 0.75$，故该土处于可塑状态。

4）黏性土的灵敏度和触变性

天然状态下的黏性土，由于地质历史作用通常都具有一定的结构性，当受到外来因素的扰动时，土粒间的胶结物质及土粒、离子、水分子所组成的平衡体系受到破坏，土的强度降低，压缩性增大。土的结构性对强度的这种影响，工程上一般用灵敏度 S_t 来衡量。土的灵敏度 S_t 是以原状土的强度与同一土经重塑（指在含水率不变条件下使土的结构彻底破坏）后的强度之比来表示的。重塑土样具有与原状土样相同的尺寸、密度和含水率。测定强度常用的方法有无侧限抗压强度试验和十字板抗剪强度试验。

与结构性相反的是土的触变性。黏性土的结构受到扰动，导致强度降低，但当扰动停止后，土的强度又随时间而逐渐增加，这是由于土粒、离子和水分子体系随时间而逐渐趋于新的平衡状态，也可以说土的结构逐步恢复而导致强度的恢复。黏性土结构遭到破坏，强度降低，但随时间发展土体强度随时间恢复的胶体化学性质称为土的触变性。例如，在黏性土中打桩时，桩侧土结构受到破坏而强度降低，但停止打桩以后，土的强度逐渐恢复，因此，在打同一根桩时应尽量缩短接桩的停顿时间，相反，从成桩完毕到开始试桩，则应给土一定的强度恢复间歇时间。

任务 1.5　土的压实性

任务描述

工作任务	（1）掌握土的压实性概念。 （2）掌握击实试验原理。 （3）了解影响土击实效果的因素，掌握填土压实质量控制要点
工作手段	《土工试验方法标准》（GB/T 50123—2019）
提交成果	（1）每位学生独立完成本学习情境的实训练习里的相关内容。 （2）将教学班级划分为若干学习小组，每个小组独立完成土的击实试验

相关知识

在工程建设中，常用土料填筑土堤、土坝、路基和地基等，土料是由固体颗粒、孔隙及存在于孔隙中的水和气体组成的松散集合体。土的压实性就是土体在一定的击实功作用下，土粒克服粒间阻力，产生位移，颗粒重新排列，使土的孔隙比减小、密度增大，从而提高土料的强度，减小其压缩性和渗透性。对土料压实的方法主要有碾压、夯实、振动三类，但在压实过程中，即使采用相同的击实功，对于不同种类、不同含水率的土，击实效果也不完全相同。因此，为了技术上可靠和经济上的合理，必须对填土的压实性进行研究。

1.5.1　土的击实特征

1．击实试验

研究土的压实性的方法有两种：一种是在室内用标准击实仪进行击实试验；另一种是在现场用碾压机具进行碾压试验，施工时以施工参数（包括碾压设备的型号、振动频率及重量、铺土厚度、加水量、碾压遍数等）及干密度同时控制。室内击实试验所用的设备标准击实仪如图 1.37 所示，该击实仪主要由击实筒、击实锤和导筒组成。

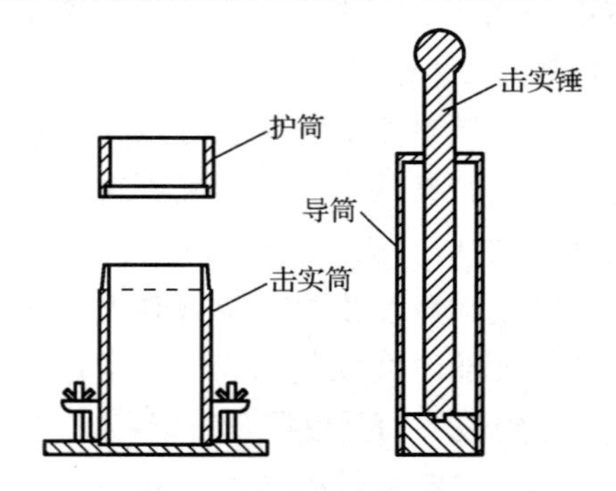

图 1.37　标准击实仪示意图

击实试验时，先将待测的土样按不同的预定含水率，制备成不同的试样（不少于5个）。取制备好的某一试样，分三层装入击实筒，在相同击实功（即锤重、锤落高度和锤击数三者的乘积）下击实试样，称筒和筒中土质量，根据已知击实筒的体积测算出试样湿密度，用推土器推出试样，测试样含水率，然后计算出该试样的干密度，不同试样得到不同的干密度 ρ_d 和含水率 ω。以干密度为纵坐标，含水率为横坐标，绘制干密度 ρ_d 和含水率 ω 的关系曲线，如图1.38所示即为土的击实曲线，击实试验的目的就是用标准击实方法，测定土的干密度和含水率的关系。从击实曲线上可确定土的最大干密度 ρ_{dmax} 和相应的最优含水率 ω_{op}，为填土的设计与施工提供重要依据。

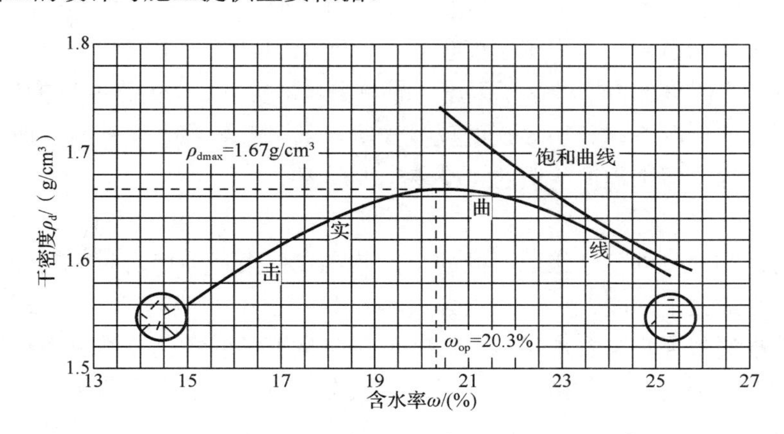

图1.38 土的击实曲线

工程师寄语

学生要完成土的击实试验操作任务，需要经过小组人员分工、土样的准备、击实设备的安装、击实动作的实施、获取试样、称量取得试验数据等一系列过程，该过程可训练学生的沟通能力、组织协调能力、实际操作能力，培养严谨细致、精益求精的工匠精神。

2. 影响土击实效果的因素

影响土击实效果的因素

1）土的含水率

击实曲线上的干密度随着含水率的变化而变化，在含水率较小时，土粒周围的结合水膜较薄，土粒间的结合水的联结力较大，可以抵消部分击实功的作用，土粒不易产生相对移动而挤密，所以土的干密度较小。如果土的含水率过大，使孔隙中出现了自由水并将部分空气封闭，则在击实瞬时荷载作用下，土中多余的水分和封闭气体不能排出，从而孔隙水压力不断升高，抵消了部分击实功，击实效果反而下降，结果是土的干密度减小。当 ω 在 ω_{op} 附近时，由于含水率适当，水在土体中起一种润滑作用，土粒间的结合水的联结力和摩阻力较小，土中孔隙水压力和封闭气体的抵消作用也较小，土粒间易于移动而挤密，故土的干密度增大；在相同的击实功下，土粒易排列紧密，可得到较大的干密度。黏性土的最优含水率一般接近黏性土的塑

限，可近似取为$\omega_{op}=\omega_{p}+2\%$。

将不同含水率及所对应的土体达到饱和状态时的干密度点绘于图1.38中，得到饱和度$S_{r}=100\%$的饱和曲线。从图中可见，试验的击实曲线在峰值以右逐渐接近饱和曲线，并且大体上与它平行，但永不相交。这是因为在任何含水率下，填土都不会被击实到完全饱和状态，土内总存留一定量的封闭气体，故填土是非饱和状态。试验证明，一般黏性土在其最佳击实状态下（击实曲线峰点），其饱和度通常为80%左右。

2）击实功

击实功对最优含水率和最大干密度会产生影响，对于同一种土用不同击实功进行击实试验后表明，击实功越大，最大干密度也越大，而土的最优含水率则越小。但是这种击实功的增加是有一定限度的，超过这一限度，即使增加击实功，土的干密度的增加也不明显。另外在排水不畅的情况下，经历多次的反复击实，甚至会导致土体密度不加大而土体结构被破坏的结果出现，即工程上所谓的“橡皮土”现象。

3）颗粒级配

在相同的击实功条件下，级配不同的土，其击实效果是不相同的。粗粒含量多、颗粒级配良好的土，最大干密度较大，最优含水率较小。

粗粒土的击实效果也与含水率有关。一般在完全干燥或者充分洒水饱和的状态下，粗粒土容易被击实得到较大的干密度。而在潮湿状态，由于毛细压力的作用，增加了土粒间的联结，粗粒土不易击实，干密度显著降低。因此在击实功一定时，对其充分洒水使土料接近饱和，可使击实后土的密度较大。粗粒土一般不做击实试验。

1.5.2 填土压实质量控制

土料的填筑，施工质量是关键，细粒土的填筑标准通常是根据击实试验确定的。最大干密度是评价土的压实度的一个重要指标，它的大小直接决定着现场填土的压实质量是否符合施工技术规范的要求。由于黏性填土存在着最优含水率，因此在填土施工时应将土料的含水率控制在最优含水率左右，以期用较小的能量获得最好的压实效果。在确定土的施工含水率时，应根据土料的性质、填筑部位、施工工艺和气候条件等因素综合考虑，一般在最优含水率ω_{op}的-2%～+3%范围内选取。

在工程实践中常用压实度λ_{c}来控制施工质量，压实度是设计填筑干密度ρ_{d}与室内击实试验的最大干密度ρ_{dmax}的比值，即

$$\lambda_{c}=\frac{\rho_{d}}{\rho_{dmax}} \tag{1-19}$$

未经压实的松土，干密度一般为1.12～1.33g/cm^3，压实后可达1.58～1.83g/cm^3，大多为1.63～1.73g/cm^3。我国土石坝工程设计规范中规定，黏性土料1、2级坝和高坝，填土的压实度应不低于0.97～0.99，3级及其以下的中坝，压实度应不低于0.95～0.97。压实度越接近1，表示压实质量越高。

施工质量的检查方法一般可以 200～500cm^3 环刀（环刀压入碾压土层的 2/3 深度处）或灌砂（水）法测湿密度、含水率并计算其干密度。土料碾压筑堤压实质量合格标准见表 1-21。

表 1-21　土料碾压筑堤压实质量合格标准

项次	填筑类型	筑堤材料	压实干密度合格率下限/（%）	
			1、2 级土堤	3 级土堤
1	新填筑堤	黏性土	85	80
		少黏性土	90	85
2	老堤加高培厚	黏性土	85	80
		少黏性土	85	80

注：1．不合格干密度不得低于设计干密度值的 96%。

2．不合格样不得集中在局部范围内。

另外，级配情况对砂土、砂砾土等粗粒土的压实性影响较大，粗粒土的密实程度是用其相对密实度 D_r 的大小来衡量的。

拓展讨论

党的二十大报告指出，加快构建新发展格局，着力推动高质量发展。杭州萧山国际机场、杭州湾跨海大桥、沪杭甬高速公路、杭州世纪中心、杭州奥体中心体育场等浙江代表性建筑，无一不彰显了浙江省建筑行业高质量发展的历程。在国家“一带一路”发展规划中，建筑业作为我国重要的战略性优势产业，应如何顺应高质量发展的时代要求？

【例 1.5】某一施工现场需要填土，基坑的体积为 1500m^3，土场是从附近土丘开挖，经勘察，土的比重为 2.75，含水率为 18%，孔隙比为 0.7。要求填土的含水率为 25%，干重度为 18kN/m^3。试求：①土场的重度、干重度和饱和度是多少？②应从土场开采多少方土？③碾压时应洒多少水？填土的孔隙比是多少？（计算结果保留小数点后两位）

解：（1）计算重度、干重度和饱和度。

干重度 $\gamma_d = \dfrac{d_s\gamma_w}{1+e} = \dfrac{2.75\times10}{1+0.7} \approx 16.18$（kN/m^3）

由 $\gamma_d = \dfrac{\gamma}{1+\omega}$，得重度 $\gamma = \gamma_d(1+\omega) = 16.18\times(1+0.18) \approx 19.09$（kN/m^3）

饱和度 $S_r = \dfrac{d_s\omega}{e} = \dfrac{2.75\times0.18}{0.7} \approx 70.71\%$

（2）计算土场开采量。

填土：$\gamma_d = \dfrac{m_s g}{V}$，得 $m_s = \dfrac{\gamma_d V}{g} = \dfrac{18\times1500}{10} = 2700$（t）

取土：$V = \dfrac{m_s g}{\gamma_d} = \dfrac{2700\times10}{16.18} \approx 1668.73$（m^3）

（3）计算洒水量和孔隙比。

由 $\omega = \dfrac{m_w}{m_s}\times100\%$，得 $m_w = 2700\times(0.25-0.18) = 189$（t）

$$e=\frac{d_s\gamma_w}{\gamma_d}-1=\frac{2.75\times10}{18}-1\approx0.53$$

任务 1.6　土的渗透性

任务描述

工作任务	（1）掌握土的渗透性概念。 （2）掌握达西定律的应用，了解渗透系数测定方法。 （3）熟悉渗透变形的两类现象及其防治措施
工作手段	《建筑地基基础工程施工规范》（GB 51004—2015）
提交成果	每位学生独立完成本学习情境的实训练习里的相关内容

相关知识

由于土体本身具有连续的孔隙，当孔隙中的水任意两点存在能量差时，水就会透过土体孔隙由能量高的点向能量低的点流动，从而发生孔隙内的流动，这一流动过程称为渗透或渗流，如图 1.39 所示，而土体可以被水透过的性质称为土的渗透性。渗流可能引起渗漏和渗透变形的问题，渗漏造成水量损失，如挡水土坝的渗水、闸基的渗漏等，如图 1.40 所示。渗透变形会使土体产生变形破坏，有流土、管涌等破坏形式，如在 1998 年的大洪水中，长江九江大堤决堤，就是由管涌造成的。因此，工程中必须研究土的渗透性及渗流的运动规律，为工程的设计、施工提供必要的资料和依据。

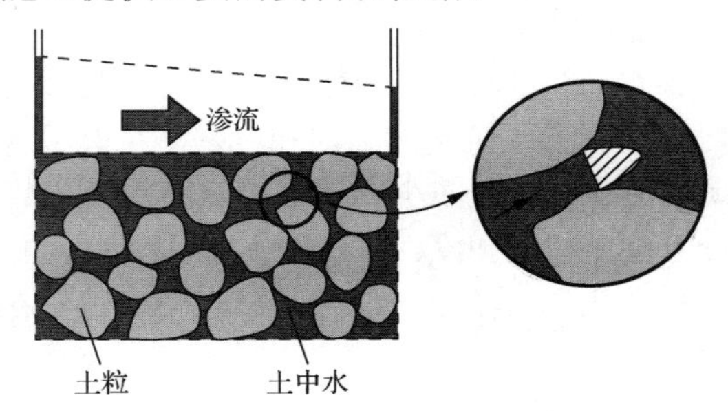

图 1.39　土中水的渗流示意图

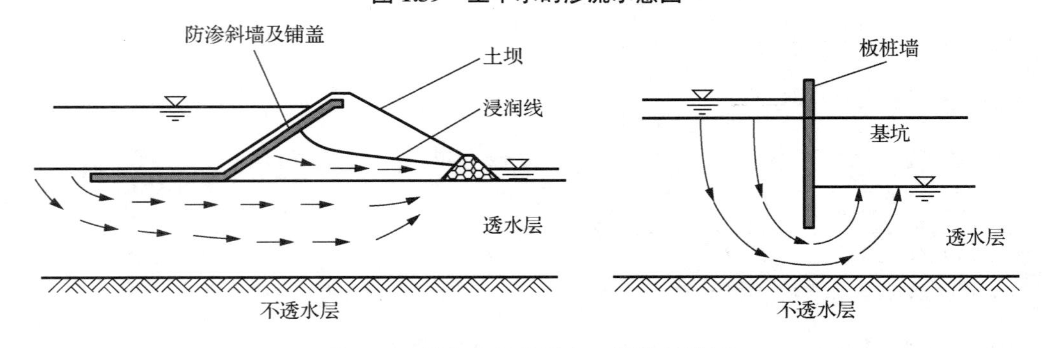

图 1.40　挡水土坝的渗水、闸基的渗漏

1.6.1 达西定律

1856 年法国科学家达西利用图 1.41 所示的试验装置对均质砂土进行了大量的试验研究，得出了渗透规律：地下水在孔隙中以一定的速度连续流动，其渗透速度与水力梯度成正比，其表达式为

$$v = ki = k\frac{h}{L} \tag{1-20}$$

式中：v——渗透速度（cm/s）；

k——土的渗透系数（cm/s）；

i——水力梯度或水力坡降，无量纲；

h——试样上下两断面间的水头损失（cm）；

L——渗流路径长度（cm）。

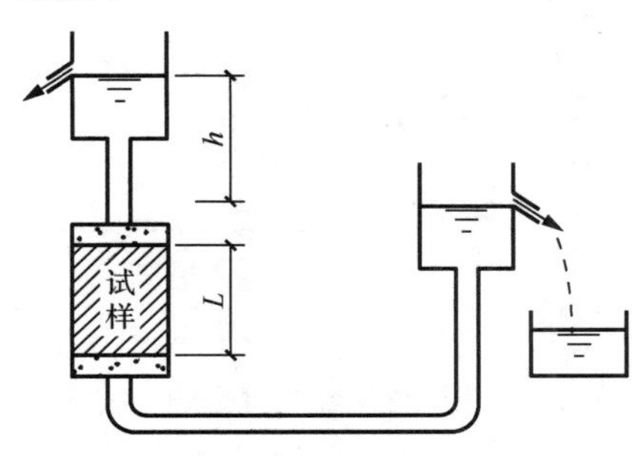

图 1.41　达西渗透试验装置

式（1-20）就是人们熟知的达西定律。它是研究饱和土渗流问题的基本物理方程。达西定律表明，土中水的渗透速度 v 等于形成渗流的水力梯度 i 与土的渗透系数 k 的乘积；换言之，当水力梯度 i=1 时，其渗透速度 v 就等于土的渗透系数 k，因水力梯度为无量纲数，所以渗透系数量纲与渗透速度相同，即 cm/s 或 m/d。

表 1-22 列出了不同种类土的渗透系数参考值。由表 1-22 可以看出黏性土的渗透系数远小于无黏性土的渗透系数，例如透水性大的卵石的渗透系数，可以是极不易透水的黏土的渗透系数的 10^6 倍。

表 1-22　不同种类土的渗透系数参考值

土的类别	渗透系数 k/（cm/s）	土的类别	渗透系数 k/（cm/s）
黏土	$<10^{-7}$	粗砂、中砂	$10^{-3}\sim10^{-2}$
粉质黏土	$10^{-7}\sim10^{-6}$	砾石	$10^{-2}\sim10^{-1}$
粉土	$10^{-6}\sim10^{-3}$	卵石	$10^{-1}\sim100$
细砂、粉砂	$10^{-4}\sim10^{-3}$		

式（1-20）也表明渗透速度 v 与水力梯度 i 间为线性关系，若以 v 为垂直坐标，i 为水平坐标，则式（1-20）可表示一条通过坐标原点的直线，k 为直线斜率。在层流条件下，无

黏性土（如砂、砾石等）能很好符合上述关系，如图 1.42 所示。但对于黏性土，由于颗粒极细，表面存在束缚水膜，阻塞土中孔隙通道，只有在水力梯度 i 大于起始梯度i_0时，其才会发生渗流，且 1—2 段呈曲线关系，如图 1.42 所示。因此，黏性土达西公式修正为

$$v = k(i - i_0') \tag{1-21}$$

上式中 i_0' 为修正后的起始梯度，其值为直线段延长部分与水平轴交点的水力梯度。黏性土起始梯度i_0与黏粒含量多少有关，根据试验资料，例如，当黏粒含量为 35%，其值可达 5～7。因此，对于黏性土层，当水力梯度$i < i_0$时，可以认为它是不透水的隔水层。换言之，此时位于隔水层上下含水层中的水，不会发生渗流穿过隔水层进行补给的情况。

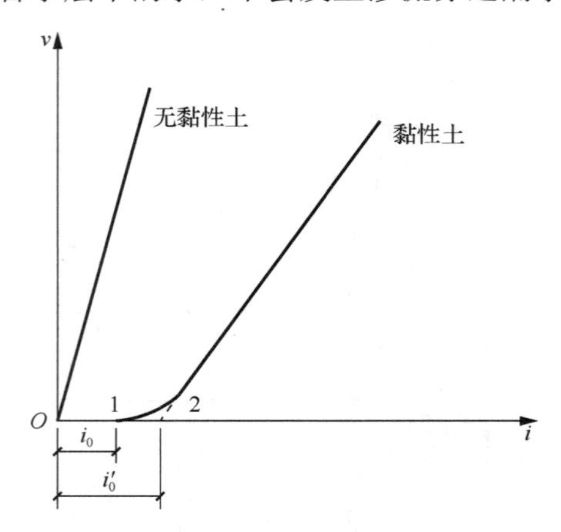

图 1.42　无黏性土和黏性土的直线关系

1.6.2　渗透系数测定方法

土的渗透系数测定可在试验室内，或在现场进行测定。在试验室内通过各种试样，可测出它们各自的渗透系数；而在现场通过钻孔内抽水方法，所测出的是土层的平均渗透系数。

1．室内测定渗透系数

在室内测定渗透系数，可以在常水头或变水头条件下进行。图 1.43 是在常水头条件下测定渗透系数的示意图。试样填装在玻璃管内滤网上，试样长度为 L，面积为 A，试样以上供水槽内恒定水位，在基准面 0—0′以上高度为h_1，尾水槽水面高为h_2，在水头差Δh作用下，水流经试样由尾水槽溢出流入量筒，经 t 秒后流入量筒内的水体积为 V，单位时间渗流流量$Q = V/t$，由式（1-20）可知渗透系数 k 为

$$k = \frac{Q}{A} \bigg/ \frac{\Delta h}{L} = \frac{QL}{A\Delta h} \tag{1-22}$$

测定无黏性土的渗透系数，常采用常水头条件下的试验方法。

图 1.44 是在变水头条件下测定渗透系数的示意图。试样置于上下透水板之间，试样长度为 L，面积为 A，仪器顶盖上连接有垂直玻璃管，玻璃管断面积为 a。试验开始时（记为t_1），

玻璃管内水面与尾水面间水头差为h_1（取尾水面为基准面 0—0′），试验终止时（记为t_2），玻璃管内水面与尾水面间水头差为h_2，若试验中间水头差为h，经时间 dt 后，玻璃管内水面下降 dh，根据达西定律可导出

$$k = 2.3\frac{La}{A(t_2 - t_1)}\lg\frac{h_1}{h_2} \tag{1-23}$$

式（1-23）就是根据变水头试验数据计算渗透系数的公式。由于变水头试验总的渗水量$(h_1 - h_2)a$数值不大，因此它常用来测定黏性土的渗透系数。

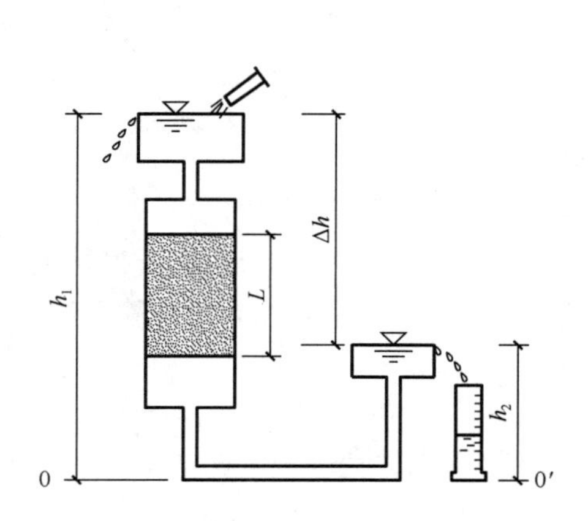

图 1.43　在常水头条件下测定渗透系数的示意图

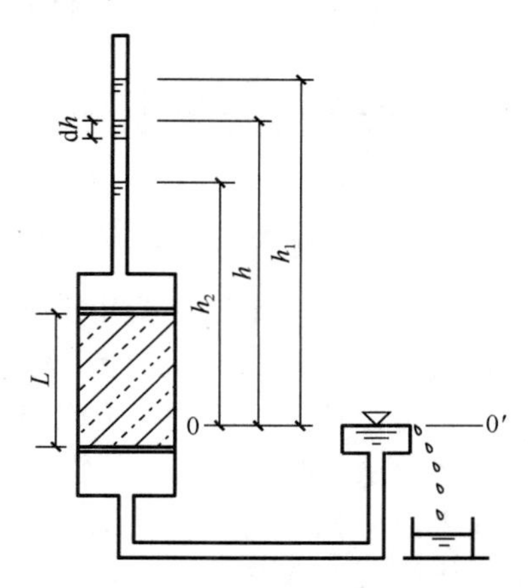

图 1.44　在变水头条件下测定渗透系数的示意图

在室内测定土的渗透系数，其数值除与试样饱和度、孔隙中是否存在封闭气体等因素有关外，也与试验时水的温度有关，因为温度会影响水的黏滞性η及密度ρ_w值。为使试验结果能相互比较，需将所测得的t温度时的渗透系数k_t，换算成水温 20℃时的k_{20}值。

2．现场测定渗透系数

在现场通过钻孔内抽水方法，可以测定土层的渗透系数。由于现场测得的渗透系数能综合反映土的不均匀性、土层在垂直及水平方向渗透性的差异等因素的影响，因此现场测定渗透系数，能更好地反映土层的实际情况。

图 1.45 是现场钻井内抽水试验测定含水土层渗透系数的示意图。试验前需在含水土层内钻孔作为抽水井，深度应达到不透水层顶，形成完整井。以抽水井为中心，沿半径方向至少布置两个观测孔，即观测孔 1 和观测孔 2，它们与抽水井距离分别为r_1和r_2。用水泵从抽水井内抽水，经过一定时间后，使井内水面下降至稳定位置，此时井周水形成下降漏斗。通过观测孔 1 和观测孔 2，分别测得其水位高为h_1和h_2，若井孔内单位时间抽水量为q，则距井孔r处的渗透系数由达西定律推导得

$$k = \frac{q}{\pi(h_2^2 - h_1^2)}\ln\frac{r_2}{r_1} \tag{1-24}$$

以常用对数表示，有

$$k = \frac{2.3q}{\pi(h_2^2 - h_1^2)}\lg\frac{r_2}{r_1} \tag{1-25}$$

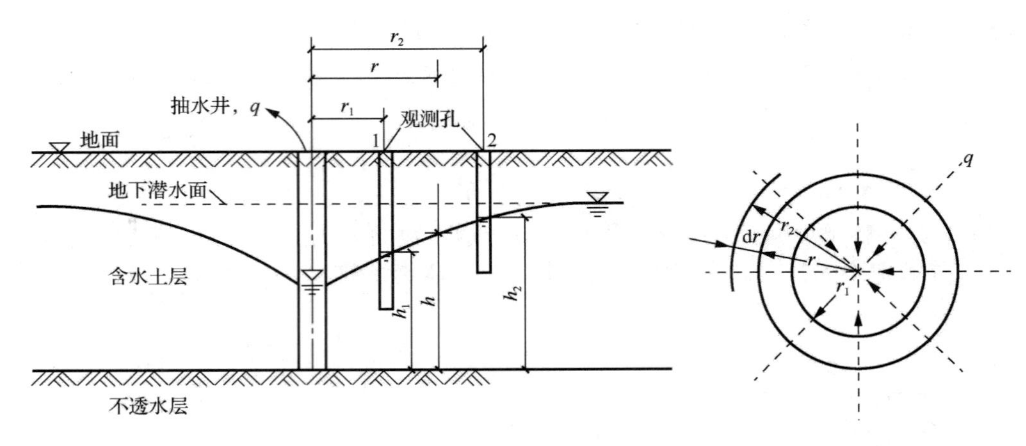

图 1.45　现场钻井内抽水试验测定含水土层渗透系数的示意图

式（1-24）、式（1-25）给出了在完整井内进行抽水试验，根据试验数据计算含水土层渗透系数的方法。虽然现场试验所测得的土层渗透系数较符合实际情况，但试验工作量大，成本高，只有在较重要的大型工程中才会采用。

影响渗透系数的因素有：①粒径大小和级配；②孔隙比；③饱和度；④矿物成分；⑤土层结构（天然沉积的层状黏性土层，由于扁平状黏土颗粒的水平排列，使水平方向的透水性远远大于垂直方向的透水性）。

1.6.3 渗透力

水在土体中流动时会引起水头损失，这种水头损失是由水在土体孔隙中流动时作用在土粒上的拖曳力引起的。由渗透水流作用在单位土体内土粒上的拖曳力称为渗透力。

单位体积土体内土粒所受到的单位渗透力 j 为

$$j = \frac{J}{v} = \gamma_{w} i \tag{1-26}$$

式中：J——渗透力，其与土体中土粒骨架对水流的阻力大小相等，方向相反。

渗透力具有以下特征：①渗透力是一种体积力，量纲为 kN/m^3；②渗透力与水力梯度成正比；③渗透力方向与渗流方向一致。

1.6.4 渗透变形

渗透力较大就会引起土粒的移动，使土体产生渗透变形，造成土体破坏，从而影响地基的稳定与安全。大量的研究和实践均表明，渗透变形可分为流土和管涌两种基本类型。

1．流土

流土是指在向上渗流作用下，局部土体表面隆起或颗粒群同时发生移动而流失的现象。它主要发生在地基或土坝下游渗流溢出处，如图 1.46 所示。基坑开挖时所出现的流砂现象是流土的一种常见形式，如图 1.47 所示。

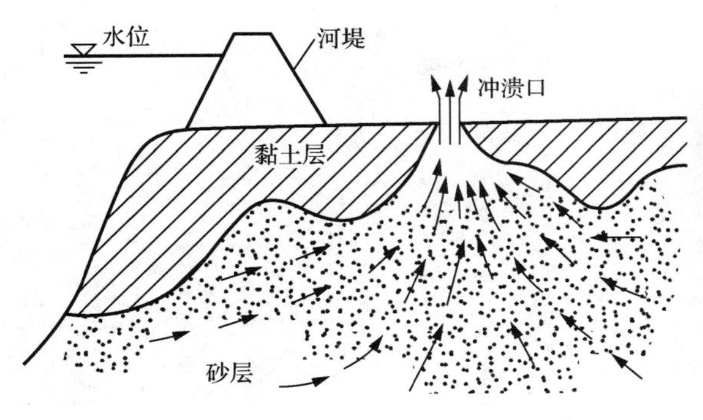

图 1.46　流土

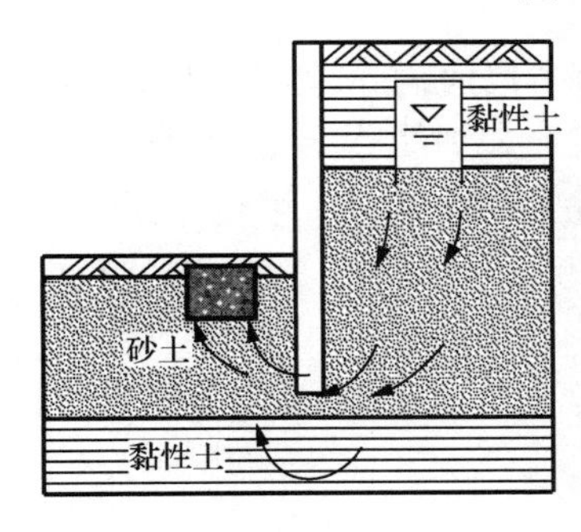

图 1.47　流砂现象

流土多发生在向上渗流情况下，而此时渗透力的方向与渗流方向一致，一旦 $j>\gamma'$，流土就会发生。当 $j=\gamma'$ 时，土体处于流土的临界状态，此时的水力梯度定义为临界水力梯度，以 i_{cr} 表示。

竖直向上的单位渗透力 $j=\gamma_w i$，单位土体本身的浮重度 $\gamma'=\dfrac{d_s-1}{1+e}\gamma_w$，当土体处于临界状态时，$j=\gamma'$，则由以上条件可得

$$i_{cr}=\frac{\gamma'}{\gamma_w}=\frac{d_s-1}{1+e} \tag{1-27}$$

防止发生流土的容许水力梯度 $[i]=\dfrac{i_{cr}}{F_s}$，F_s 为安全系数，一般取 2.0～2.5。

防止流土的关键是控制渗流溢出处的水力梯度，使其小于容许水力梯度。防治措施主要有：①减少或消除坑内外地下水的水头差，如采用井点降水法或水下挖掘降低地下水位；②增长渗流路径，如基坑边坡打板桩；③在向上渗流溢出处地表用透水材料覆盖压重以平衡渗透力。

2. 管涌

当土中渗流的水力梯度小于临界水力梯度时，虽不致诱发流土，但在渗透力作用下，无黏性土中的细颗粒会在粗颗粒形成的孔隙中移动，以致流失，逐渐在土体中形成贯通的渗流管道，造成塌陷，这种现象称为管涌或潜蚀。管涌可能发生在渗流溢出处或土体内部，如图 1.48 所示。

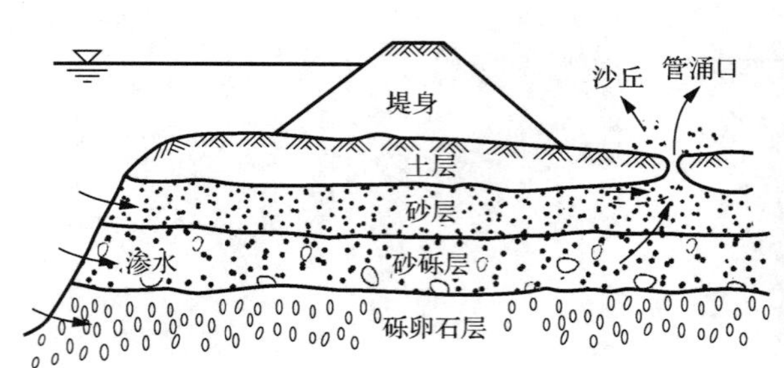

图 1.48　管涌

管涌形成必须具备两个条件：①土中粗颗粒所形成的孔隙必须大于细颗粒的直径，一般不均匀系数 $C_u>10$ 的土才会发生管涌；②渗透力大到能够带动细颗粒在粗颗粒形成的孔隙中运动。发生管涌的水力条件比较复杂，临界水力梯度 i_{cr} 的经验计算公式如下。

$$i_{cr}=\frac{d}{\sqrt{\frac{k}{n^3}}} \tag{1-28}$$

式中：d——细粒土粒径（cm）；

k——土的渗透系数（cm/s）；

n——土的孔隙率。

防止发生管涌的容许水力梯度 $[i]=\frac{i_{cr}}{F_s}$，F_s 为安全系数，一般取 1.5～2.0。

管涌防治措施主要有：①降低水力梯度，如打板桩；②在渗流溢出处铺设反滤层。

小　结

1. 工程地质基本知识

地质作用按能量来源的不同分为内力地质作用和外力地质作用。内力地质作用表现为岩浆活动、地壳运动（构造运动）和变质作用。外力地质作用过程中的风化、侵蚀、搬运与沉积是彼此密切联系的。

土产生于新生代第四纪更新世（距今 1.2 万～100 万年），更新世又分为早更新世（Q_1）、中更新世（Q_2）、晚更新世（Q_3），其后为全新世（Qh）。

土为地表岩石经风化、搬运、沉积而形成的松散集合物，即第四纪沉积物。不同成因类型的土，各具有一定的分布规律和工程地质特性，根据搬运和沉积的情况不同，可分为残积物、坡积物、洪积物、冲积物、其他沉积物等类型。

工程建设项目的岩土工程勘察任务、工作内容、勘察方法、工作量的大小等取决于工程的技术要求和规模、工程的重要性、建设场地和地基的复杂程度等因素。

2. 土的工程分类

《建筑地基基础设计规范》（GB 50007—2011）将作为建筑地基的岩土，分为岩石、碎石土、砂土、粉土、黏性土和人工填土六大类，另有淤泥质土、红黏土、膨胀土、黄土等特殊土。

根据土的开挖难易程度，可将土分为松软土、普通土、坚土、砂砾坚土、软石、次坚石、坚石、特坚石，前四类为一般土，后四类为岩石。

3. 土的三相组成与结构构造

自然界中的土是由固体颗粒（固相）、水（液相）和气体（气相）组成的三相体系。

土粒的形状、大小、矿物成分及其组成情况是决定土的物理力学性质的重要因素。土的颗粒级配是决定土的工程性质的主要因素，是确定土的名称和选用建筑材料的主要依据。确定各个粒组相对含量的颗粒分析试验方法有筛分法和密度计法两种。

水在土中以固态、液态、气态三种形式存在，液态水按存在方式不同，可分为结合水、自由水两类。

土中气体可分为自由气体和封闭气体两种基本类型。

土的结构包括单粒结构、蜂窝结构、絮状结构。土的构造包括层状构造、分散状构造、裂隙状构造。

4. 土的物理性质及状态指标

土的含水率、密度、土粒相对密度（土粒比重）三个三相比例指标可由土工试验直接测定，称为基本指标，也称实测指标。其他物理指标包括干密度 ρ_d、干重度 γ_d、饱和密度 ρ_{sat}、饱和重度 γ_{sat}、有效密度（或浮密度） ρ'、浮重度 γ'、孔隙比 e、孔隙率 n、饱和度 S_r。

土的物理状态指标，对于无黏性土是指土的密实度；对于黏性土，是指土的软硬程度或称黏性土的稠度。

5. 土的压实性

土的压实性就是土体在一定的击实功作用下，土粒克服粒间阻力，产生位移，颗粒重新排列，使土的孔隙比减小、密度增大，从而提高土料的强度，减小其压缩性和渗透性。对土料压实的方法主要有碾压、夯实、振动三类。

6. 土的渗透性

由于土体本身具有连续的孔隙，当孔隙中的水任意两点存在能量差时，水就会透过土体孔隙由能量高的点向能量低的点流动，从而发生孔隙内的流动，这一流动过程称为渗透或渗流。水在土中以层流的方式渗透时符合达西定律。渗透力可能导致流土和管涌破坏，降低水力梯度是防治的关键。

实训练习

一、单选题

1．下列选项属于侵蚀作用的是（　　）。

A．裸露的人造雕像在长期的风吹日晒雨淋下，会出现机械剥蚀，甚至会出现崩塌碎裂

B．植物根部在岩缝中向岩石施加物理压力，并提供一个水及化学物的渗透渠道，造成岩石分解开裂

C．可溶性石灰岩在流水中部分溶解形成天然溶液而随水流失，造成岩体缩小甚至消失，形成岩溶地貌

D．在气温变化突出的地区，岩石中的水分冻融交替，冰冻时体积膨胀，像楔子插入岩体内，导致岩石崩碎

2．粒组范围处于 0.075mm＜d≤2mm 时的土属于（　　）。

A．圆砾　　B．砂粒　　C．粉粒　　D．黏粒

3．一般分布在填土中的水属于（　　）。

A．上层滞水　　B．潜水　　C．承压水　　D．自由水

4．地质环境已经或可能受到强烈破坏的场地属于（　　）场地。

A．一级　　B．二级　　C．三级　　D．四级

5．主要用镐，少许用锹、锄头挖掘，部分用撬棍才能翻松的土属于（　　）类土。

A．一　　B．二　　C．三　　D．四

二、多选题

1．地表已有的各种岩石，经过风化和侵蚀，在（　　）等的作用下，搬运到另一地点堆积起来，经过压密和胶结成为岩石，这种岩石称为沉积岩。

A．风　　B．流水　　C．冰川

D．植物　　E．海洋

2．工程建设项目的岩土工程勘察任务、工作内容、勘察方法、工作量的大小等取决于（　　）、（　　）、（　　）和（　　）等因素。

A．工程的技术要求和规模　　B．工程的重要性　　C．当地经济

D．建设场地　　E．地基的复杂程度

3．下列（　　）土层不容易发生流砂。

A．砾砂或粗砂　　B．细砂或粉砂　　C．粉土

D．黏土　　E．碎石土

4．在确定土的施工含水率时，应根据（　　）、（　　）、（　　）和（　　）等因素综合考虑。

A．土料的性质　　B．填筑部位　　C．施工工艺

D．工程重要程度　　E．气候条件

5．粉土的渗透系数为（　　）cm/s。

A．10^{-7}　　B．10^{-5}　　C．10^{-4}

D．10^{-2}　　E．10^{-1}

三、简答题

1．什么是土的微观结构和宏观结构？各自有些什么特征？

2．塑性指数和液性指数的定义和物理意义是什么？

3．黏性土的物理状态指标是什么？何为液限和塑限？

4．判别无黏性土密实状态的指标有哪些？

5．黏土颗粒表面哪一层水膜对土的工程性质影响最大？为什么？

6．什么是颗粒级配曲线？其作用有哪些？

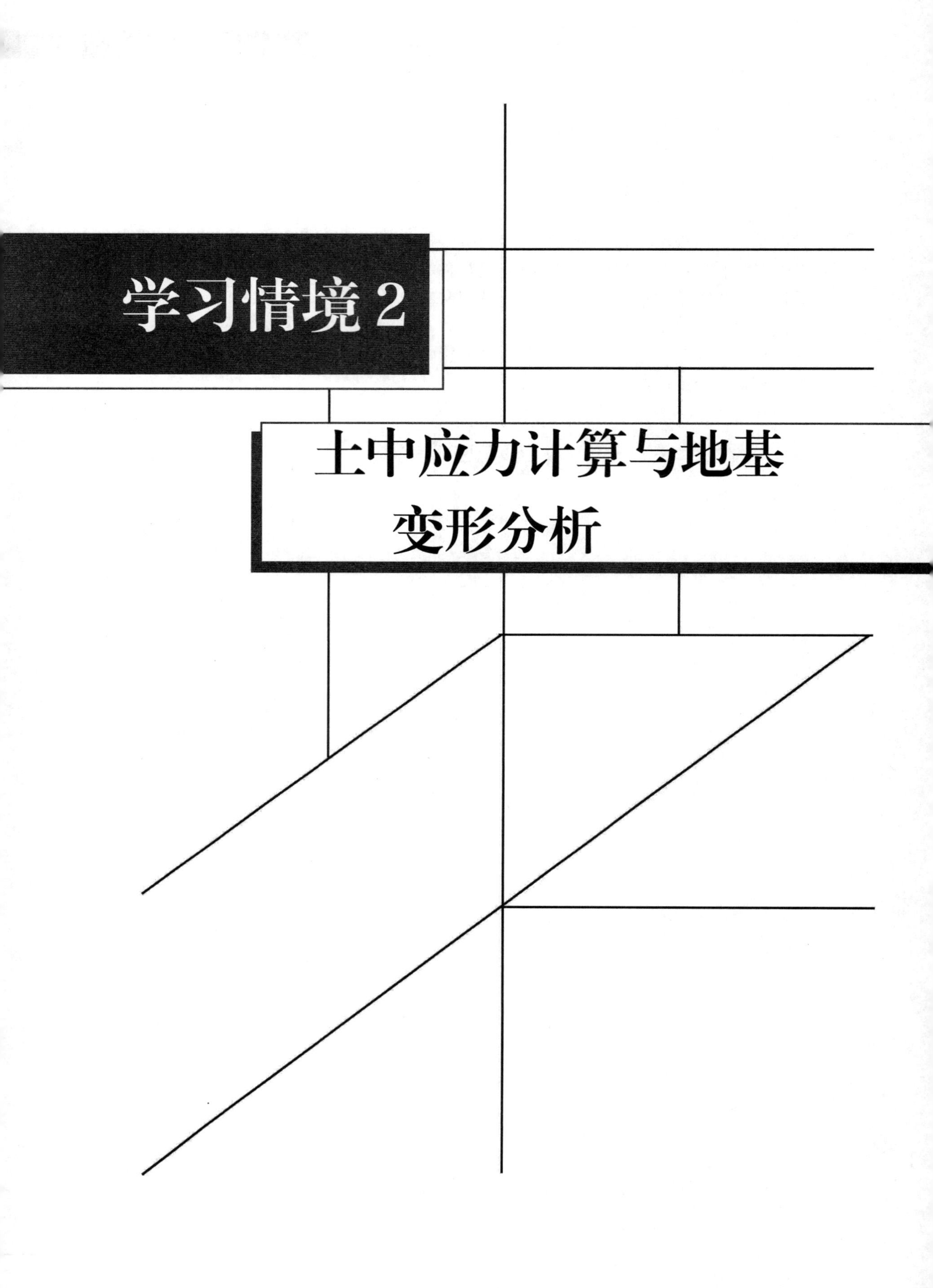

学习情境 2

土中应力计算与地基变形分析

教学目标

1. 掌握土中应力的计算方法。
2. 掌握土的压缩试验。
3. 掌握土的压缩性指标的计算方法。
4. 掌握地基最终沉降量的计算方法。
5. 掌握地基沉降与时间关系的计算方法。

思维导图

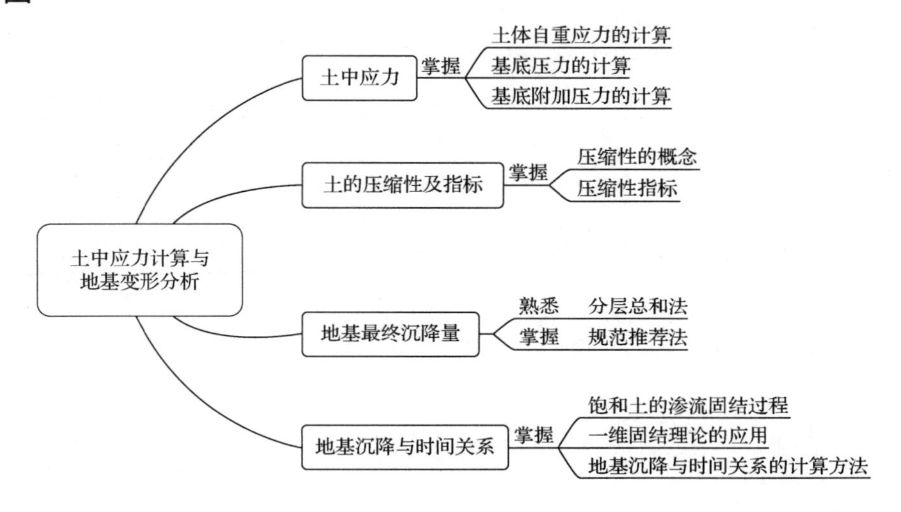

任务 2.1　土中应力的分布与计算

任务描述

工作任务	（1）掌握土中应力的定义、分类。 （2）掌握土体自重应力的计算方法，并能正确绘制自重应力沿深度的应力分布图。 （3）了解地下水位升降对土体自重应力的影响。 （4）熟悉柔性基础和刚性基础基底压力的分布图形，掌握基底压力的计算方法。 （5）掌握基底附加压力的计算方法。 （6）掌握地基附加应力的计算方法
工作手段	《建筑地基基础设计规范》（GB 50007—2011）
提交成果	（1）每位学生独立完成本学习情境的实训练习里的相关内容。 （2）将教学班级划分为若干学习小组，每个小组进行网上调研，列举出至少一个能说明地下水位升降对岩土工程造成影响的实际工程案例

相关知识

2.1.1 基本概念

1. 土中应力的定义

土中应力是指土体在自身重力、建筑物和构筑物荷载，以及其他因素（如土中水的渗流、地震等）的作用下，土中产生的应力。

2. 土中应力的分类

（1）土中应力按引起的原因分为自重应力和附加应力。

建筑物修建以前，地基中由土体本身重量所产生的应力称为自重应力。该应力由土粒骨架承担。

由外荷载（静的或动的）在地基中引起的应力增量称为附加应力。广义地讲，在土体原有应力之外新增加的应力都可以称为附加应力，它是使土体彻底产生变形和强度变化的主要外因。

（2）土中应力按土体中骨架和孔隙（水、气体）的应力承担作用原理或应力传递方式可分为有效应力和孔隙应（压）力。

由土粒骨架承担或传递的应力称为有效应力。冠以“有效”，其含义是，只有当土粒骨架承担应力后，土体颗粒才会产生变形，同时增加了土体的强度。

由土中孔隙内的水和气体承担或传递的应力称为孔隙应力。孔隙应力与有效应力之和称为总应力，保持总应力不变，有效应力和孔隙应力可以互相转化。

3. 土中应力计算的目的

土中应力过大时，会使土体因强度不够而发生破坏，甚至使土体发生滑动失去稳定。此外，土中应力的增加还会引起土体变形，使建筑物发生沉降、倾斜及水平位移。土的变形过大，往往会影响建筑物的正常使用或安全。因此，在研究土的变形、强度及稳定性问题时，必须先掌握土中应力的计算。

4. 土中应力计算的基本假设

土具有碎散体特征，属于非线性弹塑性体。由于地基土往往不是由一种土所组成的，故较复杂的成层土工程性质各不相同，具有各向异性。为简便起见，目前计算土中应力的方法仍采用弹性理论公式，将地基土视作均匀的、连续的、各向同性的半无限空间弹性体，虽然这种假定同土体的实际情况有差别，但其计算结果尚能满足实际工程的要求。

2.1.2 土体自重应力

自重应力是由土体本身的有效重力产生的应力，在建筑物建造之前就存在于土中，研究土体自重应力是为了确定地基土体的初始应力状态。

1. 土体自重应力的符号

土体自重应力符号记为σ_c，单位为kPa。

2. 土体自重应力的计算方法

由于假定天然土体在水平方向及地面以下都是无限大的，即半无限空间弹性体，因此土体在自身重力作用下无侧向变形和剪切变形，只有竖向变形。

1）单层均质土体自重应力

当地面以下只分布单层均质土体时，地面下深度z处土体自重应力σ_{cz}，等于该处单位面积上土柱的重量，如图2.1所示，可按下式计算。

$$\sigma_{cz}=\frac{W}{A}=\frac{\gamma V}{A}=\frac{\gamma Az}{A}=\gamma z \tag{2-1}$$

式中：W——土柱的重量；

A——土柱的底面积；

V——土柱的体积；

γ——土柱的天然重度。

由式（2-1）计算得知，土体自重应力随深度呈线性增加，单层均质土体自重应力呈三角形分布，如图2.2所示。

如图2.3所示，地下水位以下土体中任意深度处的竖向自重应力等于土体的有效重度（浮重度）γ'与计算深度z的乘积。

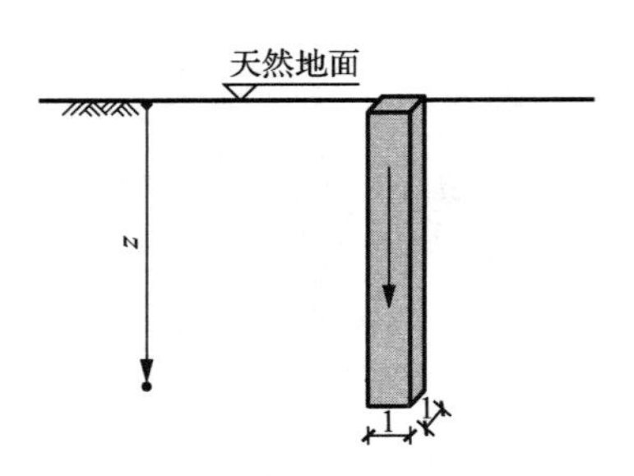

图 2.1　地面下深度 z 处土体自重应力

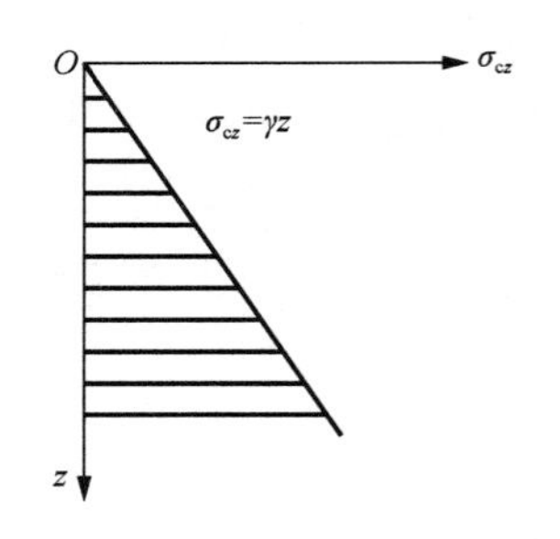

图 2.2　单层均质土体自重应力分布图

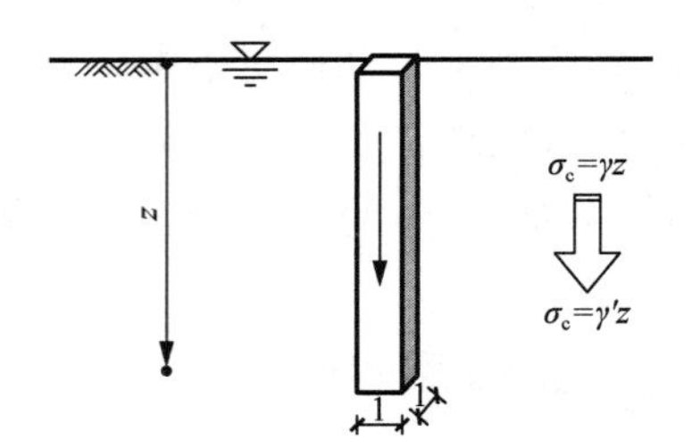

图 2.3　地下水位以下土体的竖向自重应力

通常土体自重应力不会引起地基变形，因为正常固结土的形成年代很久，早已固结稳定。只有新近沉积的欠固结土或人工填土，在土的自重作用下尚未固结，需要考虑土体自重应力引起的地基变形。

2）多层土体自重应力

当地面以下分布有多层重度不同的土体时，如图 2.4 所示，地面下深度 z 处土体自重应力 σ_{cz} 可按下式计算。

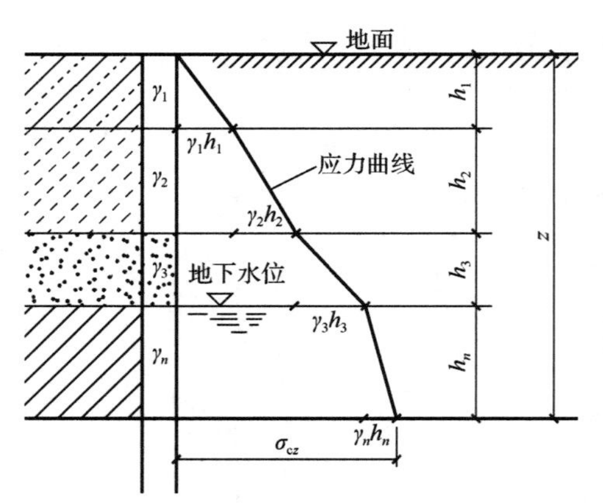

图 2.4　多层土体自重应力分布图

$$\sigma_{cz} = \gamma_1 h_1 + \gamma_2 h_2 + \cdots + \gamma_n h_n = \sum_{i=1}^{n} \gamma_i h_i \tag{2-2}$$

式中：γ_i——第 i 层土的天然重度，kN/m^3，地下水位以下一般用浮重度 γ'；

h_i——第 i 层土的厚度，m；

n——从地面到深度 z 处的土层数。

从图 2.4 中可以看出，由于 γ_i 不同，多层土体自重应力分布为折线型。

当计算不透水层顶面的自重应力时，如图 2.5 所示，在式（2-2）的计算结果上还应加上不透水层以上水产生的静水压（应）力，即 $\sum\gamma_i h_i + \gamma_w(h_3 + h_4)$。

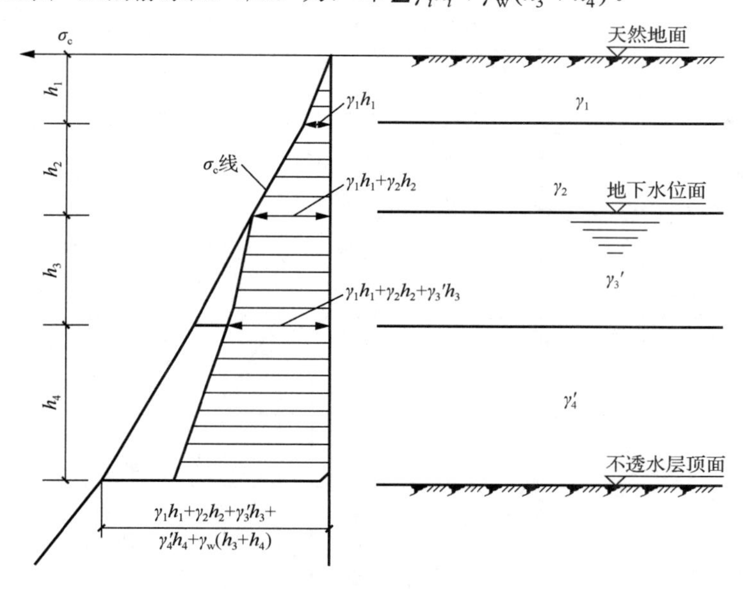

图 2.5　不透水层顶面的自重应力

3. 地下水位以下情况的进一步讨论

计算地下水位以下土体自重应力时，应根据土的性质确定是否需要考虑水的浮力作用。

（1）无黏性土：应考虑浮力作用。

（2）黏性土：①液性指数 $I_L \geqslant 1$，流动状态，自由水，考虑浮力；②液性指数 $I_L \leqslant 0$，固体状态，结合水，不考虑浮力；③液性指数 $0 < I_L < 1$，塑性状态，难确定，按不利状态考虑浮力。

其中，当液性指数 $I_L \leqslant 0$ 时，可认为黏性土是不透水层（坚硬黏土或岩层），对于不透水层，由于不存在水的浮力，所以层面和层面以下的自重应力按上覆土层的水土总重计算。

【例 2.1】 某地基由多层土组成，地质剖面如图 2.6 所示，试计算各层土体底部的自重应力，并绘制自重应力沿深度的应力分布图。

解：（1）计算图 2.6 中从上到下各位置的自重应力。

$$\sigma_0 = 0\text{kPa}$$

$$\sigma_1 = 17.8 \times 3 = 53.4 \text{（kPa）}$$

$$\sigma_2 = \sigma_1 + (19 - 10) \times 2.2 = 73.2 \text{（kPa）}$$

$$\sigma_3 = \sigma_2 + (18.2 - 10) \times 2.5 + 10 \times (2.2 + 2.5) = 140.7 \text{（kPa）}$$

$$\sigma_4 = \sigma_3 + 20 \times 2 = 180.7 \text{（kPa）}$$

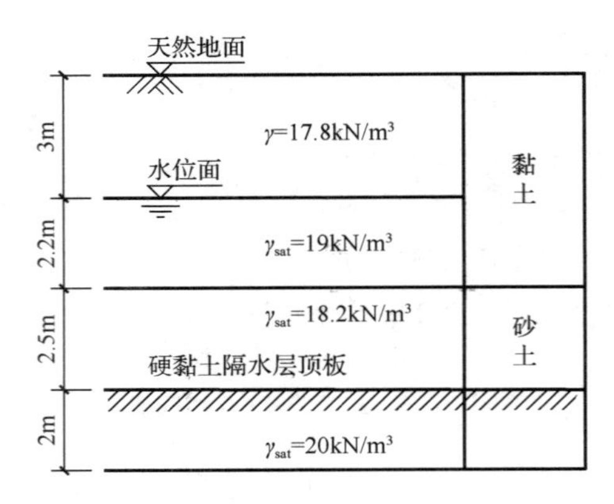

图 2.6　例 2.1 图

（2）绘制自重应力沿深度的应力分布图。

根据上面的计算结果，绘制自重应力沿深度的应力分布图如图 2.7 所示。

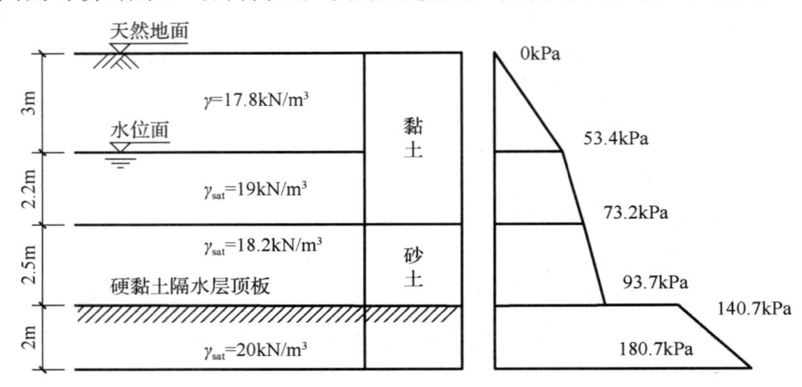

图 2.7　自重应力沿深度的应力分布图

4．地下水位升降对土体自重应力的影响

1）地下水位下降

如大量抽取地下水，地下水位下降，导致自重应力增大，可引起地面大面积沉降，如图 2.8（a）所示。

2）地下水位上升

如地下水位上升，导致自重应力减小，可引起地基承载力的降低、湿陷性土的塌陷、路基翻浆等现象，如图 2.8（b）所示。

5．地下水位升降对岩土工程的影响

1）地下水位上升

地下水位上升对岩土工程的影响主要体现在以下几个方面。

（1）地下水位上升时，土体在地下水的浸润作用下，地基承载力降低，砂土颗粒丧失粒间接触压力及相互之间的摩擦力，不能抵抗剪应力，会发生砂土液化的现象。另外，还有可能造成建筑物震陷加剧、土壤沼泽化等不良岩土工程危害。

（2）可能诱发不良地质现象。对于河谷阶地、斜坡及岸边地带，地下水位上升时，土体趋于饱和发生软化，抗剪强度降低，可能出现变形、坍塌、滑移等不良地质现象。

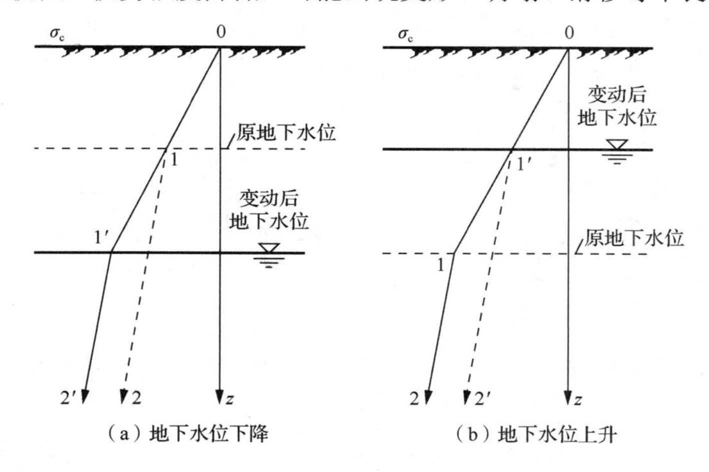

0—1—2 线为原来自重应力的分布；0—1′—2′ 线为地下水位变动后自重应力的分布

图 2.8　地下水位升降对土体自重应力的影响

（3）膨胀性岩土发生膨胀变形。

2）地下水位下降

地下水位下降一般是由降雨量减少或人为因素造成的，其中人为因素为主要原因。对地下水的大量开采抽取，以及水库对下游地下水补给来源的截流等，都会造成地下水位下降，可能造成的地质灾害主要为地面塌陷、地面沉降、地裂缝等，威胁建筑物、岩土体的稳定，另外还可能造成地下水水质恶化、水量减少等资源环境问题。

2.1.3 基底压力

建筑物上部结构荷载和基础自重通过基础传递，在基础底面处施加于地基上的单位面积的压力，称为基底压力。根据作用与反作用原理，地基又给基础底面大小相等、方向相反的反作用力，称为基底反力。

1. 基底压力分布

基底压力分布

为计算上部荷载在地基土层中引起的附加应力，必须首先研究基底压力的大小与分布情况。试验表明，基底压力的分布规律主要取决于地基与基础的相对刚度、荷载的大小与分布、基础埋深大小和地基土的性质等。

1）柔性基础

土坝、路基、油罐薄板这一类基础，本身刚度很小，在竖向荷载作用下几乎没有抵抗弯曲变形的能力，基础随着地基同步变形，因此柔性基础基底压力分布与其上部荷载分布情况相同，如图 2.9（a）所示。在均布荷载作用下基底反力为均匀分布，如图 2.9（b）所示。基础底面的沉降则各处不同，中央大而边缘小。

2）刚性基础

像箱形基础、毛石基础、混凝土坝等基础，刚度较大，具有抵抗弯曲变形的能力，所以变形不均匀，这类基础的基底压力分布图形很复杂，如出现马鞍形、抛物线形、钟形等，如图 2.10 所示，要求地基与基础的变形必须协调一致。

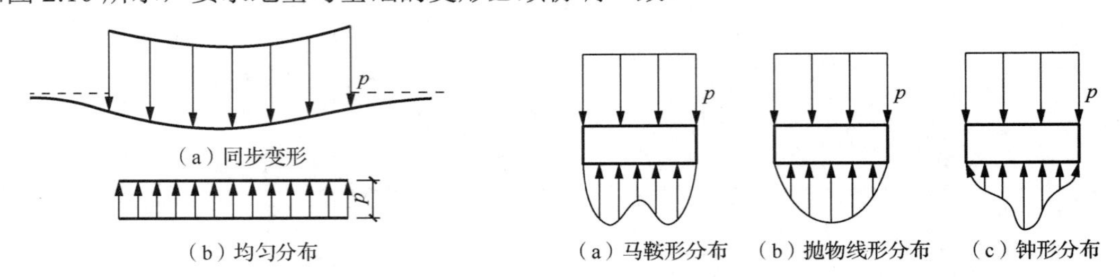

图 2.9　柔性基础基底压力分布图

图 2.10　刚性基础基底压力分布图

（1）马鞍形分布。

当荷载较小、中心受压时，刚性基础基底压力呈马鞍形分布，如图 2.10（a）所示。

（2）抛物线形分布。

当上部荷载加大，基础边缘地基土中产生塑性变形区，即局部剪裂后，边缘应力不再增大，应力向基础中心转移，基底压力变为抛物线形，如图 2.10（b）所示。

（3）钟形分布。

当上部荷载很大、接近地基的极限荷载时，基底压力分布图形又变成钟形，如图 2.10（c）所示。

2. 简化计算

由于基底压力往往作用在离地面不远的深度，根据弹性力学中的圣维南原理，在基底下一定深度处，土中应力分布与基础底面上荷载分布无关，而只决定于荷载合力的大小和作用点位置。因此，目前在工程实践中，在基础的宽度较小、荷载较小的情况下，其基底压力可近似地按直线分布的图形计算，可按材料力学公式进行简化计算。

1）竖向中心荷载

矩形基础的长度为 l，宽度为 b，基础顶部作用着竖向中心荷载 F，假定基底压力均匀分布，如图 2.11 所示，则按下式计算基底压力。

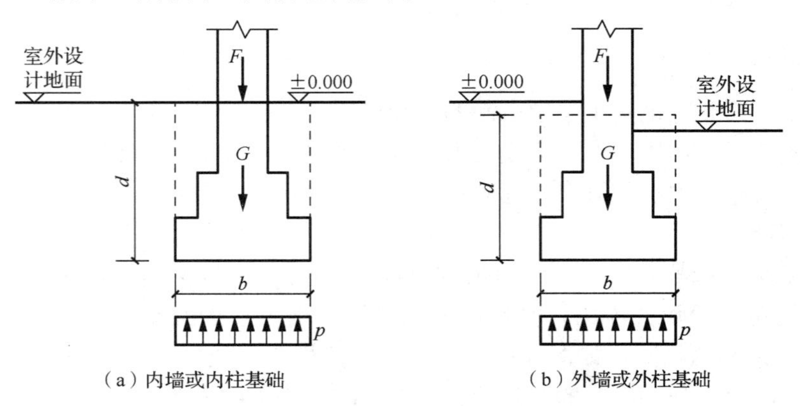

图 2.11　竖向中心荷载作用下的基底压力

$$p = \frac{F+G}{A} \tag{2-3}$$

式中：p——基底压力，kPa。

F——上部结构传至基础顶面的竖向力设计值，kN。

G——基础自重和基础上土重之和，kN。$G=\gamma_G Ad$，其中基础及回填土的平均重度γ_G，一般取20kN/m^3，但在地下水位以下部分取$\gamma'_G = 10$kN/m^3。d为基础平均埋深，m。

A——基底面积，m^2。

对于荷载沿长度方向均匀分布的条形基础，基础长度大于宽度的10倍，通常沿基础长度方向取1m来计算。此时，公式中的F、G为每延米内的相应值，A即为宽度b。

2）竖向偏心荷载

基础受竖向偏心荷载，如图2.12所示，此时基础底面边缘最大压力值与最小压力值按下式计算。

$$p_{\max} = \frac{F+G}{A}\left(1+\frac{6e}{l}\right) \tag{2-4}$$

$$p_{\min} = \frac{F+G}{A}\left(1-\frac{6e}{l}\right) \tag{2-5}$$

式中：$p_{\max}$、$p_{\min}$——基础底面边缘的最大、最小压力设计值，kPa；

e——竖向合力的偏心距，m；

l——有偏心方向基础底面边长，m。

其他符号意义同式（2-3）。

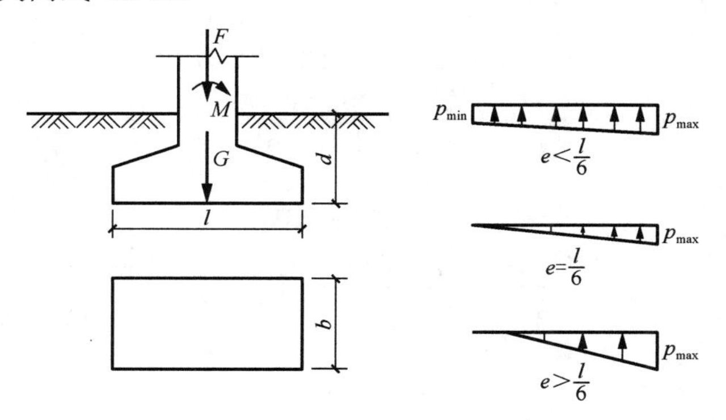

图2.12　竖向偏心荷载作用下的基底压力

从图2.12可以看出，当偏心距$e<\frac{l}{6}$时，$p_{\max}>0$，$p_{\min}>0$，基底压力呈梯形分布；当偏心距$e=\frac{l}{6}$时，$p_{\max}>0$，$p_{\min}=0$，基底压力呈三角形分布；当偏心距$e>\frac{l}{6}$时，$p_{\max}>0$，$p_{\min}<0$，基底出现拉应力，应力重分布。

式（2-4）、式（2-5）也可表示为

$$p_{\max} = \frac{F+G}{A}+\frac{M}{W} \tag{2-6}$$

$$p_{\min}=\frac{F+G}{A}-\frac{M}{W} \tag{2-7}$$

式中：M——作用在基础底面处的力矩值，kN·m；

W——抵抗矩，m^3，矩形截面 $W=\frac{bl^2}{6}$，l 为力矩 M 作用方向的基础边长。

其他符号意义同式（2-3）。

当偏心距 $e>\frac{l}{6}$ 时，式（2-4）可转化为

$$p_{\max}=\frac{2(F+G)}{3\left(\frac{l}{2}-e\right)b} \tag{2-8}$$

为了避免因地基应力不均匀，引起过大的不均匀沉降，通常要求 $\frac{p_{\max}}{p_{\min}}\leqslant 1.5\sim3.0$。对压缩性高的黏性土应采用小值，对压缩性低的无黏性土可采用大值。

作用于建筑物上的水平荷载，通常按均匀分布于整个基础底面计算。

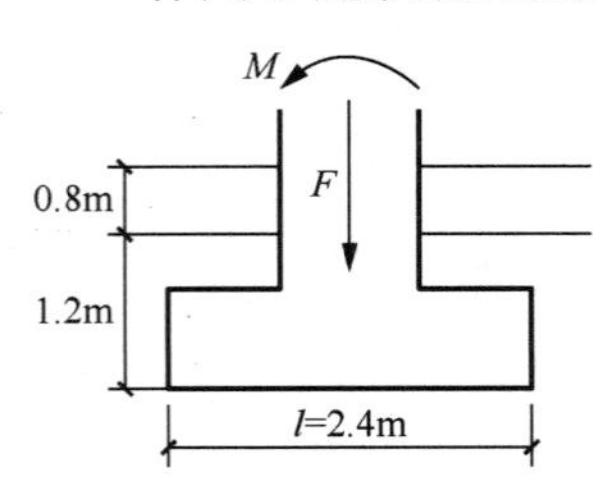

图 2.13　例 2.2 图

【例 2.2】某矩形基础如图 2.13 所示，基础底面尺寸 l=2.4m，b=1.6m，埋深 d=2.0m，承受上部结构传来的荷载 M=100kN·m，F=450kN。试求最大、最小基底压力。

解：（1）计算基础自重和基础上土重之和。

$$G=\gamma_G Ad=20\times2.4\times1.6\times2.0=153.6\ \text{（kN）}$$

（2）计算最大、最小基底压力。

据题意，基础承受竖向偏心荷载，代入式（2-6）、式（2-7）得

$$p_{\max}=\frac{F+G}{A}+\frac{M}{W}=\frac{450+153.6}{2.4\times1.6}+\frac{100}{\frac{1}{6}\times2.4^2\times1.6}$$

$$\approx222.3\text{（kPa）}$$

$$p_{\min}=\frac{F+G}{A}-\frac{M}{W}=\frac{450+153.6}{2.4\times1.6}-\frac{100}{\frac{1}{6}\times2.4^2\times1.6}$$

$$\approx92.1\text{（kPa）}$$

2.1.4　基底附加压力

在长期的地质年代形成过程中，土体已经在自重应力作用下达到压缩稳定，因此，土的自重应力不再引起土的变形。《建筑地基基础设计规范》（GB 50007—2011）规定，基础一般有一定的埋置深度（埋深），因此只有超过基底处原有自重应力的那部分应力才使地基产生变形，使地基产生变形的基底压力称为基底附加压力。通常情况下，基底附加压力也可以理解为作用于基底处的地基表面，由于建造建筑物（构筑物）而新增加的压力。

1）基础位于地面上

设基础建在地面上，则基底附加压力即为基底压力：$p_0=p$。

2）基础位于地面下

通常基础建在地面以下。设基础的埋深为 d，在基底中心 O 点的附加压力在数值上等于基底压力扣除基底标高处原有土体自重应力，按下式计算。

$$p_0 = p - \gamma_m d \tag{2-9}$$

式中：p_0——基底附加压力，kPa；

p——基底压力，kPa；

γ_m——基底以上地基土的加权平均重度，地下水位以下取浮重度的加权平均值，kN/m^3。

式（2-9）中，为何要将基底压力 p 减去 $\gamma_m d$？这是因为在未建基础之前，在 O 点早已存在土体自重应力 $\gamma_m d$，修基础时，将这部分土挖除后，再造基础，因此在 O 点实际增加的压力为 $p-\gamma_m d$，即超过自重应力 $\gamma_m d$ 的压力为基底附加压力。

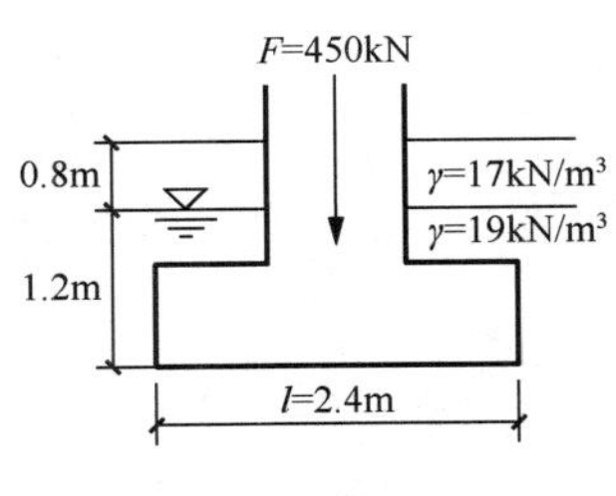

图 2.14 例 2.3 图

【例 2.3】某矩形基础如图 2.14 所示，基础底面尺寸 l=2.4m，b=1.6m，埋深 d=2.0m，承受上部结构传来的荷载 F=450kN，地下水位在地面以下 0.8m 处。试求基底压力及基底附加压力。

解：（1）计算基础自重和基础上土重之和。

$$G = \gamma_G A d = (20-10)\times 2.4\times 1.6\times 1.2 + 20\times 2.4\times 1.6\times 0.8 = 107.52\text{（kN）}$$

（2）计算基底压力。

据题意，基础承受竖向中心荷载，代入式（2-3）得

$$p = \frac{F+G}{A} = \frac{450+107.52}{2.4\times 1.6} \approx 145.18\text{（kPa）}$$

（3）计算基底附加压力。

$$p_0 = p - \gamma_m d = 145.18 - 17\times 0.8 - (19-10)\times 1.2$$
$$= 145.18 - 24.4 = 120.78\text{（kPa）}$$

2.1.5 地基附加应力

地基附加应力是指由新增外加荷载在地基中引起的应力增量，它是引起地基变形与破坏的主要因素。地基附加应力计算比较复杂。目前采用的地基附加应力计算方法，是根据弹性理论推导出来的。因此，对地基作下列几点假定：①地基是半无限空间弹性体；②地基土是连续均匀的，即变形模量 E_0 和泊松比μ各处相等；③地基土是等向的，即各向同性的，同一点的 E_0 和μ各个方向相等。

严格地说，地基并不是连续均匀、各向同性的弹性体。实际上，地基土通常是分层的，例如，一层黏土、一层砂土、一层卵石，并不均匀，而且各层之间性质如黏土与卵石之间差别很大。地基的应力-应变特性，一般也不符合线性变化关系，尤其在应力较大时，更是明显偏离线性变化的假定。由此可见，地基是弹塑性体和各向异性体。

试验证明，当地基上作用的荷载不大，土中的塑性变形区很小时，荷载与变形之间可近似为线性关系，用弹性理论计算的应力值与实测的地基中应力相差并不很大，所以工程上仍常常采用这种理论。

下面主要介绍地表受竖向集中力作用下和矩形面积受竖向均布荷载作用下的地基附加应力计算方法。

1. 地表受竖向集中力作用

1）地基附加应力扩散

为了说明问题，假设地基土粒为无数直径相同的、水平放置的刚性光滑小圆柱，则可按平面问题考虑。设地表受一个竖向集中力 P=1 作用，如图 2.15 所示。

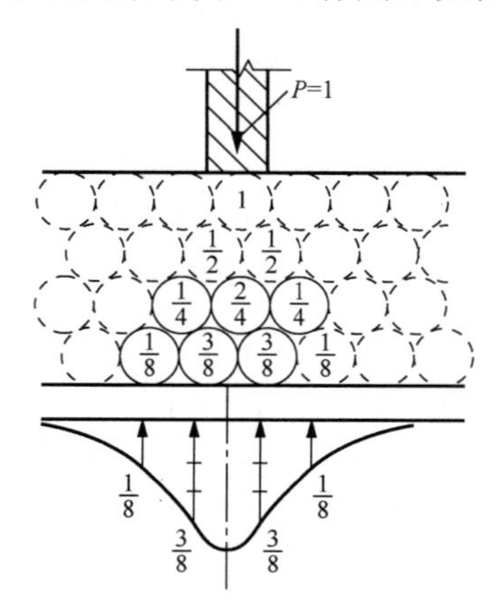

图 2.15　地基中附加应力分布图

图 2.15 中第一层由一个小圆柱受力，P=1；第二层由两个小圆柱同时受力，各为$\dfrac{P}{2}$；第三层由三个小圆柱受力，两侧小圆柱各受力$\dfrac{P}{4}$，中间小圆柱受力$\dfrac{2}{4}P$，依次类推。由图可见，地表的竖向集中力分布越深，受力的小圆柱就越多，每个小圆柱所受的力也就越小。需要说明的是，如果小圆柱的表面不是光滑的，圆柱之间将有摩擦作用。

为了清楚地表达地基附加应力的分布规律，将底层小圆柱的受力大小按比例画出，如图 2.15 底部曲线所示。

地基附加应力分布具有下列规律。

（1）距离地面越深，附加应力的分布范围越广。

（2）同一竖向线上的附加应力随深度加深而变小。

（3）在集中力作用线上的附加应力最大，向两侧逐渐减小。

2）地基附加应力计算

将地基视为一个具有水平表面沿三个空间坐标（x，y，z）方向无限伸展的均质弹性体，亦即半无限空间弹性体。设此地基表面作用有一个竖向集中力 P，如图 2.16 所示，地基中任意点 M 的地基附加应力 σ_z 表达式为

$$\sigma_z=\frac{3P}{2\pi}\cdot\frac{z^3}{R^5} \tag{2-10}$$

式中：R——M 点与集中力 P 作用点 O 之距离。

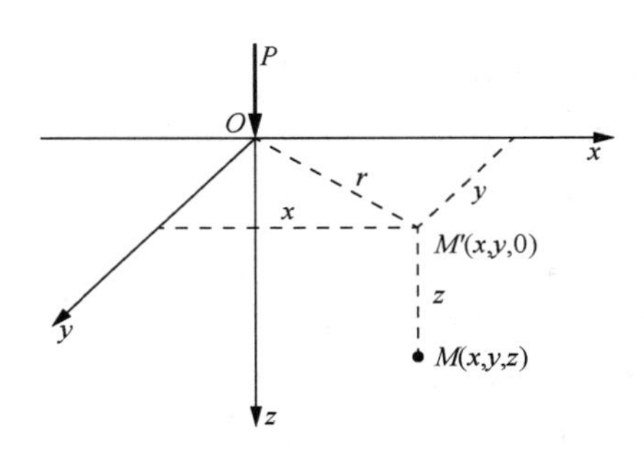

图 2.16　地基表面受竖向集中力作用

应用三角函数关系 $R^2 = r^2 + z^2$，即 $R = (r^2 + z^2)^{\frac{1}{2}}$，代入式（2-10），整理后可得：

$$\sigma_z = \alpha \frac{P}{z^2} \tag{2-11}$$

式中：α——应力系数，为 $\frac{r}{z}$ 的函数，为方便计算，其值可查表 2-1。

表 2-1　集中力作用下应力系数 α 值

r/z	α	r/z	α	r/z	α	r/z	α
0.00	0.4775	0.42	0.3181	0.84	0.1257	1.26	0.0443
0.02	0.4770	0.44	0.3068	0.86	0.1196	1.28	0.0422
0.04	0.4756	0.46	0.2955	0.88	0.1138	1.30	0.0402
0.06	0.4732	0.48	0.2843	0.90	0.1083	1.32	0.0384
0.08	0.4699	0.50	0.2733	0.92	0.1031	1.34	0.0365
0.10	0.4657	0.52	0.2625	0.94	0.0981	1.36	0.0348
0.12	0.4607	0.54	0.2518	0.96	0.0933	1.38	0.0332
0.14	0.4548	0.56	0.2414	0.98	0.0887	1.40	0.0317
0.16	0.4482	0.58	0.2313	1.00	0.0844	1.42	0.0302
0.18	0.4409	0.60	0.2214	1.02	0.0803	1.44	0.0288
0.20	0.4329	0.62	0.2117	1.04	0.0764	1.46	0.0275
0.22	0.4242	0.64	0.2024	1.06	0.0727	1.48	0.0263
0.24	0.4151	0.66	0.1934	1.08	0.0691	1.50	0.0251
0.26	0.4054	0.68	0.1846	1.10	0.0658	1.54	0.0229
0.28	0.3954	0.70	0.1762	1.12	0.0626	1.58	0.0209
0.30	0.3849	0.72	0.1681	1.14	0.0595	1.60	0.0200
0.32	0.3742	0.74	0.1603	1.16	0.0567	1.64	0.0183
0.34	0.3632	0.76	0.1527	1.18	0.0539	1.68	0.0167
0.36	0.3521	0.78	0.1455	1.20	0.0513	1.70	0.0160
0.38	0.3408	0.80	0.1386	1.22	0.0489	1.74	0.0147
0.40	0.3294	0.82	0.1320	1.24	0.0466	1.78	0.0135

续表

r/z	α	r/z	α	r/z	α	r/z	α
1.80	0.0129	1.98	0.0089	2.60	0.0029	4.50	0.0002
1.84	0.0119	2.00	0.0085	2.80	0.0021	5.00	0.0001
1.88	0.0109	2.10	0.0070	3.00	0.0015		
1.90	0.0105	2.20	0.0058	3.50	0.0007		
1.94	0.0097	2.40	0.0040	4.00	0.0004		

2. 矩形面积受竖向均布荷载作用

矩形面积在建筑工程中是最常见的。如房屋建筑采用框架结构，立柱下面的独立基础底面通常为矩形。在中心荷载作用下，基底压力按均布荷载计算。此时，地基中的应力可根据地表受竖向集中力作用的式（2-10），通过积分求得。下面分两种情况说明。

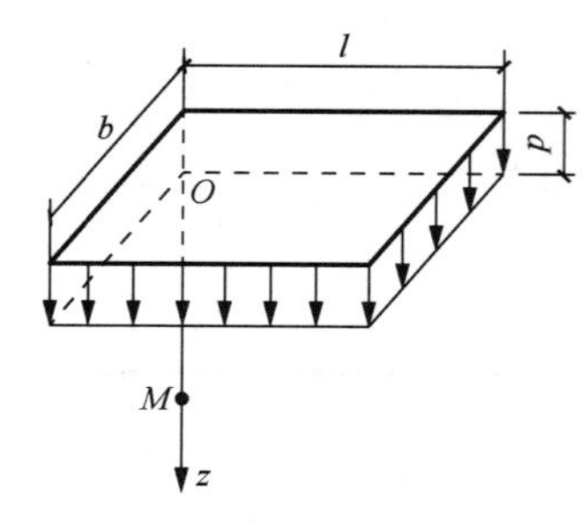

图 2.17 矩形均布荷载地基附加应力示意图

1）矩形均布荷载角点下的应力

由式（2-10）可计算地表作用一个集中力 P 时，地基中任意点 $M(x, y, z)$的竖向正应力 σ_z 。应用应力叠加原理，可计算地表作用若干个集中力 P_1、P_2、P_3、…时，地基中 M 点的应力 σ_z 数值，如图 2.17 所示。在地基中深度为 z 处的 M 点所引起的地基附加应力的表达式为

$$\sigma_z = \alpha_c p \tag{2-12}$$

式中：p——基底压力，kPa；

α_c——矩形面积受均布荷载作用时角点下的竖向附加应力系数，为 l/b 和 z/b 的函数，为方便计算，其值可查表 2-2。其中 b 恒为短边，l 恒为长边。

表 2-2 矩形面积受均布荷载作用时角点下的竖向附加应力系数 α_c 值

z/b	l/b										
	1.0	1.2	1.4	1.6	1.8	2.0	3.0	4.0	5.0	6.0	10.0
0.0	0.2500	0.2500	0.2500	0.2500	0.2500	0.2500	0.2500	0.2500	0.2500	0.2500	0.2500
0.2	0.2486	0.2489	0.2490	0.2491	0.2491	0.2491	0.2492	0.2492	0.2492	0.2492	0.2492
0.4	0.2401	0.2420	0.2429	0.2434	0.2437	0.2439	0.2442	0.2443	0.2443	0.2443	0.2443
0.6	0.2229	0.2275	0.2300	0.2315	0.2324	0.2329	0.2339	0.2341	0.2342	0.2342	0.2342
0.8	0.1999	0.2075	0.2120	0.2147	0.2165	0.2176	0.2196	0.2200	0.2202	0.2202	0.2202
1.0	0.1752	0.1851	0.1911	0.1955	0.1981	0.1999	0.2034	0.2042	0.2044	0.2044	0.2046
1.2	0.1516	0.1626	0.1705	0.1758	0.1793	0.1818	0.1870	0.1882	0.1885	0.1887	0.1888
1.4	0.1308	0.1423	0.1508	0.1569	1.1613	0.1644	0.1712	0.1730	0.1735	0.1738	0.1740
1.6	0.1123	0.1241	0.1329	0.1396	0.1445	0.1482	0.1567	0.1590	0.1598	0.1601	0.1604
1.8	0.0969	0.1083	0.1174	0.1241	0.1294	0.1334	0.1434	0.1463	0.1474	0.1478	0.1482
2.0	0.0840	0.0947	0.1034	0.1103	0.1158	0.1202	0.1314	0.1350	0.1363	0.1368	0.1374

续表

z/b	l/b										
	1.0	1.2	1.4	1.6	1.8	2.0	3.0	4.0	5.0	6.0	10.0
2.2	0.0732	0.0832	0.0917	0.0984	0.1039	0.1084	0.1205	0.1248	0.1264	0.1271	0.1277
2.4	0.0642	0.0734	0.0813	0.0879	0.0934	0.0979	0.1108	0.1156	0.1175	0.1184	0.1192
2.6	0.0566	0.0651	0.0725	0.0788	0.0842	0.0887	0.1020	0.1073	0.1095	0.1106	0.1116
2.8	0.0502	0.0580	0.0649	0.0709	0.0761	0.0805	0.0942	0.0999	0.1024	0.1036	0.1048
3.0	0.0447	0.0519	0.0583	0.0640	0.0690	0.0732	0.0870	0.0931	0.0959	0.0973	0.0987
3.2	0.0401	0.0467	0.0526	0.0580	0.0627	0.0668	0.0806	0.0870	0.0900	0.0916	0.0933
3.4	0.0361	0.0421	0.0477	0.0527	0.0571	0.0611	0.0747	0.0814	0.0847	0.0864	0.0882
3.6	0.0326	0.0382	0.0433	0.0480	0.0523	0.0561	0.0694	0.0763	0.0799	0.0816	0.0837
3.8	0.0296	0.0348	0.0395	0.0439	0.0479	0.0516	0.0646	0.0717	0.0753	0.0773	0.0796
4.0	0.0270	0.0318	0.0362	0.0403	0.0441	0.0474	0.0603	0.0674	0.0712	0.0733	0.0758
4.2	0.0247	0.0291	0.0333	0.0371	0.0407	0.0439	0.0563	0.0634	0.0674	0.0696	0.0724
4.4	0.0227	0.0268	0.0306	0.0343	0.0376	0.0407	0.0527	0.0597	0.0639	0.0662	0.0692
4.6	0.0209	0.0247	0.0283	0.0317	0.0348	0.0378	0.0493	0.0564	0.0606	0.0630	0.0663
4.8	0.0193	0.0229	0.0262	0.0294	0.0324	0.0352	0.0463	0.0533	0.0576	0.0601	0.0635
5.0	0.0179	0.0212	0.0243	0.0274	0.0302	0.0328	0.0434	0.0504	0.0547	0.0573	0.0610
6.0	0.0127	0.0151	0.0174	0.0196	0.0218	0.0238	0.0325	0.0388	0.0431	0.0460	0.0506
7.0	0.0094	0.0112	0.0130	0.0147	0.0164	0.0180	0.0251	0.0306	0.0346	0.0376	0.0428
8.0	0.0073	0.0087	0.0101	0.0114	0.0127	0.0140	0.0198	0.0246	0.0283	0.0311	0.0367
9.0	0.0058	0.0069	0.0080	0.0091	0.0102	0.0112	0.0161	0.0202	0.0235	0.0262	0.0319
10.0	0.0047	0.0056	0.0065	0.0074	0.0083	0.0092	0.0132	0.0167	0.0198	0.0222	0.0280

2）矩形均布荷载任意点下的应力

计算矩形面积受竖向均布荷载作用下，地基中任意点的附加应力时，可以加几条通过计算点的辅助线，将矩形面积划分为 n 个矩形，应用式（2-12）分别计算各矩形角点下荷载产生的附加应力，进行叠加。此法称为角点法。

应用角点法，可计算下列三种情况的地基附加应力。

（1）矩形受荷面积边缘，任意点 M' 以下的地基附加应力，按下式计算，如图 2.18（a）所示。

$$\sigma_z = (\alpha_{c\,I} + \alpha_{c\,II})p$$

（2）矩形受荷面积内，任意点 M' 以下的地基附加应力，按下式计算，如图 2.18（b）所示。

$$\sigma_z = (\alpha_{c\,I} + \alpha_{c\,II} + \alpha_{cIII} + \alpha_{cIV})p$$

（3）矩形受荷面积外，任意点 M' 以下的地基附加应力，按下式计算，如图 2.18（c）所示。

$$\sigma_z = (\alpha_{c\,I} + \alpha_{c\,II} - \alpha_{cIII} - \alpha_{cIV})p$$

以上各式中$\alpha_{c\mathrm{I}}$、$\alpha_{c\mathrm{II}}$、$\alpha_{c\mathrm{III}}$和$\alpha_{c\mathrm{IV}}$分别为矩形$M'hbe$、$M'fce$、$M'hag$和$M'fdg$的角点下竖向附加应力系数；p为作用在矩形面积上的均布荷载。

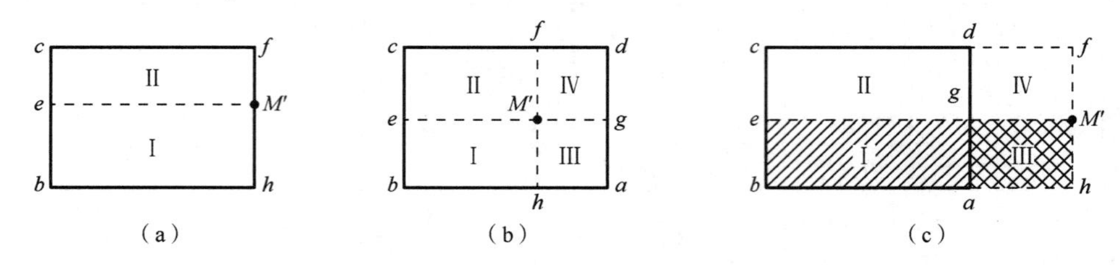

图 2.18　应用角点法计算 M' 点下的地基附加应力

应用上述角点法时应注意几个问题：①划分的每一个矩形，都有一个角点为M'点；②所有划分的各矩形面积的总和，应等于原有受荷的面积；③所划分的每一个矩形面积中，l为长边，b为短边。

【例 2.4】已知矩形（$ABCD$）面积上作用的均布荷载p=100kPa，如图 2.19 所示，试用角点法计算G点下深度 6m 处M点的地基附加应力值。

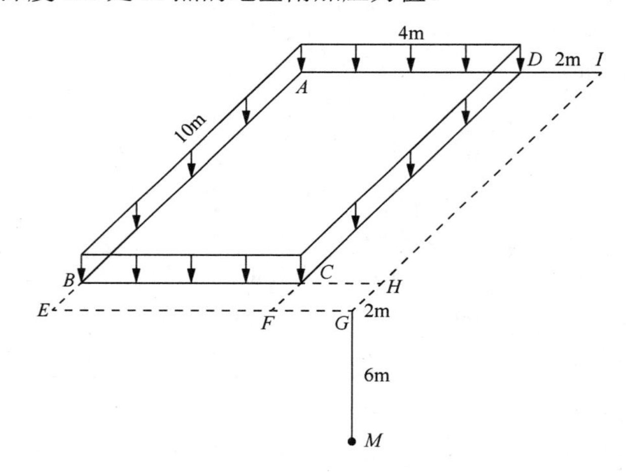

图 2.19　例 2.4 图

解：根据题意，将荷载作用面积、l/b、z/b、α_c值进行列表，见表 2-3。

表 2-3　例 2.4 数据

编号	荷载作用面积	l/b	z/b	α_c
1	$AEGI$	12/6=2	6/6=1	0.1999
2	$BEGH$	6/2=3	6/2=3	0.0870
3	$FGID$	12/2=6	6/2=3	0.0973
4	$CFGH$	2/2=1	6/2=3	0.0447

$$
\begin{aligned}
\sigma_z &= (\alpha_{AEGI} - \alpha_{BEGH} - \alpha_{FGID} + \alpha_{CFGH})p \\
&= (0.1999 - 0.0870 - 0.0973 + 0.0447) \times 100 \\
&= 6.03\text{（kPa）}
\end{aligned}
$$

任务 2.2　土的压缩性及指标分析

任务描述

工作任务	（1）掌握土的压缩性基本概念，了解压缩变形产生的原因。 （2）掌握土的侧限压缩（固结）试验原理。 （3）掌握压缩性指标的应用。 （4）熟悉在浅层土中进行的静载荷试验过程，能通过试验结果来确定地基土的变形模量
工作手段	《建筑地基基础设计规范》（GB 50007—2011）、《土工试验方法标准》（GB/T 50123—2019）
提交成果	（1）每位学生独立完成本学习情境的实训练习里的相关内容。 （2）将教学班级划分为若干学习小组，每个小组独立完成土的固结试验，并绘制 e–p 曲线。 （3）每个小组进行网上调研，列举出至少一个能说明土的压缩变形对路基施工造成影响的实际工程案例

相关知识

2.2.1　基本概念

从宏观上看，土体的压缩是由土粒、水、气体三相的压缩，以及水和气体从土中排出造成的。地基土在压力作用下体积减小的特性称为土的压缩性。土体产生压缩变形的原因有以下三个方面：一是土粒本身的压缩变形；二是孔隙中水和气体的压缩变形；三是孔隙中部分水和气体被挤出，土粒互相靠拢，孔隙体积变小。实际上，土粒和水的压缩量很小，可以忽略不计。因此，土的压缩变形主要是由于孔隙减小，可以用压力与孔隙体积之间的变化来说明土的压缩性，并用于计算地基沉降量。

土的固结试验（快速法）

对于饱和土，土的压缩主要是孔隙水逐渐向外排出，孔隙体积减小所引起的。饱和砂土由于透水性强，在一定压力作用下土中水易于排出，压缩过程能较快地完成。而饱和黏性土由于透水性弱，土中水不能迅速排出，压缩过程常需相当长的时间才能完成。这种土的压缩随时间而增长的过程，称为土的固结。

2.2.2　侧限压缩试验与压缩性指标

1．侧限压缩试验

室内侧限压缩试验是用压缩仪（或称固结仪）进行的，如图 2.20 所示。试验时用环刀切取土样，装在刚性护环内，通过加压活塞逐级施加压力。在每级压力下，待土样压缩稳定后，由百分表测出变形量，然后加下一级压力。土样中的孔隙水通过透水石排出。土样由于受到环刀和刚性护环的限制，只能在竖直方向产生压缩变形，不能产生侧向膨胀，故称为侧限压缩试验。

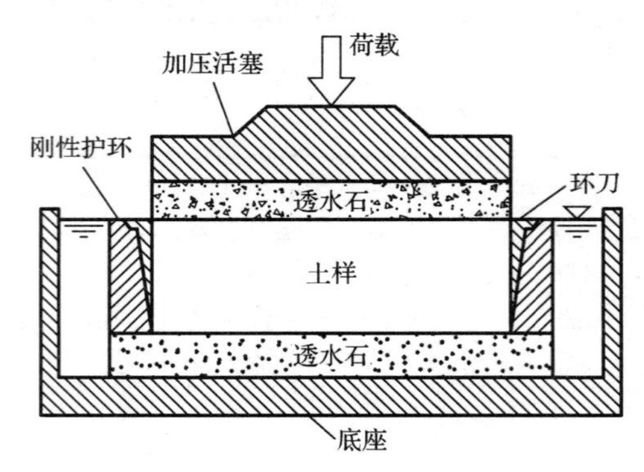

图 2.20　侧限压缩试验示意图

在侧限压缩试验中，土粒体积可认为不变，因此，土样在各级压力 p_i 作用下的变形，常用孔隙比 e 的变化来表示，如图 2.21 所示。设土样的截面积为 A，令 $V_s=1$。在加压前，已知下列表达式。

$$V_v=e_0\text{；}\quad V=1+e_0\text{；}\quad \frac{V_s}{V}=\frac{1}{1+e_0}\text{；}\quad V_s=\frac{V}{1+e_0}=\frac{AH_0}{1+e_0}\text{；}\quad A=\frac{1+e_0}{H_0}$$

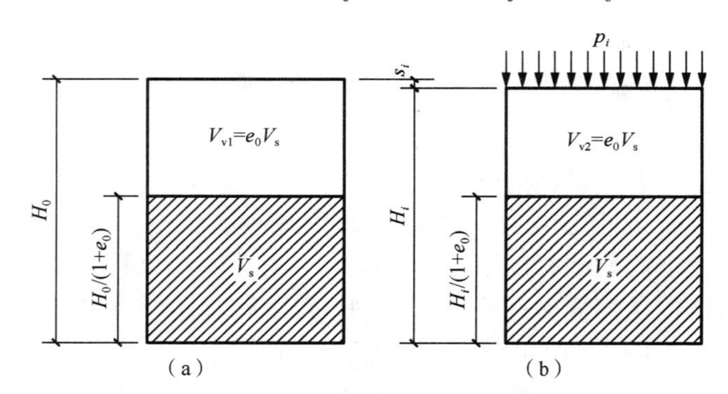

图 2.21　侧限压缩试验土样变形示意图

在压力 p_i 作用下，土样的稳定变形量为 s_i，土样的高度 $H_i=H_0-s_i$，此时土样的孔隙比为 e_i，则 $V_s=\dfrac{AH_i}{1+e_0}=\dfrac{A(H_0-s_i)}{1+e_i}$。由于加压前后土样的截面积 A 和土粒体积 V_s 均不变，化简可得

$$e_i=e_0-(1+e_0)\frac{s_i}{H_0} \tag{2-13}$$

式中：H_0——初始高度，m；

e_0——土的初始孔隙比，可由土的三个实测物理指标求得。

$$e_0=\frac{G_s\rho_w(1+\omega)}{\rho}-1 \tag{2-14}$$

这样，只要测定了土样在各级压力 p_i 作用下的稳定变形量 s_i 后，就可根据式（2-13）算出相应的孔隙比 e_i。然后以横坐标表示压力 p，纵坐标表示孔隙比 e，可绘制出 e–p 曲线，如图 2.22 所示；或以横坐标表示压力的常用对数 lg$p$，纵坐标表示孔隙比 e，绘出 e–lg$p$ 曲线，如图 2.23 所示。

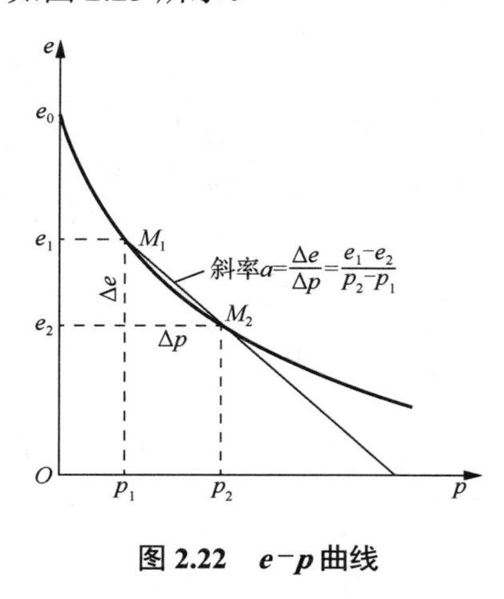

图 2.22　e–p 曲线

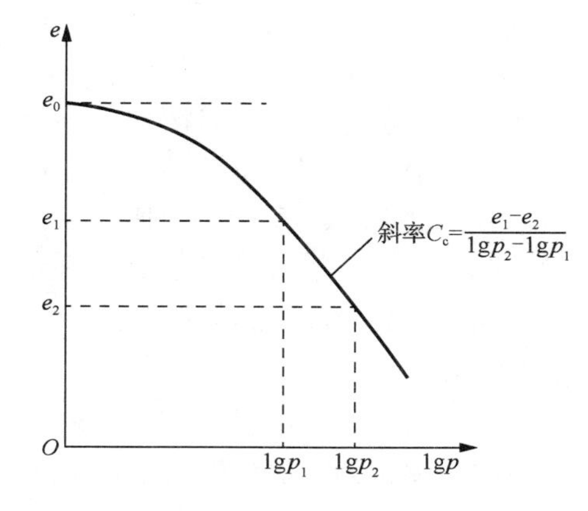

图 2.23　e–lg$p$ 曲线

2. 压缩性指标

1）压缩系数 a

e–p 曲线可反映土的压缩性的高低，e–p 曲线越陡，说明随着压力的增加，土的孔隙比减小越多，则土的压缩性越高；曲线越平缓，则土的压缩性越低。在工程上，当压力 p 的变化范围不大时，与图 2.22 中 p_1— p_2 对应的 M_1M_2 段可近似地看作直线，即用割线 M_1M_2 代替曲线，土在此段的压缩性可用该割线的斜率来反映，则直线 M_1M_2 的斜率称为土体在该段的压缩系数，即

$$a=\frac{e_1-e_2}{p_2-p_1} \tag{2-15}$$

式中：a——土的压缩系数，kPa^{-1} 或 MPa^{-1}；

p_1、p_2——增压前、后的压力，kPa；

e_1、e_2——增压前、后土体在 p_1 和 p_2 作用下压缩稳定后的孔隙比。

由式（2-15）可知，a 越大，说明压缩曲线越陡，表明土的压缩性越高；a 越小，则压缩曲线越平缓，表明土的压缩性越低。但必须注意，由于压缩曲线并非直线，故同一种土的压缩系数并非常数，它取决于压力间隔（p_2-p_1）及起始压力 p_1 的大小。从对土评价的一致性出发，《建筑地基基础设计规范》（GB 50007—2011）中规定，取压力 $p_1=100$kPa、$p_2=200$kPa 对应的压缩系数 a_{1-2} 作为判别土压缩性的标准。

按照 a_{1-2} 的大小将土的压缩性划分如下。

（1）$a_{1-2}<0.1$MPa^{-1}，属低压缩性土。

（2）0.1MPa$^{-1}\leqslant a_{1-2}<0.5$MPa^{-1}，属中压缩性土。

（3）$a_{1-2}\geqslant 0.5$MPa^{-1}，属高压缩性土。

2）压缩模量 E_s

根据 e–p 曲线还可求出另一个压缩性指标，即压缩模量。它是指土在侧限压缩的条件下，竖向压力增量Δp（$p_2 - p_1$）与相应的应变变化量$\Delta\varepsilon$的比值，其单位为 kPa 或 MPa，表达式为

$$E_s = \frac{\Delta p}{\Delta\varepsilon} = \frac{p_2 - p_1}{(e_1 - e_2)/(1+e_1)} = \frac{1+e_1}{a} \tag{2-16}$$

E_s 越大，表示土的压缩性越低；E_s 越小，则表示土的压缩性越高。同样可以用 $p_1 = 100\text{kPa}$、$p_2 = 200\text{kPa}$ 对应的压缩模量 E_{s1-2}，按下面的标准划分土的压缩性。

（1）E_{s1-2}＜4MPa，属高压缩性土。

（2）4MPa≤ E_{s1-2} ≤15MPa，属中压缩性土。

（3）E_{s1-2}＞15MPa，属低压缩性土。

3）压缩指数 C_c

由图 2.23 中的 e–lg$p$ 曲线可以看出，此曲线开始一段呈曲线，其后很长一段为直线，此直线段的斜率称为土的压缩指数 C_c，即

$$C_c = \frac{e_1 - e_2}{\lg p_2 - \lg p_1} \tag{2-17}$$

压缩指数 C_c 也可以表示土的压缩性的高低，其值越大，压缩曲线也越陡，土的压缩性越高；反之，土的压缩性越低。按照 C_c 的大小将土的压缩性划分如下。

（1）C_c＜0.2，属低压缩性土。

（2）0.2≤ C_c ≤0.4，属中压缩性土。

（3）C_c＞0.4，属高压缩性土。

【例 2.5】某原状土的试样进行室内侧限压缩试验，试样高为 20mm，在 $p_1 = 100\text{kPa}$ 作用下测得压缩量 $s_1 = 1\text{mm}$，在 $p_2 = 200\text{kPa}$ 作用下测得压缩量 $s_2 = 0.5\text{mm}$。土样初始孔隙比 $e_0 = 1.2$。试求土的压缩系数、压缩模量，并判别土的压缩性大小。

解：（1）在 $p_1 = 100\text{kPa}$ 作用下，孔隙比为

$$e_1 = e_0 - (1+e_0)\frac{s_1}{H_0} = 1.2 - (1+1.2)\times\frac{1}{20} = 1.09$$

（2）在 $p_2 = 200\text{kPa}$ 作用下，孔隙比为

$$e_2 = e_0 - (1+e_0)\frac{s_1 + s_2}{H_0} = 1.2 - (1+1.2)\times\frac{1+0.5}{20} = 1.035$$

（3）压缩系数为

$$a_{1-2} = \frac{e_1 - e_2}{p_2 - p_1} = \frac{1.09 - 1.035}{0.2 - 0.1} = 0.55\ (\text{MPa}^{-1})$$

（4）压缩模量为

$$E_{s1-2} = \frac{1+e_1}{a_{1-2}} = \frac{1+1.09}{0.55} = 3.8\ (\text{MPa})$$

因为 $a_{1-2} = 0.55\text{MPa}^{-1} > 0.5\text{MPa}^{-1}$，故该土样为高压缩性土。

2.2.3 土的受荷历史对压缩性的影响

在做侧限压缩试验时，如加压到某一级荷载土达到压缩稳定后，逐级卸荷，可以看到土的一部分变形可以恢复（即弹性变形），而另一部分变形不能恢复（即残余变形）。如果卸荷后又逐级加荷便可得到再加压曲线，再加压曲线比原压缩曲线平缓得多，如图 2.24 所示。这说明，土在历史上若受过大于现在所受的压力，其压缩性将大大降低。为了考虑受荷历史对地基土压缩性的影响，需知道土的前期固结压力 p_c。

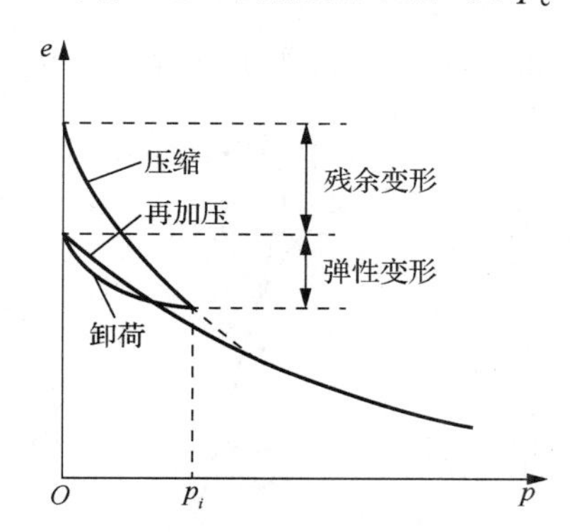

图 2.24 土的压缩、卸荷、再加压曲线

土的前期固结压力是指土层形成后的历史上所经受过的最大固结压力。将土层所受的前期固结压力 p_c 与土层现在所受的自重应力 σ_{cz} 的比值称为超固结比，以 OCR 表示。根据 OCR 可将天然土层分为三种固结状态。

1. 正常固结土（OCR=1）

一般土体的固结是在自重应力的作用下伴随土的沉积过程逐渐达到的。当土体达到固结稳定后，土层的应力未发生明显变化，即前期固结压力等于目前土层的自重应力，这种状态的土称为正常固结土，如图 2.25（a）所示。工程中多数建筑物地基均为正常固结土。

2. 超固结土（OCR＞1）

当土层在历史上经受过较大的固结压力作用而达到固结稳定后，由于受到强烈的侵蚀、冲刷等原因，使其目前的自重应力小于前期固结压力，这种状态的土称为超固结土，如图 2.25（b）所示。

3. 欠固结土（OCR＜1）

土层沉积历史短，在自重应力作用下尚未达到固结稳定，这种状态的土称为欠固结土，如图 2.25（c）所示。

前期固结压力 p_c 可用卡萨格兰德的经验作图法确定，如图 2.26 所示。在 e–lg$p$ 曲线上找出曲率半径最小的一点 A，过 A 点作水平线 $A1$ 和切线 $A2$，作∠$1A2$ 的平分线 $A3$ 并与 e–lg$p$ 曲线中直线段的延长线相交于 B 点，B 点所对应的压力就是前期固结压力。

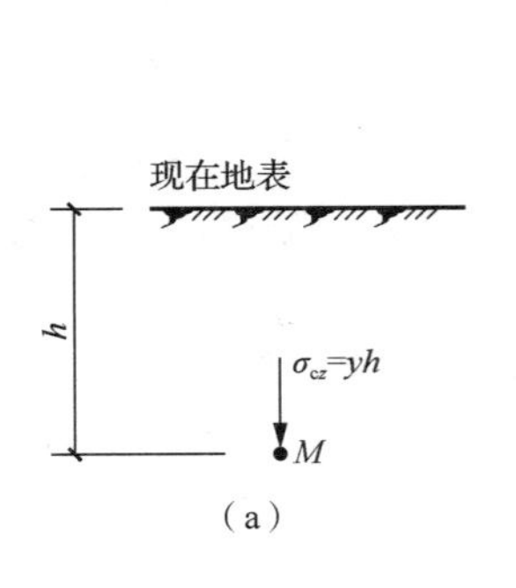

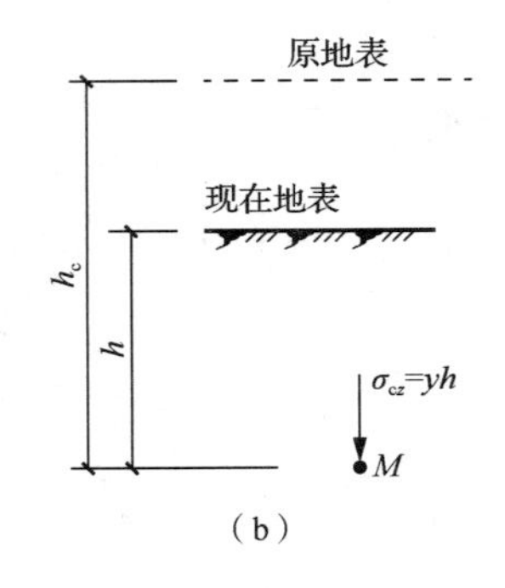

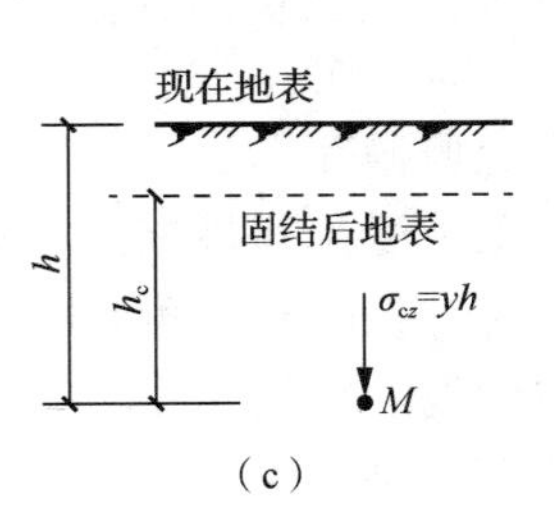

图 2.25　天然土层的三种固结状态

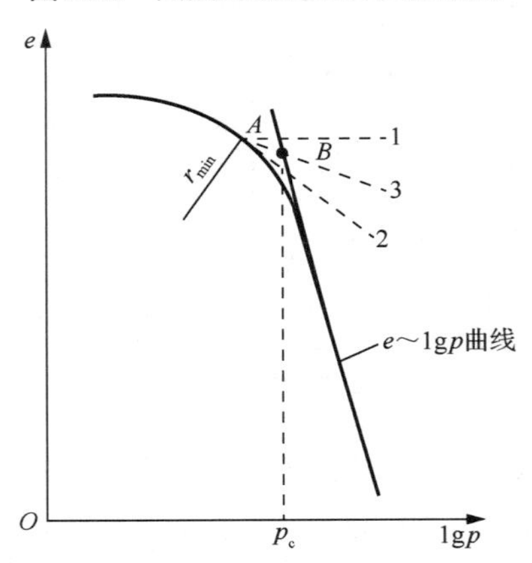

图 2.26　卡萨格兰德的经验作图法确定的 p_c

2.2.4　现场静载荷试验及变形模量

土的侧限压缩试验所需土样是在现场取样得到的，在现场取样、运输、室内试件制作等过程中，会不可避免地对土样产生不同程度的扰动。试验时的各种试验条件（如侧限条件、加荷速率、排水条件、温度及土样与环刀之间的摩擦力等）也不可能做到完全与现场天然土的实际情况相同，可见，室内侧限压缩试验得到的压缩性指标不能完全反映现场天然土的压缩性。当现场土为粉、细砂时，取原状土比较困难；当地基为软土时也无法取样；若土层不均匀、土层试样小、代表性差，则都无法做室内侧限压缩试验。针对这些情况，必须做现场原位测试。

在岩土体原有的位置上，保持岩土的天然结构、天然含水率及天然应力状态的条件下测定岩土性质的试验称为原位测试。土体原位测试一般指的是在工程地质勘察现场，在不扰动或基本不扰动土层的情况下对土层进行测试，以获得所测土层的物理性质指标及划分土层的一种土工勘察技术。参照《岩土工程勘察规范（2009 年版）》（GB 50021—2001），原位测试方法有载荷试验、静力触探试验、圆锥动力触探试验、标准贯入试验、十字板剪切试验、旁压试验、扁铲侧胀试验、现场直接剪切试验、波速测试、岩体原位应力测试、激振法测试。本节只介绍在浅层土中进行的静载荷试验，通过试验结果来确定地基土的变形模量。

1．静载荷试验

静载荷试验是通过承压板，对地基土分级施加压力 p，并测量在每一级压力作用下承压板的沉降达到相对稳定时的沉降量 s，最后绘制荷载-沉降（p-s）曲线，由弹性力学公式求得土的变形模量和地基承载力。

试验一般在试坑内进行，试坑宽度不应小于 3 倍承压板的宽度或直径，深度依所需测试土层的深度而定。承压板面积一般为 0.25～0.50m^2，对于软土及人工填土则不应小于 0.50m^2（正方形边长 0.707m 或圆形直径 0.798m）。试验装置如图 2.27 所示，一般由加荷稳压装置、反力装置及观测装置三部分组成。加荷稳压装置包括承压板、千斤顶及稳压器等；反力装置包括平台堆重系统或地锚系统等；观测装置包括百分表及固定支架等。

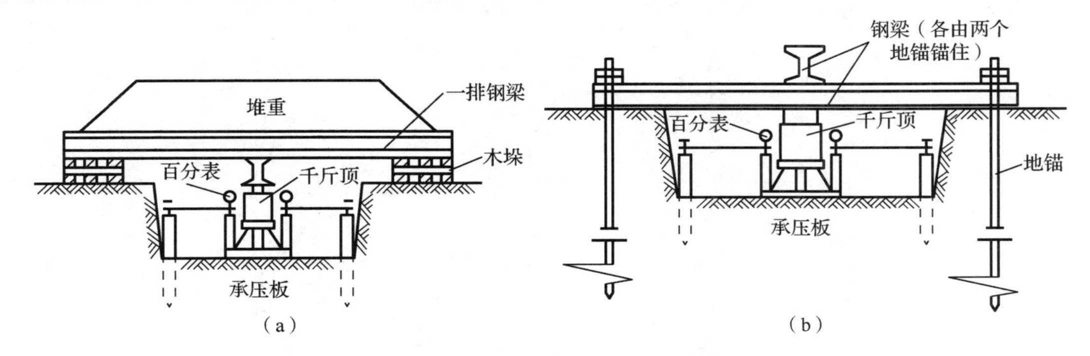

图 2.27　地基静载荷试验的试验装置

试验时必须注意保持土层的原状结构和天然湿度，在试坑底面宜铺设不大于 20mm 厚的粗、中砂层找平。最大加载量不应小于荷载设计值的两倍，且应尽量接近预估的地基极限承载力 p_u。第一级荷载（包括设备重）宜接近开挖试坑所卸除的土重，与其相应的沉降量不计；其后每级荷载增量，对于较松软的土可采用 10～20kPa，对于较硬密的土则用 50～100kPa；加载等级不应少于 8 级。

地基静载荷试验的观测标准如下。

（1）每级加载后，按间隔 10min、10min、10min、15min、15min，以后每隔 30min 测读一次沉降量，当连续 2h 内，每小时的沉降量小于 0.1mm 时，则认为沉降已趋稳定，可加下一级荷载。

（2）当出现下列情况之一时，即可终止加载：①承压板周围的土有明显的侧向挤出（砂土）或发生裂纹（黏性土和粉土）；②沉降 s 急剧增大，荷载-沉降（p-s）曲线出现陡降段；③在某一级荷载下，24h 内沉降速率不能达到稳定标准；④$s/b \geq 0.06$（b 为承压板的边长或直径）。

2．静载荷试验结果与土的变形模量

根据试验结果绘制荷载 p 与稳定沉降量 s 的关系曲线，即 p-s 曲线。如图 2.28 所示为

一些代表性土类的 p–s 曲线，其中曲线的开始部分往往接近于直线，与直线段终点对应的荷载 p_1，称为地基的比例界限荷载或地基的临塑荷载 p_{cr}。

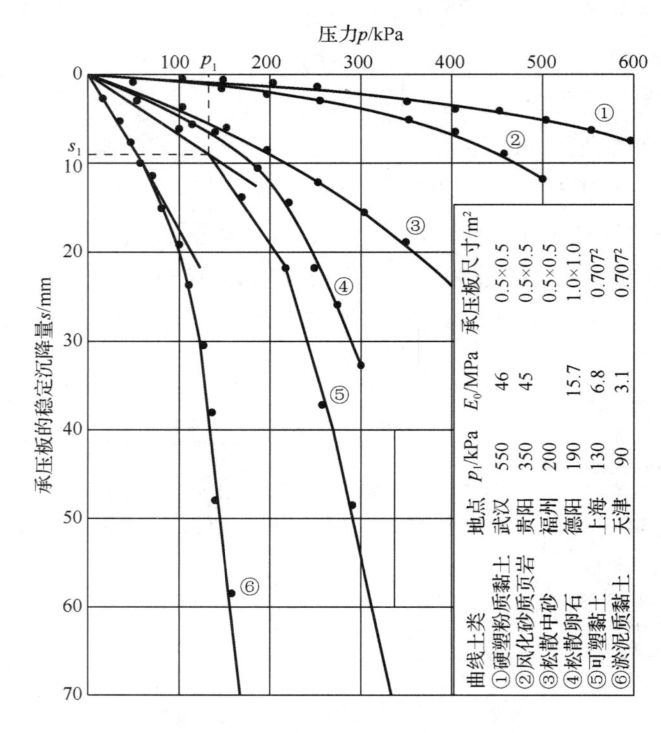

图 2.28　一些代表性土类的 p–s 曲线

土的变形模量是指在无侧限条件下竖向压应力与竖向总应变的比值，用 E_0 表示，其大小可由地基静载荷试验结果按弹性力学公式求得，即

$$E_0 = \omega(1-\mu^2)\frac{p_1 b}{s_1} \tag{2-18}$$

式中：ω——沉降影响系数，正方形承压板取 0.886，圆形承压板取 0.785。

μ——地基土的泊松比，可由表 2-4 查取。

b——承压板边长或直径，mm。

s_1——与所取的比例界限荷载 p_1 相对应的沉降，mm。如果 p–s 曲线无起始直线段，可取 s_1 =（0.010～0.015）b（低压缩性土取低值，高压缩性土取高值），此时 p_1 为其所对应的荷载。

3．土的变形模量与压缩模量的关系

土的变形模量 E_0 与压缩模量 E_s 虽然都是竖向应力与应变的比值，但是在概念上它们是有所区别的，E_0 由现场静载荷试验获得，土体在压缩过程中无侧限；E_s 由室内侧限压缩试验求得，土体在压缩过程中是有侧面限制的。

表 2-4 泊松比μ的经验值

土的种类和状态		μ
碎石土		0.15～0.25
砂土		0.25～0.30
粉土		0.30
粉质黏土	坚硬状态	0.25
	可塑状态	0.30
	软塑及流塑状态	0.35
黏土	坚硬状态	0.25
	可塑状态	0.35
	软塑及流塑状态	0.42

理论上，变形模量E_0与压缩模量E_s的关系如下。

$$E_0 = \left(1 - \frac{2\mu^2}{1-\mu}\right)E_s \tag{2-19}$$

工程师寄语

路基是公路工程中的重要组成部分，路基的稳定性和承载力直接影响着公路的使用寿命和安全性能，土的压实程度对路基的稳定性和承载力影响极大。在学习此部分内容时，同学们应认真对待，保持高度的责任心，做到对工程负责、对社会负责。

任务 2.3 地基的最终沉降量计算

任务描述

工作任务	（1）掌握地基的最终沉降量基本概念。 （2）熟悉分层总和法的计算方法，掌握规范推荐法的应用
工作手段	《建筑地基基础设计规范》（GB 50007—2011）
提交成果	每位学生独立完成本学习情境的实训练习里的相关内容

相关知识

2.3.1 基本概念

1．定义

地基的最终沉降量是指地基土层在建筑物荷载作用下，不断地产生压缩，直至压缩稳定后地基表面的沉降量。

2．地基沉降的原因

一般认为地基土层在自重作用下压缩已稳定，地基沉降的外因主要是建筑物荷载在地基中产生的附加应力，其内因是土具有碎散性，在附加应力作用下土层的孔隙发生压缩变形，产生地基沉降。

3．计算目的

（1）地基的最终沉降量是填方施工标高控制的重要依据。

（2）预测工程建成后产生的最终沉降量、沉降差、倾斜和局部倾斜，判断地基变形值是否超出允许的范围。

4．计算方法

1）分层总和法

分层总和法是地基沉降计算中常常采用的一种方法。该方法假设土层只有竖向单向压缩，侧向限制不能变形。

2）《建筑地基基础设计规范》（GB 50007—2011）推荐法（以下简称规范推荐法）

规范推荐法根据大量工程实践经验，对上述分层总和法地基沉降计算结果进行总结，并据大量沉降观测的资料对分层总和法的计算结果进行了修正。

2.3.2 分层总和法的计算内容

1．计算原理

先将地基土分为若干水平土层，各土层厚度分别为h_1、h_2、h_3、…、h_n，计算每层土的压缩量s_1、s_2、s_3、…、s_n，然后累计起来，即为总的地基沉降量s，如图 2.29 所示。

$$s = s_1 + s_2 + s_3 + \cdots + s_n = \sum_{i=1}^{n} s_i \tag{2-20}$$

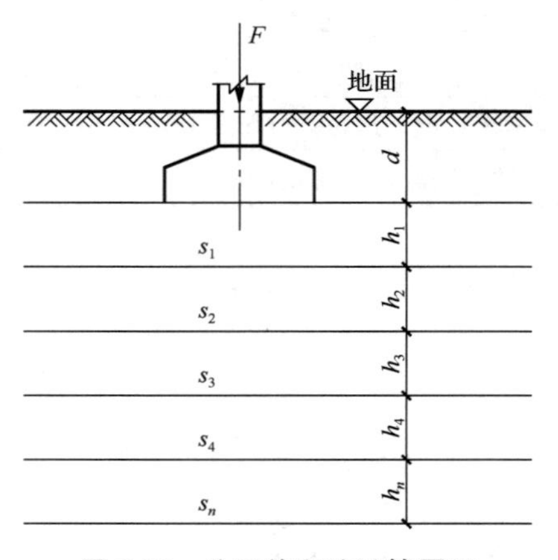

图 2.29 分层总和法计算原理

2. 基本假设

（1）地基土为均匀、等向的半无限空间弹性体。在建筑物荷载作用下，土中的应力与应变σ-ε呈直线关系。

（2）地基沉降计算的部位，按基础中心点 O 下土柱所受附加应力 σ_z 进行计算。

（3）地基土的变形条件为侧限条件，即在建筑物的荷载作用下，地基土层只产生竖向压缩变形，侧向不能膨胀变形，因而在沉降计算中，可应用试验室测定的侧限压缩试验指标压缩系数 a 与压缩模量 E_s。

（4）沉降计算的深度，理论上应计算至无限大，工程上因附加应力扩散随深度而减小，故计算至某一深度（受压层）即可。在受压层以下的土层附加应力很小，所产生的沉降量可忽略不计。若受压层以下尚有软弱土层，则应计算至软弱土层底部。

（5）对每一分层土均近似地取层顶与层底截面的附加应力平均值计算沉降。

3. 计算方法与步骤

（1）用坐标纸按比例绘制地基土层分布剖面图和基础剖面图，如图 2.30 所示。

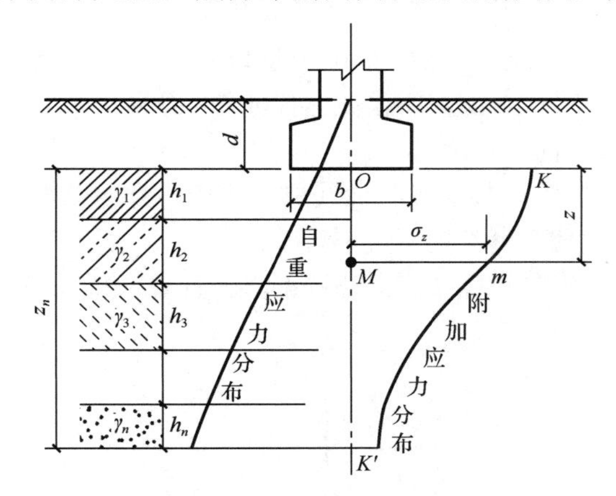

图 2.30 分层总和法计算地基沉降

（2）计算地基土的自重应力 σ_c。

土层变化处为计算点。计算结果按应力的比例尺（如 1cm 代表 100kPa），绘于基础中心线的左侧。注意自重应力分布曲线的横坐标只表示该处自重应力数值，应力的方向都是竖直方向。

（3）计算基底压力。

中心荷载：$p=\dfrac{F+G}{A}$

偏心荷载：$\dfrac{p_{\max}}{p_{\min}}=\dfrac{F+G}{A}\left(1\pm\dfrac{6e}{l}\right)$

或 $\dfrac{p_{\max}}{p_{\min}}=\dfrac{F+G}{A}\pm\dfrac{M}{W}$

（4）计算基底附加压力。

$$p_0 = p - \gamma_{\mathrm{m}} d$$

（5）计算地基中的附加应力分布。

为保证计算的精确度，计算土层厚度不能太厚，要求每层厚度 $h_i \leqslant 0.4b$。将附加应力计算结果按比例尺绘于基础中心线的右侧。例如，深度 z 处，M 点的竖向附加应力 σ_z 值，以线段 $\overline{Mm}$ 表示。各计算点的附加应力连成一条曲线 KmK'，表示基础中心点 O 以下附加应力随深度的变化。

（6）确定地基受压层深度 z_n。

由图 2.30 中的自重应力分布和附加应力分布两条曲线，可以找到某一深度处附加应力 σ_z 为自重应力 σ_{cz} 的 20%，此深度称为地基受压层深度 z_n。此处

一般土 $$\sigma_z = 0.2\sigma_{\mathrm{cz}} \tag{2-21}$$

软土 $$\sigma_z = 0.1\sigma_{\mathrm{cz}} \tag{2-22}$$

式中：σ_z——基础中心点 O 以下深度 z 处的附加应力，kPa；

σ_{cz}——同一深度 z 处的自重应力，kPa。

用坐标纸绘图 2.30，通过数小方格，可以很方便地找到 z_n。

（7）沉降计算分层。

为使地基沉降计算比较精确，除按 $0.4b$ 分层以外，还需考虑下列因素。

① 地质剖面图中，不同的土层因压缩性不同应为分层面。

② 地下水位应为分层面。

③ 基础底面附近附加应力数值大且曲线的曲率大，分层厚度应小些，使各计算分层的附加应力分布曲线以直线代替计算时误差较小。

（8）计算各土层的压缩量。第 i 层土的压缩量 s_i 计算公式如下。

$$s_i = \frac{\bar{\sigma}_{zi}}{E_{\mathrm{s}i}} h_i \tag{2-23}$$

$$s_i = \left(\frac{a}{1+e_1}\right)_i \bar{\sigma}_{zi} h_i \tag{2-24}$$

$$s_i = \left(\frac{e_1 - e_2}{1+e_1}\right)_i h_i \tag{2-25}$$

式中：$\bar{\sigma}_{zi}$——第 i 层土的平均附加应力，kPa；

$E_{\mathrm{s}i}$——第 i 层土的侧限压缩模量，kPa；

h_i——第 i 层土的厚度，m；

a——第 i 层土的压缩系数，kPa^{-1}；

e_1——第 i 层土压缩前的孔隙比；

e_2——第 i 层土压缩终止后的孔隙比。

（9）计算地基最终沉降量。

将地基受压层 z_n 范围内各土层压缩量相加可得

$$s = s_1 + s_2 + s_3 + \cdots + s_n = \sum_{i=1}^{n} s_i$$

2.3.3 规范推荐法的计算内容

采用上述分层总和法进行建筑物地基沉降计算，并与大量建筑物的沉降观测进行比较，发现其具有下列规律。

① 中等地基，计算沉降量与实测沉降量相近，即 $s_{计} \approx s_{实}$。

② 软弱地基，计算沉降量小于实测沉降量，即 $s_{计} < s_{实}$。

③ 坚实地基，计算沉降量远大于实测沉降量，即 $s_{计} > s_{实}$。

地基沉降量计算值与实测值不一致的原因主要有以下几点。

① 分层总和法计算所做的几点假设，与实际情况不完全符合。

② 土的压缩性指标试样的代表性、取原状土的技术及试验的准确度都存在问题。

③ 在地基沉降计算中，未考虑地基、基础与上部结构的共同作用。

为了使地基沉降量的计算值与实测值相吻合，在总结大量实践经验的基础上，规范推荐法引入了沉降计算经验系数 ψ_s，对分层总和法地基沉降计算结果，做必要的修正。规范推荐法还对分层总和法的计算步骤进行了简化。

1. 规范推荐法的实质

为使分层总和法地基沉降计算结果在软弱地基或坚实地基情况下，都与实测沉降量相吻合，《建筑地基基础设计规范》（GB 50007—2011）中引入一个沉降计算经验系数 ψ_s。此经验系数 ψ_s，由大量建筑沉降观测数值与分层总和法计算值进行对比总结后得到。对软弱地基，ψ_s＞1.0，对坚实地基，ψ_s＜1.0。

2. 规范推荐法地基沉降计算公式

$$s = \psi_s s' = \psi_s \sum_{i=1}^{n} \frac{p_0}{E_{si}} (z_i \bar{\alpha}_i - z_{i-1} \bar{\alpha}_{i-1}) \tag{2-26}$$

式中：s——按规范推荐法计算出的地基最终沉降量，mm；

s'——按分层总和法计算出的地基最终沉降量，mm；

ψ_s——沉降计算经验系数，根据地区沉降观测资料及经验确定，无地区经验时采用表 2-5 数值；

n——地基沉降计算深度（即受压层）范围内所划分的土层数，如图 2.31 所示；

p_0——对应于荷载标准值时的基底附加压力，kPa；

E_{si}——基础底面下第 i 层土的压缩模量，按实际应力范围取值，MPa；

z_i、z_{i-1}——基础底面至第 i 层土、第 i-1 层土底面的距离，m；

$\bar{\alpha}_i$、$\bar{\alpha}_{i-1}$——基础底面计算点至第 i 层土、第 i-1 层土底面范围内平均附加应力系数，可按《建筑地基基础设计规范》（GB 50007—2011）附录 K 采用。

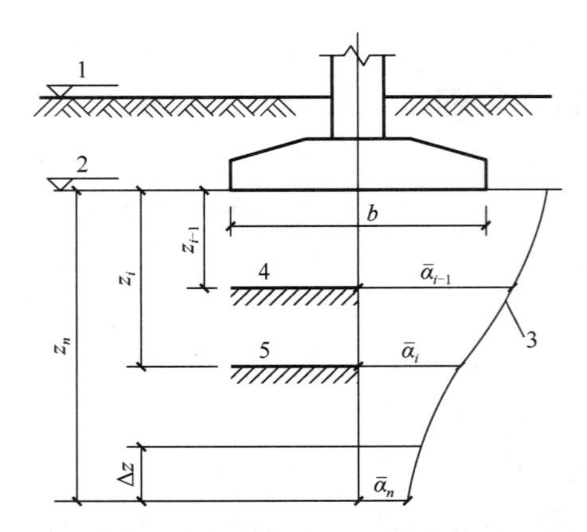

1—天然地面标高；2—基底标高；3—平均附加应力系数$\bar{\alpha}$曲线；4—i−1层；5—i层

图 2.31　基础沉降计算的分层示意图

当地基为一均匀土层时，用此土层的压缩模量 E_s 值，直接查表 2-5，或用内插法计算 ψ_s。若地基为多层土，E_s 为不同数值，则先计算 E_s 的当量值 $\bar{E}_s$ 再查表 2-5，即 E_s 按附加应力面积 A 的加权平均值查表 2-5。

表 2-5　沉降计算经验系数 ψ_s

基底附加压力 p_0 /kPa	压缩模量 $\bar{E}_s$ /MPa				
	2.5	**4.0**	**7.0**	**15.0**	**20.0**
$p_0 \geqslant f_{ak}$	1.40	1.30	1.00	0.40	0.20
$p_0 \leqslant 0.75 f_{ak}$	1.10	1.00	0.70	0.40	0.20

注：$\bar{E}_s$ 为沉降计算深度范围内压缩模量的当量值，$\bar{E}_s = \dfrac{\sum A_i}{\sum (A_i / E_{si})}$；$A_i$ 为第 i 层土附加应力系数沿土层厚度的积分值。f_{ak} 为修正前的地基承载力特征值。

应当注意，平均附加应力系数 $\bar{\alpha}_i$ 是指基础底面计算点至第 i 层土底面范围内全部土层的附加应力系数平均值，而非地基中第 i 层土本身的附加应力系数。

3．地基沉降计算深度 z_n

地基沉降计算深度的确定，在《建筑地基基础设计规范》（GB 50007—2011）中分两种情况。

（1）无相邻荷载的基础中点下。

$$z_n = b(2.5 - 0.4\ln b) \tag{2-27}$$

式中：b——基础宽度，m，适用于 1～30m 范围。

（2）存在相邻荷载影响。

在此情况下，应符合下式要求。

$$\Delta s'_n \leqslant 0.025\sum_{i=1}^{n}\Delta s'_i \tag{2-28}$$

式中：$\Delta s'_n$——在计算深度 z_n 处，向上取计算厚度为 Δz 的薄土层计算沉降量，Δz 的取值可按表 2-6 确定；

$\Delta s_i'$——在计算深度范围内，第 i 层土的计算沉降量。

表 2-6　计算层厚度 Δz 值

基础宽度 b/m	$b \leqslant 2$	$2 < b \leqslant 4$	$4 < b \leqslant 8$	$b > 8$
Δz/m	0.3	0.6	0.8	1.0

在计算深度范围内存在基岩时，z_n 可取至基岩表面；当存在较厚的坚硬黏性土层，其孔隙比小于 0.5、压缩模量大于 50MPa 时，或存在较厚的密实砂卵石层，其压缩模量大于 80MPa 时，z_n 可取至该层土表面。

分层总和法与规范推荐法计算地基沉降的比较见表 2-7。

表 2-7　分层总和法与规范推荐法计算地基沉降的比较

项目	分层总和法	规范推荐法
计算步骤	分层计算沉降然后叠加，$s=\sum_{i=1}^{n} s_i$。物理概念明确	采用附加应力面积系数法
计算公式	$s=\sum_{i=1}^{n}\frac{\bar{\sigma}_{zi}}{E_{si}}h_i$；$s=\sum_{i=1}^{n}\left(\frac{a}{1+e_1}\right)_i\bar{\sigma}_{zi}h_i$	$s=\psi_s\sum_{i=1}^{n}\frac{p_0}{E_{si}}(z_i\bar{\alpha}_i-z_{i-1}\bar{\alpha}_{i-1})$
计算结果与实测值关系	中等地基 $s_{计} \approx s_{实}$； 软弱地基 $s_{计} < s_{实}$； 坚实地基 $s_{计} > s_{实}$	引入沉降计算经验系数 ψ_s，使 $s_{计} \approx s_{实}$
地基沉降计算深度 z_n	① 一般土：$\sigma_z = 0.2\sigma_{cz}$。 ② 软土：$\sigma_z = 0.1\sigma_{cz}$。 当出现上述两种情况，对应的深度 z 即为 z_n	① 无相邻荷载影响。 $z_n = b(2.5-0.4\ln b)$ ② 存在相邻荷载影响。 $\Delta s_n' \leqslant 0.025\sum_{i=1}^{n}\Delta s_i'$
计算工作量	① 绘制土的自重应力分布曲线。 ② 绘制地基中的附加应力分布曲线。 ③ 计算每层厚度 $h_i \leqslant 0.4b$。 计算工作量大	如为均质土无论厚度多大，只需一次计算，简便

任务 2.4　地基沉降与时间关系

任务描述

工作任务	（1）了解地基沉降与时间关系的计算目的。 （2）掌握饱和土的渗流固结过程。 （3）熟悉地基沉降与时间关系的计算步骤
工作手段	《建筑地基基础设计规范》（GB 50007—2011）
提交成果	每位学生独立完成本学习情境的实训练习里的相关内容

相关知识

2.4.1 地基沉降与时间关系的计算目的

上节地基沉降计算的是地基的最终沉降量。本节的地基沉降计算是指建筑物荷载在地基中产生附加应力，地基受压层中的孔隙发生压缩达到稳定后的沉降量。

有时需要计算建筑物在施工期间和使用期间的地基沉降量，以及预测地基沉降的过程，即沉降与时间的关系，以便设计预留建筑物有关部分之间的净空，考虑联结方法和施工顺序等。尤其对发生裂缝、倾斜等事故的建筑物，更需要了解当时的沉降与今后沉降的发展，以作为事故处理方案的重要依据。

对于饱和土体的沉降，因土体孔隙中充满水，在荷载作用下，必须使孔隙中的水部分排出，土体才能被压密，即发生土体压缩变形。要使孔隙中的水通过弯弯曲曲的细小孔隙排出，通常需要经历相当长的时间 t。时间 t 的长短，取决于土层排水的距离 H、土粒粒径与孔隙的大小、土层渗透系数、荷载大小和压缩系数等因素。

一般建筑物在施工期间所完成的沉降，通常随地基土质的不同而不同。

① 碎石土和砂土因压缩性小、渗透性大，在施工期间，地基沉降已全部或基本完成。

② 低压缩黏性土，在施工期间一般可完成最终沉降量的 50%～80%。

③ 中压缩黏性土，在施工期间一般可完成最终沉降量的 20%～50%。

④ 高压缩黏性土，在施工期间一般可完成最终沉降量的 5%～20%。

淤泥质黏性土渗透性小，压缩性大。对于层厚较大的饱和淤泥质黏性土地基，沉降有时需要几十年时间才能达到稳定。

为清楚地掌握饱和土的压缩过程，首先需研究饱和土的渗流固结过程，即土骨架和孔隙水分担和转移外力的情况和过程。

2.4.2 饱和土的渗流固结

1. 饱和土渗流固结过程

饱和土受荷产生压缩（固结）的过程包括以下几方面。

① 土体孔隙中自由水逐渐排出。

② 土体孔隙体积逐渐减小。

③ 由孔隙水承担的压力逐渐转移到由土骨架来承受，成为有效应力。

上述三个方面为饱和土固结作用——排水、压缩和压力转移，三者为同时进行。

2．渗流固结力学模型

饱和土的渗流固结，可借助图 2.32 所示的弹簧—活塞模型来说明。在一个盛满水的圆筒中，装一个带有弹簧的活塞，弹簧表示土的颗粒骨架，圆筒内的水表示土中的自由水，带孔的活塞则表征土的透水性。由于模型中只有固、液两相介质，则对于外力 σ_z 的作用只能是水与弹簧两者来共同承担。设弹簧承担的压力为有效应力 σ'，圆筒中的水承担的压力为孔隙水压力 u，按照静力平衡条件，应有

$$\sigma_z = \sigma' + u \tag{2-29}$$

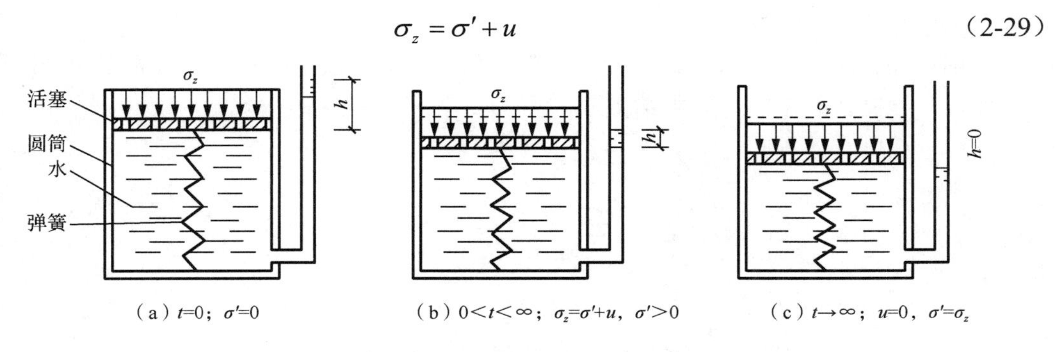

图 2.32　饱和土体渗流固结力学模型

（1）如图 2.32（a）所示，当 $t=0$ 时，即活塞瞬间施加压力，水来不及排出，弹簧没有变形，附加应力全部由水承担，即 $u=\sigma_z$、$\sigma'=0$。

（2）如图 2.32（b）所示，当 $0<t<\infty$ 时，随着荷载作用时间的延续，水受到压力后逐步排出，弹簧开始受力并逐步压缩，随着时间的延续，水承受的压力即孔隙水压力 u 相应减小，附加应力由两者共同承担，即 $\sigma_z=\sigma'+u$、$\sigma'<\sigma_z$、$u<\sigma_z$。

（3）如图 2.32（c）所示，当 $t\to\infty$ 时，即固结变形的最终时刻，水从孔隙中充分排出，孔隙水压力完全消散，附加应力全部由弹簧承担，饱和土渗流固结完成，即 $\sigma'=\sigma_z$、$u=0$，此时 σ' 达到最大值，u 减小到最小值。

可见，饱和土渗流固结的过程是孔隙水压力随时间逐步消散和有效应力逐步增加的过程。

2.4.3　一维固结理论

为了求得饱和土层在渗流固结过程中某一时间的变形，通常采用太沙基提出的一维固结理论进行计算。其适用条件为荷载面积远大于压缩土层的厚度，地基中孔隙水主要沿竖向渗流。对于堤坝及其地基，孔隙水主要沿两个方向渗流，属于二维固结问题；对于高层建筑，则应考虑三维固结问题。

设厚度为 H 的饱和黏土层，顶面是透水层，底面是不透水和不可压缩层。假设该饱和黏土层在自重应力作用下的固结已经完成，在顶面施加一均布荷载 p。由于土层厚度远小

于荷载面积，故土中附加应力图形近似取作矩形分布，即附加应力不随深度而变化，但是孔隙水压力 u 是坐标 z 和时间 t 的函数。

为了分析渗流固结过程，做以下假设。

（1）土中水的渗流只沿竖向发生，而且渗流符合达西定律，土的渗透系数为常数。

（2）相对于土的孔隙，土粒和土中水都是不可压缩的，因此，土的变形仅是孔隙体积压缩的结果。

（3）土是完全饱和的，土的体积压缩量同孔隙中排出的水量相等，而且压缩变形速率取决于土中水的渗流速率。

从饱和黏土层顶面下深度 z 处取一微单元体 1×1×dz，根据单元体的渗流连续条件和达西定律，可建立饱和土的一维固结微分方程。

$$\frac{\partial u}{\partial t}=C_{\mathrm{v}}\frac{\partial^2 u}{\partial z^2} \tag{2-30}$$

式中：C_{v}——土的固结系数，$C_{\mathrm{v}}=\dfrac{k(1+e_1)}{\gamma_{\mathrm{w}}a}$；

k——土的渗透系数；

e_1——渗流固结前的孔隙比；

γ_{w}——水的重度；

a——土的压缩系数。

2.4.4 地基沉降与时间关系的计算

土的固结度是指地基土在某一压力作用下，经历时间 t 所产生的固结变形（压缩）量与最终变形（压缩）量之比。固结度的大小与土的渗透系数、孔隙比、压缩系数、水的重度、最大渗透距离、固结时间、附加应力的分布情况等因素有关。固结度随着渗透系数、孔隙比和固结时间的增大而增大，随着最大渗透距离、压缩系数的增大而减小。

地基沉降与时间关系的计算步骤如下。

（1）计算地基最终沉降量 s。按分层总和法或规范推荐法进行计算。

（2）计算附加应力比值 α。

（3）假定一系列地基平均固结度 U_t。如 U_t=10%、20%、40%、50%、60%、80%、90%。

（4）计算时间因数 T_{v}。由假定的每一个平均固结度 U_t 与 α 值，应用图 2.33，查出横坐标时间因数 T_{v}。

（5）计算时间 t。由地基土的性质指标和土层厚度，计算每一个平均固结度 U_t 的时间 t。

（6）计算时间 t 的沉降量 s_t。由 $U_t=\dfrac{s_t}{s}$ 可得

$$s_t=U_t s \tag{2-31}$$

（7）绘制 s_t−t 曲线。以计算的 s_t 为纵坐标，时间 t 为横坐标，绘制 s_t−t 曲线，则可求任意时间 t 的沉降量 s_t。

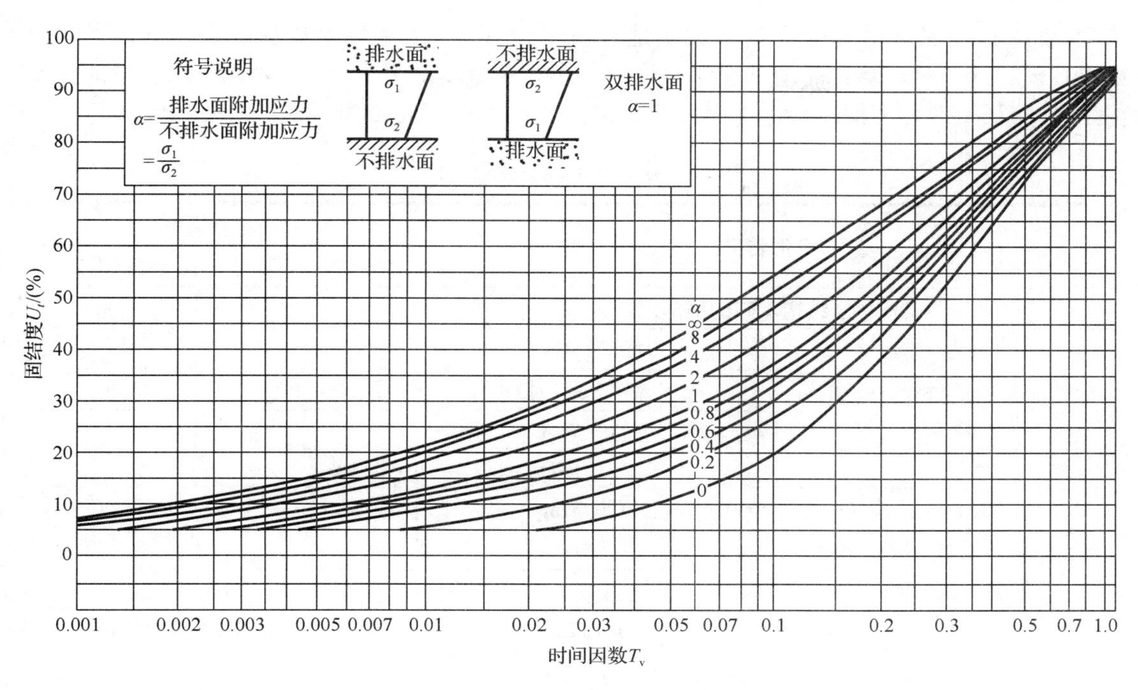

图 2.33　时间因数 T_v 与固结度 U_t 的关系图

工程师寄语

若地基的承载力不满足上部结构的要求，随着时间的推移，地基沉降就会越来越大，不会停止，直到地基彻底破坏。怎样才能避免因地基沉降带来的不利影响，是需要同学们多多查阅相关工程案例，不断积累相应的专业技能知识才能解决的。

任务 2.5　地基变形允许值与建筑物沉降观测

任务描述

工作任务	（1）掌握地基变形特征的分类及地基变形允许值。 （2）了解沉降观测的范围、内容、方法
工作手段	《建筑地基基础设计规范》（GB 50007—2011）
提交成果	每位学生独立完成本学习情境的实训练习里的相关内容

相关知识

2.5.1　地基变形允许值

为了保证建筑物的正常使用，防止建筑物因地基变形过大而发生裂缝、倾斜甚至破坏等事故，必须保证地基变形值不大于地基变形允许值。《建筑地基基础设计规范》（GB 50007—2011）对建筑物的地基变形允许值作了相关规定，见表 2-8。对表中未包括的建筑物，其地基变形允许值应根据上部结构对地基变形的适应能力和使用上的要求确定。

表 2-8　建筑物的地基变形允许值

<table>
<tr><th colspan="2" rowspan="2">变形特征</th><th colspan="2">地基土类别</th></tr>
<tr><th>中、低压缩性土</th><th>高压缩性土</th></tr>
<tr><td colspan="2">砌体承重结构基础的局部倾斜</td><td>0.002</td><td>0.003</td></tr>
<tr><td rowspan="3">工业与民用建筑相邻柱基的沉降差</td><td>框架结构</td><td>$0.002l$</td><td>$0.003l$</td></tr>
<tr><td>砌体墙填充的边排柱</td><td>$0.0007l$</td><td>$0.001l$</td></tr>
<tr><td>当基础不均匀沉降时不产生附加应力的结构</td><td>$0.005l$</td><td>$0.005l$</td></tr>
<tr><td colspan="2">单层排架结构（柱距为 6m）柱基的沉降量/mm</td><td>（120）</td><td>200</td></tr>
<tr><td rowspan="2">桥式起重机轨面的倾斜（按不调整轨道考虑）</td><td>纵向</td><td colspan="2">0.004</td></tr>
<tr><td>横向</td><td colspan="2">0.003</td></tr>
<tr><td rowspan="4">多层和高层建筑的整体倾斜</td><td>$H_g \leqslant 24$</td><td colspan="2">0.004</td></tr>
<tr><td>$24 < H_g \leqslant 60$</td><td colspan="2">0.003</td></tr>
<tr><td>$60 < H_g \leqslant 100$</td><td colspan="2">0.0025</td></tr>
<tr><td>$H_g > 100$</td><td colspan="2">0.002</td></tr>
<tr><td colspan="2">体型简单的高层建筑基础的平均沉降量/mm</td><td colspan="2">200</td></tr>
<tr><td rowspan="2">高耸结构基础的倾斜</td><td>$H_g \leqslant 20$</td><td colspan="2">0.008</td></tr>
<tr><td>$20 < H_g \leqslant 50$</td><td colspan="2">0.006</td></tr>
<tr><td rowspan="4">高耸结构基础的倾斜</td><td>$50 < H_g \leqslant 100$</td><td colspan="2">0.005</td></tr>
<tr><td>$100 < H_g \leqslant 150$</td><td colspan="2">0.004</td></tr>
<tr><td>$150 < H_g \leqslant 200$</td><td colspan="2">0.003</td></tr>
<tr><td>$200 < H_g \leqslant 250$</td><td colspan="2">0.002</td></tr>
<tr><td rowspan="3">高耸结构基础的沉降量/mm</td><td>$H_g \leqslant 100$</td><td colspan="2">400</td></tr>
<tr><td>$100 < H_g \leqslant 200$</td><td colspan="2">300</td></tr>
<tr><td>$200 < H_g \leqslant 250$</td><td colspan="2">200</td></tr>
</table>

注：1．本表数值为建筑物地基实际最终变形允许值。

2．有括号者仅适用于中压缩性土。

3．l 为相邻柱基的中心距离（mm），H_g 为自室外地面起算的建筑物高度（m）。

表 2-8 中相应的地基变形特征可分为以下几种。

（1）沉降量：基础中心点的沉降值。

（2）沉降差：相邻独立基础沉降量的差值。

（3）倾斜：基础倾斜方向两端点的沉降差与其距离的比值。

（4）局部倾斜：砌体承重结构沿纵向 6～10m 内基础两点的沉降差与其距离的比值。

由于建筑物地基不均匀、荷载差异很大、体型复杂等因素引起的地基变形，对于砌体承重结构，应由局部倾斜值控制；对于框架结构和单层排架结构，应由相邻柱基的沉降差控制；对于多层或高层建筑和高耸结构，应由倾斜值控制，必要时尚应控制平均沉降量。

2.5.2 建筑物沉降观测

1．沉降观测的意义

建筑物的沉降观测能反映地基的实际变形及地基变形对建筑物的影响程度。因此，系统的沉降观测资料是验证地基基础设计是否正确，分析地基事故及判别施工质量的重要依据，也是确定建筑物地基变形允许值的重要资料。此外，通过对沉降计算值与实测值的对比，还可以了解现行沉降计算方法的准确性，以便改进或发展更符合实际的沉降计算方法。

建筑物沉降观测

2．需要进行沉降观测的建筑物

《建筑变形测量规范》（JGJ 8—2016）规定，下列建筑物应在施工期间及使用期间进行沉降观测。

（1）地基基础设计等级为甲级的建筑。

（2）软弱地基上的地基基础设计等级为乙级的建筑。

（3）加层、扩建建筑或处理地基上的建筑。

（4）受邻近施工影响或受场地地下水等环境因素变化影响的建筑。

（5）采用新型基础或新型结构的建筑。

（6）大型城市基础设施。

（7）体型狭长且地基土变化明显的建筑。

另外，需要积累建筑物沉降经验或进行设计分析的工程，应进行建筑物沉降观测和基础反力监测，沉降观测宜同时设分层沉降监测点。

3．沉降观测的内容

建筑沉降观测可根据需要，分别或组合测定建筑场地沉降、基坑回弹、地基土分层沉降及基础和上部结构沉降。

4．沉降观测的方法

1）仪器与精度

沉降观测的仪器采用精密水准仪，各等级水准测量使用的仪器型号和标尺类型应符合《建筑变形测量规范》（JGJ 8—2016）的规定。作业前和作业过程中，应根据现场作业条件的变化情况，对所用仪器设备进行检查校正。各期变形测量应在短时间内完成。对不同期测量，宜采用相同的观测网形、观测路线和观测方法，并宜使用相同的测量仪器设备。对于特等和一等变形观测，尚宜固定观测人员、选择最佳观测时段并在相近的环境条件下观测。

沉降基准点与监测点的设置

观测精度等级划分为特等、一等、二等、三等、四等，建筑沉降观测时应按《建筑变形测量规范》（JGJ 8—2016）的规定估算沉降观测精度，选择沉降观测精度等级并采取相应的作业方式。

2）沉降基准点和沉降工作基点的设置

基准点是为进行变形测量而布设的稳定的、需长期保存的测量控制点，应设置在变形区域以外、位置稳定、易于长期保存的地方，并应定期复测。当基准点与所测建筑距离较远致使变形测量作业不方便时，宜设置工作基点，即工作基点是为便于现场变形观测作业而布设的相对稳定的测量点。当有工作基点时，每期变形观测均应将其与基准点进行联测，然后对监测点进行观测。

沉降基准点的点位选择应符合下列规定。

① 基准点应避开交通干道主路、地下管线、仓库堆栈、水源地、河岸、松软填土、滑坡地段、机器振动区，以及其他可能使标石、标志易遭腐蚀和破坏的地方。

② 密集建筑区内，基准点与待测建筑的距离应大于该建筑基础最大深度的 2 倍。

③ 二等、三等和四等沉降观测，基准点可选择在满足前款距离要求的其他稳固的建筑上。

④ 对地铁、高架桥等大型工程，以及大范围建设区域等长期变形测量工程，宜埋设 2～3 个基岩标作为基准点。

特等、一等沉降观测，基准点不应少于 4 个；其他等级沉降观测，基准点不应少于 3 个。基准点之间应形成闭合环。高程工作基点可根据作业需要设置。

3）沉降监测点的设置

监测点是指布设在建筑场地、地基、基础、上部结构或周边环境的敏感位置上能反映其变形特征的测量点。沉降监测点的布设应能反映建筑及地基变形特征，并应顾及建筑结构和地质结构特点。当建筑结构或地质结构复杂时，应加密布点。

对民用建筑，沉降监测点宜布设在下列位置。

① 建筑物的四角、核心筒四角、大转角处及沿外墙每 10～20m 处或每隔 2～3 根柱基上。

② 高低层建筑、新旧建筑、纵横墙等交接处的两侧。

③ 建筑裂缝、后浇带和沉降缝两侧、基础埋深相差悬殊处、人工地基与天然地基接壤处、不同结构的分界处及填挖方分界处以及地质条件变化处两侧。

④ 对宽度大于或等于 15m、宽度虽小于 15m 但地质复杂以及膨胀土、湿陷性土地区的建筑，应在承重内隔墙中部设内墙点，并在室内地面中心及四周设地面点。

⑤ 邻近堆置重物处、受振动显著影响的部位及基础下的暗浜处。

⑥ 框架结构及钢结构建筑的每个或部分柱基上或沿纵横轴线上。

⑦ 筏形基础、箱形基础底板或接近基础的结构部分之四角处及其中部位置。

⑧ 重型设备基础和动力设备基础的四角、基础形式或埋深改变处。

⑨ 超高层建筑或大型网架结构的每个大型结构柱监测点数不宜少于 2 个，且应设置在对称位置。

对电视塔、烟囱、水塔、油罐、炼油塔、高炉等大型或高耸建筑，监测点应设在沿周边与基础轴线相交的对称位置上，点数不应少于 4 个。

4）沉降观测的周期与观测时间

建筑施工阶段的观测应符合下列规定。

① 宜在基础完工后或地下室砌完后开始观测。

② 观测次数与间隔时间应视地基与荷载增加情况确定。民用高层建筑宜每加高 2～3 层观测 1 次，工业建筑宜按回填基坑、安装柱子和屋架、砌筑墙体、设备安装等不同施工阶段分别进行观测。若建筑施工均匀增高，应至少在增加荷载的 25%、50%、75%和 100%时各测 1 次。

③ 施工过程中若暂时停工，在停工时及重新开工时应各观测 1 次。停工期间可每隔 2～3 月观测 1 次。

建筑运营阶段的观测次数，应视地基土类型和沉降速率大小确定。除有特殊要求外，可在第一年观测 3～4 次，第二年观测 2～3 次，第三年后每年观测 1 次，至沉降达到稳定状态或满足观测要求为止。

观测过程中，若发现大规模沉降、严重不均匀沉降或严重裂缝等，或出现基础附近地面荷载突然增减、基础四周大量积水、长时间连续降雨等情况，应提高观测频率，并应实施安全预案。

建筑沉降达到稳定状态，可由沉降量与时间关系曲线判定。当最后 100d 的最大沉降速率小于 0.01～0.04mm/d 时，可认为已达到稳定状态。对具体沉降观测项目，最大沉降速率的取值宜结合当地地基土的压缩性能来确定。

小 结

1. 土中应力的分布与计算

土中应力是指土体在自身重力、建（构）筑物荷载，以及其他因素（如土中水的渗流、地震等）的作用下，土中产生的应力。土中应力按引起的原因分为自重应力和附加应力，按土体中骨架和孔隙（水、气体）的应力承担作用原理或应力传递方式可分为有效应力和孔隙应（压）力。

土是三相体，具有明显的各向异性和非线性特征。为简便起见，目前计算土中应力的方法仍采用弹性理论公式，将地基土视作均匀的、连续的、各向同性的半无限空间弹性体。

土中自重应力的计算可归纳为 $\sigma_{cz}=\gamma_1 h_1+\gamma_2 h_2+\gamma_3 h_3+\cdots+\gamma_n h_n=\sum_{i=1}^{n}\gamma_i h_i$，但在计算中要注意地下水的影响，在地下水位以下取土的浮重度。

基底压力和基底附加压力计算时，需注意基础埋深 d 的起算点的不同。在计算基底压力时，d 从设计地面起算；而在计算基底附加压力时，去除基底以上原有土的自重，所用 d 一般从天然地面起算。

目前采用的地基附加应力计算方法，是根据弹性理论推导出来的。因此，对地基作下列几点假定：①地基是半无限空间弹性体；②地基土是连续均匀的，即变形模量 E_0 和泊松比 μ 各处相等；③地基土是等向的，即各向同性的，同一点的 E_0 和 μ 各个方向相等。

2. 土的压缩性及指标分析

从宏观上看，土体的压缩是由土粒、水、气体三相的压缩，以及水和气体从土中排出造成的。地基土在压力作用下体积减小的特性称为土的压缩性。

地基土的压缩性指标分别为由室内侧限压缩试验得到的压缩系数 a、压缩模量 E_s、压缩指数 C_c 和通过室外现场原位测试得到的变形模量 E_0。

3. 地基的最终沉降量计算

规范推荐法是建立在分层总和法基础上的一种简化、修正地基最终沉降量的计算方法。确定地基沉降量时，应考虑土层的应力历史，按照正常固结土、超固结土、欠固结土的原始压缩曲线计算地基沉降量。

4. 地基沉降与时间关系

一维固结理论与实际情况有较大出入，工程实践中，常采用经验估算法来研究沉降与时间的关系。

5. 地基变形允许值与建筑物沉降观测

为保证建筑物的安全和正常使用，《建筑地基基础设计规范》（GB 50007—2011）按照地基变形特征规定了地基变形允许值，《建筑变形测量规范》（JGJ 8—2016）还规定了需要进行沉降观测的建筑物情况。

实 训 练 习

一、单选题

1. 关于土中应力的说法，错误的一项是（　　）。
   A. 土中应力按产生原因分为自重应力和附加应力两种
   B. 由土体自重产生的应力称为自重应力
   C. 由建筑或地面堆载及基础引起的应力称为附加应力
   D. 地基的变形一般是因自重应力的作用引起的
2. 土的压缩变形是由下述（　　）造成的。
   A. 土孔隙的体积压缩变形
   B. 土粒的体积压缩变形
   C. 土孔隙和土粒的体积压缩变形之和
   D. 以上都不对
3. 当土为欠固结状态时，其前期固结压力与目前上覆压力的关系为（　　）。
   A. 大于　　B. 小于　　C. 等于　　D. 无关系
4. 土的压缩性 e–p 曲线是在（　　）条件下试验得到的。
   A. 完全侧限　　B. 无侧限条件　　C. 部分侧限条件　　D. 以上都不对

5．有两个条形基础，基底附加压力分布相同，基础宽度相同，埋深也相同，但是基底长度不同，则两个基础沉降的不同之处是（　　）。

A．基底长度大的沉降量大　　B．基底长度大的沉降量小

C．两个基础沉降量相同　　D．以上都不对

二、多选题

1．土体的应力，按引起的原因分为（　　）。

A．自重应力　　B．附加应力　　C．有效应力

D．孔隙应力　　E．基底应力

2．土体的应力，按土体中骨架和孔隙的应力传递方式分为（　　）。

A．自重应力　　B．附加应力　　C．有效应力

D．孔隙应力　　E．基底应力

3．土的压缩性常用（　　）等指标来评价。

A．压缩系数　　B．泊松比　　C．压缩模量

D．压缩指数　　E．变形模量

4．地基沉降的组成中，地基的总沉降为（　　）之和。

A．瞬时沉降　　B．固结沉降　　C．不固结沉降

D．主固结沉降　　E．次固结沉降

5．关于一般建筑物在施工期间所完成的沉降，以下说法正确的有（　　）。

A．碎石土和砂土，施工期间可完成最终沉降量的100%

B．淤泥质土，施工期间可完成最终沉降量的100%

C．低压缩黏性土，施工期间一般可完成最终沉降量的50%～80%

D．中压缩黏性土，施工期间一般可完成最终沉降量的20%～50%

E．高压缩黏性土，施工期间一般可完成最终沉降量的5%～20%

三、简答题

1．何谓土体自重应力？其沿深度有何变化？

2．自重应力和附加应力计算时采用的是什么理论？做了哪些假设？

3．地下水位的升降对自重应力有何影响？

4．如何通过 e–p 曲线判别土的压缩性？

5．简述固结度的定义。固结度的大小与哪些因素有关？

6．试述饱和土渗流固结过程。

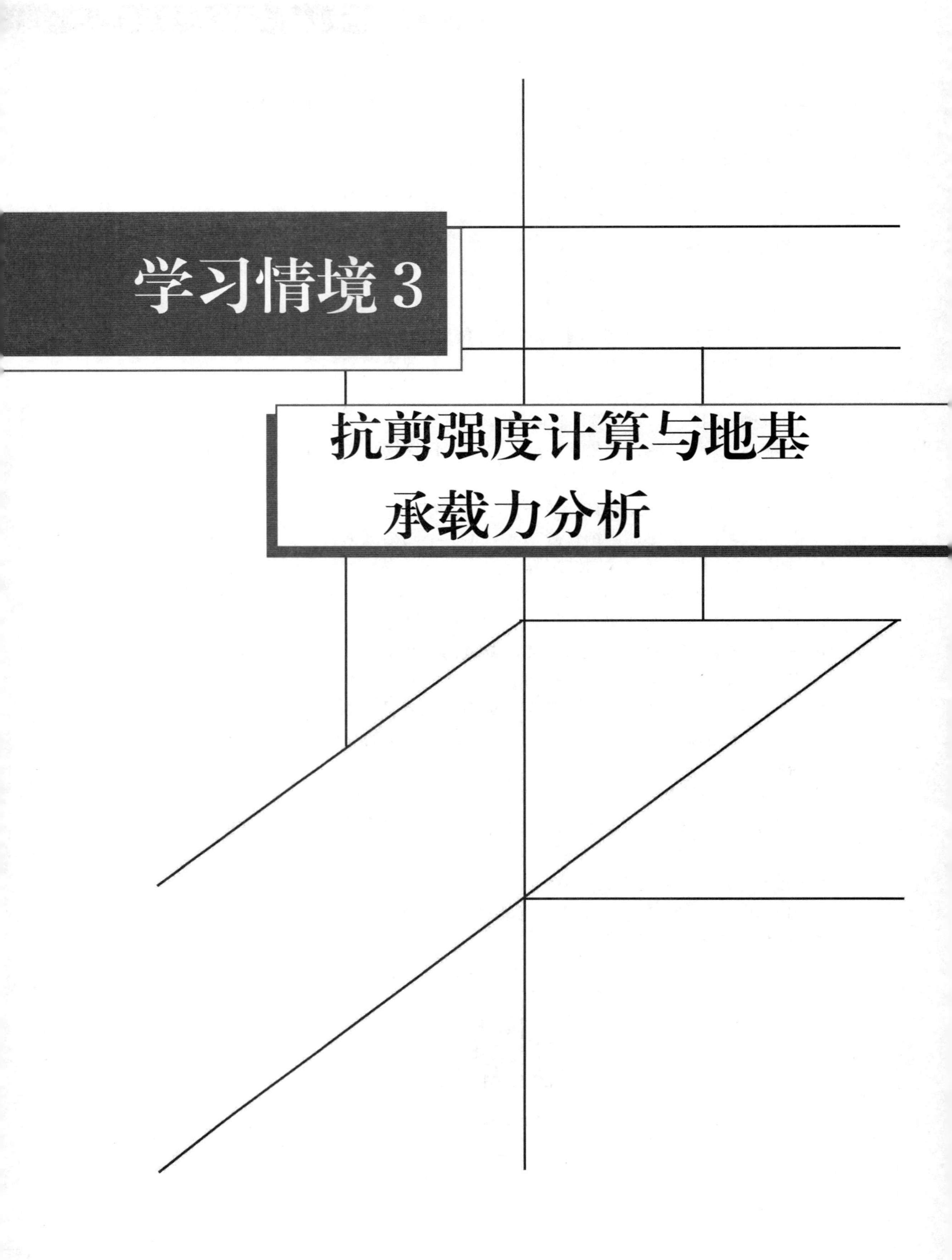

学习情境3

抗剪强度计算与地基承载力分析

教学目标

1. 掌握土的抗剪强度的概念。
2. 了解三轴剪切试验、无侧限抗压强度试验、十字板剪切试验的方法。
3. 了解土的极限平衡条件及计算。
4. 掌握地基承载力特征值的确定方法。

思维导图

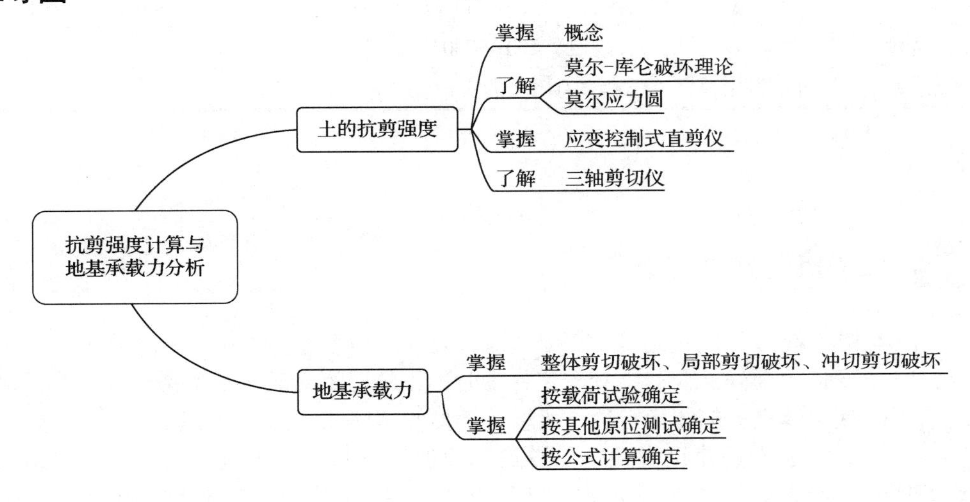

任务 3.1　土的抗剪强度计算与极限平衡条件分析

任务描述

工作任务	（1）掌握土的抗剪强度的概念，了解土的抗剪强度的构成和影响因素。 （2）掌握库仑公式的计算方法，了解莫尔-库仑破坏理论和土的极限平衡条件
工作手段	《建筑地基基础设计规范》（GB 50007—2011）
提交成果	每位学生独立完成本学习情境的实训练习里的相关内容

相关知识

3.1.1　土的抗剪强度的概念

土是由固相、液相和气相组成的散体材料。在外部荷载作用下，土体中的应力将发生变化。当外部荷载达到一定程度时，土体将沿着其中某一滑动面产生滑动，而使土体丧失整体稳定性。所以，土体的破坏通常都是剪切破坏。

土的抗剪强度

在工程建设实践中，道路的边坡、路基、挡土墙、土石坝、建筑物的地基等丧失稳定性的例子是很多的，如图 3.1 所示。所有这些事故均是由土中某一点或某部分的应力超过土的抗剪强度造成的。

在实际工程中，与土的抗剪强度有关的问题主要有以下三个方面。

（1）土坡稳定性问题。其包括土坝、路堤等人工填方土坡和山坡、河岸等天然土坡及挖方边坡等的稳定性问题，如图 3.1（a）所示。

（2）地基的承载力问题。若外部荷载很大，基础下地基中的塑性变形区将扩展成一个连续的滑动面，使得建筑物整体丧失稳定性，如图 3.1（b）所示。

（3）土压力问题。挡土墙、地下结构物等周围的土体对其产生的侧向压力可能导致这些构造物发生滑动或倾覆，如图 3.1（c）所示。

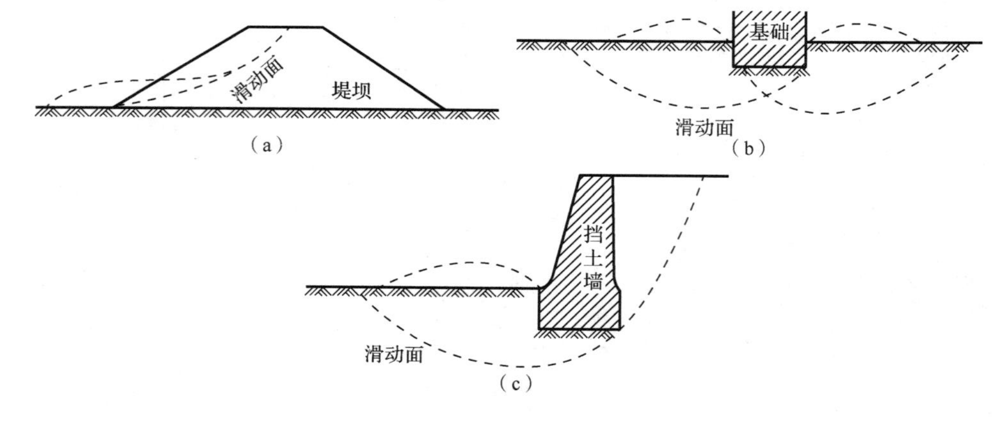

图 3.1　土体强度破坏示意图

土的抗剪强度是指土体抵抗剪切破坏的极限能力。土体受到荷载作用后，土中各点产生法向应力、切向应力（即剪应力），当土中某点在某一平面上的剪应力超过土的抗剪强度时，土体就会沿着剪应力的作用方向发生一部分相对于另一部分的移动，该点便发生了剪切破坏。若继续增加荷载，土体中的剪切破坏点将随之增多，并最终形成一个连续的滑动面，导致土体失稳，进而酿成工程事故。各种类型的滑坡如图 3.2 所示。挡土墙各种失稳破坏的形态如图 3.3 所示。

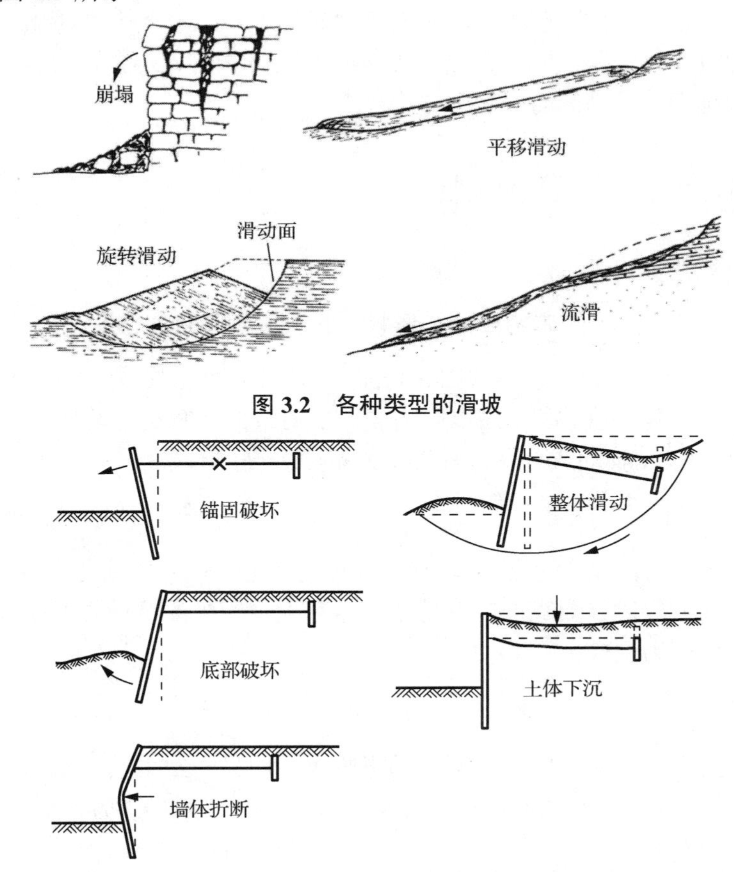

图 3.2　各种类型的滑坡

图 3.3　挡土墙各种失稳破坏的形态

在与土体稳定有关的实际工程中，无论是边坡土体的滑动、挡土墙的倾覆，还是建筑物地基的失稳破坏，都与土体的抗剪强度有关，土体的抗剪强度是决定土体稳定性的关键因素之一。

3.1.2　土的抗剪强度的构成

土的抗剪强度，首先取决于它本身的基本性质，即土的组成、土的状态和土的结构，这些性质又与它形成的环境和应力历史等因素有关；其次还取决于它当前所受的应力状态。

粗粒土的抗剪强度主要来自颗粒之间的摩擦阻力。土的颗粒间要发生相对位移需要克服两种摩擦阻力：一是滑动摩擦，是由颗粒接触面粗糙不平引起的；二是咬合摩擦，是由颗粒间相互咬合，对颗粒起约束作用所造成的。滑动摩擦阻力的大小和作用于颗粒间的有效法向应力成正比。咬合摩擦阻力的大小也与颗粒间的有效法向应力有密切关系，同时，咬合摩擦角的大小与土的密实程度、颗粒级配、颗粒形状等有关。土的初始孔隙比越小，密实度越大，其咬合作用也就越大。

对于细粒土来说，其抗剪强度除与颗粒间滑动摩擦阻力和咬合摩擦阻力有关外，还与颗粒间的黏聚力有直接关系。黏聚力是由土粒间的胶结作用、结合水膜及水分子引力作用等形成的，土粒越细，其黏聚力也越大。

3.1.3 影响土的抗剪强度的因素

影响土的抗剪强度的因素是多方面的，主要有以下几个方面。

影响土的抗剪强度的因素

1. 土粒的矿物成分、形状、颗粒大小与颗粒级配

土粒大、形状不规则、表面粗糙及颗粒级配良好的土，由于其内摩擦力大，抗剪强度也大。黏土矿物成分中的微晶高岭石含量越多，黏聚力也越大。土中胶结物的成分及含量对土的抗剪强度也有影响。

2. 土的密度

土的初始密度越大，或土粒间接触比较紧密，或土粒间的表面摩擦力和咬合力越大，剪切试验时需要克服的摩擦阻力也越大，则土的抗剪强度越大。黏性土的密度大则表现出的黏聚力也较大。

3. 含水率

土中含水率的多少，对土的抗剪强度的影响十分明显。土中的含水率增大时，会降低土粒间的表面摩擦力，使土的内摩擦角减小。黏性土的含水率增大时，会使结合水膜加厚，因而也就降低了土的黏聚力。

4. 土体结构的扰动情况

黏性土的天然结构如果被破坏，或土粒间的胶结物联结被破坏，黏性土的抗剪强度将会显著下降，故原状土的抗剪强度高于同密度和同含水率的重塑土。所以，在现场取样、试验和施工过程中，要注意保持黏性土的天然结构不被破坏，特别是基坑开挖时，更应保持持力层的原状结构不被扰动。

5. 有效应力

从有效应力原理可知，土中某点所受的总应力等于该点的有效应力与孔隙应力之和。随着孔隙应力的消散，有效应力的增加，致使土体受到压缩，土的密度增大，因而土的内摩擦角、黏聚力的值变大，抗剪强度也变大。

3.1.4 库仑公式与莫尔-库仑破坏理论

土体是否达到剪切破坏状态，除了取决于它本身的性质，还与其所受到的应力组合密切相关。这种破坏发生时的应力组合关系就称为破坏准则。土的破坏准则是一个十分复杂的问题，目前还没有能够完美适用于土的理想的破坏准则。这里主要介绍比较能拟合试验结果，被生产实践广泛采用的破坏准则，即莫尔-库仑破坏准则，在理论上称为莫尔-库仑破坏理论。

1. 库仑公式

为研究土的抗剪强度，法国科学家库仑（C. A. Coulomb）对无黏性土和黏性土进行了一系列的试验，总结土的破坏现象和影响因素，提出土的抗剪强度表达式为

$$\tau_f = \sigma\tan\varphi + c \tag{3-1}$$

式中：τ_f——破坏面上的切向应力，即土的抗剪强度，kPa；

σ——破坏面上的法向应力，kPa；

c——土的黏聚力，kPa，c=0（对于无黏性土）；

φ——土的内摩擦角，（°）。

c、φ是决定土的抗剪强度的两个指标，称为抗剪强度指标，对于同一种土来说，在相同的试验条件下其为常数。

2. 莫尔-库仑破坏理论

莫尔强度理论认为材料的破坏是剪切破坏，在破坏面上的切向应力是法向应力的函数，即

$$\tau_f = f(\sigma) \tag{3-2}$$

此函数关系所确定的曲线称为莫尔破坏包线，如图 3.4 所示。

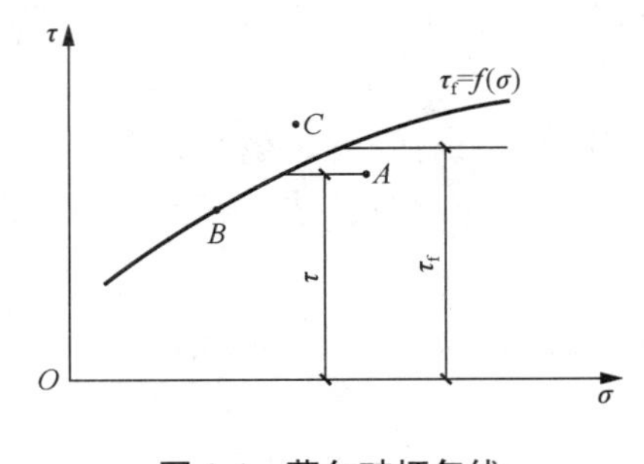

图 3.4 莫尔破坏包线

实际上，库仑公式（定律）是莫尔强度理论的特例。此时莫尔破坏包线为一条直线，称抗剪强度包线，即

$$\tau_f = f(\sigma) = \sigma\tan\varphi + c \tag{3-3}$$

这种以库仑公式（定律）表示莫尔破坏包线的理论称为莫尔-库仑破坏理论，此理论在世界各国得到广泛应用。

3.1.5 土的极限平衡条件

当土中某点的切向应力τ达到土的抗剪强度τ_f时，就称该点处于极限平衡状态。这时土的抗剪强度指标间的关系，称为极限平衡条件。

为了建立土的极限平衡条件，将土中某点的莫尔应力圆与抗剪强度包线绘于同一直角坐标系中，如图 3.5 所示。

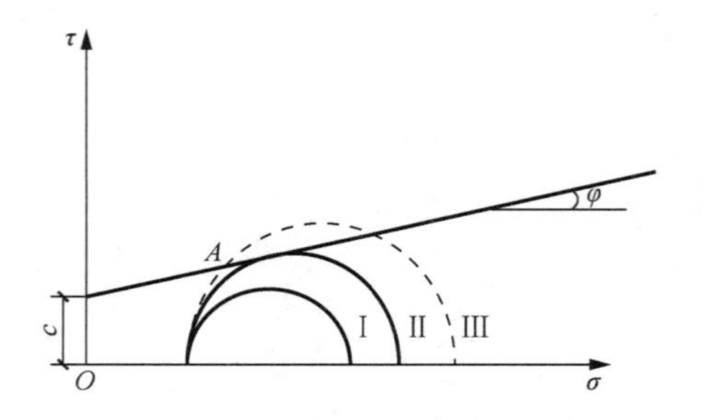

图 3.5 莫尔应力圆与抗剪强度包线之间的关系

根据材料力学知识可知，莫尔应力圆上一点的横纵坐标分别表示通过土中某点在相应平面上的法向应力和切向应力。

（1）莫尔应力圆位于抗剪强度包线下方（图 3.5 中圆 I），则通过土中某点的所有平面上的切向应力都小于土的抗剪强度，即$\tau < \tau_f$，该点不会发生剪切破坏，该点处于弹性平衡状态。

（2）莫尔应力圆与抗剪强度包线相切（图 3.5 中圆 II），其切点所代表的平面上的切向应力等于土的抗剪强度，即$\tau = \tau_f$，该点处于极限平衡状态。

（3）莫尔应力圆与抗剪强度包线相割（图 3.5 中圆III），表明通过相割点的某些平面上的切向应力已经大于土的抗剪强度，即$\tau > \tau_f$，该点早已被破坏，实际上这种情况是不可能存在的。

如上所述，根据图 3.5 中圆 II 与抗剪强度包线的关系，就可以建立极限平衡条件。

一般情况下，以黏性土为例，根据几何关系，在土体中取单元体，如图 3.6（a）所示，*mn* 为破坏面，则 *mn* 斜面上的应力为

$$\sigma = \frac{\sigma_1 + \sigma_3}{2} + \frac{\sigma_1 - \sigma_3}{2}\cos 2\alpha \tag{3-4}$$

$$\tau = \frac{\sigma_1 - \sigma_3}{2}\sin 2\alpha \tag{3-5}$$

式中：σ_1——最大主应力；

σ_3——最小主应力；

α——破坏面与斜面的夹角。

若将式（3-4）移项后两端平方，再与式（3-5）的两端平方后分别相加，即得

$$\left(\sigma - \frac{\sigma_1 + \sigma_3}{2}\right)^2 + \tau^2 = \left(\frac{\sigma_1 - \sigma_3}{2}\right)^2 \tag{3-6}$$

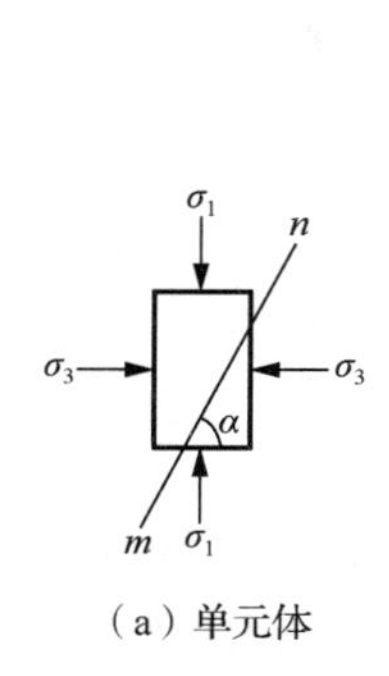

（a）单元体

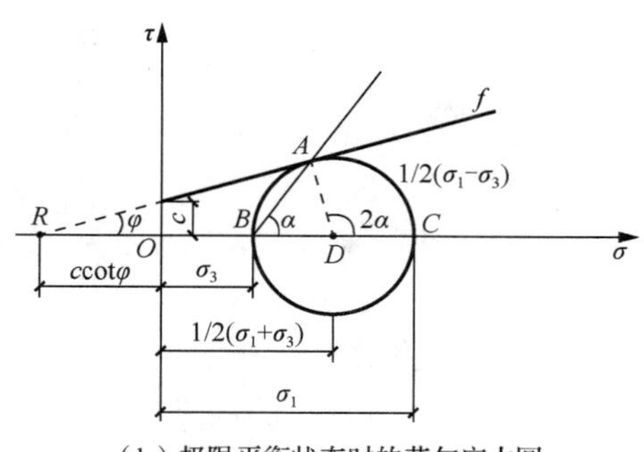

（b）极限平衡状态时的莫尔应力圆

图 3.6　土的极限平衡条件

不难看出式（3-6）是一个圆的方程。在$\tau-\sigma$直角坐标系中，绘出圆心坐标为$\left(\dfrac{\sigma_1+\sigma_3}{2},0\right)$，半径为$\dfrac{\sigma_1-\sigma_3}{2}$的圆，绘出的圆称为莫尔应力圆或莫尔圆，如图 3.6（b）所示。莫尔应力圆也可以用来求土中任意点的应力状态，具体方法如下。

在莫尔应力圆上，从 DC 开始逆时针方向转2α角，得 DA 线与圆周的交点 A，A 点横坐标即为 mn 斜面上的法向应力σ，A 点纵坐标即为 mn 斜面上的切向应力τ。显然当土体中任意点只要已知其最大、最小主应力σ_1与σ_3时，便可用莫尔应力圆求出该点不同斜面上的法向应力σ与切向应力τ。最大切向应力$\tau_{\max}=(\sigma_1-\sigma_3)/2$，其作用面与最大主应力作用面成 45° 的夹角。

在ΔARD中，
$$\sin\varphi=\frac{AD}{RD}=\frac{\frac{1}{2}(\sigma_1-\sigma_3)}{\frac{1}{2}(\sigma_1+\sigma_3)+c\cot\varphi}=\frac{\sigma_1-\sigma_3}{\sigma_1+\sigma_3+2c\cot\varphi} \tag{3-7}$$

利用三角函数关系有：

$$\text{最大主应力}\ \sigma_{1\mathrm{f}}=\sigma_3\tan^2\left(45^\circ+\frac{\varphi}{2}\right)+2c\tan\left(45^\circ+\frac{\varphi}{2}\right) \tag{3-8}$$

$$\text{最小主应力}\ \sigma_{3\mathrm{f}}=\sigma_1\tan^2\left(45^\circ-\frac{\varphi}{2}\right)-2c\tan\left(45^\circ-\frac{\varphi}{2}\right) \tag{3-9}$$

式（3-8）和式（3-9）即为黏性土的极限平衡条件，常用来判别土体是否达到破坏的强度条件，被称作莫尔-库仑强度准则。

对于无黏性土，$c=0$，其极限平衡条件为

$$\text{最大主应力}\ \sigma_{1\mathrm{f}}=\sigma_3\tan^2\left(45^\circ+\frac{\varphi}{2}\right) \tag{3-10}$$

$$\text{最小主应力}\ \sigma_{3\mathrm{f}}=\sigma_1\tan^2\left(45^\circ-\frac{\varphi}{2}\right) \tag{3-11}$$

土体中出现的破坏面与最大主应力作用面的夹角（破坏角）为

$$\alpha_{\mathrm{f}}=\frac{1}{2}(90^\circ+\varphi)=45^\circ+\frac{\varphi}{2} \tag{3-12}$$

由此可知，土体破坏面的位置是发生在与最大主应力作用面成$45°+\frac{\varphi}{2}$夹角的斜面上，而不是发生在切向应力最大的斜面上，即$\alpha=45°$的斜面上。

已知土体中一点的实际最大、最小主应力σ_1、σ_3及实测的φ、c值，可以用式（3-7）、式（3-8）、式（3-9）中的任何一个公式，判别土中该点的应力状态，其判别结果是一致的。判别方法如下。

（1）用式（3-7）判别。将实际的σ_1、σ_3和c值代到该式中，计算出的内摩擦角φ_f，即为土体处在极限平衡状态时所具有的内摩擦角。将极限平衡状态时的内摩擦角φ_f与实际土的内摩擦角$\varphi_{实}$比较，若$\varphi_{实}>\varphi_f$，说明抗剪强度包线与莫尔应力圆相离，该点稳定；若$\varphi_{实}<\varphi_f$，说明抗剪强度包线与莫尔应力圆相割，该点被破坏；若$\varphi_{实}=\varphi_f$，说明抗剪强度包线与莫尔应力圆相切，该点处于极限平衡状态。

（2）用式（3-8）判别。将实际的σ_3、φ、c值代到该式中，计算出的最大主应力σ_{1f}，即为土体处在极限平衡状态时所承受的最大主应力。将极限平衡状态时的最大主应力σ_{1f}与实际土的最大主应力$\sigma_{1实}$比较，若$\sigma_{1f}>\sigma_{1实}$，抗剪强度包线与莫尔应力圆相离，该点不被破坏；若$\sigma_{1f}<\sigma_{1实}$，抗剪强度包线与莫尔应力圆相割，该点被破坏；若$\sigma_{1f}=\sigma_{1实}$，抗剪强度包线与莫尔应力圆相切，该点处于极限平衡状态，如图 3.7（a）所示。

（3）用式（3-9）判别。将实际的σ_1、φ、c值代到该式中，计算出的最小主应力σ_{3f}，即为土体处在极限平衡状态时所承受的最小主应力。将极限平衡状态时的最小主应力σ_{3f}与实际土的最小主应力$\sigma_{3实}$比较，若$\sigma_{3f}<\sigma_{3实}$，抗剪强度包线与莫尔应力圆相离，该点不被破坏；若$\sigma_{3f}>\sigma_{3实}$，抗剪强度包线与莫尔应力圆相割，该点被破坏；若$\sigma_{3f}=\sigma_{3实}$，抗剪强度包线与莫尔应力圆相切，该点处于极限平衡状态，如图 3.7（b）所示。

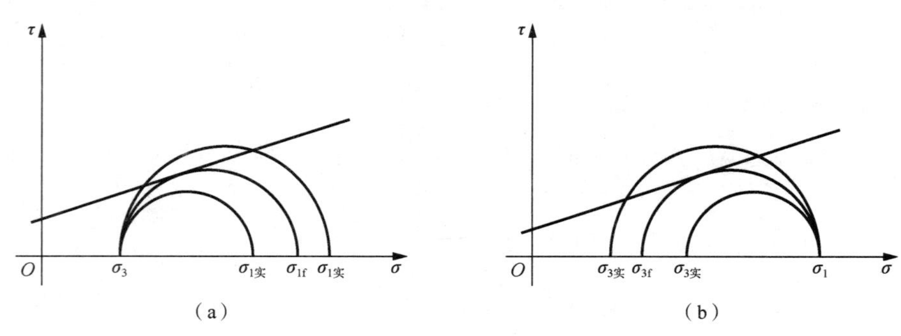

图 3.7　土体应力状态判别示意图

【例 3.1】某土层的抗剪强度指标φ=20°、c=20kPa，其中某一点的σ_1=300kPa、σ_3=120kPa。请问：（1）该点是否被破坏？（2）若σ_3保持不变，该点不被破坏的σ_1最大为多少？

解：（1）判别该点所处的状态。

① 利用φ判别。

$$\sin\varphi=\frac{\sigma_1-\sigma_3}{\sigma_1+\sigma_3+2c\cot\varphi}=\frac{300-120}{300+120+2\times20\times\cot20°}\approx0.34$$

$$\varphi\approx19.86°<\varphi_{实}=20°$$

因此该点稳定。

② 用σ_1判别。

将σ_3=120kPa、φ=20°、c=20kPa 代入式（3-8）得

$$\sigma_{1f}=120\times\tan^2\left(45^\circ+\frac{20^\circ}{2}\right)+2\times20\times\tan\left(45^\circ+\frac{20^\circ}{2}\right)$$
$$\approx 301.88\ (\text{kPa}) > \sigma_{1实}=300\text{kPa}$$

因此该点稳定。

③ 用σ_3判别。

将σ_1=300kPa、φ=20°、c=20kPa 代入式（3-9）得

$$\sigma_{3f}=300\times\tan^2\left(45^\circ-\frac{20^\circ}{2}\right)-2\times20\times\tan\left(45^\circ-\frac{20^\circ}{2}\right)$$
$$\approx 119.08\ (\text{kPa}) < \sigma_{3实}=120\text{kPa}$$

因此该点稳定。

④ 用库仑公式判别。

由前述可知破坏角$\alpha_f=45^\circ+20^\circ/2=55^\circ$，土体若破坏则应沿与最大主应力作用面成55°夹角的斜面，据式（3-4）、式（3-5）得该面上的应力如下。

$$\sigma=\frac{\sigma_1+\sigma_3}{2}+\frac{\sigma_1-\sigma_3}{2}\cos2\alpha=\frac{300+120}{2}+\frac{300-120}{2}\times\cos110^\circ\approx179.22\ (\text{kPa})$$

$$\tau=\frac{\sigma_1-\sigma_3}{2}\sin2\alpha=\frac{300-120}{2}\times\sin110^\circ\approx84.57\ (\text{kPa})$$

破坏面的抗剪强度τ_f，可以由式（3-3）计算得到。

$$\tau_f=\sigma\tan\varphi+c=179.22\times\tan20^\circ+20\approx85.23(\text{kPa})>\tau\approx84.57\text{kPa}$$

故最危险面不被破坏，所以该点稳定。

（2）若σ_3保持不变，由上述计算可知，保持该点不被破坏时σ_1的最大值为 301.88kPa。

由例 3.1 可知，判别土体中某点的应力状态可以有不同的方法，但其判别的结果是一致的，在实际应用中只需要用一种方法即可。

任务 3.2　土的抗剪强度指标的测定

任务描述

工作任务	（1）了解室内剪切试验的方法及优缺点。 （2）掌握直接剪切试验原理。 （3）了解抗剪强度的分析表达方法，能正确选用抗剪强度指标
工作手段	《建筑地基基础设计规范》（GB 50007—2011）、《土工试验方法标准》（GB/T 50123—2019）
提交成果	（1）每位学生独立完成本学习情境的实训练习里的相关内容。 （2）将教学班级划分为若干学习小组，每个小组独立完成直接剪切试验

土的直接剪切试验（快剪试验）

相关知识

土的抗剪强度指标φ和c是通过剪切试验测定的，剪切试验方法一般分室内试验和现场试验两类。室内试验常用的仪器有直接剪切仪、三轴剪切仪、无侧限抗压强度仪等；现场试验常用的仪器有十字板剪切仪等。

3.2.1 直接剪切试验

1. 直剪仪及试验原理

直接剪切试验，通常简称直剪试验，它是测定土体抗剪强度指标最简单的试验方法。

直剪试验所用的主要仪器为直接剪切仪，简称直剪仪，直剪仪可分为应力控制式和应变控制式两种。试验中通常采用应变控制式直剪仪，其结构如图 3.8 所示，主要由可相互错动的上、下剪切盒、垂直和水平加载系统及测量系统等部分组成。

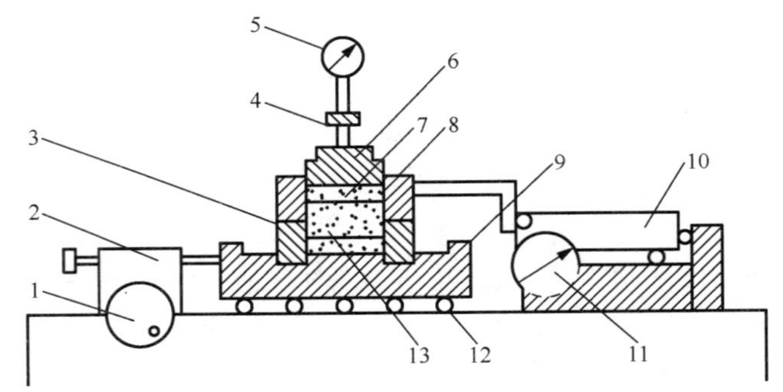

1—剪切传动机构；2—推动器；3—下剪切盒；4—垂直加压框架；5—垂直位移计；6—传压板；7—透水板；8—上剪切盒；9—储水盒；10—测力计；11—水平位移计；12—滚珠；13—土样

（a）

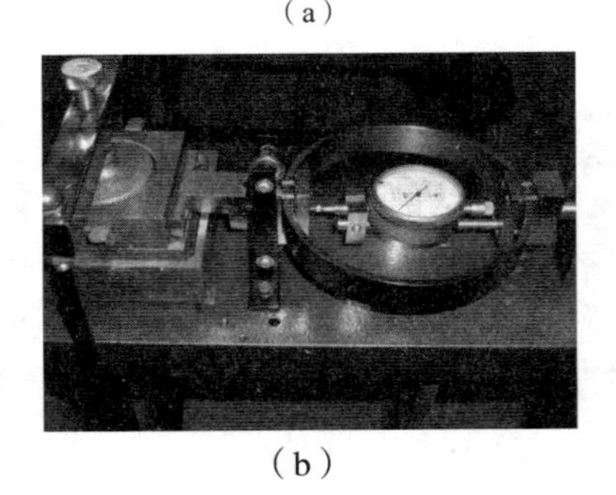

（b）

图 3.8 应变控制式直剪仪结构示意图

试验时先用环刀切取原状土样，将上、下剪切盒对齐，把土样放在上、下剪切盒中间，通过传压板和滚珠对土样施加法向应力σ，然后通过均匀旋转手轮对下剪切盒施加水平剪应力τ，使土样沿上、下剪切盒的接触面发生剪切位移，随着上、下剪切盒的相对位移不断增加，剪切面上的剪应力也不断增加，剪应力与剪切位移的关系曲线，如图 3.9 所示。当土样将要被剪切破坏时，剪切面上的剪应力达到最大（即峰值点），此时的剪应力即为土的抗剪强度 τ_f；如果剪应力不出现峰值，则取规定的剪切位移（如面积 30cm^2 的土样，规定取剪切位移 4mm）相对应的剪应力作为土的抗剪强度。

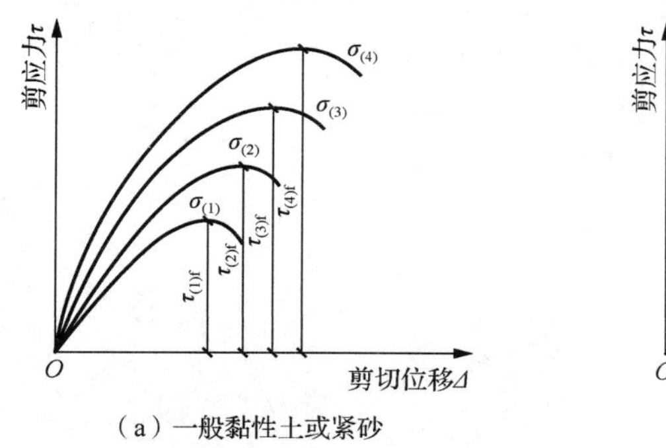

（a）一般黏性土或紧砂

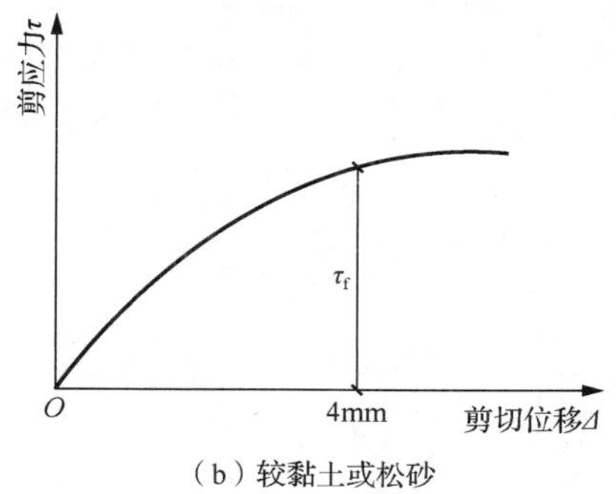

（b）较黏土或松砂

图 3.9　剪应力与剪切位移的关系曲线

通过对同一种土 3～4 个土样在不同的法向应力σ作用下进行剪切试验，测出相应的抗剪强度 τ_f，然后根据 3～4 组相应的试验数据可以点绘出抗剪强度包线，由此求出土的抗剪强度指标φ和 c，如图 3.10 所示。

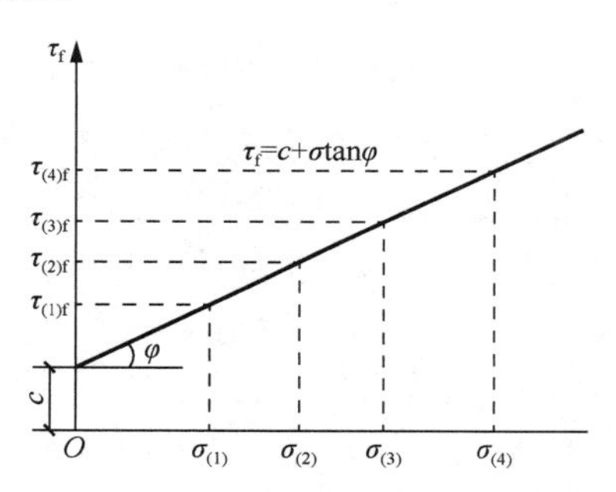

图 3.10　直剪试验成果

2．直剪试验的优缺点

直剪仪构造简单，土样制备安装方便，操作方法便于掌握，至今仍被一般工程单位广泛采用。但该试验存在着如下缺点：剪切过程中土样内的剪应变分布不均匀，应力条件复杂，但仍按均匀分布计算，其结果有误差；剪切面只能人为地限制在上、下剪切盒的接触面上，而不是沿土样最薄弱的面产生剪切破坏；试验时不能严格控制土样的排水条件，不能量测土样中孔隙水压力；剪切过程中土样剪切面逐渐减小，且垂直荷载发生偏心，而分析计算时仍按受剪面积不变考虑。因此，直剪试验不宜用来对土的抗剪强度特性做深入研究。

3.2.2　三轴剪切试验

三轴剪切试验也称三轴压缩试验，是测定土体抗剪强度指标的一种较为完善的试验方法。

1. 三轴剪切仪及试验原理

三轴剪切试验使用的仪器为三轴剪切仪（又称三轴压缩仪），结构如图 3.11 所示。其主要有以下系统。压力室，用于放置试样，为主要工作部分，是由金属顶盖、底座和透明有机玻璃筒组装起来的密闭容器；轴压系统，用于对试样施加轴向力；侧压系统，通过液体（通常是水）对试样施加周围压力；孔隙水压力测试系统，可以量测孔隙水压力及其在试验过程中的变化情况，还可以量测试样的排水量。

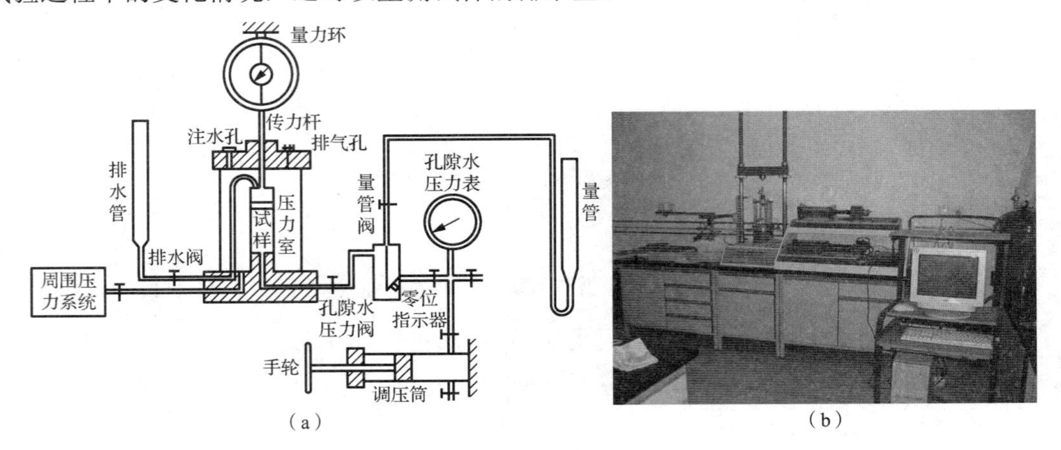

图 3.11　三轴剪切仪结构示意图

试验时将切削成正圆柱形的试样套在乳胶薄膜内，置于试样帽和压力室底座之间，必要时在试样两端安放滤纸和透水石，如图 3.12 所示。然后在试样周围通过液体施加周围压力 σ_3，此时试样在径向和轴向均受到同样的压力 σ_3 作用，因此试样不会受剪应力作用。再由轴向加压设备不断加大轴向力 $\Delta\sigma$ 使试样发生剪切破坏。此时试样在径向受 σ_3 作用，轴向受 $\sigma_3 + \Delta\sigma = \sigma_1$ 作用。根据破坏时的 σ_3 和 σ_1 可绘出极限莫尔应力圆。若同一种土的 3～4 个试样，在不同的 σ_3 作用下发生剪切破坏，就可得出几个不同的极限莫尔应力圆。这些极限莫尔应力圆的公切线即为抗剪强度包线，如图 3.13 所示，在抗剪强度包线上便可确定抗剪强度指标 φ 和 c。

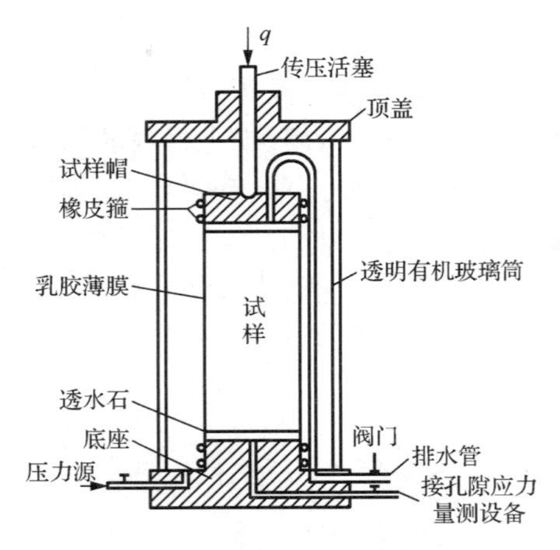

图 3.12　压力室构造图

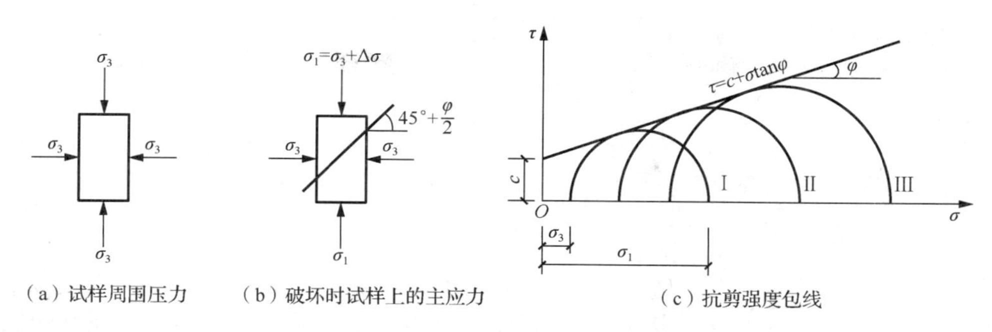

（a）试样周围压力　（b）破坏时试样上的主应力　（c）抗剪强度包线

图 3.13　三轴剪切试验原理

2. 三轴剪切试验的优缺点

与直剪试验比较，三轴剪切试验的优点是：试样中的应力分布比较均匀；试样破坏时破坏面就发生在试样的最薄弱处，应力状态比较明确；试验时还可根据工程需要，严格控制孔隙水的排出，并能准确地测定试样在剪切过程中孔隙水压力的变化，从而可以定量地获得土中有效应力的变化情况。三轴剪切试验可供在复杂应力条件下研究土的抗剪强度特性之用。

但是，三轴剪切仪设备复杂，试样制备比较麻烦，试样易受扰动；另外试样中模拟的主应力为轴对称情况，而实际土体的受力状态并非都是这类轴对称情况，故其应力状态不能与实际情况完全一致。

3.2.3 无侧限抗压强度试验

无侧限抗压强度试验是将正圆柱形试样放在如图 3.14（a）所示的无侧限抗压强度仪中，在无侧向压力和不排水的情况下，对它施加垂直的轴向力，当试样发生剪切破坏时所承受的最大轴向力即为土的无侧限抗压强度 q_u 。无侧限抗压强度试验相当于在三轴剪切仪上进行 $\sigma_3=0$ 的不排水剪试验。由于 $\sigma_3=0$，故试验结果只能作出一个极限莫尔应力圆（ $\sigma_1=q_u$，$\sigma_3=0$ ），如图 3.14（b）所示。

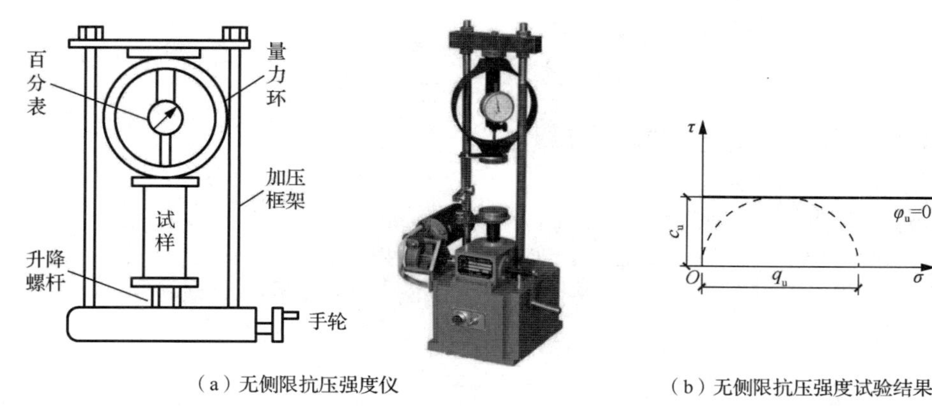

（a）无侧限抗压强度仪　（b）无侧限抗压强度试验结果

图 3.14　无侧限抗压强度试验

对于饱和软黏土，在三轴不固结不排水的剪切条件下，测出的抗剪强度包线为一条水平线，即 $\varphi_u=0$，故可利用无侧限抗压强度试验来测定饱和软黏土的不排水抗剪强度指标 c_u 值，即

$$\tau_f=c_u=\frac{q_u}{2} \tag{3-13}$$

式中：τ_f ——土的不排水抗剪强度，kPa；

c_u ——土的不排水黏聚力，kPa；

q_u ——无侧限抗压强度，kPa。

无侧限抗压强度仪除了可以测定饱和软黏土的不排水黏聚力 c_u，还可以用来测定土的灵敏度 S_t。土的灵敏度是指原状土与重塑土的无侧限抗压强度的比值。它可反映天然状态下的黏性土当受到扰动，土的结构遭到破坏时，其强度降低的程度，计算公式为

$$S_t=q_u/q_u' \tag{3-14}$$

式中：q_u ——原状土样（土的天然结构和含水率保持不变的试样）的无侧限抗压强度，kPa；

q_u' ——扰动土样（土的天然结构遭到破坏但含水率保持不变的试样）的无侧限抗压强度，kPa。

根据灵敏度可将饱和黏性土分为低灵敏度（$1<S_t\leqslant 2$）、中灵敏度（$2<S_t\leqslant 4$）和高灵敏度（$S_t>4$）三类。土的灵敏度越高，则土的结构性越强，受扰动后其强度降低就越多。所以在基础施工时，应保护基槽，减少对基底土的扰动。

3.2.4 十字板剪切试验

十字板剪切试验是一种原位测定土的抗剪强度指标的试验方法，它与室内无侧限抗压强度试验一样，所测得的成果相当于不排水抗剪强度指标。十字板剪切试验适用于难以取样或土样在自重下不能保持原有形状的饱和软黏土。为了避免在取土、送土、保存与制备土样过程中扰动土样，而影响试验成果的可靠性，必须采用原位测试抗剪强度的方法。目前广泛采用十字板剪切试验。

十字板剪切仪的主要工作部分如图 3.15 所示。试验时在钻孔中放入十字板，并压入土中 75cm，通过地面上的扭力设备对钻杆施加扭矩，带动十字板旋转，直至土体剪切破坏，记录土体破坏时的最大扭矩 M_{max}，据此算出土的抗剪强度。

破坏面为十字板旋转所形成的圆柱体的侧面及上、下面。显然，在上部施加的扭矩与破坏面上抗剪强度产生的抗扭力矩平衡。

$$M_{max}=\pi DH\times\frac{D}{2}\tau_v+2\times\frac{\pi D^2}{4}\times\frac{D}{3}\tau_H \tag{3-15}$$

式中：D——十字板的宽度（即圆柱体直径）；

H——十字板的高度；

τ_v ——剪切破坏时圆柱土体侧面土的抗剪强度；

τ_H ——剪切破坏时圆柱土体上、下面土的抗剪强度。

为简化运算，令 $\tau_v=\tau_H$，十字板剪切试验为不排水剪试验，取饱和黏土土体的内摩擦角 $\varphi=0$，有

$$\tau_v=\tau_H=\frac{2M_{max}}{\pi D^2\left(H+\dfrac{D}{3}\right)} \tag{3-16}$$

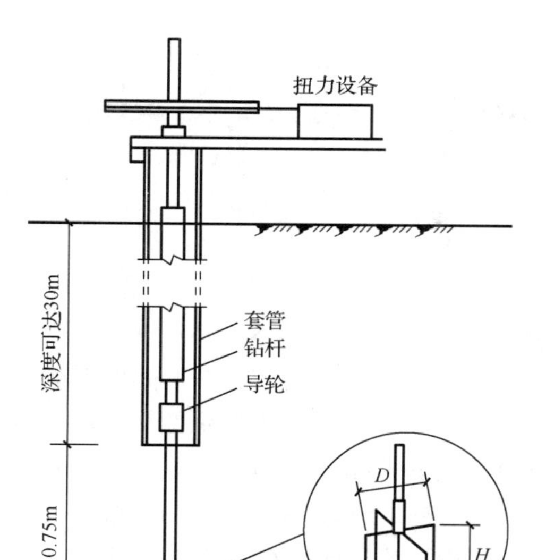

图 3.15 十字板剪切仪结构示意图

3.2.5 总应力强度指标和有效应力强度指标

饱和土的固结是孔隙水压力 u 消散和有效应力 σ' 增长的过程。而饱和土的剪切过程也是伴随着孔隙水逐渐排出，有效应力逐渐增长，土体逐渐固结的过程，从而必然使得土的抗剪强度随着土体固结压密程度的增大而不断增大。这也说明，孔隙水压力消散的过程，就是土的抗剪强度增大的过程。土中孔隙水压力的消散程度不同，则土的抗剪强度大小也就不同。因此，在剪切试验中，为了考虑孔隙水压力对抗剪强度的影响，将抗剪强度的分析表达方法分为总应力法和有效应力法。

1. 总应力法

总应力法是指用破坏面上的总应力来表示土的抗剪强度指标的方法，其表达式为式(3-1)，此时公式中的 c、φ 分别为以总应力法表示的黏聚力和内摩擦角，统称为总应力强度指标。

在总应力法中，孔隙水压力对抗剪强度的影响，是通过在试验中控制试样的排水条件来体现的。根据排水条件的不同，三轴剪切试验分为固结排水剪（CD）、不固结不排水剪（UU）和固结不排水剪（CU）三种；相应地直剪试验分为慢剪（s）、快剪（q）和固结快剪（cq）三种。

（1）固结排水剪和慢剪。固结排水剪是指在整个试验过程中，使试样保持充分排水固结（即孔隙水压力始终为零）的剪切试验方法。如进行三轴剪切试验，在周围压力 σ_3 作用下，打开排水阀，使试样充分排水固结，当孔隙水压力降为零时才施加轴向力 $\Delta\sigma$，在施加轴向力的过程中也应该让试样充分排水固结，所以轴向力应缓慢增加直至试样剪切破坏。由固结排水剪测得的抗剪强度指标用 c_d 和 φ_d 表示。

若进行直剪试验，在试样的上、下面与透水石之间放上滤纸，便于排水，等试样在垂直压力作用下充分排水固结稳定后，再缓慢施加水平剪力，直至试样剪切破坏。由于需时很长，故称慢剪。由慢剪测得的抗剪强度指标用 c_s 和 φ_s 表示。

（2）不固结不排水剪和快剪。不固结不排水剪是指在整个试验过程中，均不让试样排水固结（即不使孔隙水压力消散）的剪切试验方法。如进行三轴剪切试验，无论是施加周围压力 σ_3，还是施加轴向力 $\Delta\sigma$，始终关闭排水阀，使试样在不排水的条件下发生剪切破坏。由不固结不排水剪测得的抗剪强度指标用 c_u 和 φ_u 表示。

若进行直剪试验，在试样的上、下面与透水石之间用不透水薄膜隔开，在施加垂直压力后随即施加水平剪力，使试样在 3～5min 内发生剪切破坏。该试验操作时间很短，故称为快剪。由快剪测得的抗剪强度指标用 c_q 和 φ_q 表示。

（3）固结不排水剪和固结快剪。固结不排水剪是指试样在周围压力或竖向压力作用下，充分排水固结，但在剪切过程中不让试样排水固结的剪切试验方法。如进行三轴剪切试验，在施加周围压力 σ_3 时，打开排水阀，让试样充分排水固结后，再关闭排水阀，使土样在不排水的条件下施加轴向力 $\Delta\sigma$ 直至试样剪切破坏。由固结不排水剪测得的抗剪强度指标用 c_{cu} 和 φ_{cu} 表示。

若进行直剪试验，在试样的上、下面与透水石之间放上滤纸，先施加垂直压力，待试样排水固结稳定后，再施加水平剪力，使试样在 3～5min 内发生剪切破坏。该试验在操作中试样需要固结，故称固结快剪。由固结快剪测得的抗剪强度指标用 c_{cq} 和 φ_{cq} 表示。

上述几种剪切试验方法，对于同一种土，施加相同的总应力时，由于试验时试样的排水条件和固结程度不同，故测得的抗剪强度指标也不同。一般情况下，几种试验方法测得的内摩擦角有如下关系：$\varphi_s > \varphi_{cq} > \varphi_q$（$\varphi_d > \varphi_{cu} > \varphi_u$），测得的黏聚力 c 值也有差别，如图 3.16 所示。

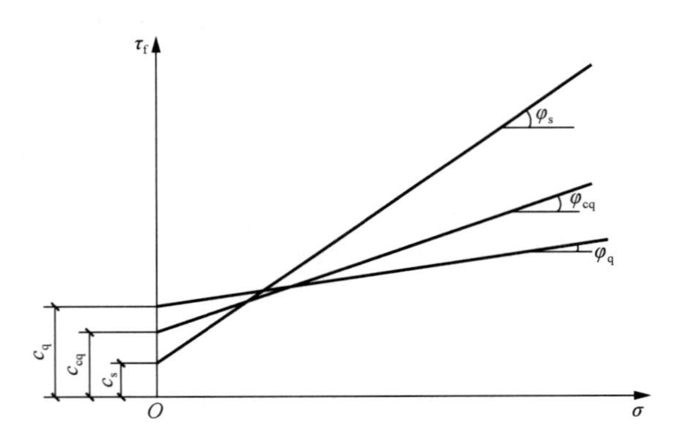

图 3.16 总应力法测得的抗剪强度指标

2. 有效应力法

如前所述，土的抗剪强度与总应力之间并没有唯一对应的关系。实质上土的抗剪强度是由破坏面上的有效法向应力所决定的。所以库仑公式应该用有效应力来表达才接近于实际，有效应力库仑公式表达式为

$$\tau_f = \sigma' \tan\varphi' + c' = (\sigma - u)\tan\varphi' + c' \tag{3-17}$$

式中：σ'——破坏面上的有效法向应力，kPa；

φ'、c'——有效内摩擦角和有效黏聚力，两者统称为有效应力强度指标。

有效应力强度指标通常用三轴剪切仪测定。取同一种土的 3～4 个试样，分别在不同周围压力 σ_3 下进行试验，测出剪切破坏时的最大主应力 σ_1 和孔隙水压力 u，则有效最大主应力 $\sigma_1' = \sigma_1 - u$，有效最小主应力 $\sigma_3' = \sigma_3 - u$。以有效主应力为横坐标，抗剪强度 τ_f 为纵坐标，根据试验结果可绘出 3～4 个极限莫尔应力圆，并作公切线（抗剪强度包线），即可确定 φ' 和 c'，如图 3.17 中虚线半圆。在实际应用中，用式（3-17）来分析土体的稳定性。分析时需要知道土体中孔隙水压力的实际分布情况。

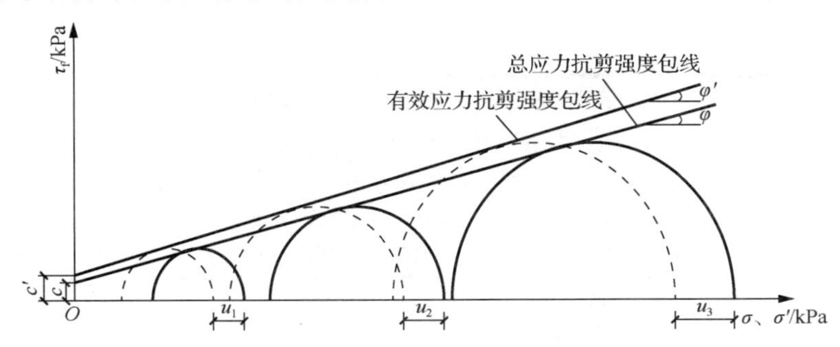

图 3.17 有效应力强度指标的确定

3.2.6 抗剪强度指标的选用

土的抗剪强度指标对地基或土工建筑物的稳定分析起主要作用，如果指标选择不当，将会使稳定分析计算结果严重偏离实际情况。所以在选择抗剪强度指标这个问题上，要紧密结合工程实际，考虑土体的实际受力情况和排水条件等因素，尽量选用试验条件与实际工程条件相一致的抗剪强度指标。

在实际工程中，有效应力法是一种比较合理的分析方法，其优点在于能够确定任何固结情况下土的抗剪强度，而且指标比较稳定和有规律，能够较好地模拟土体的实际固结情况，可较精确地分析土体中不同部位不同固结程度的稳定性。但在应用时，需要计算或实测土中孔隙水压力的实际分布情况，有时这些不易做到，这在一定程度上限制了有效应力法的使用。

在总应力法的三种试验方法中，究竟选用哪种方法来测定土的抗剪强度指标，主要应根据土的实际受力情况和排水条件而具体分析，具体如下。

（1）如地基为饱和黏性土，且土层厚度较大，其渗透性较弱，排水条件不好（无夹砂层），当建筑物施工进度快时，估计在施工期间地基来不及固结就可能失去稳定，此时可考虑采用不固结不排水剪或快剪测定的指标。

（2）如地基为饱和黏性土，且土层厚度较薄或有夹砂层，其渗透性较强，排水条件较好，当施工速度较慢，施工期较长时，估计在施工期间地基就可能充分固结，此时可采用固结排水剪或慢剪测定的指标。

（3）如建筑物已完工很久或在施工期固结已基本完成，但在使用过程中可能突然施加荷载，如水闸完工后挡水情况，此时可采用固结不排水剪或固结快剪测定的指标。

（4）当分析土坝坝身的稳定性时，一般地，施工期采用不饱和快剪指标，正常运行期则采用饱和固结快剪指标。当分析水库水位骤然下降的坝体稳定性时，也应采用饱和固结快剪指标。

任务 3.3　地基承载力分析

任务描述

工作任务	（1）掌握地基极限承载力和地基承载力特征值的定义。 （2）掌握地基的破坏类型与变形阶段。 （3）理解地基的临塑荷载与临界荷载的计算公式。 （4）掌握太沙基公式理论，并能计算地基极限承载力。 （5）掌握地基承载力特征值的确定方法
工作手段	《建筑地基基础设计规范》（GB 50007—2011）、《土工试验方法标准》（GB/T 50123—2019）
提交成果	（1）每位学生独立完成本学习情境的实训练习里的相关内容。 （2）将教学班级划分为若干学习小组，每个小组进行网上调研，列举出至少一个地基遭到破坏的实际工程案例

相关知识

所谓地基承载力，是指地基单位面积上所能承受荷载的能力。地基承载力一般可分为地基极限承载力和地基承载力特征值两种。地基极限承载力是指地基发生剪切破坏丧失整体稳定时的地基承载力，是地基所能承受的基底压力极限值（极限荷载），用 p_u 表示；地基承载力特征值（地基容许承载力）则是满足土的强度稳定和变形要求时的地基承载力，以 f_a 表示。将地基极限承载力除以安全系数 K，即为地基承载力特征值。

要研究地基承载力，首先要研究地基在荷载作用下的破坏类型和破坏过程。

3.3.1　地基的破坏类型与变形阶段

现场载荷试验和室内模型试验表明，在荷载作用下，建筑物地基的破坏通常是由承载力不足而引起的剪切破坏，地基剪切破坏随着土性质的不同而不同，一般可分为整体剪切破坏、局部剪切破坏和冲切剪切破坏三种类型。三种不同破坏类型的地基作用荷载 p 和沉降 s 之间的关系，即 p-s 曲线如图 3.18 所示。

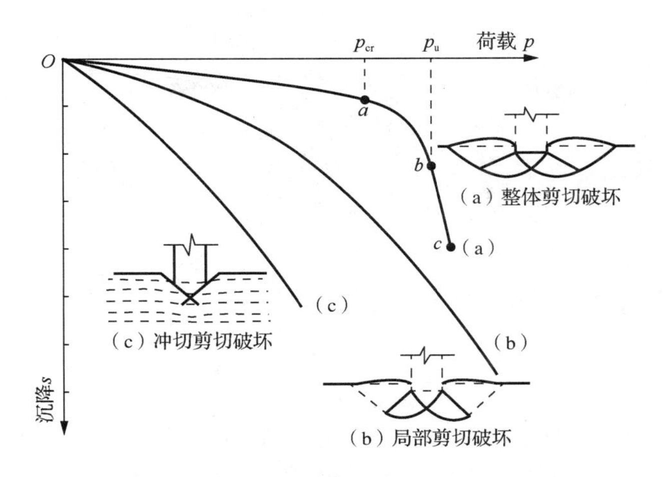

图 3.18　三种不同破坏类型的 p–s 曲线

1. 整体剪切破坏

对于比较密实的砂土或较坚硬的黏性土，常发生这种破坏类型。其特点是地基中产生连续的滑动面一直延续到地表，基础两侧土体有明显隆起，破坏时基础急剧下沉或向一侧突然倾斜，p–s 曲线有明显拐点，如图 3.18 中（a）所示。

2. 局部剪切破坏

在中等密实砂土或中等强度的黏性土地基中都可能发生这种破坏类型。局部剪切破坏的特点是基底边缘的一定区域内有滑动面，类似于整体剪切破坏，但滑动面没有发展到地表，基础两侧土体微有隆起，基础下沉比较缓慢，一般无明显倾斜，p–s 曲线拐点不易确定，如图 3.18 中（b）所示。

3. 冲切剪切破坏

若地基为压缩性较高的松砂或软黏土，基础在荷载作用下会连续下沉，破坏时地基无明显滑动面，基础两侧土体无隆起，其也无明显倾斜只是下陷，就像“切入”土中一样，故称冲切剪切破坏，或称刺入剪切破坏。该破坏类型的 p–s 曲线也无明显的拐点，如图 3.18 中（c）所示。

4. 地基变形的三个阶段

根据地基从加荷到发生整体剪切破坏的过程，地基的变形一般经过三个阶段。

1）弹性变形阶段

当基础上的荷载较小时，地基主要产生压密变形，p–s 曲线接近于直线，如图 3.18 中（a）曲线的 Oa 段，此时地基中任意点的剪应力均小于抗剪强度，土体处于弹性平衡状态。

2）塑性变形阶段

在图 3.18 的（a）曲线中，拐点 a 所对应的荷载称为临塑荷载，用 p_{cr} 表示。当作用荷载超过临塑荷载 p_{cr} 时，首先在基础边缘地基中开始出现剪切破坏，剪切破坏随着荷载的增大而逐渐形成一定的区域，称为塑性区。p–s 呈曲线关系，如图 3.18 中（a）曲线的 ab 段。

3）破坏阶段

在图 3.18 的（a）曲线中，拐点 b 所对应的荷载称为极限荷载，以 p_u 表示。当作用荷载达到极限荷载 p_u 时，地基土体中的塑性区会发展到形成一连续的滑动面，此时荷载略有增加，基础变形就会突然增大，同时地基土从基础两侧挤出，地基因发生整体剪切破坏而丧失稳定，p–s 曲线如图 3.18 中（a）曲线的 bc 段。

3.3.2 地基的临塑荷载与临界荷载

1. 临塑荷载

临塑荷载是指地基土中即将产生塑性区（即基础边缘将要出现剪切破坏）时对应的基底压力，也是地基从弹性变形阶段转为塑性变形阶段的分界荷载，又称比例界限荷载。临塑荷载可根据土中应力计算的弹性理论和土体的极限平衡条件导出，其计算式为

$$p_{cr}=\frac{\pi(\gamma_0 d+c\cot\varphi)}{\cot\varphi+\varphi-\dfrac{\pi}{2}}+\gamma_0 d=N_c c+N_d\gamma_0 d \tag{3-18}$$

式中：γ_0——基础底面以上土的重度，地下水位以下取浮重度，kN/m^3；

d——基础埋深，m；

c——基础底面以下土的黏聚力，kPa；

φ——基础底面以下土的内摩擦角，（°）；

N_c、N_d——承载力系数，是内摩擦角的函数。

$$N_c=\frac{\pi\cot\varphi}{\cot\varphi+\varphi-\dfrac{\pi}{2}},\quad N_d=\frac{\cot\varphi+\varphi+\dfrac{\pi}{2}}{\cot\varphi+\varphi-\dfrac{\pi}{2}}$$

临塑荷载可作为地基承载力特征值，即

$$f_a=p_{cr} \tag{3-19}$$

2. 临界荷载

一般情况下将临塑荷载 p_{cr} 作为地基承载力特征值（地基容许承载力）是偏于保守和不经济的。经验表明，在大多数情况下，即使地基中发生局部剪切破坏，存在塑性区，但只要塑性区的范围不超过某一容许限度，就不至影响建筑物的安全和正常使用。地基塑性区的容许限度与建筑类型、荷载性质及土的特性等因素有关。一般认为，在中心荷载作用下，塑性区的最大深度 z_{max} 可控制在基础宽度 b 的 1/4 处，即 $z_{max}=b/4$，相应的基底压力用 $p_{\frac{1}{4}}$ 表示。在偏心荷载作用下，令 $z_{max}=b/3$，相应的基底压力用 $p_{\frac{1}{3}}$ 表示。$p_{\frac{1}{4}}$ 和 $p_{\frac{1}{3}}$ 统称临界荷载，临界荷载可作为地基承载力特征值。

将 $z_{max}=b/4$ 或 $b/3$ 代入式（3-18），整理得相应的临界荷载 $p_{\frac{1}{4}}$ 或 $p_{\frac{1}{3}}$ 为

$$p_{\frac{1}{4}}=\frac{\pi\left(\gamma_0 d+c\cot\varphi+\frac{\gamma b}{4}\right)}{\cot\varphi+\varphi-\frac{\pi}{2}}+\gamma_0 d=N_{\frac{1}{4}}\gamma b+N_c c+N_d\gamma_0 d \tag{3-20}$$

$$p_{\frac{1}{3}}=\frac{\pi\left(\gamma_0 d+c\cot\varphi+\frac{\gamma b}{3}\right)}{\cot\varphi+\varphi-\frac{\pi}{2}}+\gamma_0 d=N_{\frac{1}{3}}\gamma b+N_c c+N_d\gamma_0 d \tag{3-21}$$

式中：γ——基础底面以下土的重度，地下水位以下取浮重度，kN/m^3。

$N_{\frac{1}{4}}$、$N_{\frac{1}{3}}$——承载力系数，是内摩擦角的函数。

$$N_{\frac{1}{4}}=\frac{\pi}{4\left(\cot\varphi+\varphi-\frac{\pi}{2}\right)},\quad N_{\frac{1}{3}}=\frac{\pi}{3\left(\cot\varphi+\varphi-\frac{\pi}{2}\right)}$$

其余符号意义同前。

需要指出的是，上述临塑荷载p_{cr}、临界荷载$p_{\frac{1}{4}}$和$p_{\frac{1}{3}}$的计算式是在条形基础均布荷载作用下推导出的，对于矩形和圆形基础，其结果偏于安全。

3.3.3 地基极限承载力

地基极限承载力（即极限荷载p_u）是指地基濒于发生整体剪切破坏时的最大基底压力，即地基从塑性变形阶段转为破坏阶段的分界荷载。地基极限承载力的计算理论，根据地基不同的破坏类型有所不同，但目前的计算公式均是按整体剪切破坏模式推导的，只是有的计算公式可根据经验修正后，用于其他破坏模式的计算。下面介绍工程界常用的太沙基公式和汉森公式。

1. 太沙基公式

太沙基在做地基极限承载力计算公式推导时，假定条件为：①基础为条形浅基础（基础底面长宽比≥5，相对埋深≤1.0）；②基础两侧埋深 d 范围内的土重被视为旁侧荷载 $q=\gamma_0 d$，而不考虑这部分土的抗剪强度；③基础底面是粗糙的；④在极限荷载p_u作用下，地基中的滑动面如图3.19所示，滑动土体共分为5个区（左右对称）。

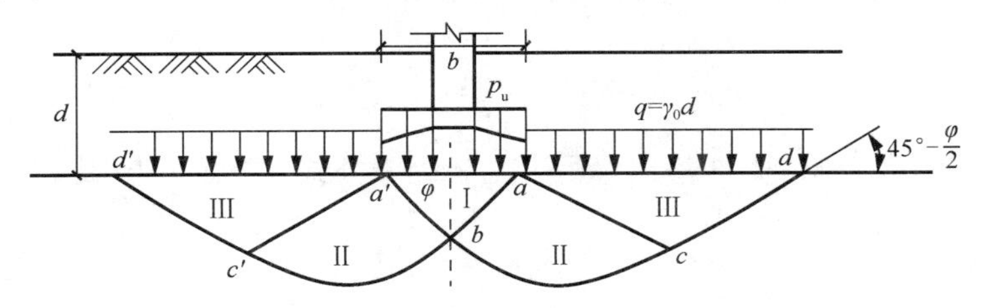

图 3.19 太沙基公式假设的滑动面

Ⅰ区——基底下的楔形压密区（△$a'ab$）。因基底与土体之间的摩擦力，能阻止基底处土体发生剪切位移，因此直接位于基底下的土不会处于塑性平衡状态，而是处于弹性平衡状态。楔形体与基底面的夹角为φ，在地基破坏时该区随基础一同下沉。

Ⅱ区——辐射受剪区，滑动面 bc 及 bc'是按对数螺旋线变化所形成的曲面。

Ⅲ区——朗肯被动土压力区，滑动面 cd 及 $c'd'$为直线，它与水平面的夹角为 $45°-\varphi/2$，作用于 ab 和 $a'b$ 面上的力是被动土压力。

根据弹性楔形体△$a'ab$ 的静力平衡条件求得的地基极限承载力 p_u 的计算公式为

$$p_u=\frac{1}{2}\gamma bN_\gamma+qN_q+cN_c \tag{3-22}$$

式中：b——基础宽度，m；

γ——基础底面以下土的重度，kN/m^3；

q——基础的旁侧荷载，$q=\gamma_0 d$，kPa；

N_γ、N_q、N_c——承载力系数，仅与土的内摩擦角有关，可由表 3-1 查得。

表 3-1　太沙基公式中的承载力系数

φ(°)	N_γ	N_q	N_c	N'_γ	N'_q	N'_c
0	5.7	1.0	0.0	5.7	1.0	0.0
5	7.3	1.6	0.5	6.7	1.4	0.2
10	9.6	2.7	1.2	8.0	1.9	0.5
15	12.9	4.5	1.8	9.7	2.7	0.9
20	17.7	7.4	4.0	11.8	3.9	1.7
25	25.1	12.7	11.0	14.8	5.6	3.2
30	37.2	22.5	22.0	19.0	8.3	5.7
34	52.6	36.5	35.0	23.7	11.7	9.0
35	57.8	41.4	45.4	25.2	12.6	10.1
40	95.7	81.3	125.0	34.9	20.5	18.8

以上公式适用于条形基础均布荷载作用下地基土整体剪切破坏情况，即适用于坚硬黏土和密实砂土。对于地基发生局部剪切破坏的情况，太沙基建议对土的抗剪强度指标进行折减，即取 $c'=\frac{2}{3}c$、$\varphi'=\arctan\left(\frac{2}{3}\tan\varphi\right)$。根据调整后的指标并由$\varphi'$查得 N_γ、N_q、N_c，按式（3-22）计算条形基础局部剪切破坏的地基极限承载力，或者由φ查取表 3-1 中的 N'_γ、N'_q、N'_c，按下式计算地基极限承载力，即

$$p_u=\frac{1}{2}\gamma bN'_\gamma+qN'_q+\frac{2}{3}cN'_c \tag{3-23}$$

对于方形或圆形基础，太沙基建议用下列半经验公式计算地基极限承载力。

（1）对于方形基础（边长为 b）。

整体剪切破坏：
$$p_u=0.4\gamma bN_r+qN_q+1.2cN_c \tag{3-24}$$

局部剪切破坏：
$$p_u=0.4\gamma bN'_r+qN'_q+0.8cN'_c \tag{3-25}$$

（2）对于圆形基础（半径为 b）。

整体剪切破坏：
$$p_u=0.6\gamma bN_r+qN_q+1.2cN_c \tag{3-26}$$

局部剪切破坏：$p_u = 0.6\gamma b N_r' + q N_q' + 0.8 c N_c'$ （3-27）

按照太沙基公式计算得到的地基极限承载力 p_u 除以安全系数 K，即可得到地基承载力特征值 f_a，一般取安全系数 K=2～3。

2．汉森公式

汉森公式是半经验公式，适用范围较广，对水利工程有实用意义。

汉森公式的基本形式与太沙基公式类似，所不同的是汉森公式中考虑了荷载倾斜、基础形状及基础埋深等影响，承载力系数也与太沙基公式中的有所不同。汉森建议，对于均质地基、基底完全光滑的情况，在中心倾斜荷载作用下，地基的竖向极限承载力 p_{uv} 的计算式为

$$p_{uv} = \frac{1}{2}\gamma b' N_r i_r S_r d_r g_r b_r + q N_q i_q S_q d_q g_q b_q + c N_c i_c S_c d_c g_c b_c \tag{3-28}$$

式中：γ——基础底面以下土的重度，地下水位以下取浮重度，kN/m^3；

b'——基础的有效宽度，m，$b' = b - 2e_b$，b 为基础的实际宽度，e_b 为相对于基础面积中心而言的荷载偏心距；

q——基础底面以上的均布荷载，kPa；

c——地基土的黏聚力，kPa；

N_r、N_q、N_c——汉森承载力系数，可查表 3-2；

S_r、S_q、S_c——与基础形状有关的形状修正系数，可查表 3-3；

d_r、d_q、d_c——与基础埋深有关的深度修正系数，可查表 3-4；

i_r、i_q、i_c——与荷载倾角有关的荷载倾斜修正系数，可查表 3-5；

g_r、g_q、g_c——与基础以外地基表面倾斜有关的地面倾斜修正系数，可查表 3-5；

b_r、b_q、b_c——基底倾斜修正系数，可查表 3-5。

表 3-2　汉森承载力系数

φ/(°)	N_c	N_q	N_r	φ/(°)	N_c	N_q	N_r
0	0	1.00	5.14	24	6.90	9.61	19.33
2	0.01	1.20	5.69	26	9.53	11.83	22.25
4	0.05	1.43	6.17	28	13.13	14.71	25.80
6	0.14	1.72	6.82	30	18.09	18.40	30.15
8	0.27	2.06	7.52	32	24.95	23.18	35.50
10	0.47	2.47	8.35	34	34.54	29.45	42.18
12	0.76	2.97	9.29	36	48.08	37.77	50.61
14	1.16	3.58	10.37	38	67.43	48.92	61.36
16	1.72	4.33	11.62	40	95.51	64.23	75.36
18	2.49	5.25	13.09	42	136.72	85.36	93.69
20	3.54	6.40	14.83	44	198.77	115.35	118.41
22	4.96	7.82	16.89	46	224.64	158.51	152.10

表 3-3 形状修正系数

基础形状	S_c	S_q	S_r
条形	1.0	1.0	1.0
圆形或方形	$1+\dfrac{N_q}{N_c}$	$1+\tan\varphi$	0.6
矩形（长为 l，宽为 b）	$1+\dfrac{N_q b}{N_c l}$	$1+\dfrac{b}{l}\tan\varphi$	$1-0.4\dfrac{b}{l}$

表 3-4 深度修正系数

$\dfrac{d}{b}$	d_c	d_q	d_r
≤1.0	$1+0.4\dfrac{d}{b}$	$1+2\tan\varphi(1-\sin\varphi)^2\dfrac{d}{b}$	1.0
＞1.0	$1+0.4\dfrac{d}{b}$	$1+2\tan\varphi(1-\sin\varphi)^2\arctan\dfrac{d}{b}$	1.0

表 3-5 荷载、地面、基底倾斜修正系数

荷载倾斜修正系数	地面倾斜修正系数	基底倾斜修正系数
$i_c=i_q-\dfrac{1-i_q}{N_q-1}$	$g_c=1-\dfrac{\beta}{14.7}$	$b_c=1-\dfrac{\overline{\eta}}{14.7}$
$i_q=\left(1-\dfrac{0.5P_h}{P_v+A_f c\cot\varphi}\right)^5$	$g_q=(1-0.5\tan\beta)^5$	$b_q=\exp(-2\overline{\eta}\tan\varphi)$
$i_r=\left(1-\dfrac{0.7}{P_v+A_f c\cot\varphi}\right)^5$	$g_r=(1-0.5\tan\beta)^5$	$b_r=\exp(-2\overline{\eta}\tan\varphi)$

注：P_h 为平行于基底的荷载分量，P_v 为垂直于基底的荷载分量，β 为地面倾角，$\overline{\eta}$ 为基底倾角，详见图 3.20。A_f 为基础的有效接触面积。

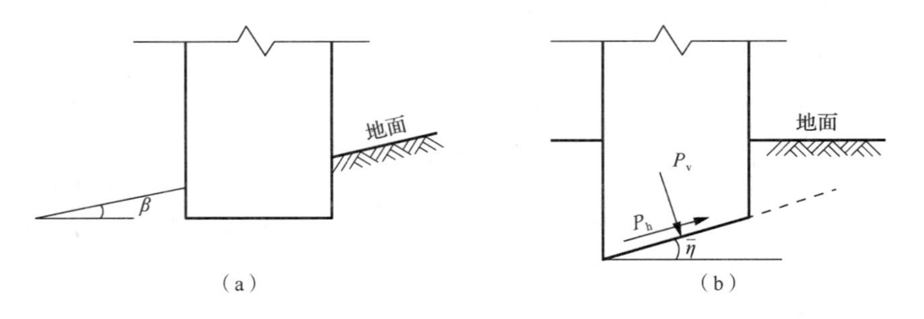

图 3.20 地面、基底及荷载倾斜情况

相应地基的水平极限承载力的计算式为

$$p_{uh}=p_{uv}/\tan\overline{\eta} \tag{3-29}$$

地基承载力特征值为

$$f_a = \frac{p_{uv}}{K} \tag{3-30}$$

式中的安全系数 K，一般取 2～2.5，对于软弱地基或重要建筑物可大于 2.5。

3. 关于地基极限承载力的讨论

1）地基极限承载力的影响因素

根据式（3-22）可知，承载力系数 N_γ、N_q、N_c 都是内摩擦角 φ 的函数，可见地基极限承载力与基础宽度 b、土的重度 γ、黏聚力 c、基础埋深 d 都成正比，而随 φ 的增大，三个承载力系数都会显著提高。

2）提高地基极限承载力的途径

① 加大基础宽度。

② 加大基础埋深（有软弱下卧层者除外）。

③ 通过地基处理提高 c、φ 值。

对于无黏性土，因为 $c=0$，更应适当提高基础埋深。

3.3.4 确定地基承载力特征值

《建筑地基基础设计规范》（GB 50007—2011）规定，地基承载力特征值可由载荷试验或其他原位测试、公式计算，并结合工程实践经验等方法综合确定。

1. 按载荷试验确定地基承载力特征值

对于设计等级为甲级的建筑物或地质条件复杂、土质不均，难以取得原状土样的杂填土、松砂、风化岩石等，采用载荷试验法，可以取得较精确可靠的地基承载力数值。

载荷试验是用一块承压板代替基础，承压板的面积不应小于 $0.25m^2$，对于软土不应小于 $0.50m^2$。在承压板上施加荷载，观测荷载与承压板的沉降量，根据测试结果绘出荷载与沉降关系曲线，即 p-s 曲线，如图 3.21 所示，并依据下列规定确定地基承载力特征值。

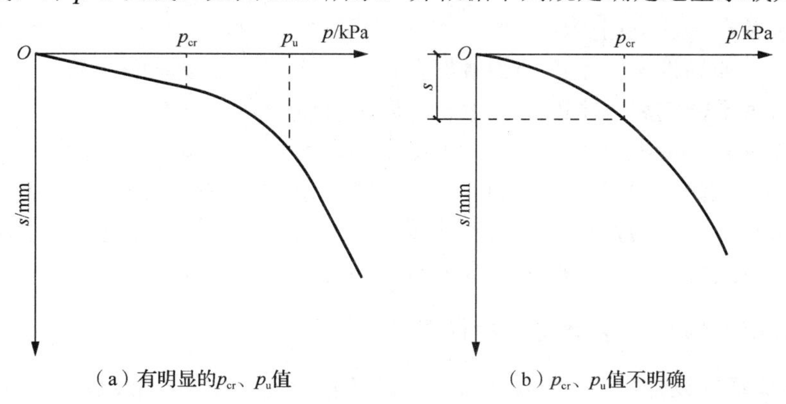

图 3.21 按载荷试验的 p-s 曲线确定地基承载力特征值

（1）当 p–s 曲线上有比例界限时，取该比例界限所对应的荷载值。

（2）当极限荷载小于对应比例界限荷载的 2 倍时，取极限荷载值的一半。

（3）若不能按上述两条要求确定，当承压板面积为 0.25～0.50m^2 时，可取 $\frac{s}{b}$=0.010～0.015 所对应的荷载，但其值不应大于最大加载量的一半。

（4）同一土层参加统计的试验点不应少于 3 点，当试验实测值的极差不超过其平均值的 30%时，取此平均值作为该土层的地基承载力特征值。

2．按其他原位测试确定地基承载力特征值

1）静力触探试验

静力触探试验利用机械或油压装置将一个内部装有传感器的探头以一定的匀速压入土中，由于地层中各土层的强度不同，探头在贯入过程中所受到的阻力也不同，用电子量测仪器可测出土的比贯入阻力。土越软，探头的比贯入阻力越小，土的强度越低；土越硬，探头的比贯入阻力越大，土的强度越高。根据比贯入阻力与地基承载力之间的关系可确定地基承载力特征值，这种方法一般适用于软黏土、一般黏性土、砂土和黄土等，但不适用于含碎石、砾石较多的土层和致密的砂土层。探头的最大贯入深度为 30m。静力触探试验目前在国内应用较广，我国不少单位通过对比试验，已建立了不少经验公式。不过这类经验公式具有很大的地区性，因此，在使用时要注意所在地区的适用性与土层的相似性。

2）标准贯入试验

标准贯入试验是先用钻机钻孔，然后把上端接有钻杆的标准贯入器放置孔底，再用质量 63.5kg 的穿心锤，以 76cm 的自由落距，将标准贯入器在孔底先预打入土中 15cm，测记打入土中 30cm 的锤击数，该锤击数称为标准贯入试验锤击数 N。标准贯入试验锤击数 N 越大，说明土越密实，强度越高，承载力越大。利用标准贯入试验锤击数与地基承载力之间的关系，可以得出相应的地基承载力特征值。标准贯入试验适用于砂土、粉土和一般黏性土。

3）动力触探试验

动力触探试验与标准贯入试验基本相同，都是利用一定的落锤能量，将一定规格的探头连同探杆打入土中，根据探头在土中贯入一定深度的锤击数，来确定各类土的地基承载力特征值。它与标准贯入试验不同的是锤击能量、探头的规格及贯入深度。动力触探试验根据锤击能量及探头的规格分为轻型、重型和超重型三种。轻型动力触探适用于浅部的填土、砂土、粉土和黏性土；重型动力触探适用于砂土、中密以下的碎石土、极软岩；超重型动力触探适用于密实和很密的碎石土、软岩和极软岩。

静力触探试验、标准贯入试验和动力触探试验等原位测试，在我国已积累了丰富的经验，《建筑地基基础设计规范》（GB 50007—2011）允许将其应用于确定地基承载力特征值，但是强调必须有地区经验，即当地的对比资料。同时还应注意，当地基基础设计等级为甲级和乙级时，应结合室内试验成果综合分析，不宜独立应用。

3．按公式计算确定地基承载力特征值

《建筑地基基础设计规范》（GB 50007—2011）建议，当偏心距 $e \leqslant 0.033b$（基础底面宽度）时，可根据土的抗剪强度指标按下式确定地基承载力特征值 f_a，但尚应满足变形要求。

$$f_a = M_b \gamma b + M_d \gamma_m d + M_c c_k \tag{3-31}$$

式中：f_a——由土的抗剪强度指标确定的地基承载力特征值，kPa。

M_b、M_d、M_c——承载力系数，可由土的内摩擦角标准值 φ_k 查表 3-6。

γ_m——基础底面以上土的加权平均重度，地下水位以下取浮重度，kN/m^3。

γ——基础底面以下土的重度，地下水位以下取浮重度，kN/m^3。

b——基础底面宽度，m，当大于 6m 时按 6m 取值，对于砂土小于 3m 按 3m 取值，其他土体小于 3m 按实际宽度取值。

c_k——基础底面以下一倍短边宽度的深度范围内土的黏聚力标准值，kPa。

d——基础埋深，m，宜自室外地面标高算起。在填方整平地区，可自填土地面标高算起，但填土在上部结构施工后完成时，应从天然地面标高算起。对于地下室，当采用箱形基础或筏形基础时，自室外地面标高算起；当采用独立基础或条形基础时，应从室内地面标高算起。

表 3-6　承载力系数 M_b、M_d、M_c

土的内摩擦角标准值 φ_k / (°)	M_b	M_d	M_c	土的内摩擦角标准值 φ_k / (°)	M_b	M_d	M_c
0	0	1.00	3.14	22	0.61	3.44	6.04
2	0.03	1.12	3.32	24	0.80	3.87	6.45
4	0.06	1.25	3.51	26	1.10	4.37	6.90
6	0.10	1.39	3.71	28	1.40	4.93	7.40
8	0.14	1.55	3.93	30	1.90	5.59	7.95
10	0.18	1.73	4.17	32	2.60	6.35	8.55
12	0.23	1.94	4.42	34	3.40	7.21	9.22
14	0.29	2.17	4.69	36	4.20	8.25	9.97
16	0.36	2.43	5.00	38	5.00	9.44	10.80
18	0.43	2.72	5.31	40	5.80	10.84	11.73
20	0.51	3.06	5.66				

注：φ_k 为基础底面以下一倍短边宽度的深度范围内土的内摩擦角标准值。

【例 3.2】某独立基础如图 3.22 所示，基础底面尺寸为 2.5m×1.5m，埋深为 2.0m，持力层为粉土，φ=22°，c=10kPa，γ=18.1kN/m³，基础底面以上土的重度γ=17.8kN/m³，水位在地面以下 1.5m 处，试确定地基承载力特征值。

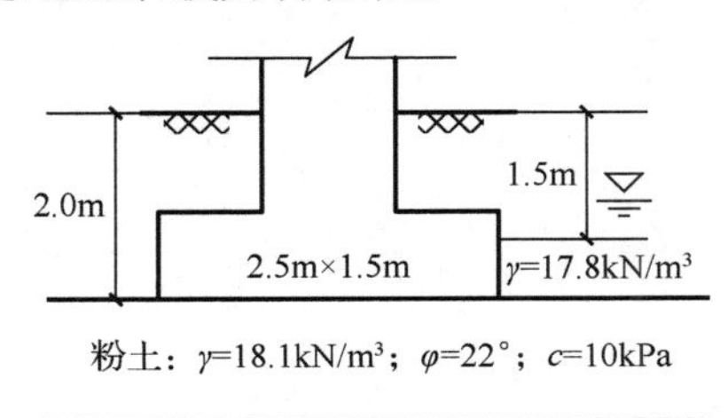

图 3.22　例 3.2 图

解：（1）计算基础底面以上土的加权平均重度。

$$\gamma_m = \frac{17.8\times1.5+7.8\times0.5}{2}=15.3\ (\text{kN/m}^3)$$

（2）计算地基承载力特征值。

已知 $\varphi=22°$，查表 3-6，可知 $M_b=0.61$、$M_d=3.44$、$M_c=6.04$，代入式（3-31），得

$$f_a=M_b\gamma b+M_d\gamma_m d+M_c c_k=0.61\times(18.1-10)\times1.5+3.44\times15.3\times2.0+6.04\times10\approx173\ (\text{kPa})$$

4. 按经验方法确定地基承载力特征值

对于简单场地上荷载不大的中小型工程，可根据邻近条件相似的建筑物的设计和使用情况，进行综合分析确定其地基承载力特征值。

5. 地基承载力特征值的修正

地基承载力除了与土的性质有关，还与基础底面尺寸及埋深等因素有关。地基载荷试验采用的承压板与今后所施作的基础底面尺寸不一致，因此试验获得的承载力与地基实际的承载力有出入，需要进行相应的深度、宽度修正。《建筑地基基础设计规范》（GB 50007—2011）规定，当基础底面宽度 b 大于 3m，或者基础埋深 d 大于 0.5m 时，从载荷试验或其他原位测试、经验值等方法确定的地基承载力特征值尚需按下式修正。

$$f_a=f_{ak}+\eta_b\gamma(b-3)+\eta_d\gamma_m(d-0.5) \tag{3-32}$$

式中：f_a——修正后的地基承载力特征值，kPa。

f_{ak}——修正前的地基承载力特征值，kPa。

η_b、η_d——基础宽度和埋深的地基承载力修正系数，按基础底面以下土的类别从表 3-7 中查取。

γ——基础底面以下土的重度，地下水位以下取浮重度，kN/m^3。

γ_m——基础底面以上土的加权平均重度，地下水位以下取浮重度，kN/m^3。

b——基础底面宽度，m，当基础底面宽度小于 3m 按 3m 计，大于 6m 按 6m 计。

d——基础埋深，m，宜自室外地面标高算起。在填方整平地区，可自填土地面标高算起，但填土在上部结构施工后完成时，应从天然地面标高算起。对于地下室，当采用箱形基础或筏形基础时，自室外地面标高算起；当采用独立基础或条形基础时，应从室内地面标高算起。

表 3-7 承载力修正系数

土的类别		η_b	η_d
淤泥和淤泥质土		0	1.0
人工填土 e 或 I_L 大于等于 0.85 的黏性土		0	1.0
红黏土	含水比 $\alpha_w>0.8$	0	1.2
	含水比 $\alpha_w\leqslant0.8$	0.15	1.4
大面积压实填土	压实系数大于 0.95、黏粒含量 $\rho_c\geqslant10\%$的粉土	0	1.5
	最大干密度大于 2.1t/m^3 的级配砂石	0	2.0

续表

土的类别		η_b	η_d
粉土	黏粒含量 $\rho_c \geq 10\%$ 的粉土	0.3	1.5
	黏粒含量 $\rho_c < 10\%$ 的粉土	0.5	2.0
e 及 I_L 均小于 0.85 的黏性土		0.3	1.6
粉砂、细砂（不包括很湿和饱和时的稍密状态）		2.0	3.0
中砂、粗砂、砾砂和碎石土		3.0	4.4

注：1. 强风化和全风化的岩石，可参照所风化成的相应土类取值，其他状态下的岩石不修正。
2. 地基承载力特征值按规范附录 D 确定时 η_d 取 0。
3. 含水比是指土的天然含水率与液限的比值。
4. 大面积压实填土是指填土范围大于两倍基础宽度的填土。

工程师寄语

地基承载力特征值可由原位测试测得，也可由理论公式推导计算求到。重要建筑工程必须做现场原位测试，这样才能真正做到理论指导实践，实践检验理论。

【例 3.3】某独立基础如图 3.23 所示，基础底面尺寸为 3.0m×3.0m，埋深为 2.0m。水位在地面以下 1.0m 处，地基埋深范围内有两层土，其厚度分别为 h_1=0.5m、h_2=1.5m，天然重度 γ_1=18kN/m^3、γ_2=19kN/m^3。基础底面以下土的重度 γ_3=20kN/m^3，修正前的地基承载力特征值 f_{ak}=300kPa，试求修正后的地基承载力特征值 f_a。

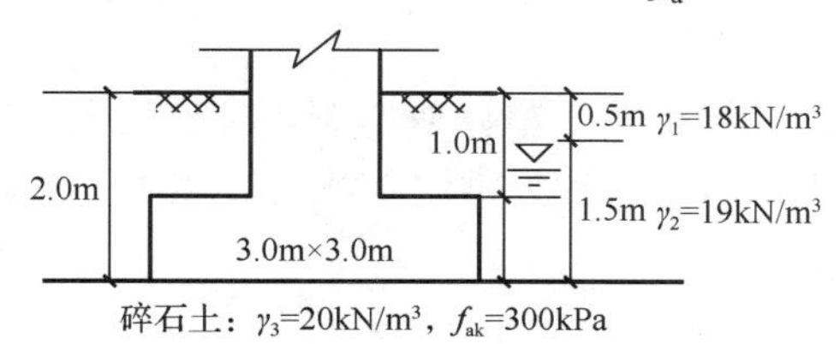

图 3.23　例 3.3 图

解：（1）计算基础底面以上土的加权平均重度。

$$\gamma_m = \frac{18\times0.5+19\times(1.0-0.5)+(19-10)\times(1.5-0.5)}{2} = 13.75\ （\text{kN/m}^3）$$

（2）计算修正后的地基承载力特征值。

据题意，基底土的类别为碎石土，查表 3-7 可知 $\eta_b = 3.0$、$\eta_d = 4.4$，代入式（3-32），得

$$f_a = f_{ak} + \eta_b\gamma(b-3) + \eta_d\gamma_m(d-0.5) = 300 + 3.0\times20\times(3.0-3) + 4.4\times13.75\times(2.0-0.5) = 390.75\ （\text{kPa}）$$

小　　结

1. 基本概念

土的抗剪强度是指土体抵抗剪切破坏的极限能力。影响土的抗剪强度的因素是多方面

的，主要有土粒的矿物成分、形状、颗粒大小与颗粒级配，土的密度、含水率，土体结构的扰动情况，有效应力等。

2. 土的抗剪强度理论及极限平衡条件

土的抗剪强度理论是研究与计算地基承载力和分析地基承载稳定性的基础。土的抗剪强度可以采用库仑公式表达，土的极限平衡条件是判定土中一点平衡状态的基准。

3. 土的抗剪强度指标

土的抗剪强度指标φ、c一般通过试验确定。试验条件，尤其是排水条件会给抗剪强度指标带来很大影响，故在选择抗剪强度指标的试验时，应尽可能符合工程实际的受力条件和排水条件。

4. 土的抗剪强度指标的测定方法

土的抗剪强度指标φ和c是通过剪切试验测定的，剪切试验方法一般分室内试验和现场试验两类。室内试验常用的仪器有直接剪切仪、三轴剪切仪、无侧限抗压强度仪等；现场试验常用的仪器有十字板剪切仪等。

5. 地基破坏的形式

地基破坏形式可以分为整体剪切破坏、局部剪切破坏和冲切剪切破坏三种类型。

6. 地基极限承载力

地基极限承载力是指地基濒于发生整体剪切破坏时的最大基底压力，即地基从塑性变形阶段转为破坏阶段的分界荷载。工程界常用太沙基公式和汉森公式计算求得。

7. 地基承载力特征值

《建筑地基基础设计规范》（GB 50007—2011）规定，地基承载力特征值可由载荷试验或其他原位测试、公式计算，并结合工程实践经验等方法综合确定。

当基础底面宽度大于 3m 或基础埋深大于 0.5m 时，从载荷试验或其他原位测试、经验值等方法确定的地基承载力特征值尚应进行深度和宽度修正。

实训练习

一、单选题

1. 若代表土中某点应力状态的莫尔应力圆与抗剪强度包线相切，则表明土中该点（　　）。

A. 任一平面上的剪应力都小于土的抗剪强度
B. 某一平面上的剪应力超过了土的抗剪强度
C. 在相切点所代表的平面上，剪应力正好等于抗剪强度
D. 在最大剪应力作用面上，剪应力正好等于抗剪强度

2．下列说法中正确的是（　　）。

A．土的抗剪强度与该面上的总正应力成正比

B．土的抗剪强度与该面上的有效正应力成正比

C．破坏面发生在最大剪应力作用面上

D．破坏面与最小主应力作用面的夹角为$45^\circ+\frac{\varphi}{2}$

3．饱和黏性土的抗剪强度指标（　　）。

A．与排水条件无关　　B．与排水条件有关

C．与土中孔隙水压力的变化无关　　D．与试验时的剪切速率无关

4．土的强度破坏通常是由于（　　）。

A．基底压力大于土的抗压强度

B．土的抗拉强度过低

C．土中某点的剪应力达到土的抗剪强度

D．在最大剪应力作用面上发生剪切破坏

5．当施工进度快、地基土的透水性低且排水条件不良时，宜选择（　　）试验。

A．不固结不排水剪　　B．固结不排水剪

C．固结排水剪　　D．慢剪

二、多选题

1．影响土的抗剪强度的因素有（　　）。

A．土粒的矿物成分　　B．土粒形状及颗粒大小

C．土的密度　　D．土的含水率

E．土体结构的扰动情况

2．室内剪切试验常用的仪器有（　　）。

A．十字板剪切仪　　B．直接剪切仪

C．三轴剪切仪　　D．无侧限抗压强度仪

E．静力触探仪

3．三轴剪切试验的优点包括（　　）。

A．能严格控制排水条件　　B．仪器设备简单

C．试验操作简单　　D．破坏面发生在土样的最薄弱处

E．能准确地测定孔隙水压力

4．无侧限抗压强度试验不属于（　　）。

A．不固结不排水剪　　B．固结不排水剪

C．固结排水剪　　D．固结快剪

E．慢剪

5．提高地基极限承载力的途径有（　　）。

A．加大基础宽度　　B．加大基础埋深

C．通过地基处理提高c、φ值　　D．增加地面荷载

E．减小基础宽度

三、简答题

1．黏性土与无黏性土的库仑公式有何不同？

2．三轴剪切试验有哪些优缺点？

3．土体发生剪切破坏要经历哪几个阶段？破坏形式有哪几种？

4．如何根据载荷试验得到的 p-s 曲线确定地基承载力特征值？

5．什么是地基极限承载力？什么是地基承载力特征值？

学习情境4

土压力计算与边坡稳定分析

【教学目标】

1. 掌握土压力及挡土墙分类方法。

2. 掌握朗肯土压力理论和库仑土压力理论的假设，并能计算主动、被动土压力。

3. 掌握重力式挡土墙的设计步骤、构造措施，掌握重力式挡土墙稳定性验算的内容和方法。

4. 了解影响边坡稳定的因素，掌握边坡开挖规定，熟悉边坡的养护与维修。

5. 掌握基坑支护结构的类型和选型。

思维导图

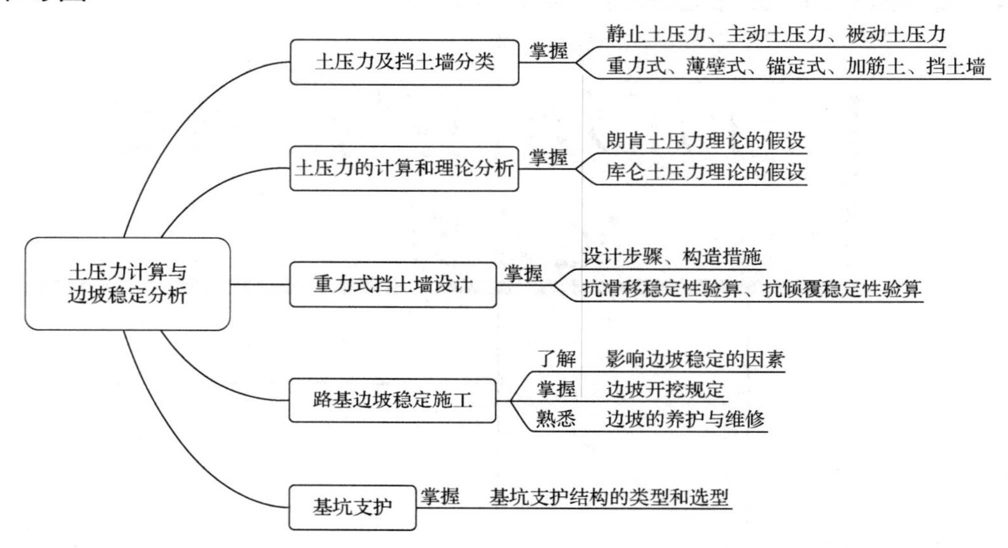

任务 4.1 概 述

任务描述

工作任务	（1）掌握天然边坡、人工边坡、挡土墙、土压力的基本概念。 （2）了解挡土墙的应用
工作手段	《建筑地基基础设计规范》（GB 50007—2011）
提交成果	每位学生独立完成本学习情境的实训练习里的相关内容

相关知识

4.1.1 边坡、挡土墙、土压力的基本概念

1．天然边坡和人工边坡

边坡按其成因可分为天然边坡和人工边坡。天然边坡是指由于地质作用而自然形成的边坡，如山区的天然山坡、江河的岸坡。人工边坡是指人们在修建各种工程时，在天然土体中开挖或填筑而成的边坡。

2．挡土墙

挡土墙是一种用于支挡天然或人工边坡以保持其稳定、防止坍塌的结构物，在土木、水利、交通等工程中得到广泛的应用。图 4.1 所示为几种典型的挡土墙应用类型。从图中可以看出，无论哪种形式的挡土墙，都要承受来自墙后土体的侧向压力——土压力。土压力是挡土墙的主要外荷载，土压力的性质、大小、方向和作用点的确定，是设计挡土墙断面及验算其稳定性的主要依据。

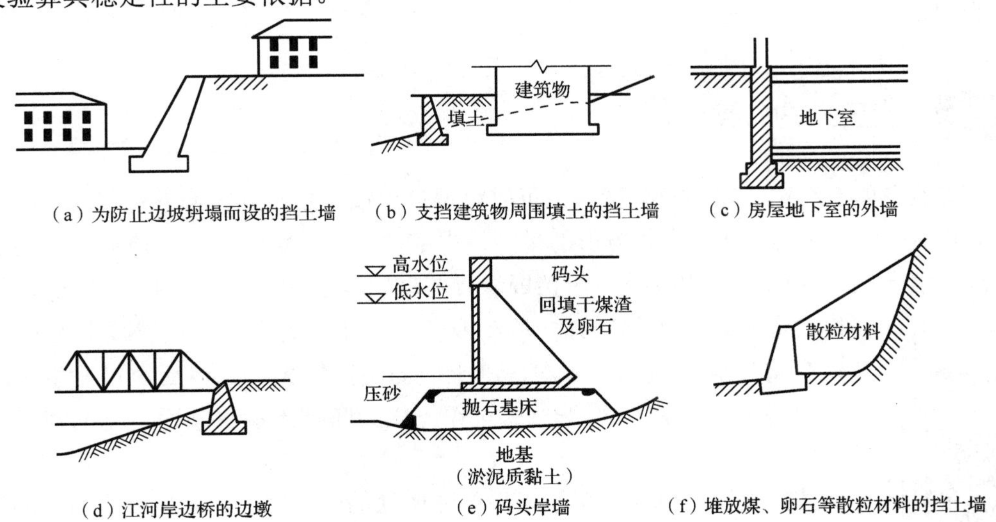

图 4.1 几种典型的挡土墙应用类型

3．土压力

土压力是指挡土墙（支挡结构）后的填土因自重或外荷载作用对墙背产生的侧向压力。

4.1.2 挡土墙的应用

挡土墙在工业与民用建筑、水利水电工程、铁道、公路、桥梁、港口及航道等各类工程中被广泛地应用。例如，在山区和丘陵地区的边坡上修筑房屋时，为防止边坡坍塌而设的挡土墙，如图 4.1（a）所示；支挡建筑物周围填土的挡土墙，如图 4.1（b）所示；房屋地下室的外墙，如图 4.1（c）所示；江河岸边桥的边墩，如图 4.1（d）所示；码头岸墙，如图 4.1（e）所示；堆放煤、卵石等散粒材料的挡土墙，如图 4.1（f）所示；等等。

任务 4.2　土压力及挡土墙分类

任务描述

工作任务	（1）掌握土压力的分类及其受力形式。 （2）掌握挡土墙的种类及其应用
工作手段	《建筑地基基础设计规范》（GB 50007—2011）
提交成果	（1）每位学生独立完成本学习情境的实训练习里的相关内容。 （2）将教学班级划分为若干学习小组，每个小组对校园内的挡土墙进行统计并提交报告，报告里要描述挡土墙的种类（分别按墙身材料、结构形式、设置位置进行识别）、断面尺寸等基本情况，并附有照片

相关知识

4.2.1 土压力的分类

在实验室里通过挡土墙的模型试验，可以测得挡土墙产生不同方向的位移时，将产生三种不同性质的土压力。在一个长方形的模型槽中部插上一块刚性挡板，在板的一侧安装压力盒，填上土，板的另一侧临空。在挡板静止不动时，测得板上的土压力为 E_0。如将挡板向离开填土的临空方向移动或转动，测得的土压力数值减小为 E_a。反之，若将挡板推向填土方向，则土压力逐渐增大，当板后土体发生滑动时土压力达最大值 E_p。根据试验可得土压力随挡土墙移动而变化的情况，如图 4.2 所示。

土压力的分类

按挡土墙的位移情况和墙后土体所处的应力状态，可将土压力分为主动土压力、被动土压力和静止土压力。

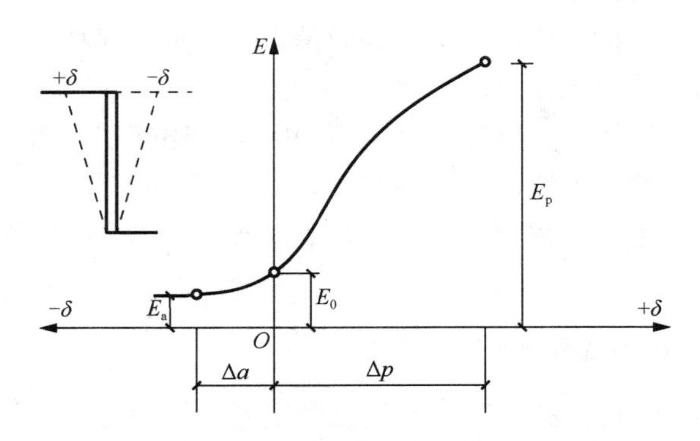

图 4.2 土压力随挡土墙移动而变化的情况

1．主动土压力

当挡土墙在墙后土体的推力作用下向前移动时，随着这种位移的增大，作用在挡土墙上的土压力将从静止土压力逐渐减小。当墙后土体达到主动极限平衡状态时，作用在挡土墙上的土压力称为主动土压力，以 E_a 表示，如图 4.3（a）所示。

2．被动土压力

当挡土墙在外力作用下向后移动推向填土时，填土受墙的挤压使作用在墙背上的土压力增大。当墙后土体达到被动极限平衡状态时，作用在挡土墙上的土压力称为被动土压力，以 E_p 表示，如图 4.3（b）所示。

3．静止土压力

当挡土墙静止不动时，墙后土体处于弹性平衡状态，如图 4.3（c）所示。此时墙后土体作用在墙背上的土压力称为静止土压力，以 E_0 表示。

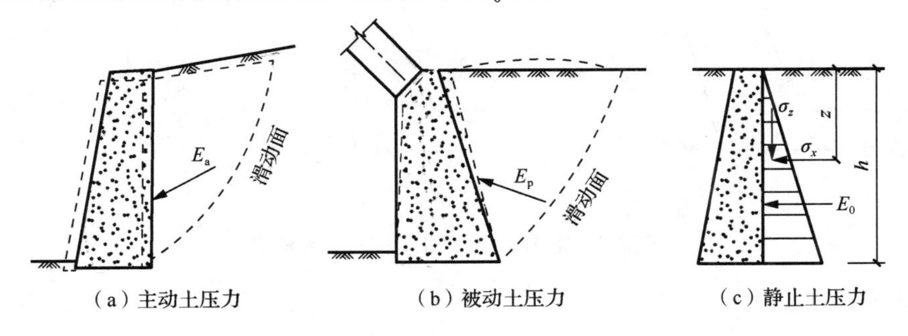

图 4.3 挡土墙上的三种土压力

理论分析与挡土墙的模型试验均证明：对同一挡土墙，在墙后土体的物理力学性质相同的条件下，主动土压力小于静止土压力，而静止土压力小于被动土压力，即 $E_a < E_0 < E_p$。

4.2.2 挡土墙的种类

挡土墙按墙身材料可分为三种类型：砌石挡土墙、钢筋混凝土挡土墙、石笼挡土墙。

挡土墙按结构形式可分为四种类型：重力式挡土墙、薄壁式挡土墙、锚定式挡土墙和加筋土挡土墙。

挡土墙按设置位置可分为五种类型：路堑墙、路堤墙、路肩墙、浸水挡土墙、山坡挡土墙。

下面重点介绍一下重力式、薄壁式、锚定式和加筋土这四种结构形式的挡土墙。

1. 重力式挡土墙

这种挡土墙一般由块石、砖、素混凝土砌筑而成，墙身截面较大，依靠自身的重力来维持墙体稳定，如图4.4所示。其结构简单，施工方便，易于就地取材，在工程中应用较广，宜用于高度小于8m、地层稳定、开挖土石方时不会危及相邻建筑物安全的地段。

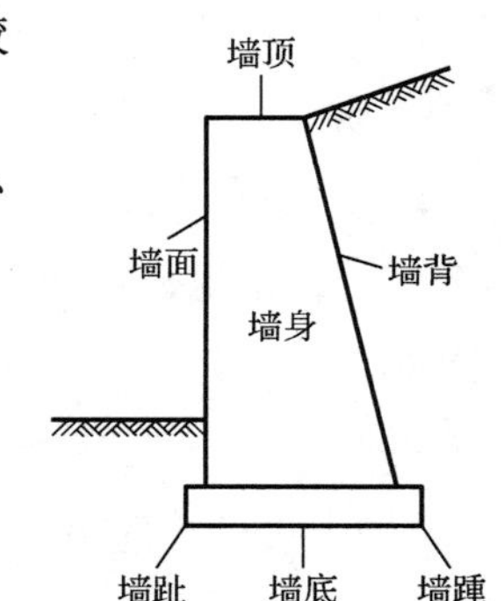

图4.4　重力式挡土墙

重力式挡土墙有以下几个组成部分。

（1）墙背：靠回填土或山体的一侧面。

（2）墙面：靠临空外露的一侧面，也称墙胸。

（3）墙顶：墙的顶面部分。

（4）墙底：墙的底面部分，也称基底。

（5）墙趾：墙面与墙底的交线。

（6）墙踵：墙背与墙底的交线。

根据墙背的倾斜方向，重力式挡土墙可分为仰斜、直立和俯斜三种，如图4.5所示。

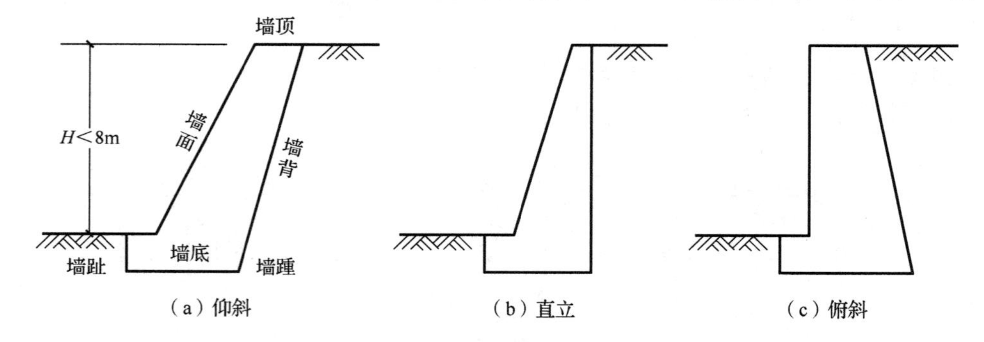

图4.5　重力式挡土墙墙背的三种形态

2. 薄壁式挡土墙

薄壁式挡土墙是指用钢筋混凝土做成的悬臂式或加设中间支撑的扶壁式整体的轻型挡土墙。

1）悬臂式挡土墙

悬臂式挡土墙一般用钢筋混凝土建造，它由三个悬臂板组成，即立臂、墙趾板和墙踵板，如图4.6所示。墙的稳定主要靠墙踵板上的土重维持，墙体内的拉应力则由钢筋承受。其墙身截面尺寸较小，墙高$H\leqslant 6$m时采用，适用于重要工程、地基土质差、当地缺少石料等情况。

2）扶壁式挡土墙

当墙较高时，为了增强悬臂式挡土墙立臂的抗弯性能，常沿墙的纵向每隔一定距离设一道扶壁，将墙面板与墙踵板连接起来，故称扶壁式挡土墙，如图 4.7 所示。墙的稳定主要靠扶壁间土重维持，墙高 H<10m 时可采用。

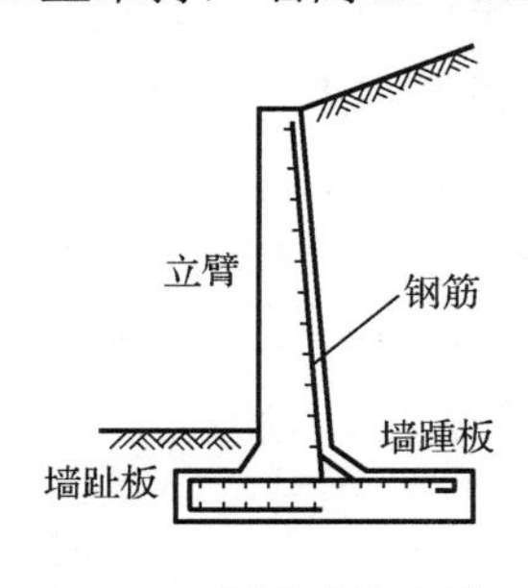

图 4.6　悬臂式挡土墙

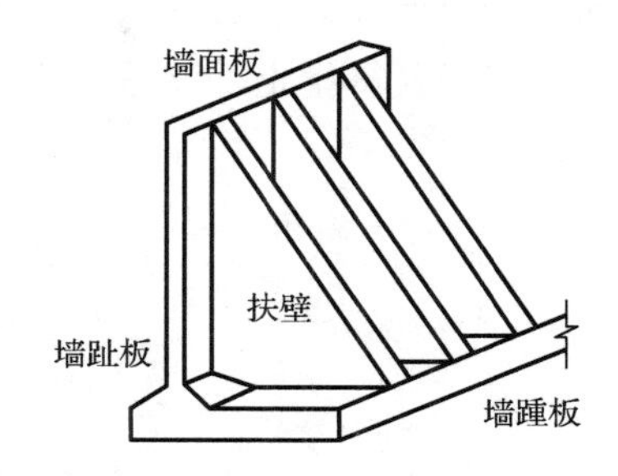

图 4.7　扶壁式挡土墙

3．锚定式挡土墙

锚定式挡土墙又分为锚定板式挡土墙和锚杆式挡土墙两种。

1）锚定板式挡土墙

锚定板式挡土墙一般由预制的钢筋混凝土墙面、钢拉杆和埋在填土中的锚定板组成，如图 4.8 所示，依靠填土与结构的相互作用力而维持自身稳定。其结构轻、柔性大、工程量小、造价低、便于施工。该挡土墙主要用于填土中的挡土结构，如路肩墙或路堤墙，也常用于基坑支护结构。锚定板式挡土墙又可分为柱板式挡土墙和壁板式挡土墙。柱板式挡土墙的墙面板由肋柱与挡土板拼装而成，如图 4.9 所示；壁板式挡土墙的墙面板可采用矩形或十字形板拼装而成，墙面板直接用拉杆与锚定板连接，如图 4.10 所示。

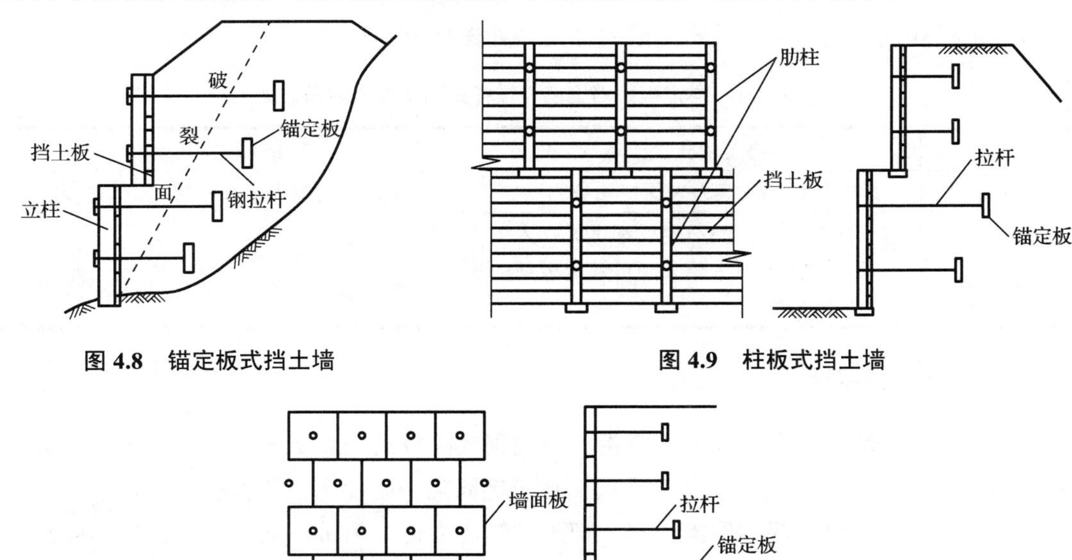

图 4.8　锚定板式挡土墙

图 4.9　柱板式挡土墙

图 4.10　壁板式挡土墙

2）锚杆式挡土墙

锚杆式挡土墙是由预制的钢筋混凝土立柱及挡土板构成的墙面，与锚固于边坡深处的稳定基岩或土层中的锚杆共同组成的挡土墙，如图 4.11 所示。锚杆的一端与立柱连接，另一端被锚固在边坡深处的岩层或土层中，墙后侧压力由挡土板传给立柱，由锚杆与岩体之间的锚固力使墙获得稳定。其适用于墙高较大、石料缺乏或挖基困难地区，一般多用于路堑墙。

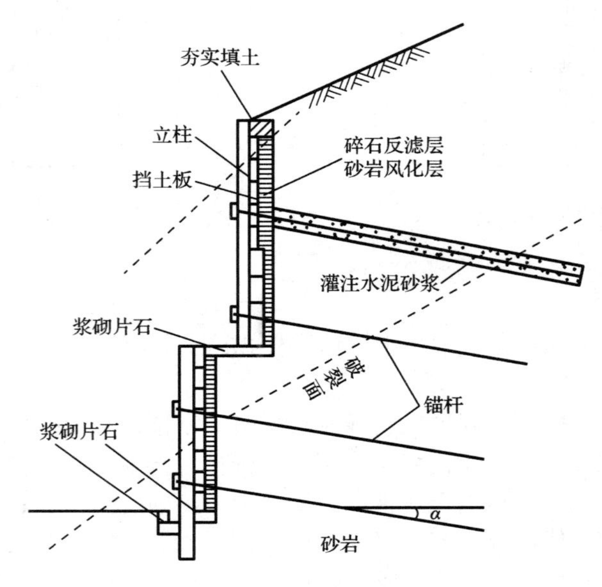

图 4.11　锚杆式挡土墙

锚定板式挡土墙与锚杆式挡土墙的异同之处详见表 4-1。

表 4-1　锚定板式挡土墙与锚杆式挡土墙的异同之处

挡土墙	锚定板式挡土墙	锚杆式挡土墙
相同点	依靠钢拉杆的抗拔力来保持墙身的稳定	依靠锚杆的抗拔力来保持墙身的稳定
不同点	钢拉杆及其端部的锚定板都埋设在人工填土当中，抗拔力主要来源于锚定板前的填土的被动抗力	锚杆插入稳定地层的钻孔中，抗拔力来源于灌浆锚杆与孔壁地层之间的黏结强度

4．加筋土挡土墙

加筋土挡土墙是利用由填土、筋带和镶面砌块组成的加筋土来承受土体侧压力的挡土墙，如图 4.12 所示。在垂直墙面的方向，按一定间隔和高度水平放置拉筋材料，然后填土压实，通过填土与筋带间的摩擦作用，把土的侧压力传给筋带，从而稳定土体。加筋土挡土墙属于柔性结构，对地基变形适应性大，建筑高度大，适用于填土路基。

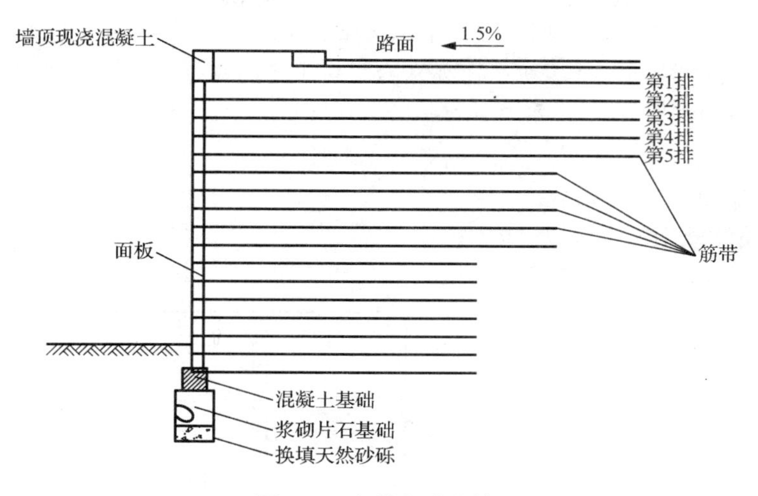

图 4.12　加筋土挡土墙

工程师寄语

各种支挡结构都有其受力特点和适用性，同学们要学会根据不同的建设场地环境、工程地质条件、水文地质条件、建筑材料及设备供应等影响因素，合理选择支挡结构的类型，做到因地制宜、就地取材、合理规划、精心布局。

任务 4.3　土压力的计算和理论分析

任务描述

工作任务	（1）掌握静止土压力的计算。 （2）掌握朗肯土压力理论的假设和公式，并能进行主动土压力和被动土压力的计算。 （3）掌握库仑土压力理论的假设和公式
工作手段	《建筑地基基础设计规范》（GB 50007—2011）
提交成果	每位学生独立完成本学习情境的实训练习里的相关内容

相关知识

4.3.1　静止土压力的计算

当挡土墙静止不动，墙背面填土处于弹性平衡状态，即挡土墙完全没有侧向位移、偏转和自身弯曲变形时，作用在其上的土压力即为静止土压力，岩石地基上的重力式挡土墙、地下室外墙、地下水池侧壁、涵洞侧壁及其他不产生位移的挡土构筑物均可按静止土压力计算。静止土压力可按以下所述方法计算。

当墙背面填土面水平时，填土面以下深度 z 处某点竖直方向的应力等于该点土的自重应力，即 $\sigma_z = \gamma z$，如图 4.13 所示。该点处的静止土压力强度 σ_0 与竖向应力 σ_z 成正比，则该点的静止土压力强度 σ_0 可按下式计算。

$$\sigma_0 = K_0\sigma_z = K_0\gamma z \tag{4-1}$$

式中：K_0——静止土压力系数；

γ——墙背填土的重度，kN/m³；

z——墙背填土面下任意深度，m。

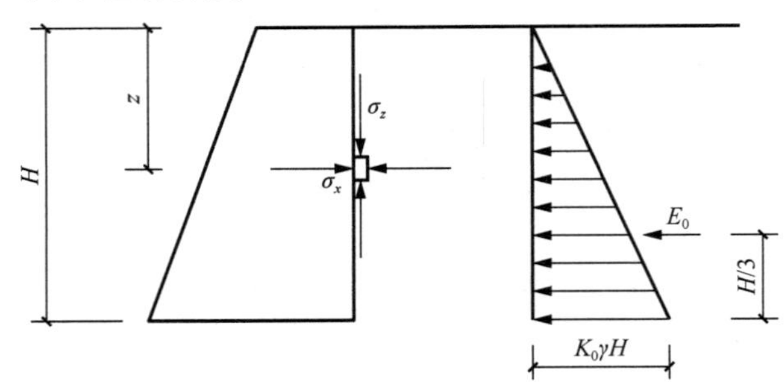

图 4.13　静止土压力分布图

土的静止土压力系数 K_0 可以在室内用三轴剪切仪测定，在原位可用自钻式旁压仪测试得到，也可以采用下列方法确定。

（1）经验值。静止土压力系数 K_0 的取值可参考表 4-2。

表 4-2　静止土压力系数 K_0

土的种类和状态		K_0
碎石土		0.18～0.33
砂土		0.33～0.43
粉土		0.43
粉质黏土	坚硬状态	0.33
	可塑状态	0.43
	软塑及流塑状态	0.53
黏土	坚硬状态	0.33
	可塑状态	0.53
	软塑及流塑状态	0.72

（2）在缺乏试验资料时可按下面经验公式估算。

$$K_0 = 1 - \sin\varphi' \tag{4-2}$$

式中：φ'——土的有效内摩擦角，（°）。

由式（4-1）可知，静止土压力强度沿墙高呈三角形分布，如图 4.13 所示。如果取每延米墙长，则作用在墙上的静止土压力合力为

$$E_0 = \frac{1}{2}\gamma H^2 K_0 \tag{4-3}$$

式中：E_0——每延米挡土墙上的静止土压力合力，kN/m；

H——挡土墙的高度，m。

其余符号意义同式（4-1）。

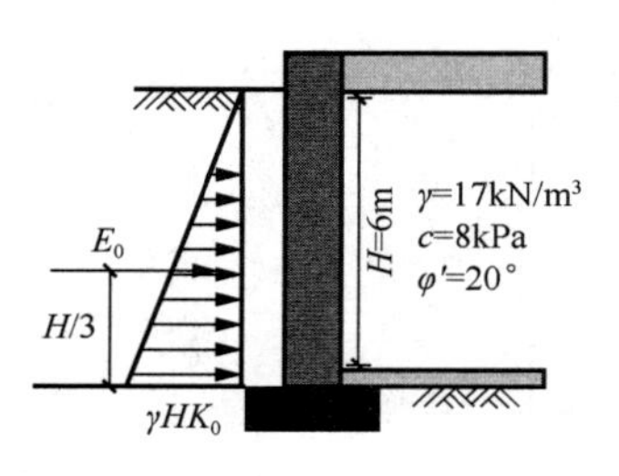

图 4.14　例 4.1 图

静止土压力合力 E_0 的作用点在距墙底 $H/3$ 处，即三角形的形心处，如图 4.13 所示。

【例 4.1】 有一挡土墙，高 6m，如图 4.14 所示，求静止土压力系数及土压力大小。

解：（1）计算静止土压力系数 K_0。

$$K_0 = 1-\sin\varphi' = 1-\sin 20° \approx 0.658$$

（2）计算土压力合力 E_0。

$$E_0 = \frac{1}{2}\gamma H^2 K_0 = \frac{1}{2}\times 17\times 6^2\times 0.658 \approx 201.35 \text{（kN/m）}$$

4.3.2　朗肯土压力理论

英国科学家朗肯于 1857 年研究了半无限空间土体在自重作用下，处于极限平衡状态的应力条件，推导出土压力计算公式，即著名的朗肯土压力理论。

朗肯土压力理论假设条件如下。

（1）墙背竖直、光滑。

（2）墙后填土面水平。

（3）水平面及竖直面上均无剪应力。

（4）土体内各点处于极限平衡状态。

当挡土墙发生离开土体或趋向土体的位移并发展到一定程度时，土体将达到极限平衡状态。根据土的强度理论，土体某点达到极限平衡状态时，最大、最小主应力 σ_1 和 σ_3 应满足以下关系式。

黏性土：

$$\sigma_1 = \sigma_3 \tan^2\left(45° + \frac{\varphi}{2}\right) + 2c\tan\left(45° + \frac{\varphi}{2}\right) \tag{4-4}$$

$$\sigma_3 = \sigma_1 \tan^2\left(45° - \frac{\varphi}{2}\right) - 2c\tan\left(45° - \frac{\varphi}{2}\right) \tag{4-5}$$

无黏性土：

$$\sigma_1 = \sigma_3 \tan^2\left(45° + \frac{\varphi}{2}\right) \tag{4-6}$$

$$\sigma_3 = \sigma_1 \tan^2\left(45° - \frac{\varphi}{2}\right) \tag{4-7}$$

1. 主动土压力的计算

挡土墙发生离开土体的位移时，墙后填土逐渐变松，相当于土体侧向伸长而使侧向应力 σ_x 逐渐减少。当土体达到极限平衡条件时，σ_x 为最小值，此时 $\sigma_x = \sigma_3$ 为最小主应力，$\sigma_z = \sigma_1$ 为最大主应力。

墙后填土任意深度 z 处的竖向应力 $\sigma_z = \gamma z$，侧向应力 $\sigma_x = \sigma_a$，即为主动土压力强度 σ_a，如图 4.15（a）所示。

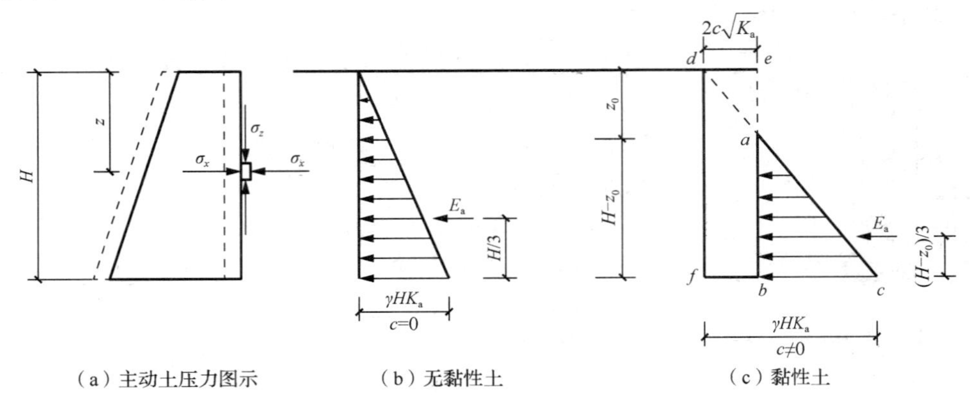

图 4.15　朗肯主动土压力分布图

由式（4-5）、式（4-7）得以下关系式。

黏性土：
$$\sigma_a = \gamma z\tan^2\left(45° - \frac{\varphi}{2}\right) - 2c\tan\left(45° - \frac{\varphi}{2}\right) \tag{4-8}$$

无黏性土：
$$\sigma_a = \gamma z\tan^2\left(45° - \frac{\varphi}{2}\right) \tag{4-9}$$

令 $K_a = \tan^2\left(45° - \frac{\varphi}{2}\right)$，则式（4-8）、式（4-9）变为以下形式。

黏性土：
$$\sigma_a = \gamma zK_a - 2c\sqrt{K_a} \tag{4-10}$$

无黏性土：
$$\sigma_a = \gamma zK_a \tag{4-11}$$

式中：σ_a——主动土压力强度，kPa；

K_a——主动土压力系数。

黏性土主动土压力强度包括两部分：一部分是由土的自重引起的正的土压力强度 γzK_a，另一部分是由土体黏聚力引起的负的土压力强度。这两部分土压力强度叠加的结果如图 4.15（c）所示，图中△*ade* 部分为负的土压力强度。由于墙背光滑，土对墙背产生的拉力将使土脱离墙体，故在计算土压力强度时，该部分应略去不计，因此黏性土的主动土压力强度分布实际上仅是△*abc* 部分。*a* 点离填土面的深度 z_0 称为临界深度，在填土面无荷载的条件下，可令式（4-10）中的 σ_a 为零来计算 z_0，即 $\gamma zK_a - 2c\sqrt{K_a} = 0$，故临界深度为

$$z_0 = \frac{2c}{\gamma\sqrt{K_a}} \tag{4-12}$$

如图 4.15（b）、（c）所示，若取每延米墙长计算，则主动土压力的合力 E_a 为

黏性土：
$$E_a = \varphi_a\frac{1}{2}(H - z_0)(\gamma HK_a - 2c\sqrt{K_a}) = \varphi_a\left(\frac{1}{2}\gamma H^2K_a - 2cH\sqrt{K_a} + \frac{2c^2}{\gamma}\right) \tag{4-13}$$

合力作用点在离墙底 $(H - z_0)/3$ 处。

无黏性土：
$$E_a = \varphi_a \frac{1}{2}\gamma H^2 K_a \tag{4-14}$$

合力作用点在离墙底 $H/3$ 处。

式中，φ_a 为主动土压力增大系数，按《建筑地基基础设计规范》（GB 50007—2011）规定，土坡高度小于 5m 时，取 1.0；土坡高度为 5～8m 时，取 1.1；土坡高度大于 8m 时，取 1.2；按《建筑基坑支护技术规程》（JGJ 120—2012）、《建筑边坡工程技术规范》（GB 50330—2013）规定，其统一取为 1.0。

2．被动土压力的计算

当挡土墙发生趋向墙后土体的位移并发展到一定程度时，墙后一定范围内填土达到被动极限平衡状态，此时土体对墙的土压力称为被动土压力。分析墙后任意深度处的微单元体时，被动土压力与主动土压力受力相反，侧向应力相当于最大主应力 σ_1，即被动土压力强度 $\sigma_p = \sigma_x = \sigma_1$，而竖向应力相当于最小主应力 σ_3，即 $\sigma_z = \sigma_3$，如图 4.16（a）所示。

由式（4-4）、式（4-6）得以下关系式。

黏性土：
$$\sigma_p = \gamma z \tan^2\left(45^\circ + \frac{\varphi}{2}\right) + 2c\tan\left(45^\circ + \frac{\varphi}{2}\right) \tag{4-15}$$

无黏性土：
$$\sigma_p = \gamma z \tan^2\left(45^\circ + \frac{\varphi}{2}\right) \tag{4-16}$$

令 $K_p = \tan^2\left(45^\circ + \frac{\varphi}{2}\right)$，则式（4-15）、式（4-16）变为以下形式。

黏性土：
$$\sigma_p = \gamma z K_p + 2c\sqrt{K_p} \tag{4-17}$$

无黏性土：
$$\sigma_p = \gamma z K_p \tag{4-18}$$

式中：σ_p——被动土压力强度，kPa；

K_p——被动土压力系数。

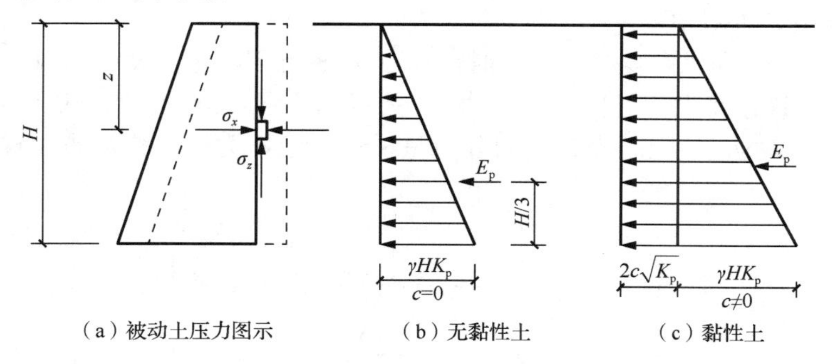

图 4.16　朗肯被动土压力分布图

如图 4.16（b）、（c）所示，若取每延米墙长计算，则被动土压力的合力 E_p 为

黏性土：
$$E_p = \frac{1}{2}\gamma H^2 K_p + 2cH\sqrt{K_p} \tag{4-19}$$

合力作用点在梯形的形心处，方向垂直于墙背。

无黏性土：
$$E_p = \frac{1}{2}\gamma H^2 K_p \tag{4-20}$$

合力作用点在离墙底 $H/3$ 处，方向垂直于墙背。

【例 4.2】有一挡土墙高 5m，墙背竖直、光滑，墙后填土面水平，填土为黏性土，黏聚力 c=10kPa，重度γ=17.2kN/m^3，内摩擦角φ=20°，试求主动土压力，并绘出主动土压力的分布图。

解：（1）求主动土压力系数。

$$K_a=\tan^2\left(45°-\frac{\varphi}{2}\right)=\tan^2\left(45°-\frac{20°}{2}\right)\approx 0.49$$

（2）当 z=5m 时，$\sigma_a=\gamma zK_a-2c\sqrt{K_a}=17.2\times5\times0.49-2\times10\times\sqrt{0.49}=28.14$（kPa）

（3）当 $z=z_0=\dfrac{2c}{\gamma\sqrt{K_a}}=\dfrac{2\times10}{17.2\times\sqrt{0.49}}\approx1.66$（m）时，$\sigma_a\approx0$

（4）$E_a=\varphi_a\dfrac{1}{2}(H-z_0)(\gamma HK_a-2c\sqrt{K_a})=1.1\times\dfrac{1}{2}\times(5-1.66)\times28.14\approx51.69$（kN/m）

主动土压力 E_a 的方向垂直于墙背，作用点在距墙底 $(H-z_0)/3=(5-1.66)/3\approx1.11$（m）处，主动土压力的分布如图 4.17 所示。

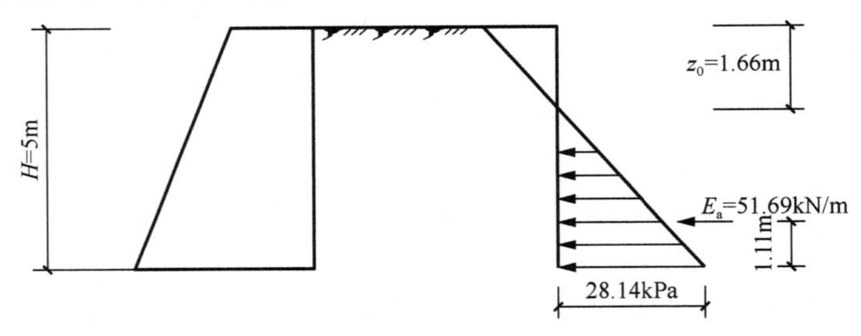

图 4.17　例 4.2 图

3．几种常见情况下的主动土压力计算

1）填土面有均布荷载

当挡土墙后填土面上有均布荷载 q 时，如图 4.18 所示，先假设填土为无黏性土，实际相当于在填土面就存在土的竖向自重应力 q，所以填土面侧向应力为 qK_a，挡土墙 B 处土压力强度为 $(q+\gamma H)K_a$。土压力强度的分布呈梯形，土压力合力作用点在梯形的形心处。

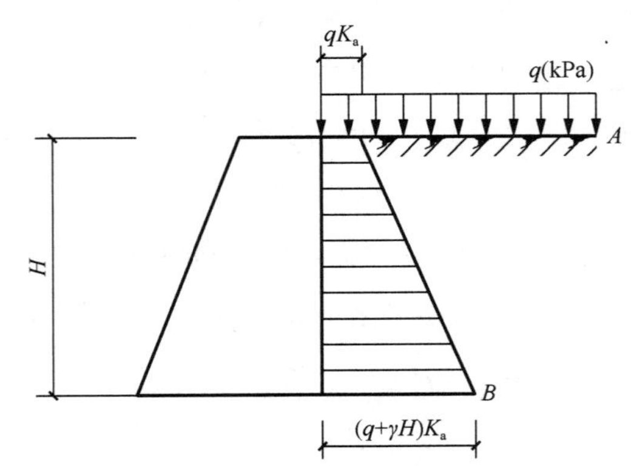

图 4.18　无黏性填土面有均布荷载时的土压力分布图

2）墙后填土分层

仍以无黏性土为研究对象，当墙后填土为不同种类的水平土层时，求出深度 z 的竖向应力，再乘以相应土层的 K_a 即可求出主动土压力，如图 4.19 所示。

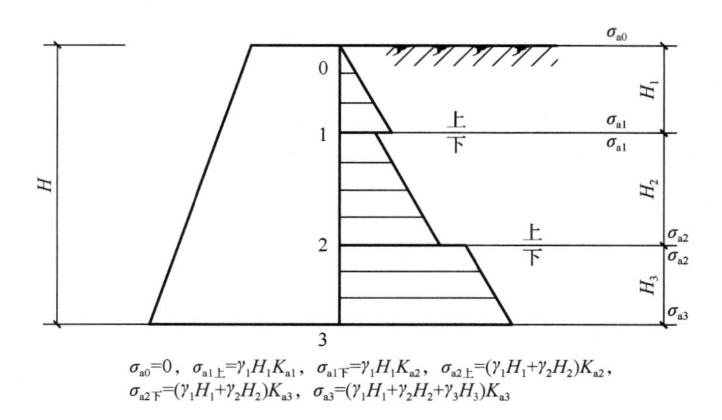

图 4.19 成层无黏性填土的土压力分布图

3）墙后填土有地下水

当墙后填土中出现地下水时，土体抗剪强度降低，墙背所受的总压力由土压力与水压力共同组成。在计算土压力时，假定地下水位以上、以下土体的φ、c 均不变，地下水位以上土取天然重度，地下水位以下土取有效重度。对于墙后填土为砂质粉土、砂土、碎石土等无黏性土，其土压力、水压力的分布如图 4.20 所示，土压力分布为 $abdec$，水压力分布为 cef。墙底土压力强度为$(\gamma H_1+\gamma' H_2)K_a$，墙底水压力强度为$\gamma_w H_2$。

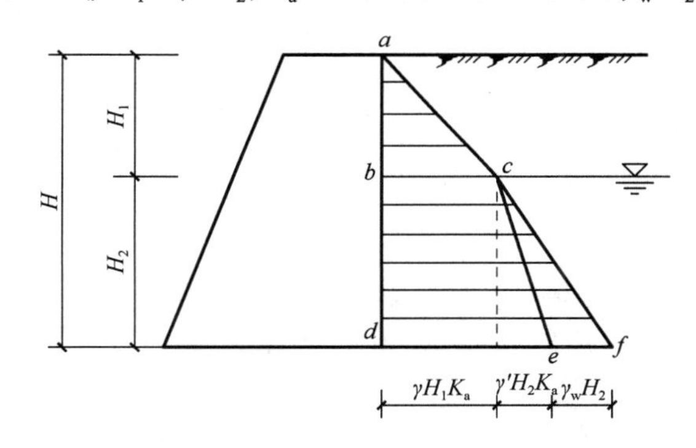

图 4.20 无黏性填土中有地下水的土压力分布图

将上述三种特殊情况推广到黏性土中，结论同样成立，只需将$\sigma_a=\gamma z K_a-2c\sqrt{K_a}$代入计算过程即可。

但是对于第三种情况（墙后填土有地下水），若图 4.20 中的墙后填土为黏性土，国内现行规范一般认为，墙后填土地下水位以下的土压力和水压力宜合算，即地下水位以下土体宜取总容重，假设地下水位以上、以下土体的φ、c 均不变，则图 4.20 中的墙底水土总压力强度为$\gamma H_1 K_a+\gamma_{sat} H_2 K_a-2c\sqrt{K_a}$。

【例 4.3】有一挡土墙高 5m，墙背竖直、光滑，墙后填土面水平，其上作用有均布荷

载 $q=5\text{kPa}$，如图 4.21 所示。填土的内摩擦角 $\varphi=20°$，黏聚力 $c=5\text{kPa}$，重度 $\gamma=18\text{kN/m}^3$，试求主动土压力 E_a，并绘出主动土压力的分布图。

解：(1) 求主动土压力系数。

$$K_a=\tan^2\left(45°-\frac{\varphi}{2}\right)=\tan^2\left(45°-\frac{20°}{2}\right)\approx0.49$$

(2) 由于 $c\neq0$，故先需求出临界深度 z_0。由于

$$\sigma_a=(q+\gamma z_0)K_a-2c\sqrt{K_a}=(5+18\times z_0)\times0.49-2\times5\times\sqrt{0.49}=0$$

得到 $z_0\approx0.516$（m）

(3) 在墙底处：

$$\sigma_a=(q+\gamma z)K_a-2c\sqrt{K_a}=(5+18\times5)\times0.49-2\times5\times\sqrt{0.49}=39.55\text{（kPa）}$$

(4) 主动土压力合力：

$$E_a=\varphi_a\frac{1}{2}(H-z_0)\sigma_a=1.1\times\frac{1}{2}\times(5-0.516)\times39.55\approx97.54\text{（kN/m）}$$

(5) 主动土压力合力作用点距墙底：

$$\frac{1}{3}(H-z_0)=\frac{1}{3}\times(5-0.516)\approx1.495\text{（m）}$$

主动土压力的分布如图 4.21 所示。

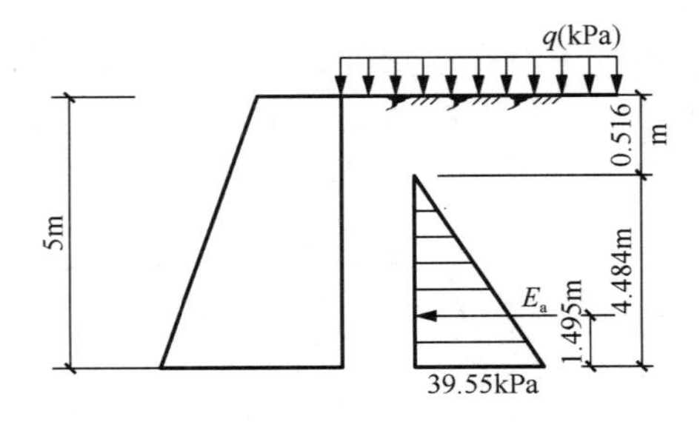

图 4.21 例 4.3 图

【例 4.4】 有一挡土墙高 6m，墙背竖直、光滑，墙后填土面水平，墙后填土共两层。已知条件如图 4.22 所示，试求主动土压力 E_a，并绘出主动土压力的分布图。

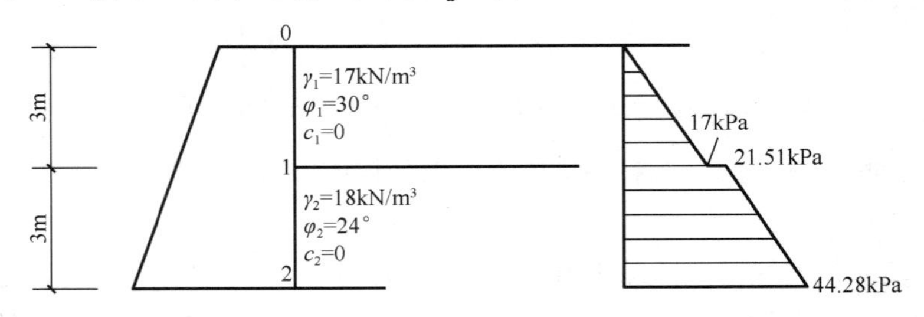

图 4.22 例 4.4 图

解：(1) 计算上层填土的 σ_a。

$$\sigma_{a0}=0$$

$$\sigma_{a1上} = \gamma_1 H_1 K_{a1} = 17\times 3\times \tan^2\left(45^\circ - \frac{30^\circ}{2}\right) \approx 17 \text{（kPa）}$$

（2）计算下层填土的σ_a。

$$\sigma_{a1下} = \gamma_1 H_1 K_{a2} = 17\times 3\times \tan^2\left(45^\circ - \frac{24^\circ}{2}\right) \approx 21.51 \text{（kPa）}$$

$$\sigma_{a2} = (\gamma_1 H_1 + \gamma_2 H_2)K_{a2} = (17\times 3 + 18\times 3)\times \tan^2\left(45^\circ - \frac{24^\circ}{2}\right) \approx 44.28 \text{（kPa）}$$

（3）主动土压力合力：

$$E_a = 1.1\times\left[\frac{1}{2}\times 17\times 3 + \frac{1}{2}\times(21.51+44.28)\times 3\right] = 1.1\times 124.185 \approx 136.60 \text{（kN/m）}$$

（4）主动土压力的分布如图 4.22 所示。主动土压力合力E_a的作用点在主动土压力分布图形的形心处，方向垂直于墙背。

【例 4.5】有一挡土墙高 5m，墙背竖直、光滑，墙后填土面水平，内摩擦角φ=30°，黏聚力c=0，重度γ=18kN/m^3，γ_{sat}=20kN/m^3。已知条件如图 4.23 所示，试求挡土墙的总侧向压力。

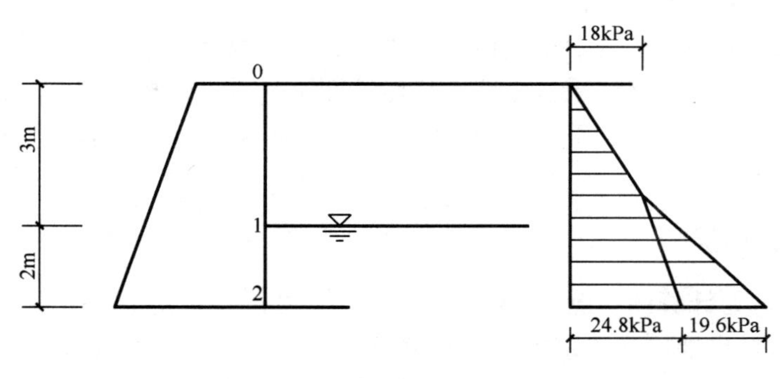

图 4.23 例 4.5 图

解：（1）上层填土在地下水位以上，则

$$\sigma_{a0} = 0$$

$$\sigma_{a1上} = \gamma_1 H_1 K_{a1} = 18\times 3\times \tan^2\left(45^\circ - \frac{30^\circ}{2}\right) \approx 18 \text{（kPa）}$$

（2）下层填土在地下水位以下，则

$$\sigma_{a2} = (\gamma_1 H_1 + \gamma' H_2)K_{a1} = [18\times 3 + (20-9.8)\times 2]\times \tan^2\left(45^\circ - \frac{30^\circ}{2}\right) \approx 24.8 \text{（kPa）}$$

（3）主动土压力合力：

$$E_a = 1.1\times\left[\frac{1}{2}\times 18\times 3 + \frac{1}{2}\times(18+24.8)\times 2\right] = 1.1\times 69.8 = 76.78 \text{（kN/m）}$$

（4）水压力强度：

$$\sigma_{w1} = 0$$

$$\sigma_{w2} = \gamma_w H_2 = 9.8\times 2 = 19.6 \text{（kPa）}$$

（5）水压力合力：

$$p_w = \frac{1}{2} \times 19.6 \times 2 = 19.6 \text{（kN/m）}$$

（6）总侧向压力合力：

$$p = 19.6 + 76.78 = 96.38 \text{（kN/m）}$$

4.3.3 库仑土压力理论

1776 年，法国科学家库仑根据城堡中挡土墙设计的经验，研究在挡土墙背后滑动土楔体上的静力平衡，提出了适用性广泛的库仑土压力理论。库仑土压力理论适用于砂土或碎石土。

库仑土压力理论假设条件如下。

（1）墙体是刚性的。

（2）填土是理想的散粒体（黏聚力 c=0）。

（3）墙背可倾斜、粗糙。

（4）墙后填土面可倾斜。

（5）土楔体处于极限平衡状态。

库仑土压力理论取墙后滑动土楔体进行分析。假设墙后填土是均质的散粒体，当墙发生位移时，墙后的滑动土楔体随挡土墙位移而达到主动或被动极限平衡状态，同时有滑动面产生。滑动面是通过墙踵的平面，根据滑动土楔体的静力平衡条件，可分别求得主动土压力和被动土压力。

1. 库仑主动土压力

库仑主动土压力计算图如图 4.24 所示，墙背与铅直线的夹角为α，填土面与水平面的夹角为β，填土对挡土墙墙背的摩擦角为δ。填土处于主动极限平衡状态时，滑动面与水平面的夹角为θ，取单位长度进行受力分析，作用在滑动土楔体△ABC 上的作用力有以下 3 种。

（1）土楔体△ABC 的自重 G。

（2）在滑动面 AC 下土体的反力 R。

（3）挡土墙对土楔体的反力 E_a 。

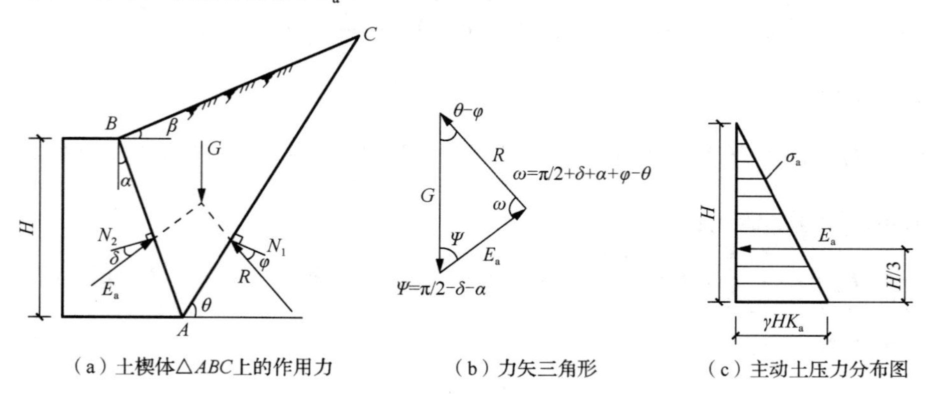

（a）土楔体△ABC上的作用力　（b）力矢三角形　（c）主动土压力分布图

图 4.24　库仑主动土压力计算图

通过对土楔体△ABC的静力平衡条件分析可得：

$$\sigma_a = \gamma H K_a$$

$$E_a = \varphi_a \frac{1}{2}\gamma H^2 K_a$$

$$K_a = \frac{\cos^2(\varphi-\alpha)}{\cos^2\alpha\cos(\delta+\alpha)\left[1+\sqrt{\frac{\sin(\delta+\varphi)\sin(\varphi-\beta)}{\cos(\delta+\alpha)\cos(\alpha-\beta)}}\right]^2} \tag{4-21}$$

式中：K_a——库仑主动土压力系数，是β、δ、α、φ的函数；

H——挡土墙的高度，m；

γ——墙背填土的重度，kN/m^3；

φ——墙背填土的内摩擦角，(°)；

α——墙背与铅直线的夹角，(°)，俯斜时取正号，仰斜时取负号；

β——填土面与水平面的夹角，(°)；

δ——填土对挡土墙墙背的摩擦角，(°)，可查表 4-3 确定；

φ_a——主动土压力增大系数。

表 4-3 填土对挡土墙墙背的摩擦角

挡土墙情况	摩擦角 δ / (°)
墙背平滑，排水不良	(0～0.33) φ
墙背粗糙，排水良好	(0.33～0.50) φ
墙背很粗糙，排水良好	(0.50～0.67) φ
墙背与填土间不可能滑动	(0.67～1.00) φ

当墙背竖直、光滑，填土面水平时，库仑主动土压力的一般表达式为

$$E_a = \varphi_a \frac{1}{2}\gamma H^2 \tan^2\left(45° - \frac{\varphi}{2}\right)$$

此时，$K_a = \tan^2\left(45° - \frac{\varphi}{2}\right)$，可见在此条件下库仑土压力理论公式和朗肯土压力理论公式相同。

主动土压力沿墙高为三角形分布，合力作用点在距墙底 $H/3$ 处，作用线在墙背法线的上方，与法线夹角为δ。

2．库仑被动土压力

库仑被动土压力计算图如图 4.25 所示，当挡土墙在外力作用下挤压土体，土楔体△ABC沿滑动面向上滑动而处于被动极限平衡状态时，同理可得作用在土楔体上的力矢三角形。此时土楔体上滑，E_p 和 R 均位于法线的上侧，按与主动土压力相同的方法可求得被动土压

力公式，即

$$\sigma_p = \gamma H K_p$$

$$E_p = \frac{1}{2}\gamma H^2 K_p$$

$$K_p = \frac{\cos^2(\varphi+\alpha)}{\cos^2\alpha\cos(\alpha-\delta)\left[1-\sqrt{\frac{\sin(\delta+\varphi)\sin(\varphi+\beta)}{\cos(\alpha-\delta)\cos(\alpha-\beta)}}\right]^2} \tag{4-22}$$

式中：K_p——库仑被动土压力系数。

其他符号意义同式（4-21）。

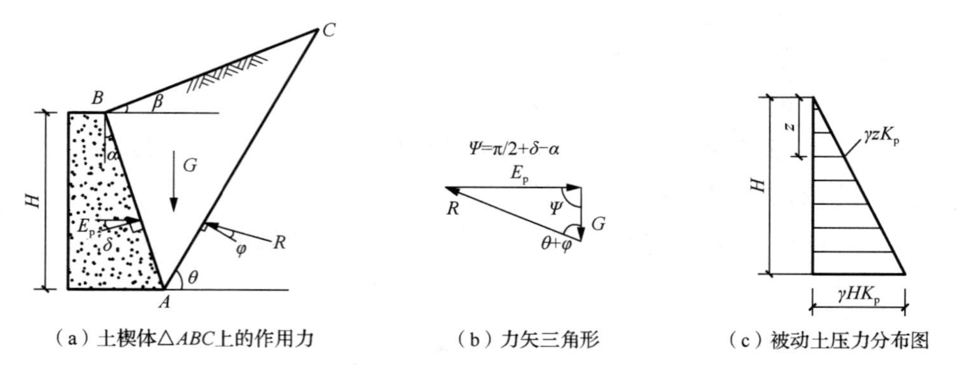

（a）土楔体△ABC上的作用力　（b）力矢三角形　（c）被动土压力分布图

图 4.25　库仑被动土压力计算图

当墙背竖直、光滑，填土面水平时，库仑被动土压力的一般表达式为

$$E_p = \frac{1}{2}\gamma H^2 \tan^2\left(45^\circ + \frac{\varphi}{2}\right)$$

此时，$K_p = \tan^2\left(45^\circ + \frac{\varphi}{2}\right)$，可见在此条件下库仑土压力理论公式和朗肯土压力理论公式相同。

被动土压力沿墙高为三角形分布，合力作用点在距墙底 $H/3$ 处，作用线在墙背法线的下方，与法线夹角为δ。

3．朗肯、库仑土压力理论的工程应用

《建筑边坡工程技术规范》（GB 50330—2013）的规定具有代表性，主动土压力可用库仑公式，被动土压力采用朗肯公式。具体的理由为，库仑土压力理论由于基本假设比较符合实际，故其计算的主动土压力比较接近实际，但计算被动土压力时，由于其假设滑动面为直线，与实际滑动面为对数螺旋线相差大，因此计算的被动土压力与实际结果差 2～3 倍；朗肯土压力理论假设墙背光滑且竖直，计算的主动土压力数值会偏大，但计算的被动土压力却偏小。

任务 4.4　重力式挡土墙设计

任务描述

工作任务	（1）掌握重力式挡土墙的设计步骤和构造措施。 （2）掌握重力式挡土墙稳定性验算公式的计算
工作手段	《建筑地基基础设计规范》（GB 50007—2011）
提交成果	每位学生独立完成本学习情境的实训练习里的相关内容

相关知识

挡土墙的类型很多，设计时应根据当地的地形地质条件及挡土墙的重要性，考虑经济、安全和美观等，合理选择类型，优化截面尺寸。重力式挡土墙属刚性结构，是用来保持天然边坡或人工边坡稳定的构筑物。它广泛用于支挡路堤或路堑边坡、隧道洞口、桥梁两端及河流岸壁等。下面重点介绍重力式挡土墙的设计。

4.4.1 挡土墙的一般设计要求

1．挡土墙的设计步骤

（1）根据地形和地质条件确定挡土墙的类型。

（2）根据工程经验拟定初步尺寸。

（3）进行各种验算，若验算不满足要求，应采取各种可能的措施，直至满足要求为止。验算包括抗滑移稳定性验算、抗倾覆稳定性验算、基底压力验算、墙身截面强度验算等。

拟采取的各种可能的措施如下。

① 修改挡土墙断面尺寸，增加自重以增大抗滑力。

② 在挡土墙基底铺砂或碎石垫层，提高摩擦系数，增大抗滑力。

③ 加大墙底面逆坡，增大抗滑力。

④ 增大墙背倾角或做卸荷平台，以减小土对墙背的土压力，减小滑动力。

2．挡土墙的构造措施

（1）挡土墙中主动土压力以墙背俯斜为最大，仰斜为最小，直立居中。墙背的倾斜形式还应根据使用要求、地形和施工等条件综合考虑确定。一般挖坡建墙宜用仰斜，其土压力小，且墙背可与边坡紧密贴合；填方地区可用直立和俯斜，便于施工使填土夯实。墙背仰斜时其坡度不宜缓于 1∶0.25，且墙面应尽量与墙背平行。

（2）重力式挡土墙适用于高度小于 8m、地层稳定且土质较好、开挖土石方时不会危及相邻建筑物安全的地段。

（3）重力式挡土墙可在基底设置逆坡；对于土质地基，基底逆坡坡度不宜大于 1∶10；对于岩质地基，基底逆坡坡度不宜大于 1∶5。

（4）一般重力式挡土墙的墙顶宽约为墙高的 1/12 或大于 0.5m，底宽为墙高的 1/2～7/10。

（5）重力式挡土墙的基础埋深，应根据地基承载力、水流冲刷、岩石裂隙发育及风化程度等因素进行确定。在特强冻胀、强冻胀地区，应考虑冻胀的影响。在土质地基中，基础埋深不宜小于 0.5m。

（6）挡土墙的排水措施至关重要，大量的事实证明，挡土墙破坏的根本原因是排水不畅引发的倒塌。地下水压力对挡土墙是一种较大的推力，在一般条件下，没有必要利用挡土墙来抵挡地下水压力，最简单的办法是在挡土墙后填土面上设置截水沟或在墙内设置泄水孔以排出地表水、地下水，消除水压力。设置泄水孔的做法是在挡土墙墙面上按纵横两个方向，每间隔 2～3m 设置一个泄水孔，泄水孔直径一般为 5～10cm。在排水过程中为了防止墙背填土的土颗粒流失和堵塞泄水孔，可在墙后泄水孔所在位置设置易渗的粗粒材料作反滤层，并在泄水孔入口下方铺设黏土夯实层，防止积水渗入地基影响墙的稳定性。墙前最好做散水、排水沟或黏土夯实层，避免墙前水渗入地基，如图 4.26 所示。

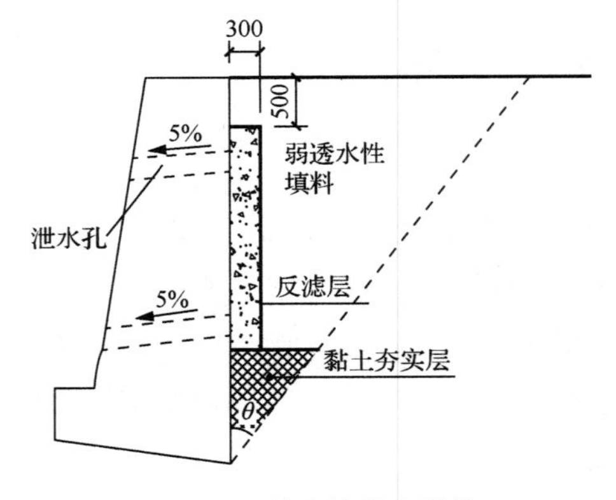

图 4.26　挡土墙排水措施

（7）墙应每间隔 10～20m 设置一道伸缩缝。当地基有变化时宜加设沉降缝，在拐角处应适当采取加强措施。

（8）墙后回填土的选择原则应该是减小作用在挡土墙上的土压力值、减小挡土墙断面尺寸和节省土方量。具体如下。

① 理想的回填土为卵石、砾石、粗砂、中砂。要求砂砾料洁净、含泥量小。用这类填土可以使挡土墙产生较小的主动土压力。

② 可用的回填土为粉土和粉质黏土，要求含水率接近最优含水率，易压实。

③ 不能用的回填土为软黏土、成块的硬黏土、膨胀土和耕植土，这类土产生的土压力大，在冬季冰冻或吸水膨胀时会产生额外压力，对挡土墙的稳定不利。

4.4.2 挡土墙稳定性验算

1．抗滑移稳定性验算

抗滑移稳定性验算如图 4.27 所示，将土压力 E_a 及墙重力 G 均分解成平行及垂直于基底的两个分力（E_{at}、E_{an} 及 G_t、G_n）。分力（$E_{at}-G_t$）使墙沿基底平面滑移，E_{an} 和 G_n 产生摩擦力抵抗滑移，抗滑移稳定性应按下式验算。

$$\frac{(E_{an}+G_n)\mu}{E_{at}-G_t}\geqslant 1.3 \tag{4-23}$$

$$G_n = G\cos\alpha_0$$

$$G_t = G\sin\alpha_0$$

$$E_{an} = E_a\cos(\alpha-\alpha_0-\delta)$$

$$E_{at} = E_a\sin(\alpha-\alpha_0-\delta)$$

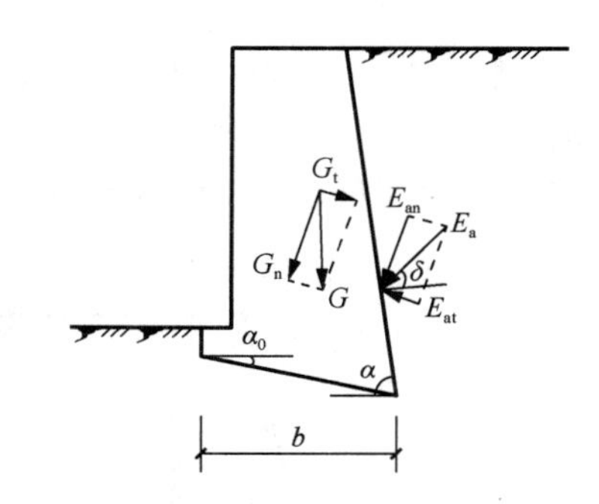

图 4.27 抗滑移稳定性验算示意图

式中：G——挡土墙每延米的自重，kN/m；

α_0——挡土墙基底的倾角，（°）；

α——挡土墙墙背的倾角，（°）；

δ——填土对挡土墙墙背的摩擦角，（°）；

μ——填土对挡土墙基底的摩擦系数，由试验确定，当无试验资料时，按表 4-4 选用。

表 4-4 填土对挡土墙基底的摩擦系数

土的类别		摩擦系数μ
黏性土	可塑	0.25～0.30
	硬塑	0.30～0.35
	坚硬	0.35～0.45
粉土		0.30～0.40
中砂、粗砂、砾砂		0.40～0.50
碎石土		0.40～0.60
软质岩		0.40～0.60
表面粗糙的硬质岩		0.65～0.75

2．抗倾覆稳定性验算

抗倾覆稳定性验算如图 4.28 所示，在土压力作用下墙将绕墙趾 O 点向外转动而失稳。将 E_a 分解成水平及垂直两个分力。水平分力 E_{ax} 使墙发生倾覆；垂直分力 E_{az} 与墙重力 G 共同抵抗倾覆。抗倾覆稳定性应按下式验算。

$$\frac{Gx_0+E_{az}x_f}{E_{ax}z_f}\geqslant 1.6 \tag{4-24}$$

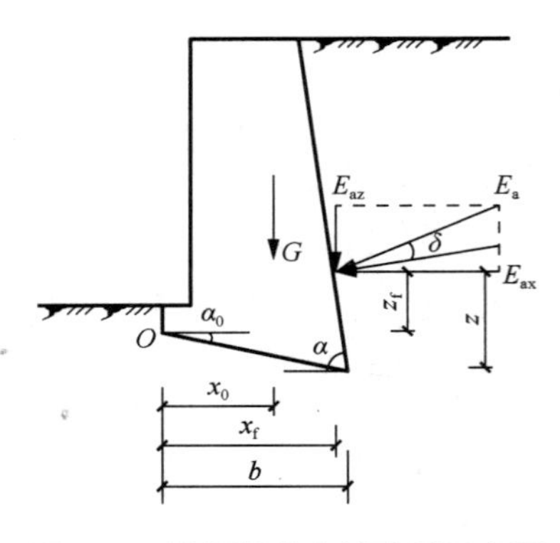

图 4.28 抗倾覆稳定性验算示意图

$$E_{ax}=E_a\sin(\alpha-\delta)$$
$$E_{az}=E_a\cos(\alpha-\delta)$$
$$x_f=b-z\cot\alpha$$
$$z_f=z-b\tan\alpha_0$$

式中：x_0——挡土墙重心离墙趾的水平距离，m；

x_f——土压力作用点离墙趾的水平距离，m；

z——土压力作用点离墙踵的高差，m；

z_f——土压力作用点离墙趾的高差，m；

b——基底的水平投影宽度，m。

其他符号意义同式（4-23）。

【例 4.6】某重力式挡土墙高 5m，墙背竖直、光滑，墙后填土面水平，如图 4.29（a）所示。砌体重度γ=22kN/m^3，填土对挡土墙基底的摩擦系数μ=0.5，作用在墙背上的主动土压力 E_a=51.6kN/m。试验算该挡土墙的抗滑移和抗倾覆稳定性。

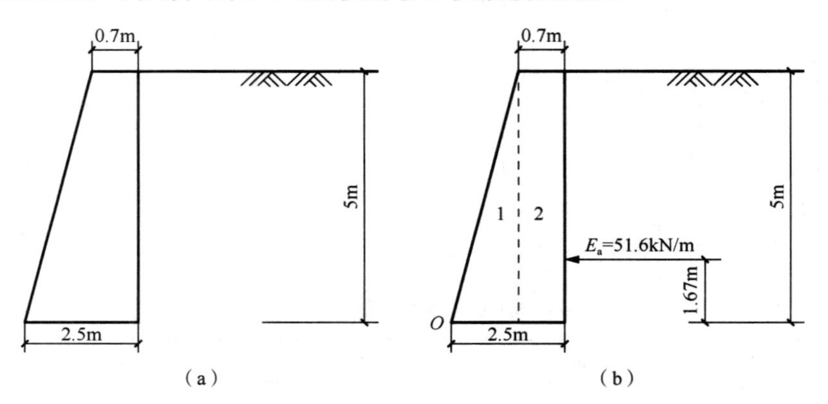

图 4.29 例 4.6 图

解：（1）计算挡土墙的自重和重心距墙趾的距离。

将挡土墙按图 4.29（b）分成一个三角形和一个矩形，则自重为

$$G_1=\frac{1}{2}\times(2.5-0.7)\times5\times22=99\ \text{（kN/m）}$$

$$G_2=0.7\times5\times22=77\ \text{（kN/m）}$$

G_1、G_2 的作用点距墙趾 O 点的距离分别为

$$x_1=\frac{2}{3}\times(2.5-0.7)=1.2\ \text{（m）}$$

$$x_2=\frac{1}{2}\times0.7+1.8=2.15\ \text{（m）}$$

（2）土压力作用点距墙趾 O 点的距离为

$$z_f=\frac{1}{3}H=\frac{1}{3}\times5\approx1.67\ \text{（m）}$$

（3）抗滑移稳定性验算。

$$\frac{(G_1+G_2)\mu}{E_a}=\frac{(99+77)\times0.5}{51.6}\approx1.71>1.3$$

（4）抗倾覆稳定性验算。

$$\frac{G_1x_1+G_2x_2}{E_az_f}=\frac{99\times1.2+77\times2.15}{51.6\times1.67}\approx3.30>1.6$$

根据以上计算结果，该挡土墙满足稳定性要求。

拓展讨论

党的二十大报告指出，加强城市基础设施建设，打造宜居、韧性、智慧城市。基础设施主要包括交通运输、机场、港口、桥梁、水利及城市供排水供气等，而在基础设施的建设过程中，离不开支挡结构的设置。请思考常用的支挡结构会受到哪些荷载作用？如何保证支挡结构的稳定性？

任务4.5 路基边坡稳定施工

任务描述

工作任务	（1）了解影响边坡稳定的因素。 （2）掌握边坡开挖施工的相关规定。 （3）熟悉边坡的养护与维修
工作手段	《建筑地基基础设计规范》（GB 50007—2011）、《建筑地基基础工程施工规范》（GB 51004—2015）
提交成果	（1）每位学生独立完成本学习情境的实训练习里的相关内容。 （2）将教学班级划分为若干学习小组，每个小组进行网上调研，列举出至少一个边坡失稳破坏的实际工程案例

相关知识

4.5.1 影响边坡稳定的因素

边坡包括天然边坡和由于平整场地或开挖基坑而形成的人工边坡。在建筑工程中，挖土、填土常会形成边坡。边坡表面倾斜，在岩土体自重及其他外力作用下，整个岩土体都有从高处向低处滑动的趋势。如果边坡太陡，很容易发生塌方或滑坡；而边坡太缓，则又会增加土方施工量，或超出建筑界线。所以边坡稳定在建筑工程中也是非常重要和实际的问题。

边坡的滑动一般是指边坡在一定范围内整体地沿某一滑动面向下和向

外滑动而丧失稳定性。影响边坡稳定的主要因素如下。

（1）边坡作用力发生变化。如在天然坡顶堆放材料或建造建筑物使坡顶受荷，或因打桩、车辆行驶、爆破、地震等引起振动而改变原有的平衡状态。

（2）土体抗剪强度降低。如受雨、雪等自然天气的影响，土中含水率或孔隙水压力增加，有效应力降低，导致土体抗剪强度降低，抗滑力减小。此外，饱和粉砂、细砂的振动液化等，也将使土体抗剪强度急剧下降。

（3）水压力的作用。如雨水、地表水流入边坡中的竖向裂缝，将对边坡产生侧向压力；侵入坡体的水还将对滑动面起到润滑作用，使抗滑力进一步降低。此外，若地下水丰富，地下水会向低处渗流，对边坡土体产生动水力。动水力对土体稳定极为不利。

（4）施工不合理。对坡脚的不合理开挖或超挖，将使坡体的被动抗力减少。这在平整场地过程中经常遇到。

边坡失稳，将会影响工程的顺利进行和施工安全，对相邻建筑物构成威胁，甚至危及施工人员生命安全。

4.5.2 边坡开挖规定

在山坡整体稳定的条件下，土质边坡的开挖应符合下列规定。

（1）土质边坡的开挖应符合边坡坡度允许值。边坡坡度允许值应根据当地经验，参照同类土层的稳定坡度确定。当土质良好且均匀、无不良地质现象，地下水不丰富时，边坡坡度允许值可按表 4-5 确定。

表 4-5　边坡坡度允许值

土的类别	密实度或状态	坡度允许值（高宽比）	
		坡高在 5m 以内	坡高 5～10m
碎石土	密实	1∶0.35～1∶0.50	1∶0.50～1∶0.75
	中密	1∶0.50～1∶0.75	1∶0.75～1∶1.00
	稍密	1∶0.75～1∶1.00	1∶1.00～1∶1.25
黏性土	坚硬	1∶0.75～1∶1.00	1∶1.00～1∶1.25
	硬塑	1∶1.00～1∶1.25	1∶1.25～1∶1.50

注：1．表中碎石土的充填物为坚硬或硬塑状态的黏性土。

2．对于砂土或充填物为砂土的碎石土，其边坡坡度允许值均按自然休止角确定。

（2）土质边坡开挖时，应采取排水措施，边坡的顶部应设置截水沟。在任何情况下，不允许在坡脚及坡面上积水。

（3）边坡开挖时，应由上往下开挖，依次进行。弃土应分散处理，不得将弃土堆置在坡顶及坡面上。当必须在坡顶或坡面上设置弃土转运站时，应进行坡体稳定性验算，严格控制堆积的土方量。

（4）边坡开挖后，应立即对边坡进行防护处理。

4.5.3 边坡的养护与维修

本节主要介绍路堤、路堑边坡的养护与维修。

路堤是高于地面的填方路基。路堑是低于原地面的挖方路基。

1. 对一般路堤、路堑边坡

路堤、路堑边坡一般采用种草、铺草皮的加固办法，不同土质的种草要求见表4-6。

表4-6 不同土质的种草要求

土的类别	边坡自路基边缘起的长度/m		
	<2	2～8	>8
亚砂土及粉质砂土	密铺草皮		
粉质亚砂土、粉土、粉质亚黏土	种草	铺格式草皮及种草	密铺草皮
亚黏土及黏性土	种草	铺格式草皮及种草	铺格式草皮及种草

2. 对特殊情况下的路堤、路堑边坡

河岸、河滩路堤边坡，若河面较宽，主流较固定，流速小，水流方向与路线方向接近平行，坡面仅受季节性的浸水或轻微冲刷，土质适于草类生长的，可采用种草、铺草皮、植树等方法进行养护与维修。

当路堤边坡常年受水淹和风浪袭击、冲刷较严重、堤脚易被淘空时，应采取抛石块、石笼或干砌片石、浆砌片石的方法来进行加固防护。

当水流冲刷严重或在峡谷急流地段时，可设置浆砌块石或混凝土浸水挡土墙。其基础应埋置在冲刷线以下1m，冰冻线以下0.25m，基础前设局部冲刷防护设施，墙身设泄水孔。

受季节性水浸的山区公路的路堤边坡，可用柴束加固，即用铅丝或耐腐绳索将树枝捆扎成束，平铺于坡面，用木杆横压，然后打入桩固定。对加固后的边坡，应加强养护与检查，发现损坏及时修理。

经常有浮石滚落和土块坍落的路堑高边坡，若种草、植树效果不佳，应考虑干砌或浆砌护坡、挡土墙；或将边坡开挖成台阶形并设置碎落台；也可采用铅丝、尼龙编织网或高强塑料网格，平铺于坡面上，并打入带弯钩钢筋或木桩固定。

表面有易风化岩石（如页岩、泥岩、泥炭岩、千枚岩等软质岩层）的路堑边坡，因常受侵蚀而剥落，在边坡稳定的情况下，可以采用抹面防护——用混合材料涂抹坡面，如碳炉渣混合灰浆、石灰炉渣、水泥石灰砂浆等。

对于严重冲刷地段，可以预制长0.5～1.0m、厚0.2～0.4m的钢筋混凝土挂板。安放后，

板与板之间用钢筋套钩互相勾连以加强整体性，如图 4.30 所示。

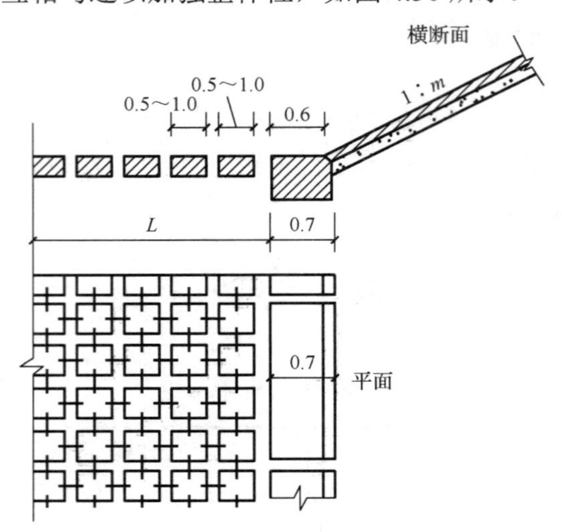

图 4.30 钢筋混凝土挂板示意图

边坡如发生坍塌需要修整时，不能在边坡上贴土修补，应在毁坏的地段上，从下到上先挖成土台阶，再分层填土夯实，夯实后的宽度要稍超出原来的坡面，以便最后切出坡面。

边坡上的植被对保护边坡大有益处，不能铲除，并禁止在边坡上割草、放牧。

目前，土工合成材料的发展为边坡养护与维修提供了新材料、新技术和新方法。常用于边坡养护与维修的土工合成材料有土工网、土工格栅、防老化的塑料编织布、土工膜袋等。使用上述材料进行边坡养护与维修的突出优点是施工简便。

任务 4.6 基 坑 支 护

任务描述

工作任务	（1）了解基坑支护的概念、作用和目的。 （2）掌握基坑支护结构的类型。 （3）能根据实际工程情况进行正确的基坑支护结构选型
工作手段	《建筑地基基础设计规范》（GB 50007—2011）、《建筑基坑支护技术规程》（JGJ 120—2012）
提交成果	（1）每位学生独立完成本学习情境的实训练习里的相关内容。 （2）将教学班级划分为若干学习小组，每个小组进行网上调研，列举出至少一个基坑支护的实际工程案例

相关知识

4.6.1 基坑支护简介

1. 基坑支护的概念

基坑是为进行建（构）筑物地下部分的施工由地面向下开挖出的空间。

基坑支护是为满足地下结构的施工要求及保护基坑周边环境的安全，对基坑侧壁采取的支挡、加固与保护措施。

基坑周边环境是与基坑开挖相互影响的周边建（构）筑物、地下管线、道路、岩土体与地下水体的统称。

2. 基坑支护的作用和目的

基坑支护的作用是挡土、挡水、控制边坡变形。基坑支护的目的如下。

（1）确保基坑开挖和地下主体结构施工安全、顺利。

（2）保证环境安全，即确保基坑周边地铁、隧道、地下管线、建（构）筑物、道路等的安全和正常使用。

（3）保证主体工程地基及桩基的安全，防止地面出现塌陷、坑底管涌等现象。

3. 基坑支护结构的安全等级

《建筑基坑支护技术规程》（JGJ 120—2012）以破坏后果的严重程度（很严重、严重、不严重），将基坑支护结构划分为三个安全等级。基坑支护结构的安全等级，主要反映在设计时支护结构及其构件的重要性系数和各种稳定性安全系数的取值上。

基坑支护设计时，应综合考虑基坑周边环境和地质条件的复杂程度、基坑深度等因素，按表 4-7 采用支护结构的安全等级，对同一基坑的不同部位可采用不同的安全等级。当需要提高安全标准时，基坑支护结构的重要性系数可以根据具体工程的实际情况取大于表 4-7 中的数值。

表 4-7　基坑支护结构的安全等级

安全等级	破坏后果	重要性系数
一级	支护结构失效、土体过大变形对基坑周边环境或主体结构施工安全的影响很严重	1.1
二级	支护结构失效、土体过大变形对基坑周边环境或主体结构施工安全的影响严重	1.0
三级	支护结构失效、土体过大变形对基坑周边环境或主体结构施工安全的影响不严重	0.9

4.6.2 常见基坑支护结构的类型

1. 无围护放坡开挖

对于基坑支护结构安全等级为三级的基坑工程，若基坑深度较浅，具备放坡条件，可直接采取放坡开挖；若地下水位高于基坑底面，应在放坡前采取降水措施。开挖的坡度角大小与土质条件、开挖深度、地面荷载等因素有关。

2. 桩墙支护

桩墙支护是基坑工程中应用最多的支护方法，可用于各类基坑，不受支护条件的限制。桩墙支护形式如图 4.31 所示，它由桩墙结构及支护结构两部分组成，桩墙结构有钢板桩、板桩墙、灌注桩排、地下连续墙；支护结构类型有内支撑式、锚杆支护、地面锚拉式、无锚悬臂式等。其中，无锚悬臂式结构在软土地层中的支护深度不宜大于 5m。

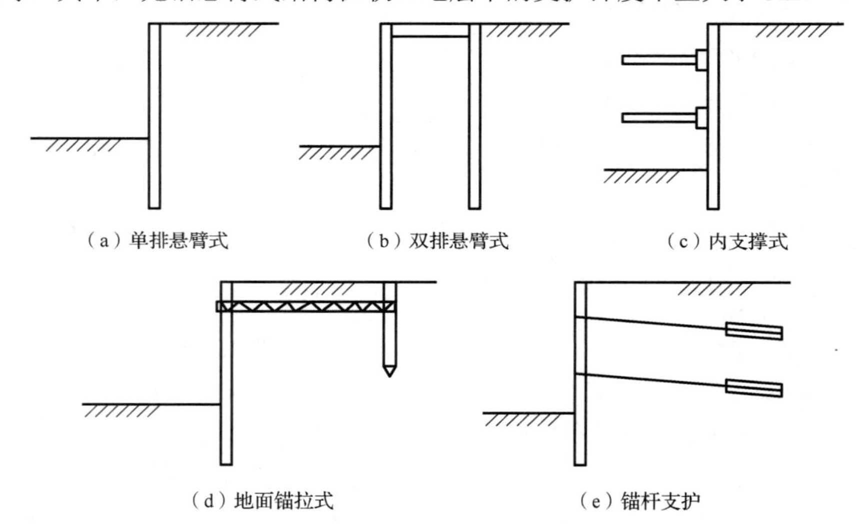

图 4.31　桩墙支护形式

3. 水泥土墙支护

对于软土地基或松散砂土层，不能直接采用桩墙支护时，可采用水泥土墙进行支护。水泥土墙是由水泥土桩相互搭接形成的格网状、壁状等形式的重力式挡土结构物。其通常采用搅拌桩，也可采用旋喷桩等，如图 4.32 所示。水泥土墙支护一般适用于基坑深度小于或等于 7m、基坑支护结构安全等级为二、三级的基坑。

4. 土钉墙支护

对于基坑支护结构安全等级为二、三级的基坑工程，可直接采用土钉墙进行支护。土钉墙用钢筋作为加筋件，依靠土与加筋件之间的摩擦力使土体拉结成整体，并在坡面上挂网喷射混凝土，以提高边坡的稳定性，如图 4.33 所示。土钉墙支护适用于水位较低的黏土、砂土和粉土，基坑深度一般在 12m 以下。

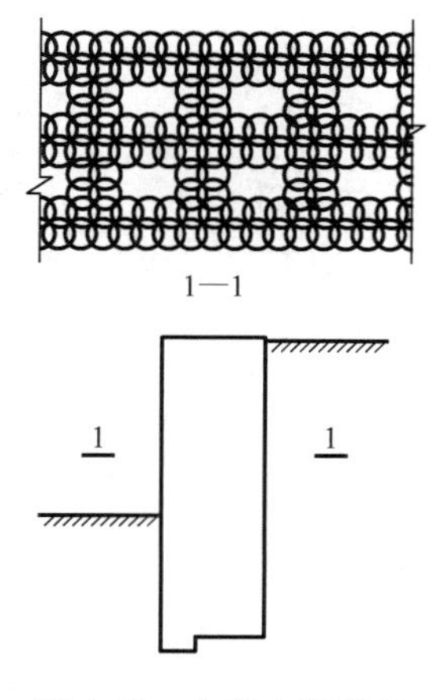

图 4.32　水泥土墙支护

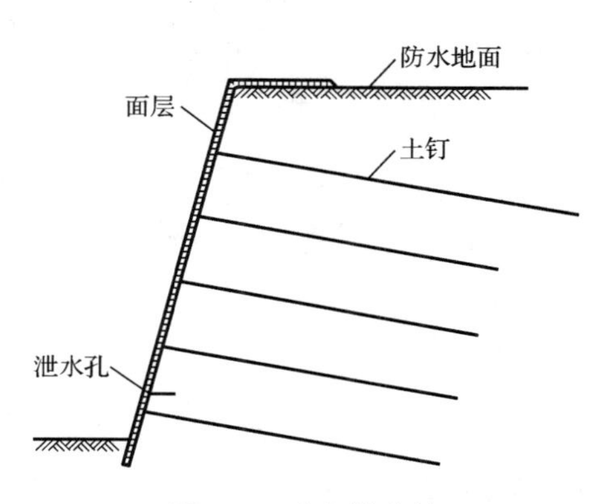

图 4.33　土钉墙支护

5．墙前被动区土体加固法

对流塑、软塑黏土层深基坑，为控制挡土墙侧向位移，增加土体抗剪强度，降低护桩的入土深度，在基坑开挖前采用深层搅拌法、高压喷射注浆法或静压注浆法对墙前土体进行加固或改良，加固体可采用格栅或实体形式，如图 4.34 所示。该法加固深度为 3～6m，宽度为 5～9m。

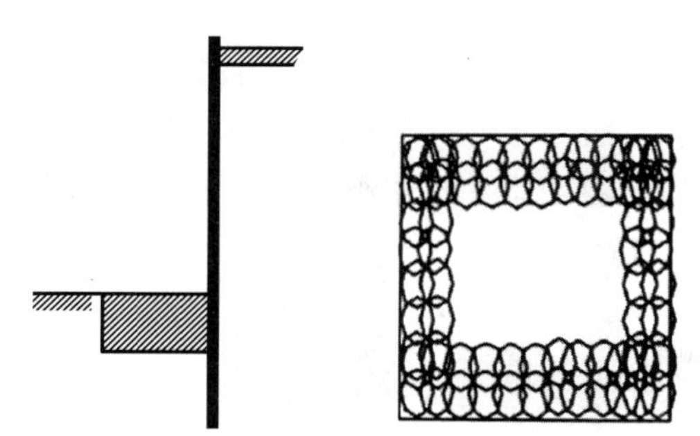

图 4.34　墙前被动区土体加固法

6．逆作拱墙

逆作拱墙又称为闭合拱圈，根据基坑周边环境可采用全封闭拱墙或局部拱墙来支挡土压力以维护基坑的稳定性。逆作拱墙用钢筋混凝土就地浇筑，只需在基坑深度范围内配置，并可分若干道自上而下施工，每道高 2m 左右。逆作拱墙平面可以由若干条不连续的二次曲线组成，也可以是一个完整的椭圆形，如图 4.35（a）所示；逆作拱墙剖面一般做成 Z 字形，根据基坑深度，可采用各种类型的逆作拱墙截面形式，如图 4.35（b）所示。采用逆作拱墙法，基坑深度不宜大于 12m，当地下水位高于基坑底面时，应采取降水或截水措施。逆作拱墙的拱结构以受压力为主，能更好地发挥混凝土抗压强度高的材料特性，而且拱结构支挡高度只需在坑底以上。采用逆作拱墙可节省挡土费用，仅为排桩支护费用的 40%～60%。

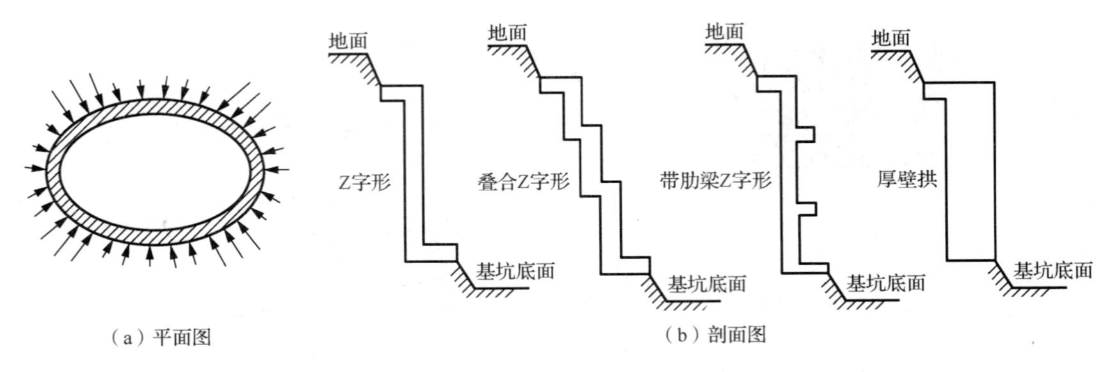

图 4.35　逆作拱墙

7．地下连续墙逆作法

高层建筑深基础采用地下连续墙工程，可实施基坑开挖逆作法施工作业。

8．沉井法

对于沉井工程，当向下开挖基坑时，沉井起到挡土、挡水的支护作用；基坑开挖后沉井又可作为地下永久构筑物的外墙或地下基础。

9．组合型支护

对于较深的基坑工程，可将两种以上的支护方法组合起来使用，既能保证支护结构的安全，又能降低成本。如基坑上部放坡，下部桩墙锚杆支护；锚杆与土钉的组合；土钉与注浆作业法组合；水泥土搅拌桩与灌注桩排组合；水泥土搅拌桩中打入 H 型钢桩组合支护（即 SMW 工法）等。

4.6.3　基坑支护结构的选型

支护结构选型时，应综合考虑下列因素。

（1）基坑深度。

（2）土的性状及地下水条件。

（3）基坑周边环境对基坑变形的承受能力及支护结构失效的后果。

（4）主体地下结构和基础形式及其施工方法、基坑平面尺寸及形状。

（5）支护结构施工工艺的可行性。

（6）施工场地条件及施工季节。

（7）经济指标、环保性能和施工工期。

《建筑基坑支护技术规程》（JGJ 120—2012）介绍了几种支护结构类型，并给出了包括安全等级、基坑深度、环境条件、土类和地下水条件的适用条件，见表 4-8。

表 4-8　各类支护结构的适用条件

<table>
<tr><th colspan="2" rowspan="2">结构类型</th><th colspan="4">适用条件</th></tr>
<tr><th>安全等级</th><th colspan="3">基坑深度、环境条件、土类和地下水条件</th></tr>
<tr><td rowspan="6">支挡式结构</td><td>锚拉式结构</td><td rowspan="6">一级
二级
三级</td><td rowspan="2">适用于较深的基坑</td><td colspan="2" rowspan="6">（1）排桩适用于可采用降水或截水帷幕的基坑；
（2）地下连续墙宜同时用作主体地下结构外墙，可同时用于截水；
（3）锚杆不宜用在软土层和高水位的碎石土、砂土层中；
（4）当邻近基坑有建筑物地下室、地下构筑物等，锚杆的有效锚固长度不足时，不应采用锚杆；
（5）当锚杆施工会造成基坑周边建（构）筑物的损害或违反城市地下空间规划等规定时，不应采用锚杆</td></tr>
<tr><td>支撑式结构</td></tr>
<tr><td>悬臂式结构</td><td>适用于较浅的基坑</td></tr>
<tr><td>双排桩</td><td>当锚拉式、支撑式和悬臂式结构不适用时，可考虑采用双排桩</td></tr>
<tr><td>支护结构与主体结构结合的逆作法</td><td>适用于基坑周边环境条件很复杂的深基坑</td></tr>
<tr></tr>
<tr><td rowspan="4">土钉墙</td><td>单一土钉墙</td><td rowspan="4">二级
三级</td><td colspan="2">适用于地下水位以上或降水的非软土基坑，且基坑深度不宜大于 12m</td><td rowspan="4">当基坑潜在滑动面内有建筑物、重要地下管线时，不宜采用土钉墙</td></tr>
<tr><td>预应力锚杆复合土钉墙</td><td colspan="2">适用于地下水位以上或降水的非软土基坑，且基坑深度不宜大于 15m</td></tr>
<tr><td>水泥土桩复合土钉墙</td><td colspan="2">用于非软土基坑时，基坑深度不宜大于 12m；用于淤泥质土基坑时，基坑深度不宜大于 6m；不宜用在高水位的碎石土、砂土层中</td></tr>
<tr><td>微型桩复合土钉墙</td><td colspan="2">适用于地下水位以上或降水的基坑，用于非软土基坑时，基坑深度不宜大于 12m；用于淤泥质土基坑时，基坑深度不宜大于 6m</td></tr>
<tr><td colspan="2">重力式水泥土墙</td><td>二级
三级</td><td colspan="3">适用于淤泥质土、淤泥基坑，且基坑深度不宜大于 7m</td></tr>
<tr><td colspan="2">放坡</td><td>三级</td><td colspan="3">（1）施工场地满足放坡条件；
（2）放坡与上述支护结构形式结合</td></tr>
</table>

注：1．当基坑不同部位的周边环境条件、土层性状、基坑深度等不同时，可在不同部位分别采用不同的支护形式。

2．支护结构可采用上、下部以不同结构类型组合的形式。

工程师寄语

城市中的基坑工程一般都处在密集的建筑群中，施工场地狭窄，有些工程的基础紧挨着已有建（构）筑物的基础。基坑施工质量的好坏对基坑和邻近建筑物的安全起到至关重要的作用。

小 结

1. 概述

天然边坡是指由于地质作用而自然形成的边坡，如山区的天然山坡、江河的岸坡。人工边坡是指人们在修建各种工程时，在天然土体中开挖或填筑而成的边坡。

挡土墙是一种用于支挡天然或人工边坡以保持其稳定、防止坍塌的结构物，在土木、水利、交通等工程中得到广泛的应用。

土压力是指挡土墙（支挡结构）后的填土因自重或外荷载作用对墙背产生的侧向压力。

2. 土压力及挡土墙分类

按挡土墙的位移情况和墙后土体所处的应力状态，可将土压力分为主动土压力、被动土压力和静止土压力。

挡土墙按墙身材料可分为三种类型：砌石挡土墙、钢筋混凝土挡土墙、石笼挡土墙；按结构形式可分为四种类型：重力式挡土墙、薄壁式挡土墙、锚定式挡土墙和加筋土挡土墙；按设置位置可分为五种类型：路堑墙、路堤墙、路肩墙、浸水挡土墙、山坡挡土墙。

3. 两种土压力理论

（1）朗肯土压力理论。

朗肯土压力理论假设条件：①墙背竖直、光滑；②墙后填土面水平；③水平面及竖直面上均无剪应力；④土体内各点处于极限平衡状态。

（2）库仑土压力理论。

库仑土压力理论假设条件：①墙体是刚性的；②填土是理想的散粒体（黏聚力 $c=0$）；③墙背可倾斜、粗糙；④墙后填土面可倾斜；⑤土楔体处于极限平衡状态。

实 训 练 习

一、单选题

1．在影响挡土墙土压力的诸多因素中，（　　）是最主要的因素。

A．挡土墙的高度　　B．挡土墙的刚度

C．挡土墙的位移方向及大小　　D．挡土墙填土类型

2．用朗肯土压力理论计算挡土墙土压力时，适用条件之一是（　　）。

A．墙后填土干燥　　B．墙背粗糙

C．墙背直立　　D．墙背倾斜

3．当挡土墙在墙后土体的推力作用下向前移动，墙后土体达到主动极限平衡状态时，作用在挡土墙上的土压力称为（　　）。

A．主动土压力　　B．被动土压力　　C．静止土压力　　D．以上都不对

4. 若挡土墙的墙背竖直且光滑，墙后填土面水平，黏聚力 c=0，采用朗肯解和库仑解，得到的主动土压力有何差异？（　　）

A. 朗肯解大　B. 库仑解大　C. 相同　D. 以上都不对

5. 填土对挡土墙墙背的摩擦角对按库仑主动土压力计算的结果有何影响？（　　）

A. 越大，土压力越小

B. 越大，土压力越大

C. 与土压力大小无关，仅影响土压力的作用方向

D. 以上都不对

二、多选题

1. 摩擦系数μ=0.40～0.60 的土类为（　　）。

A. 黏土　B. 粉土　C. 砾砂

D. 碎石土　E. 软质岩

2. 挡土墙按墙身材料可分为（　　）。

A. 砌石挡土墙　B. 钢筋混凝土挡土墙

C. 浸水挡土墙　D. 山坡挡土墙

E. 石笼挡土墙

3. 挡土墙按设置位置可分为（　　）。

A. 路堑墙　B. 路堤墙　C. 路肩墙

D. 浸水挡土墙　E. 山坡挡土墙

4. 挡土墙按结构形式可分为（　　）。

A. 重力式挡土墙　B. 薄壁式挡土墙　C. 锚定式挡土墙

D. 加筋土挡土墙　E. 钢筋混凝土挡土墙

5. 影响边坡稳定的主要因素有（　　）。

A. 边坡作用力　B. 土体抗剪强度　C. 水压力

D. 施工合理　E. 施工不合理

三、简答题

1. 试述静止、主动、被动土压力产生的条件，并比较三者的大小。

2. 对比朗肯土压力理论和库仑土压力理论的基本假设和适用条件。

3. 挡土墙是如何分类的？

4. 导致边坡失稳的因素有哪些？

学习情境5

浅基础工程技术应用

教学目标

1. 掌握基础设计的基本要求、内容和步骤，学会浅基础的分类方法。
2. 掌握基础埋深的确定方法，熟练计算基础底面尺寸。
3. 掌握无筋扩展基础、扩展基础的设计方法。
4. 了解减轻不均匀沉降损害的措施。

思维导图

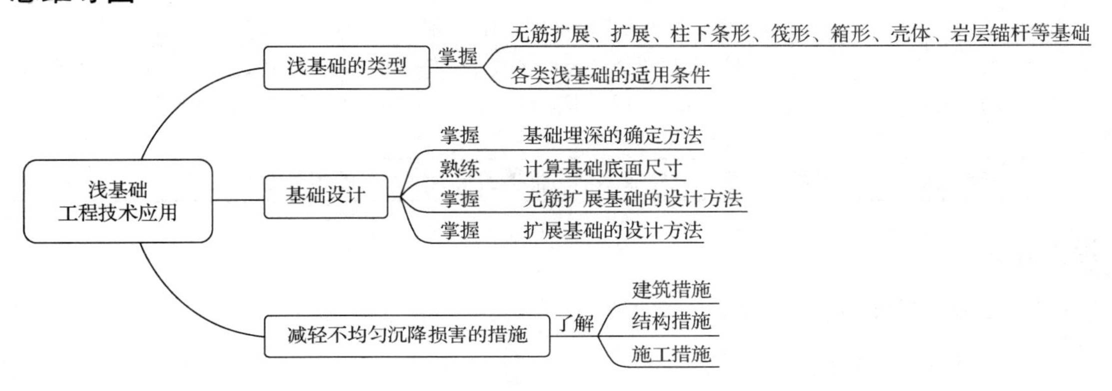

任务5.1 概　　述

任务描述

工作任务	（1）掌握浅基础、深基础的概念。 （2）掌握基础设计的基本要求和所需资料。 （3）掌握天然地基上浅基础设计的内容和步骤
工作手段	《建筑地基基础设计规范》（GB 50007—2011）、《混凝土结构施工图平面整体表示方法制图规则和构造详图（独立基础、条形基础、筏形基础、桩基础）》（22G101—3）
提交成果	每位学生独立完成本学习情境的实训练习里的相关内容

相关知识

1．基础的基本概念

1）天然地基上的浅基础

未经处理直接建造基础的地基称为天然地基。建在天然地基上，埋深小于5m的基础（如柱下独立基础、墙下条形基础），或者埋深大于5m但小于基础宽度的大尺寸基础（如箱形基础、筏形基础），在计算时不必考虑基础侧壁摩阻力的影响，统称为天然地基上的浅基础。

2）人工地基

人工处理后再建造基础的地基称为人工地基，如换土垫层、水泥土桩、碎石桩复合地基等。

3）深基础

建在地基深处承载力较高的土层上，埋深大于5m且大于基础宽度的基础（如沉井、沉箱、桩基础、地下连续墙等），在计算时应该考虑基础侧壁摩阻力的影响，称为深基础。

2．基础设计的基本要求

浅基础设计要求、内容和步骤

基础设计需要根据建筑物的用途、平面布置、上部结构类型及地基基础设计等级，充分考虑建筑场地和地基岩土条件，结合施工条件及工期、造价等各方面要求，合理选择基础方案，并保证建筑物的安全和正常使用。

天然地基上结构较简单的浅基础最为经济，如能满足要求，宜优先选用。天然地基、人工地基上浅基础设计的原则和方法基本相同，只是采用人工地基上的浅基础方案时，尚需对选择的地基处理方法进行设计，并处理好人工地基与浅基础的相互影响。

3．基础设计所需资料

进行基础设计时，一般需具备下列资料。

（1）建筑场地的地形图及岩土工程勘察报告。
（2）建筑物的平面、立面及剖面布置图，作用在基础上的各类荷载、设备基础情况等。
（3）建筑场地环境，邻近建筑物基础类型与埋深，基础周边各种地下管线分布。
（4）工程总投资情况。
（5）施工单位的机械设备配备情况、技术力量等。
（6）当地建筑材料的供应情况。
（7）工期的要求。

4．天然地基上浅基础设计的内容和步骤

天然地基上浅基础的设计，应根据上述资料和建筑物的类型、结构特点，按下列步骤进行。

（1）选择基础的材料、类型和平面布置。
（2）选择地基持力层和基础埋深。
（3）确定地基承载力。
（4）按地基承载力（持力层和下卧层）确定基础底面尺寸。
（5）进行地基变形与稳定性验算。
（6）进行基础结构设计。
（7）绘制基础施工图，提出技术说明。

上述浅基础设计的各项内容是相互关联的，设计时可按上述顺序，首先选择基础材料、类型和埋深，然后逐项进行计算，如果发现前面的选择不妥，则需修改设计，直至各项计算均符合要求，各数据前后一致为止。

工程师寄语

万丈高楼平地起，基础决定高度。大学是从事科学研究的基础阶段，同学们今后要想在科研方面取得较高成就，现在就必须牢牢掌握专业知识，打好基础。

任务 5.2 浅基础的类型

任务描述

工作任务	（1）掌握无筋扩展基础的基本概念，了解其受力特点，掌握台阶宽高比的设计要求。 （2）了解无筋扩展基础的优缺点、按材料分类情况及其适用条件。 （3）掌握浅基础的常用类型
工作手段	《建筑地基基础设计规范》（GB 50007—2011）
提交成果	（1）每位学生独立完成本学习情境的实训练习里的相关内容。 （2）将教学班级划分为若干学习小组，每个小组进行网上调研，至少列举出五个我国著名的建筑物，并说明这些建筑物的基础分别属于哪种基础类型

相关知识

工程中的浅基础类型很多，了解浅基础的常用类型和适用条件对基础设计时的合理选型很有帮助。

5.2.1 无筋扩展基础

无筋扩展基础是指用砖、毛石、混凝土、毛石混凝土、灰土和三合土等材料组成的不配置钢筋的墙下条形基础或柱下独立基础，适用于多层民用建筑和轻型厂房，如图 5.1 所示。无筋扩展基础采用抗压性能较好，而抗拉、抗剪性能较差的材料所建造，基础需具有非常大的截面抗弯刚度，才能保证受荷后不发生挠曲变形和开裂，故过去习惯称其为“刚性基础”。

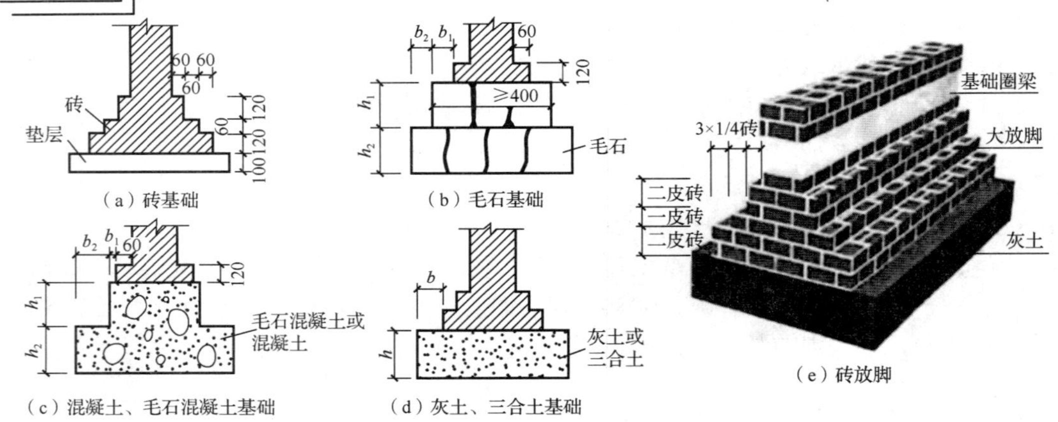

图 5.1　无筋扩展基础

设计无筋扩展基础时必须规定基础材料强度及质量，限制台阶宽高比，控制建筑物层高和维持一定的地基承载力，而无须进行复杂的内力分析和截面强度计算。

无筋扩展基础中压力分布角 α 称为刚性角（图 5.2）。在设计中，应尽量使基础台阶宽高比不超过刚性角的范围，目的是确保基底不产生拉应力，最大限度地节约基础材料。

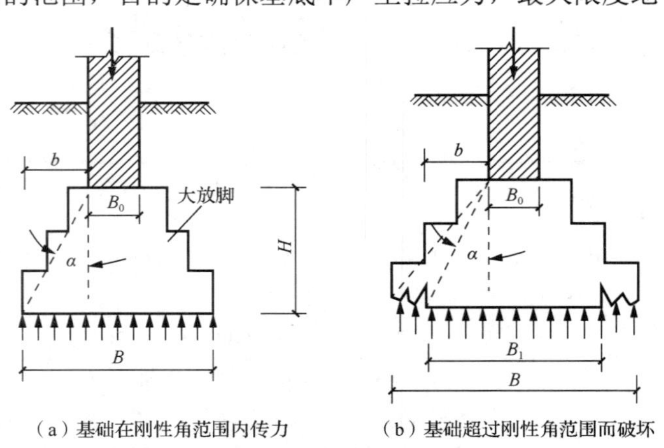

图 5.2　无筋扩展基础构造示意图

无筋扩展基础的台阶宽高比要求一般可表示为

$$b_i / H_i \leqslant \tan\alpha \tag{5-1}$$

式中：b_i——无筋扩展基础任一台阶的宽度，mm；

H_i——相应 b_i 的台阶高度，mm；

$\tan\alpha$——无筋扩展基础台阶宽高比的允许值，可按表 5-1 选用。

表 5-1 无筋扩展基础台阶宽高比的允许值

基础材料	质量要求	台阶宽高比的允许值		
		$p_k \leqslant 100$	$100 < p_k \leqslant 200$	$200 < p_k \leqslant 300$
混凝土基础	C15 混凝土	1∶1.00	1∶1.00	1∶1.25
毛石混凝土基础	C15 混凝土	1∶1.00	1∶1.25	1∶1.50
砖基础	砖不低于 MU10、砂浆不低于 M5	1∶1.50	1∶1.50	1∶1.50
毛石基础	砂浆不低于 M5	1∶1.25	1∶1.50	—
灰土基础	体积比为 3∶7 或 2∶8 的灰土，最小干密度：粉土 1550kg/m^3；粉质黏土 1500kg/m^3；黏土 1450kg/m^3	1∶1.25	1∶1.50	—
三合土基础	体积比 1∶2∶4～1∶3∶6（石灰∶砂∶骨料），每层约虚铺 220mm，夯至 150mm	1∶1.50	1∶2.00	—

注：1. p_k 为荷载效应标准组合时基底处的平均压力值（kPa）。

2. 阶梯形毛石基础的每阶伸出宽度，不宜大于 200mm。

无筋扩展基础的优点是稳定性好、施工简便、能承受较大的荷载。它的主要缺点是自重大，并且当持力层为软弱土时，由于扩大基础面积有一定限制，需要对地基进行处理或加固后才能采用，否则会因所受的荷载压力超过地基强度而影响结构物的正常使用。所以对于荷载大或上部结构对沉降差较敏感的结构物，当持力层的土质较差又较厚时，无筋扩展基础作为浅基础是不适宜的。

无筋扩展基础按材料可分为以下几类。

1. 砖基础

砖基础广泛应用于六层及六层以下的民用建筑和砖墙承重厂房的墙下基础，如图 5.3 所示。基础的下部一般做成阶梯形，以使上部的荷载能均匀地传到地基上。阶梯放大的部分一般称作大放脚。在砖基础下面，先做 100mm 厚的 C10 混凝土垫层。大放脚从垫层上开始砌筑，每一阶梯挑出的宽度为砖长的 1/4（即 60mm）。为保证基础外挑部分在基底反力作用下不致发生破坏，大放脚的砌法有两皮一收［即等高式，图 5.3（a）］和二一间隔收［即间隔式，图 5.3（b）］两种。在相同基底宽度的情况下，二一间隔收可减小基础高度。一皮即一层砖，标志尺寸为 60mm。

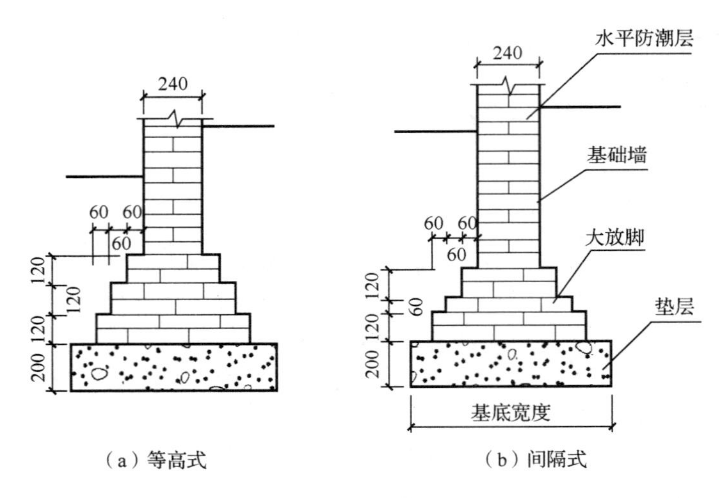

图 5.3　砖基础

砖基础的优点是取材容易、价格低廉、施工简便、适应面广，缺点是强度、耐久性、抗冻性和整体性均较差。

因为砖的强度低且抗冻性差，所以在寒冷而又潮湿的地区采用砖基础不理想。为保证耐久性，根据地基土潮湿程度及地区寒冷程度的不同，《砌体结构设计规范》(GB 50003—2011) 规定，地面以下或防潮层以下的砌体所用材料的最低强度等级应符合表 5-2 中的要求。

表 5-2　地面以下或防潮层以下的砌体所用材料的最低强度等级

潮湿程度	烧结普通砖	混凝土普通砖、蒸压普通砖	混凝土砌块	毛石	水泥砂浆
稍潮湿的	MU15	MU20	MU7.5	MU30	M5
很潮湿的	MU20	MU20	MU10	MU30	M7.5
含水饱和的	MU20	MU25	MU15	MU40	M10

注：1. 在冻胀地区，地面以下或防潮层以下的砌体，不宜采用多孔砖，如采用时，其孔洞应用不低于 M10 的水泥砂浆预先灌实。当采用混凝土空心砌块时，其孔洞应采用强度等级不低于 C20 的混凝土预先灌实。

2. 对安全等级为一级或设计使用年限大于 50 年的房屋，表中材料强度等级应至少提高一级。

2. 毛石基础

毛石是指未经加工整平的石料。毛石基础是用强度较高而未风化的毛石砌筑而成的，如图 5.4 所示。毛石和砂浆的强度等级也应符合表 5-2 中的要求。毛石基础每台阶高度和基础墙厚不宜小于 400mm，每阶两边各挑出宽度不宜大于 200mm，当基底宽度小于 700mm 时，应做成矩形基础。毛石之间间隙较大，如果砂浆黏结性能较差，则不能用于多层建筑，也不宜用于地下水位以下。毛石基础常与砖基础共用，作为砖基础的底层。毛石基础具有强度较高、抗冻、耐水、经济等优点，可以就地取材，但基础整体性欠佳，故有振动的房屋很少采用。

3．混凝土基础

混凝土基础是用水泥、砂子和石子加水拌和浇筑而成的，具有坚固、耐久、耐水、刚性角大、可根据需要任意改变形状、整体性好的特点。它常用于地下水位高、受冰冻影响的建筑物。混凝土基础有阶梯形和锥形两种，如图 5.5 所示为阶梯形混凝土基础。

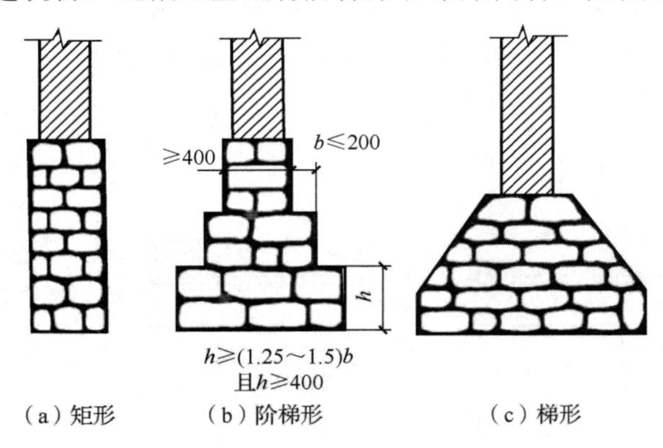

图 5.4　毛石基础

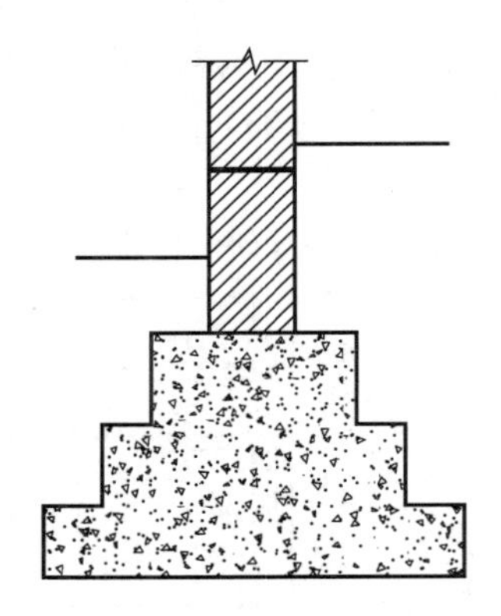

图 5.5　阶梯形混凝土基础

4．毛石混凝土基础

为了节约水泥用量，对于体积较大的混凝土基础，可以在浇筑混凝土时加入 20%～30%的毛石，这种基础称为毛石混凝土基础。在混凝土中加入适量毛石，可节省混凝土用量，减缓大体积混凝土在凝固过程中由于热量不易散发而引起的开裂。

5．灰土基础

灰土是用熟化石灰和粉土或黏性土拌和而成的，按体积比为 3∶7 或 2∶8 加适量水拌和均匀，铺在基槽内分层夯实，每层虚铺 220～250mm，夯实至 150mm。灰土基础造价低，但地下水位较高时不宜采用，多用于五层及五层以下的民用建筑及轻型厂房等。

6．三合土基础

三合土是由石灰、砂和骨料（矿渣、碎砖或石子）拌和而成的，按体积比为 1∶2∶4 或 1∶3∶6 加适量水拌和均匀，铺在基槽内分层夯实，每层虚铺 220mm，夯实至 150mm。三合土基础强度较低，一般用于四层及四层以下的民用房屋。

5.2.2 扩展基础

当基础荷载较大、地质条件较差时，基底尺寸也将扩大，为了满足无筋扩展基础的宽高比要求，基础埋深会相应增大，同时也会给基础布置和地基持力层选择、基坑开挖与排水等带来不便，且可能提高工程造价；此外，无筋扩展基础还有用料多、自重大等缺点。为此，对于竖向荷载较大、地基承

载力不高及承受水平力和力矩荷载等情况，可考虑做成扩展基础，即柱下钢筋混凝土独立基础（图 5.6）和墙下钢筋混凝土条形基础（图 5.7）。墙下钢筋混凝土条形基础可分为无肋式［图 5.7（a）］和有肋式［图 5.7（b）］两种，当地基土分布不均匀时，常常用有肋式调整基础的不均匀沉降，增加基础的整体性。上述基础的抗弯和抗剪性能好，不受台阶宽高比的限制，因此适宜于需要宽基浅埋的情况。由于扩展基础以钢筋受拉、混凝土受压为特点，即当考虑地基与基础相互作用时，也会考虑基础的挠曲变形，因此，相对于“刚性基础”（无筋扩展基础）而言，也有人称其为“柔性基础”。

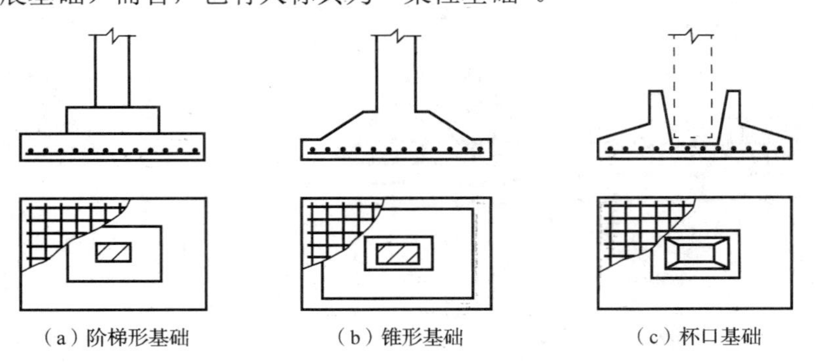

（a）阶梯形基础　（b）锥形基础　（c）杯口基础

图 5.6　柱下钢筋混凝土独立基础

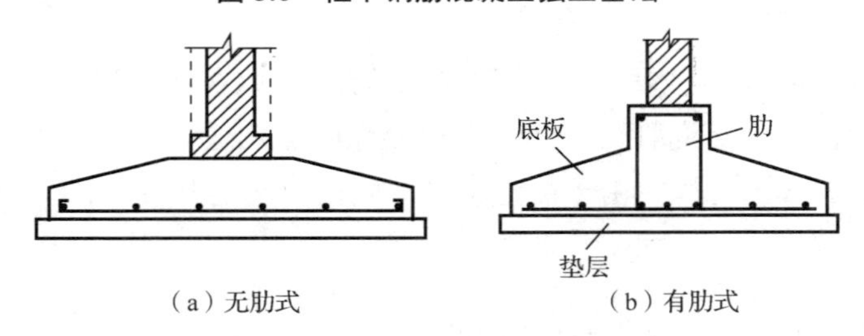

（a）无肋式　（b）有肋式

图 5.7　墙下钢筋混凝土条形基础

5.2.3　柱下条形基础

当地基软弱而荷载较大时，如采用柱下独立基础，可能因基底面积很大而使基础边缘互相接近甚至重叠，为增加基础的整体性并方便施工，可将同一柱列的柱下基础连通，做成钢筋混凝土条形基础，如图 5.8（a）所示。当荷载很大或地基软弱且两个方向的荷载和土质都不均匀，单向条形基础不能满足地基基础设计要求时，可采用十字交叉条形基础，如图 5.8（b）所示。十字交叉条形基础在纵横两向均具有一定刚度，当地基软弱且两个方向的荷载和土质都不均匀时，具有良好的调整不均匀沉降的能力。

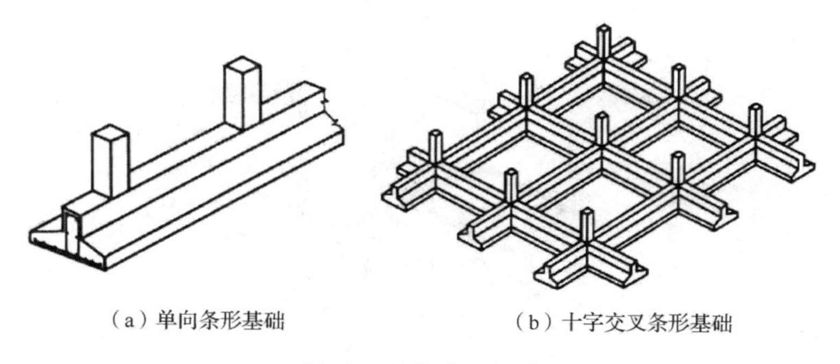
（a）单向条形基础　　（b）十字交叉条形基础

图 5.8　柱下条形基础

5.2.4 筏形基础

当上部结构的荷载很大且地基软弱，采用十字交叉条形基础仍不能满足要求或相邻基础距离很小时，可将整个基础底板连成一个整体，做成钢筋混凝土筏形基础，亦称满堂基础。筏形基础因基底面积大，可减少基底压力，增强基础的整体刚度，较好地调整基础各部分之间的不均匀沉降。筏形基础在构造上类似于倒置的钢筋混凝土楼盖，可做成平板式［图 5.9（a）］、梁板式［图 5.9（b）］。对于设有地下室的结构物，筏形基础还可兼做地下室的底板。筏形基础较多地应用于框架结构、框架-剪力墙结构、剪力墙结构等高层建筑，亦可用于砌体结构。

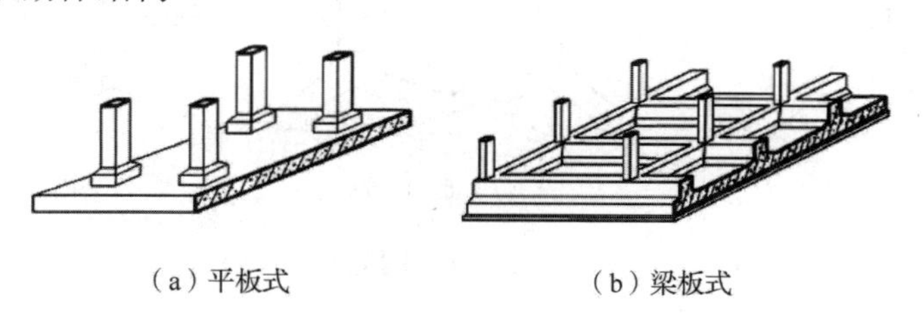
（a）平板式　　（b）梁板式

图 5.9　筏形基础

5.2.5 箱形基础

箱形基础是由钢筋混凝土顶板、底板和纵横交错的内、外墙构成的封闭箱体，如图 5.10 所示。箱形基础比筏形基础具有更大的刚度，可用于抵抗荷载分布不均匀引起的差异沉降，使上部结构不易开裂。此外，箱形基础的抗震性能好，并且基础的中空部分可作为地下室使用。因此，当地基特别软弱、荷载很大时，特别是带有地下室的建筑物的地基，常采用此基础形式。但由于箱形基础的钢筋、水泥用量大，造价高，施工技术也较为复杂，选用时应综合考虑各方面因素进行技术、经济比较后确定。

箱形基础

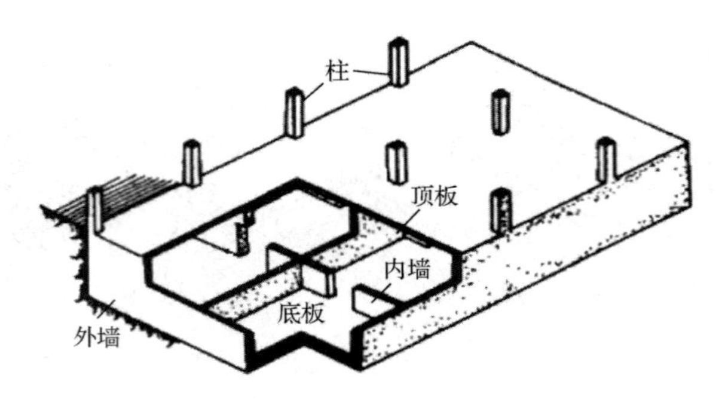

图 5.10　箱形基础

5.2.6 壳体基础

壳体基础有正圆锥壳、M 形组合壳和内球外锥组合壳等形式，如图 5.11 所示，适用于一般工业与民用建筑柱基和筒形的构筑物（如烟囱、水塔、料仓、中小型高炉等）基础。这种基础使径向内力转变为以压应力为主，可比一般梁板式的钢筋混凝土基础减少混凝土用量 50%左右，节约钢筋 30%以上，具有良好的经济效果。但壳体基础修筑土胎、布置钢筋及浇筑混凝土等施工工艺复杂，技术要求较高。

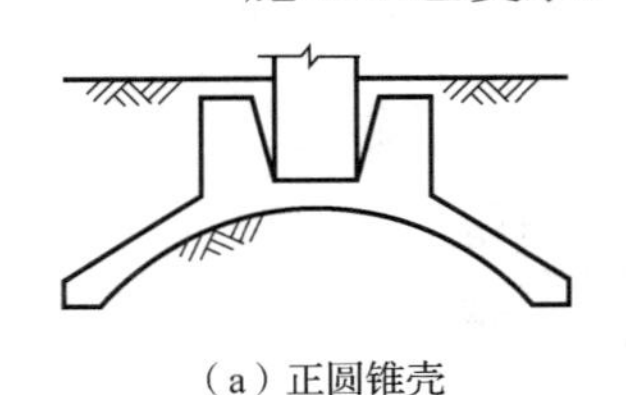

（a）正圆锥壳

（b）M形组合壳

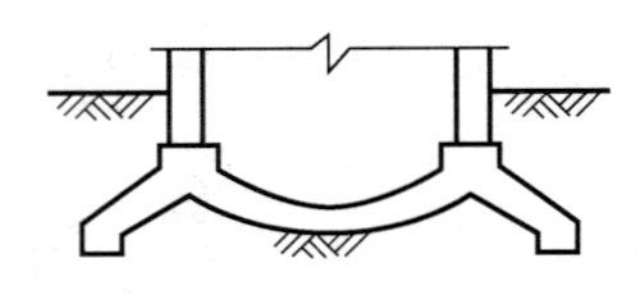

（c）内球外锥组合壳

图 5.11　壳体基础

5.2.7 岩层锚杆基础

岩层锚杆基础适用于直接建在基岩上的柱基，以及承受拉力或水平力较大的建（构）筑物基础，如图 5.12 所示。这种基础对锚杆的孔直径、锚固长度、灌浆等均有一定要求，以确保锚杆基础与基岩有效地连成整体。基础应符合下列要求。

（1）锚杆的孔直径，宜取锚杆直径的 3 倍，但不应小于 1 倍锚杆直径加 50mm。

（2）锚杆插入上部结构的长度，应符合钢筋的锚固长度要求。

（3）锚杆宜采用热轧带肋钢筋，水泥砂浆强度不宜低于 30MPa，细石混凝土强度不宜低于 C30。灌浆前应将锚杆孔清理干净。

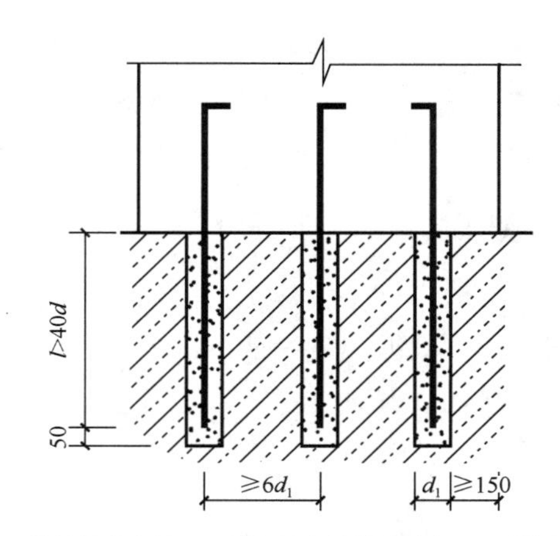

d_1—锚杆的孔直径；l—锚杆的有效锚固长度；d—锚杆直径

图 5.12　岩层锚杆基础

任务 5.3　基础埋深的选择

任务描述

工作任务	（1）掌握基础埋深的概念。 （2）掌握确定基础埋深时应综合考虑的因素
工作手段	《建筑地基基础设计规范》（GB 50007—2011）
提交成果	每位学生独立完成本学习情境的实训练习里的相关内容

相关知识

基础埋深是指基础底面至地面（一般指室外设计地面）的距离，如图 5.13 所示。选择基础埋深即选择合适的地基持力层（持力层是指直接承受基础荷载的土层）。

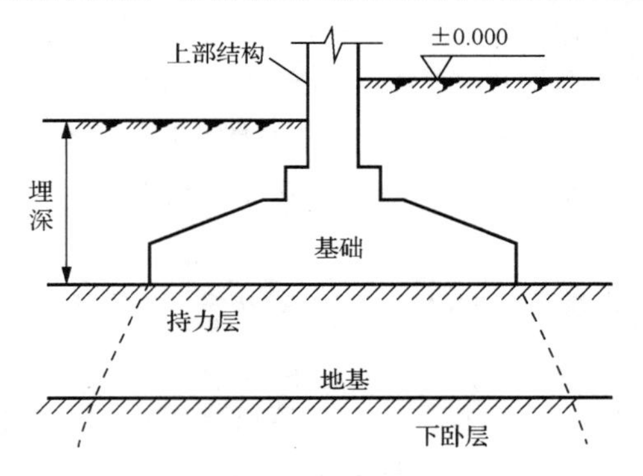

图 5.13　基础埋深

基础埋深 d 的大小对建筑物的安全和正常使用、基础施工技术措施、施工工期和工程造价等影响很大，因此，合理确定基础埋深是基础设计工作中的重要环节。确定基础埋深时应综合考虑下列因素。

1. 建筑物的用途及基础的构造

确定基础埋深时，应了解建筑物的用途及使用要求。当有地下室、设备基础和地下设施时，根据建筑物地下部分的设计标高、管沟及设备基础的具体标高，往往要求加大基础埋深。除岩石地基以外，其他地基中的基础埋深应大于 50cm，且基础顶面宜低于室外设计地面至少 10cm，以便保护基础不受表土扰动、植物、冻融、冲蚀等影响。另外，基础的形式和构造有时也对基础埋深起决定性作用。例如，采用无筋扩展基础，当基底面积确定后，基础本身的构造要求（即满足台阶宽高比允许值要求）就决定了基础的最小高度，也就决定了基础埋深。

2. 作用在地基上的荷载性质及大小

荷载性质和大小的不同也会影响基础埋深的选择。浅层某一深度的土层，对荷载较小的基础可能是很好的持力层，而对荷载大的基础就可能不宜作为持力层。对于承受水平荷载的基础，必须具有足够的埋深来获得土的侧向抗力，防止倾覆和滑移。对于承受上拔力的基础，如输电塔基础，往往需要有较大的基础埋深，以提供足够的抗拔阻力，保证基础的稳定性。对于承受动荷载的基础，则不宜选择饱和疏松的粉砂、细砂作为持力层，以免在动荷载作用下产生“液化”现象，造成基础大量沉陷，甚至倾倒。

3. 工程地质和水文地质条件

1）工程地质条件

为保证建筑物的安全，必须根据荷载的性质和大小给基础选择可靠的持力层。当上层土的承载力大于下层土时，可以利用上层土作为持力层。当上层土的承载力低而下层土的承载力高时，应将基础埋置在下层承载力高的土层上；但如果上层松软土很厚，则必须考虑施工是否方便、经济，并应与其他如加固土层或用短桩基础等方案经综合比较后再确定。

若上部为良好土层而下部为较弱土层，此时基础应尽量浅埋，以加大基底至软弱下卧层的距离。这时最好采用钢筋混凝土基础，并尽量按基础最小深度考虑，即采用“宽基浅埋”方案。同时，在确定基底尺寸时，应对地基受力层范围内的软弱下卧层进行验算。

2）水文地质条件

选择基础埋深时应注意地下水的埋藏条件和动态。对于天然地基上浅基础的设计，应尽量考虑将基础置于地下水位以上，以免地下水对基坑开挖、基础施工产生影响。当基础必须埋置于地下水位以下时，应考虑施工时基坑排水、坑壁围护问题，采取地基土在施工时不受扰动的措施。当基础埋置在易风化的岩层上时，施工时应在基坑开挖后立即铺筑垫层。另外，还应考虑可能出现的其他施工与设计问题：出现涌土、流砂的可能性，地下室防渗，地下水对基础材料的腐蚀作用等。对位于江河岸边的基础，其埋深应考虑流水的冲刷作用，施工时宜采取相应的保护措施。对于埋藏有承压水层的地基，选择基础埋深时必须考虑承压水的作用，控制基坑深度，防止基坑因挖土减压而隆起开裂。

4．相邻建筑物基础埋深的影响

当存在相邻建筑物时，要求新建建筑物的基础埋深不宜大于原有建筑物基础埋深。当埋深大于原有基础时，两基础之间应保持一定净距 L，其数值应根据原有建筑物荷载大小、基础形式和土质情况确定，一般取两相邻基底高差 ΔH 的 1～2 倍，如图 5.14 所示。当上述要求不能满足时，应分段施工，设置临时加固支撑、打板桩、地下连续墙等施工措施或加固原有建筑物地基。

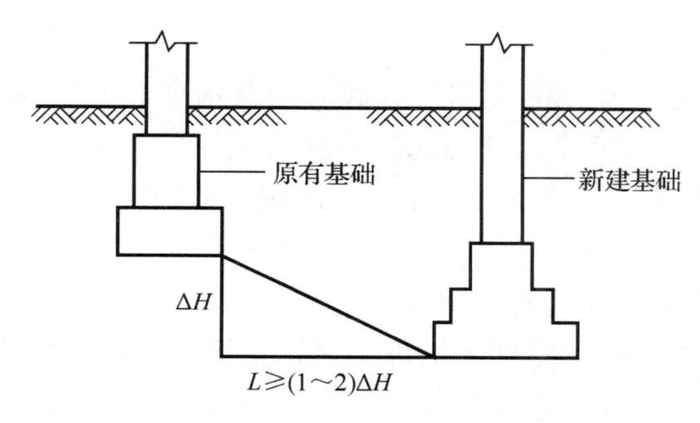

图 5.14　相邻建筑物间的基础埋深

5．地基土冻胀和融陷的影响

1）地基土冻胀和融陷的危害

地表以下一定深度的地层温度是随大气温度而变化的。当地层温度低于 0℃时，土中的水冻结，形成冻土。冻土可分为季节性冻土和多年冻土两类。季节性冻土是指地表土层冬季冻结、夏季全部融化的土，我国季节性冻土主要分布在东北、西北和华北地区，其土层厚度都在 0.5m 以上。多年冻土是指持续多年不化的冻土（冻结时间≥3 年），比如北极或者青藏高原，常年温度都在 0℃以下，即使在比较温暖的年份，也只是融化少量表层。

季节性冻土在冻融过程中反复地产生冻胀（冻土引起土体膨胀）和融陷（冻土融化后产生融陷），使土的强度降低，压缩性增大。如果基础埋深超过冻结深度，则冻胀力只作用在基础的侧面，称为切向冻胀力 T；当基础埋深浅于冻结深度时，则除基础侧面上的切向冻胀力外，在基底上还作用有法向冻胀力 P，如图 5.15 所示。如果上部结构荷载 F_k 加上基础自重 G_k 小于冻胀力，则基础将被抬起，融化时冻胀力消失而使基础下陷。这种上抬和下陷的不均匀性，造成建筑物墙体产生方向相反、互相交叉的斜裂缝，严重时使建筑物受到破坏。因此，基础埋深必须考虑冻结深度要求。

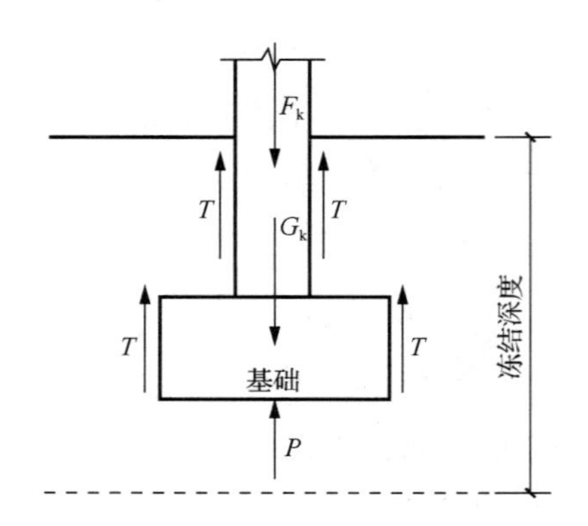

图 5.15　作用在基础上的冻胀力

2）地基土的冻胀性分类

地基土冻胀的程度与地基土的类别、冻前天然含水率、冻结期间地下水位变化等因素有关。《建筑地基基础设计规范》（GB 50007—2011）将地基土的冻胀类别根据冻土层的平均冻胀率η的大小分为五类：不冻胀、弱冻胀、冻胀、强冻胀、特强冻胀，具体可按规范附录 G 表 G.0.1 查取。

3）季节性冻土区基础最小埋深的确定

为了使建筑免遭冻害，在深厚季节性冻土区，当建筑基础底面土层为不冻胀、弱冻胀、冻胀土，基础底面下仍有一定厚度的冻土时，应保证基础有相应的最小埋深，可分下列步骤来确定最小埋深。

（1）基底下允许冻土层最大厚度的确定。

实验表明：冻胀力与冻胀量在冻结深度范围内，并不是均匀分布的，而是随深度增加而减小，靠地表上部的冻土称为有效冻胀区。当基础埋深超过有效冻胀区的深度时，尽管基底下还有少量冻土层，但其冻胀力与冻胀量很小，不影响建筑使用，此冻土层厚度称为基底下允许冻土层最大厚度$H_{\max}$，应根据土的冻胀性、基础形式、采暖情况、基底平均压力等条件确定$H_{\max}$，具体可按《建筑地基基础设计规范》（GB 50007—2011）附录 G 表 G.0.2 查取。若有当地经验，基底下允许冻土层最大厚度应根据当地经验确定。

（2）季节性冻土的场地冻结深度Z_d的确定。

$$Z_d = Z_0 \cdot \psi_{zs} \cdot \psi_{zw} \cdot \psi_{ze} \tag{5-2}$$

式中：Z_d——场地冻结深度，m，若当地有多年实测资料，可按$Z_d = H' - \Delta Z$计算；H'为最大冻结深度出现时场地最大冻土层厚度，m；ΔZ为最大冻结深度出现时场地地表冻胀量，m。

Z_0——标准冻结深度，m，采用在地表平坦、裸露、城市之外的空旷场地中不少于 10 年实测最大冻结深度的平均值。当无实测资料时，按《建筑地基基础设计规范》（GB 50007—2011）附录 F 查取。

ψ_{zs}——土的类别对冻结深度的影响系数，按表 5-3 查取。

ψ_{zw}——土的冻胀性对冻结深度的影响系数，按表 5-4 查取。

ψ_{ze}——环境对冻结深度的影响系数，按表 5-5 查取。

表 5-3　土的类别对冻结深度的影响系数

土的类别	影响系数 ψ_{zs}	土的类别	影响系数 ψ_{zs}
黏性土	1.00	中、粗、砾砂	1.30
细砂、粉砂、粉土	1.20	大块碎石土	1.40

表 5-4　土的冻胀性对冻结深度的影响系数

冻胀性	影响系数 ψ_{zw}	冻胀性	影响系数 ψ_{zw}
不冻胀	1.00	强冻胀	0.85
弱冻胀	0.95	特强冻胀	0.80
冻胀	0.90		

表 5-5　环境对冻结深度的影响系数

周围环境	影响系数 ψ_{ze}	周围环境	影响系数 ψ_{ze}
村、镇、旷野	1.00	城市市区	0.90
城市近郊	0.95		

注：环境影响系数一项，当城市市区人口为 20 万～50 万时，按城市近郊取值；当城市市区人口为 50 万～100 万时，按城市市区取值；当城市市区人口超过 100 万时，除按城市市区取值外，5km 以内的郊区应按城市近郊取值。

（3）基础最小埋深的确定。

在深厚季节性冻土区，当建筑基础底面土层为不冻胀、弱冻胀、冻胀土时，基础最小埋深为场地冻结深度 Z_d 与基底下允许冻土层最大厚度 H_{max} 之差，即 $Z_d - H_{max}$。

4）地基防冻害的措施

（1）对在地下水位以上的基础，基础侧面应回填不冻胀的中砂或粗砂，其厚度不应小于 200mm。对在地下水位以下的基础，可采用桩基础、自锚式基础（冻土层下有扩大板或扩底短桩），也可将基础做成正梯形的斜面基础。

（2）宜选择地势高、地下水位低、地表排水良好的建筑场地。对低洼场地，宜在建筑四周向外各一倍冻结深度距离范围内，使室外地坪标高至少高出自然地面 300～500mm。

（3）防止雨水、地表水、生产废水、生活污水浸入建筑地基，应设置排水设施。在小区应设截水沟，以排走地表水和潜水流。

（4）在强冻胀性和特强冻胀性地基上，其基础结构应设置钢筋混凝土圈梁和基础梁，并控制上部建筑物长高比，以增强建筑物整体刚度。

（5）当独立基础连系梁下或桩基础承台下有冻土时，应在梁或承台下留有相当于该土层冻胀量的空隙，以防止因土的冻胀将梁或承台拱裂。

（6）外门斗、室外台阶和散水坡等部位应与主体结构断开，散水坡分段不宜超过 1.5m，坡度不宜小于 3%，其下宜填入非冻胀性材料。

（7）对跨年度施工的建筑物，入冬前应对地基采取相应的防护措施；按采暖设计的建筑物，当冬季不能正常采暖时，也应对地基采取保温措施。

任务 5.4　基础底面尺寸的确定

任务描述

工作任务	（1）了解作用在基础上的荷载组成。 （2）掌握按持力层承载力计算基础底面尺寸的方法
工作手段	《建筑地基基础设计规范》（GB 50007—2011）
提交成果	每位学生独立完成本学习情境的实训练习里的相关内容

相关知识

确定基础底面尺寸时，首先应满足地基承载力要求，包括持力层土的承载力计算和软弱下卧层的验算；其次对部分建（构）筑物，仍需考虑地基变形的影响，验算建（构）筑物的变形特征值，并对基础底面尺寸做必要的调整。

5.4.1　作用在基础上的荷载

计算作用在基础顶面的总荷载时，应从建筑物的檐口（屋顶）开始计算。应首先计算屋面恒载和活载，其次计算由上至下房屋各层结构（梁、板）自重及楼面活载，最后计算墙和柱的自重。这些荷载在墙或柱承载面以内的总和，在相应于荷载效应标准组合时，就是上部结构传至基础顶面的竖向力 F_k 。外墙和外柱（边柱）由于存在室内外高差，荷载应算至室内设计地面与室外设计地面平均标高处；内墙和内柱荷载算至室内设计地面标高处。最后加上基础自重和基础上的土重 G_k 。

5.4.2　按持力层承载力计算基础底面尺寸

确定基础埋深后，便可按持力层修正后的地基承载力特征值计算所需的基础底面尺寸。

1. 轴心荷载作用下基础底面尺寸

轴心荷载作用下的基础如图 5.16 所示，在轴心荷载作用下，应符合式（5-3）的要求。

$$p_k \leqslant f_a \tag{5-3}$$

式中：p_k——相应于作用的标准组合时，基础底面处的平均压力值，kPa；

f_a——修正后的地基承载力特征值，kPa。

$$p_k = \frac{F_k + G_k}{A} \tag{5-4}$$

式中：F_k——相应于作用的标准组合时，上部结构传至基础顶面的竖向力值，kN。

G_k——基础自重和基础上的土重，kN， $G_k = \gamma_G A\overline{d}$ 。其中 γ_G 为基础及其台阶上回

填土的平均重度，一般取 $\gamma_G=20\text{kN/m}^3$，但在地下水位以下部分应扣去浮力，即取浮重度 $\gamma'_G=10\text{kN/m}^3$；$\bar{d}$ 为基础平均埋深，m。

A——基础底面面积，m^2。

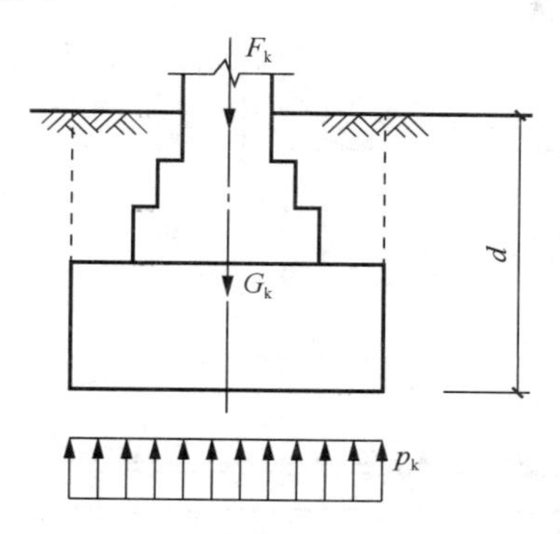

图 5.16　轴心荷载作用下的基础

将式（5-4）代入式（5-3）得

$$A \geqslant \frac{F_k}{f_a - \gamma_G \bar{d}} \tag{5-5}$$

1）独立基础

对于矩形底面的独立基础，基础底面面积 $A = l \times b$，l 及 b 分别为基础底面长度及宽度。一般来说，轴心荷载作用下的基础都采用正方形基础，即 $A = b^2$，可得

$$b \geqslant \sqrt{\frac{F_k}{f_a - \gamma_G \bar{d}}} \tag{5-6}$$

如因场地限制等情况有必要采用矩形基础时，则取适当的 $\frac{l}{b}$（$\frac{l}{b}$ 一般小于 2），即可求得基础底面尺寸。

2）条形基础

对于条形基础，长度取 $l = 1\text{m}$ 为计算单元，即 $A = b$，可得

$$b \geqslant \frac{F_k}{f_a - \gamma_G \bar{d}} \tag{5-7}$$

另外由式（5-6）、式（5-7）可以看出，要确定基础底面宽度 b，需要知道修正后的地基承载力特征值 f_a，而 $f_a = f_{ak} + \eta_b \gamma (b-3) + \eta_d \gamma_m (d-0.5)$ 的取值又与基础底面宽度 b 有关。因此，一般应采用试算法计算。即先假定 $b<3\text{m}$，这时仅按埋深修正地基承载力特征值，然后按式（5-6）、式（5-7）算出基础底面宽度 b。如 $b<3\text{m}$，表示假设正确，算得的基础底面宽度即为所求；如 $b \geqslant 3\text{m}$，表示假设错误，需按上一轮计算所得 b 值进行地基承载力特征值宽度修正，用深度、宽度修正后新的 f_a 值重新计算 b 和 l。一般建筑物的基础底面宽度会小于 3m，故大多数情况下不需要进行第二次计算。此外，基础底面尺寸还应符合施工要求及构造要求。

【例 5.1】某砖混结构外墙基础如图 5.17 所示，采用混凝土条形基础，墙厚 240mm，上部结构传至地表的作用的标准组合竖向力值 $F_k=120\text{kN/m}$，地基为黏性土，重度

γ=19.5kN/m^3，孔隙比 e=0.684，液性指数 I_L=0.456，地基承载力特征值 f_{ak}=110kPa。试计算基础底面宽度。

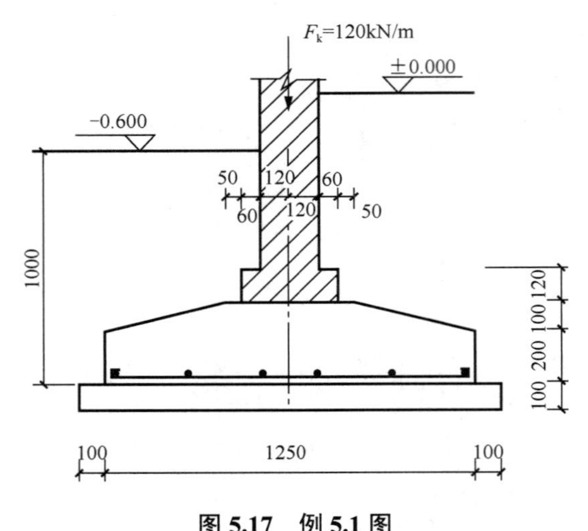

图 5.17　例 5.1 图

解：（1）求修正后的地基承载力特征值。

假定基础底面宽度 b<3m，由于基础埋深 d=1.0m>0.5m，故仅需进行深度修正。

根据题意，e 和 I_L 均小于 0.85，查表 3-7 得 η_b=0.3、η_d=1.6，则

$$f_a = f_{ak} + \eta_d\gamma_m(d-0.5) = 110 + 1.6\times19.5\times(1.0-0.5) = 125.6 \text{（kPa）}$$

（2）求基础底面宽度 b。

因室内外高差为 0.6m，基础平均埋深 $\bar{d} = 1 + \frac{1}{2}\times0.6 = 1.3$（m）

$$故 b \geqslant \frac{F_k}{f_a - \gamma_G\bar{d}} = \frac{120}{125.6 - 20\times1.3} \approx 1.205 \text{（m）}$$

取 b=1.25m。由于 b<3m，符合假定，故基础底面宽度设计为 1.25m。

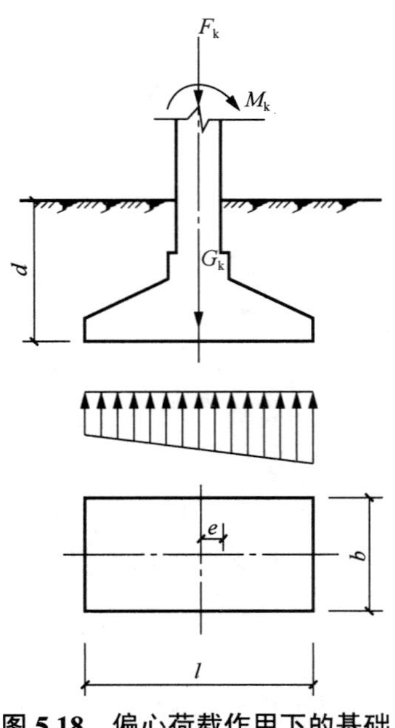

图 5.18　偏心荷载作用下的基础

2. 偏心荷载作用下基础底面尺寸

偏心荷载作用下的基础，如图 5.18 所示，由于有弯矩或剪力存在，基础底面受力不均匀，需要加大基础底面面积。基础底面面积通常采用试算法确定，其具体步骤如下。

（1）先假定基础底面宽度 b<3m，进行地基承载力特征值深度修正，得到修正后的地基承载力特征值。

（2）按轴心荷载作用，用式（5-5）初步算出基础底面面积 A_0。

（3）考虑偏心荷载的影响，根据偏心距的大小，将基础底面面积 A_0 扩大 10%～40%，即

$$A = (1.1\sim1.4)A_0 \tag{5-8}$$

（4）按适当比例确定基础底面长度 l 及宽度 b。

（5）将得到的基础底面面积 A 用下述承载力条件验算。

$$p_{\mathrm{kmax}} \leqslant 1.2 f_{\mathrm{a}} \tag{5-9}$$

$$p_{\mathrm{k}} \leqslant f_{\mathrm{a}} \tag{5-10}$$

如果不满足地基承载力要求，需重新调整基础底面尺寸，直到符合要求为止。

【例 5.2】某柱下钢筋混凝土独立基础，如图 5.19 所示。已知按作用的标准组合时传至基础顶面的竖向力值 F_{k}=820kN，水平荷载 V_{k}=15kN，M_{k}=200kN·m；埋深范围内的土及地基土均为粉质黏土，其重度 γ=18kN/m^3，η_{b}=0.3，η_{d}=1.6，地基承载力特征值 f_{ak}=180kPa，基础埋深 d=1.8m。试确定基础底面尺寸。

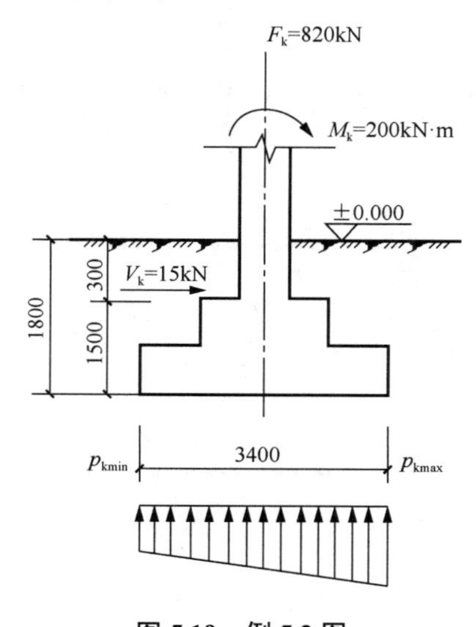

图 5.19　例 5.2 图

解：（1）求修正后的地基承载力特征值。

假定基础底面宽度 b<3m，由于基础埋深 d=1.8m>0.5m，故仅需进行深度修正，则

$$f_{\mathrm{a}} = f_{\mathrm{ak}} + \eta_{\mathrm{d}}\gamma_{\mathrm{m}}(d-0.5) = 180 + 1.6\times18\times(1.8-0.5) = 217.44 \text{（kPa）}$$

（2）按轴心荷载作用估算出基础底面面积 A_0。

$$A_0 \geqslant \frac{F_{\mathrm{k}}}{f_{\mathrm{a}} - \gamma_{\mathrm{G}}\bar{d}} \geqslant \frac{820}{217.44 - 20\times1.8} \approx 4.5 \text{（m}^2\text{）}$$

（3）考虑偏心荷载的影响，根据偏心距的大小，将基础底面面积 A_0 扩大 20%，即

$$A = 1.2A_0 = 1.2\times4.5 = 5.4 \text{（m}^2\text{）}$$

（4）按适当比例确定基础底面长度 l 及宽度 b，取 $\frac{l}{b}=2$，得 $b=\sqrt{\frac{A}{2}}\approx 1.64\text{m}$，取 b=1.7m，则 l=3.4m。

（5）将得到的基础底面面积 A 用承载力条件验算基础及基础以上填土的重量为

$$G_{\mathrm{k}} = \gamma_{\mathrm{G}} A\bar{d} = 20\times3.4\times1.7\times1.8 = 208.08 \text{（kN）}$$

底面弯矩为

$$M_{\mathrm{k}} = 200 + 15\times1.5 = 222.5 \text{（kN·m）}$$

底面偏心距为

$$e=\frac{M_{\mathrm{k}}}{F_{\mathrm{k}}+G_{\mathrm{k}}}=\frac{222.5}{820+208.08}\approx 0.22\text{（m）}<\frac{l}{6}\approx 0.57\text{（m）}$$

将以上数字代入下列公式计算。

$$p_{\mathrm{kmax}}=\frac{F_{\mathrm{k}}+G_{\mathrm{k}}}{A}\left(1+\frac{6e}{l}\right)=\frac{820+208.08}{3.4\times 1.7}\times\left(1+\frac{6\times 0.22}{3.4}\right)\approx 246.93\text{（kPa）}\leqslant 1.2f_{\mathrm{a}}$$

$$p_{\mathrm{k}}=\frac{F_{\mathrm{k}}+G_{\mathrm{k}}}{A}=\frac{820+208.08}{3.4\times 1.7}\approx 177.87\text{（kPa）}\leqslant f_{\mathrm{a}}$$

满足要求，故基础底面长度 l 及宽度 b 分别为 3.4m 及 1.7m。

任务 5.5　地基的验算

任务描述

工作任务	（1）了解地基变形验算的范围。 （2）掌握软弱下卧层的地基承载力验算方法。 （3）了解地基的变形验算和稳定性验算要求
工作手段	《建筑地基基础设计规范》（GB 50007—2011）
提交成果	每位学生独立完成本学习情境的实训练习里的相关内容

相关知识

在对地基基础进行设计时，除了应满足地基承载力要求，必要时还需进行软弱下卧层的强度验算。地基基础分为甲级、乙级、丙级三个设计等级，详见表 5-6，对甲级、乙级的建筑物，以及不符合表 5-7 的丙级建筑物，需进行地基变形验算。对经常承受水平荷载作用的高层建筑和高耸结构，以及建于斜坡上的建筑物和构筑物，应进行地基稳定性验算。

表 5-6　地基基础设计等级

设计等级	建筑和地基类型
甲级	①重要的工业与民用建筑物；②30 层以上的高层建筑；③体型复杂、层数相差超过 10 层的高低层连成一体的建筑物；④大面积的多层地下建筑物（如地下车库、商场、运动场）；⑤对地基变形有特殊要求的建筑物；⑥复杂地质条件下的坡上建筑物（包括高边坡）；⑦对原有工程影响较大的新建建筑物；⑧场地和地基条件复杂的一般建筑物；⑨位于复杂地质条件及软土地区的 2 层及 2 层以上地下室的基坑工程；⑩开挖深度大于 15m 的基坑工程；⑪周边环境条件复杂、环境保护要求高的基坑工程
乙级	除甲级、丙级以外的工业与民用建筑物；除甲级、丙级以外的基坑工程
丙级	①场地和地基条件简单、荷载分布均匀的 7 层及 7 层以下民用建筑及一般工业建筑；②次要的轻型建筑物；③非软土地区且场地地质条件简单、基坑周边环境条件简单、环境保护要求不高且开挖深度小于 5m 的基坑工程

表 5-7　可不做地基变形验算的丙级的建筑物范围

<table>
<tr><td rowspan="2">地基主要受力层情况</td><td colspan="3">地基承载力特征值 f_{ak} /kPa</td><td>80≤ $f_{ak}<100$</td><td>100≤ $f_{ak}<130$</td><td>130≤ $f_{ak}<160$</td><td>160≤ $f_{ak}<200$</td><td>200≤ $f_{ak}<300$</td></tr>
<tr><td colspan="3">各土层坡度/(%)</td><td>≤5</td><td>≤10</td><td>≤10</td><td>≤10</td><td>≤10</td></tr>
<tr><td rowspan="8">建筑类型</td><td colspan="3">砌体承重结构、框架结构/层数</td><td>≤5</td><td>≤5</td><td>≤6</td><td>≤6</td><td>≤7</td></tr>
<tr><td rowspan="2">单层排架结构（6m柱距）</td><td rowspan="2">单跨</td><td>吊车额定起重量/t</td><td>10～15</td><td>15～20</td><td>20～30</td><td>30～50</td><td>50～100</td></tr>
<tr><td>厂房跨度/m</td><td>≤18</td><td>≤24</td><td>≤30</td><td>≤30</td><td>≤30</td></tr>
<tr><td rowspan="2">单层排架结构（6m柱距）</td><td rowspan="2">多跨</td><td>吊车额定起重量/t</td><td>5～10</td><td>10～15</td><td>15～20</td><td>20～30</td><td>30～75</td></tr>
<tr><td>厂房跨度/m</td><td>≤18</td><td>≤24</td><td>≤30</td><td>≤30</td><td>≤30</td></tr>
<tr><td colspan="2">烟囱</td><td>高度/m</td><td>≤40</td><td>≤50</td><td>≤75</td><td>≤75</td><td>≤100</td></tr>
<tr><td colspan="2" rowspan="2">水塔</td><td>高度/m</td><td>≤20</td><td>≤30</td><td>≤30</td><td>≤30</td><td>≤30</td></tr>
<tr><td>容积/m^3</td><td>50～100</td><td>100～200</td><td>200～300</td><td>300～500</td><td>500～1000</td></tr>
</table>

1．软弱下卧层强度验算

基础底面尺寸按任务 5.4 确定后，如果地基变形计算深度范围内存在软弱下卧层，还应验算软弱下卧层的地基承载力。要求作用在软弱下卧层顶面处土的附加压力与自重压力值不超过软弱下卧层的地基承载力，即

$$p_z + p_{cz} \leqslant f_{az} \tag{5-11}$$

式中：p_z——相应于荷载效应标准组合时，软弱下卧层顶面处土的附加压力值，kPa；

p_{cz}——软弱下卧层顶面处土的自重压力值，kPa；

f_{az}——软弱下卧层顶面处经深度修正后的地基承载力特征值，kPa。

$$f_{az} = f_{ak} + \eta_d \gamma_m (d + z - 0.5) \tag{5-12}$$

对于条形和矩形基础，式（5-11）中的 p_z 值可按式（5-13）和式（5-14）简化计算，如图 5.20 所示。

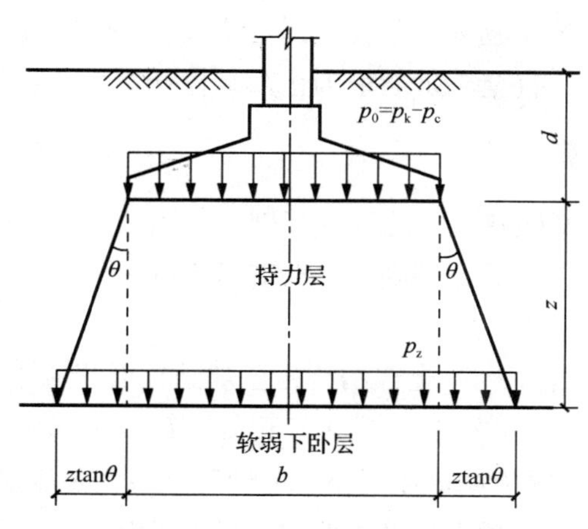

图 5.20　软弱下卧层地基承载力验算

条形基础：

$$p_z = \frac{bp_0}{b + 2z\tan\theta} = \frac{b(p_k - p_c)}{b + 2z\tan\theta} \tag{5-13}$$

矩形基础：

$$p_z = \frac{blp_0}{(b + 2z\tan\theta)(l + 2z\tan\theta)} = \frac{bl(p_k - p_c)}{(b + 2z\tan\theta)(l + 2z\tan\theta)} \tag{5-14}$$

式中：b——矩形基础或条形基础底边的宽度，m；

l——矩形基础底边的长度，m；

p_0——基底附加压力值，m；

p_k——基底处的平均压力值，kPa；

p_c——基底处土的自重压力值，kPa；

z——基底至软弱下卧层顶面的距离，m；

θ——地基压力扩散角，即地基压力扩散线与垂直线的夹角，可按表 5-8 选用。

表 5-8　地基压力扩散角 θ

E_{s1}/E_{s2}	z/b	
	0.25	**0.50**
3	6°	23°
5	10°	25°
10	20°	30°

注：1．E_{s1} 为上层土压缩模量，E_{s2} 为下层土压缩模量。

2．当 z/b<0.25 时，一般取 θ =0°，必要时由试验确定；当 z/b>0.50 时，θ 值不变。

3．当 z/b 在 0.25～0.50 时，可插值使用。

2．地基的变形验算

在设计时要求地基变形计算值不超过建筑物地基变形允许值，即 $s \leqslant [s]$，以保证地基土不致因变形过大而影响建筑物的正常使用或危害安全，如果地基变形不能满足要求，则需重新调整基础底面尺寸，直至满足要求为止，具体计算方法详见学习情境 2。

3．地基的稳定性验算

除前述内容外，对于某些建筑物的独立基础，比如承受水平荷载较大（如挡土墙），或建筑物较轻而水平力的作用点又比较高（如水塔），还应验算其稳定性，具体的计算方法详见学习情境 3。

【例 5.3】有一轴心受压基础，上部结构传至基础顶面相应于荷载效应标准组合时的竖向力值 F_k=850kN，土层分布如图 5.21 所示。已知基础底面尺寸 l=3m，b=2m，持力层厚度 3.5m，基础埋深 1.5m，试验算软弱下卧层的地基承载力是否满足要求。

解：（1）计算软弱下卧层顶面处经深度修正后的地基承载力特征值。

$$f_{az}=f_{ak}+\eta_d\gamma_m(d+z-0.5)=85+1.0\times(16\times1.5+18\times3.5)/(1.5+3.5)\times(1.5+3.5-0.5)$$
$$=163.3\text{（kPa）}$$

（2）计算软弱下卧层顶面处土的自重压力。

$$p_{cz}=16\times1.5+18\times3.5=87\text{（kPa）}$$

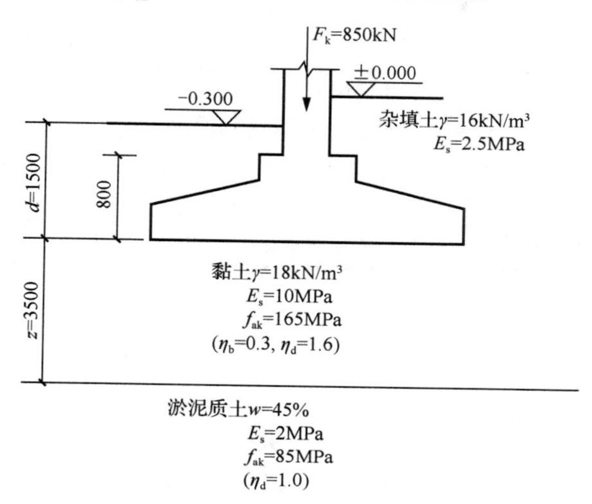

图 5.21　例 5.3 图

（3）计算软弱下卧层顶面处土的附加压力。

① 确定地基压力扩散角 θ 。

根据持力层与下卧层压缩模量的比值 E_{s1}/E_{s2}=10/2=5 及 z/b=3.5/2=1.75>0.5，查表 5-8 得 θ=25° 。

② 计算基底附加压力 p_0。

$$p_0=p_k-p_c=\frac{F_k+G_k}{A}-p_c$$
$$=\frac{850+20\times3\times2\times1.65}{3\times2}-16\times1.5$$
$$\approx150.67\text{（kPa）}$$

③ 软弱下卧层顶面处土的附加压力为

$$p_z=\frac{blp_0}{(b+2z\tan\theta)(l+2z\tan\theta)}$$
$$=\frac{3\times2\times150.67}{(3+2\times3.5\times\tan25°)(2+2\times3.5\times\tan25°)}\approx27.41\text{（kPa）}$$

（4）计算软弱下卧层的地基承载力。

$$p_z+p_{cz}=27.41+87=114.41\text{（kPa）}\leqslant f_{az}=163.3\text{kPa}$$

说明软弱下卧层的地基承载力满足要求。

任务 5.6　无筋扩展基础设计

任务描述

工作任务	（1）了解无筋扩展基础的适用范围。 （2）掌握无筋扩展基础的设计及构造要求
工作手段	《建筑地基基础设计规范》（GB 50007—2011）、《混凝土结构施工图平面整体表示方法制图规则和构造详图（独立基础、条形基础、筏形基础、桩基础）》（22G101—3）
提交成果	每位学生独立完成本学习情境的实训练习里的相关内容

相关知识

1. 无筋扩展基础的适用范围

由于无筋扩展基础都是用抗压性能较好、抗拉及抗剪性能较差的材料建造的，在受弯、受剪时很容易因弯曲变形过大而拉坏或剪坏，因此无筋扩展基础一般设计成轴心抗压基础。当上部结构荷载较小时，一般采用无筋扩展基础。

2. 无筋扩展基础的设计及构造要求

在基底反力的作用下，无筋扩展基础实际上相当于倒置的悬臂梁，基础有向上弯曲的趋势，如果弯曲过大，就会使基础有沿危险截面裂开的可能。因此，需要控制基础台阶的宽高比，让基础台阶的宽高比 b_2/H_0 小于或等于台阶宽高比的允许值 $[b_2/H_0]$（见表 5-1），即

$$b_2/H_0 \leqslant [b_2/H_0] = \tan\alpha \tag{5-15}$$

当台阶宽度确定时，基础高度为

$$H_0 \geqslant \frac{b-b_0}{2\left[\dfrac{b_2}{H_0}\right]} = \frac{b_2}{\tan\alpha} \tag{5-16}$$

当基础高度确定时，台阶宽度为

$$b_2 \leqslant \left[\frac{b_2}{H_0}\right] H_0 = \tan\alpha \cdot H_0 \tag{5-17}$$

式中：b——基础底面宽度，m；

b_0——基础顶面的墙体宽度或柱脚宽度，m；

H_0——基础高度，m；

b_2——基础台阶宽度，m；

$\tan\alpha$——基础台阶宽高比 b_2/H_0，其允许值按表 5-1 选用。

【例 5.4】某中学教学楼内墙厚为 240mm，拟采用砖基础。土层分布是第一层为 0.8m 厚的杂填土，其重度 γ=18kN/m^3。第二层为 3.5m 厚的粉土，粉土地基承载力特征值 f_{ak}=180kPa

（η_b=0.5、η_d=2.0），其重度γ=18kN/m^3。已知按作用的标准组合时传至基础顶面的竖向力值 F_k =200kN/m，室内外高差为 0.3m，基础埋深 d=1.5m，试设计该墙下条形基础。

解：（1）求修正后的地基承载力特征值。

先假定基础宽度 b<3m，则

$$f_a = f_{ak} + \eta_d \gamma_m (d - 0.5) = 180 + 2.0 \times 18 \times (1.5 - 0.5) = 216 \text{（kPa）}$$

（2）确定基础底面宽度。

$$b \geqslant \frac{F_k}{f_a - \gamma_G \bar{d}} \geqslant \frac{200}{216 - 20 \times 1.5} \approx 1.08 \text{（m）}$$

取基础底面宽度 b =1.10m。

（3）确定基础剖面尺寸。

基础的下层采用 C15 混凝土层，其上层采用 MU10 砖、M5 砂浆砌二一间隔收的砖基础。

先进行混凝土垫层设计。

基底压力：

$$p_k = \frac{F_k + G_k}{A} = \frac{200 + 20 \times 1.1 \times 1 \times 1.5}{1.1 \times 1} \approx 211.82 \text{（kPa）}$$

由表 5-1 查得混凝土垫层的宽高比允许值$[b_2 / H_0]$=1∶1.25，混凝土垫层每边悬挑 250mm，垫层高取 400mm。

砖基础所需台阶数：

$$n = [(1100 - 240 - 500) / 2 \times 1.5] / 120 \approx 3$$

基础高度：

$$H_0 = 120 \times 2 + 60 \times 1 + 400 = 700 \text{（mm）}$$

（4）基础剖面形状及尺寸如图 5.22 所示。

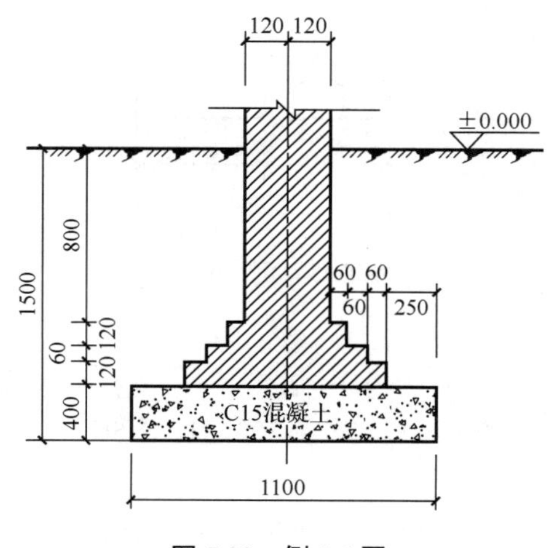

图 5.22　例 5.4 图

【例 5.5】某地区学生宿舍，底层外纵墙厚 0.37m，已知按作用的标准组合时传至基础

顶面的竖向力值 F_k=180kN/m，基础埋深 d=1.5m（室内外高差为 0.3m），基础材料采用毛石，砂浆采用 M5 砌筑，地基土为黏土，其重度γ=18kN/m^3，经深度修正后的地基承载力特征值 f_a=214kPa，试确定毛石基础宽度及剖面尺寸，并绘出基础剖面图形。

解：（1）确定基础底面宽度。

$$b \geqslant \frac{F_k}{f_a - \gamma_G \bar{d}} \geqslant \frac{180}{214 - 20 \times 1.65} \approx 0.99\text{（m）}$$

取基础底面宽度 b=1.10m。

（2）确定台阶宽高比允许值。

基底压力：

$$p_k = \frac{F_k + G_k}{A} = \frac{180 + 20 \times 1.1 \times 1 \times 1.65}{1.1 \times 1} \approx 196.64\text{(kPa)}$$

由表 5-1 查得毛石基础台阶宽高比允许值$[b_2/H_0]$=1∶1.50。

（3）确定毛石基础所需台阶数（要求每台阶宽≤200mm）。

$$n = \frac{b - b_0}{2} \times \frac{1}{200} = \frac{1100 - 370}{2} \times \frac{1}{200} = 1.825$$

设三步台阶。

（4）确定基础剖面尺寸并绘出基础剖面图形，如图 5.23 所示。

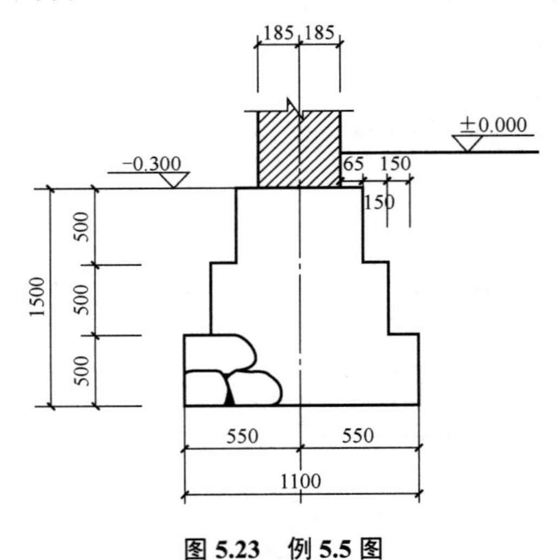

图 5.23　例 5.5 图

（5）验算台阶宽高比。

基础宽高比：

$$b_2/H_0 = 365/1500 \leqslant 1 : 1.50$$

每阶宽高比：

$$b_2/H_0 = 150/500 \leqslant 1 : 1.50$$

满足要求。

任务 5.7 扩展基础设计

任务描述

工作任务	（1）了解扩展基础的适用范围。 （2）掌握扩展基础的构造要求。 （3）掌握扩展基础的设计计算方法
工作手段	《建筑地基基础设计规范》（GB 50007—2011）、《混凝土结构施工图平面整体表示方法制图规则和构造详图（独立基础、条形基础、筏形基础、桩基础）》（22G101—3）
提交成果	每位学生独立完成本学习情境的实训练习里的相关内容

相关知识

1．扩展基础的适用范围

当上部结构荷载较大而地基土又较软弱，需要加大基础的底面积而又不想增加基础高度和埋深时可采用扩展基础。

2．扩展基础的构造要求

锥形基础的截面形式如图 5.24 所示。锥形基础的边缘高度不宜小于 200mm；顶部做成平台，每边从柱边缘放出不少于 50mm 的距离，以便于柱支模；阶梯形基础的每阶高度值为 300～500mm。扩展基础下通常设素混凝土垫层，基础垫层的厚度不宜小于 70mm；垫层混凝土强度等级不宜低于 C10。扩展基础底板受力钢筋最小直径不宜小于 10mm，间距不宜大于 200mm，也不宜小于 100mm。墙下钢筋混凝土条形基础纵向分布钢筋的直径不小于 8mm，间距不应大于 300mm，每延米分布钢筋的面积应不小于受力钢筋面积的 15%。

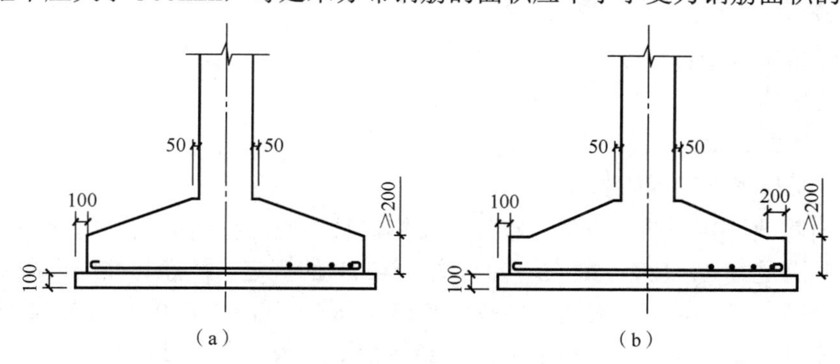

图 5.24 锥形基础的截面形式

当有垫层时，钢筋保护层的厚度不小于 40mm；无垫层时，不小于 70mm。扩展基础混凝土强度等级不应低于 C20。当柱下钢筋混凝土独立基础的边长大于或等于 2.5m 时，底板

受力钢筋的长度可取边长或宽度的 9/10，并宜交错布置，如图 5.25（a）所示。墙下钢筋混凝土条形基础底板在 T 形及十字交叉形交接处，底板横向受力钢筋仅沿一个主要受力方向通长布置，另一方向的横向受力钢筋可布置到主要受力方向底板宽度的 1/4 处，如图 5.25（b）所示。在拐角处底板横向受力钢筋应沿两个方向布置，如图 5.25（c）所示。

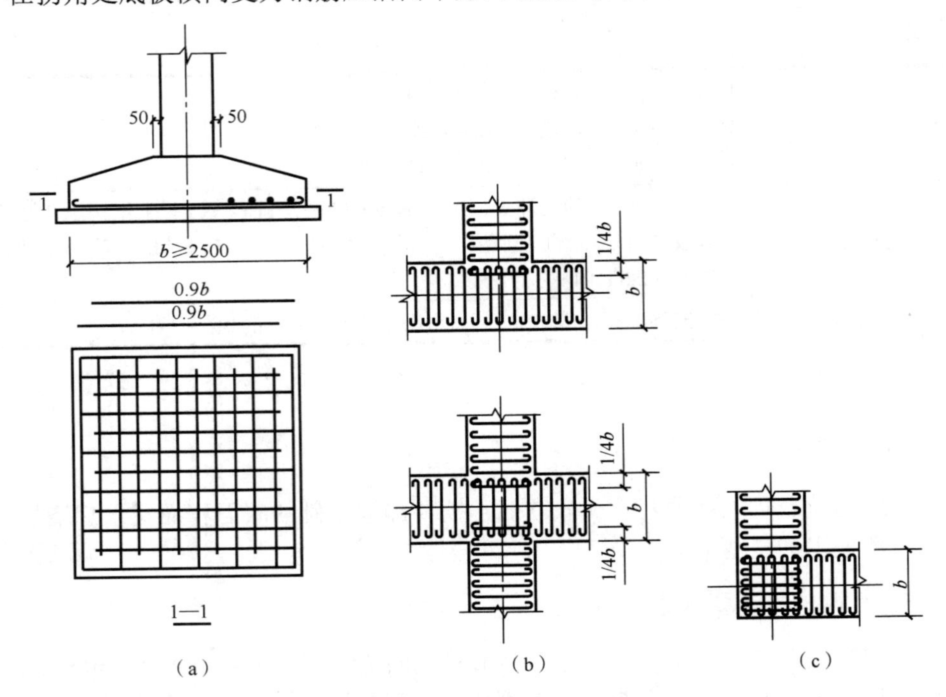

图 5.25　扩展基础底板受力钢筋布置示意图

钢筋混凝土柱和剪力墙纵向受力钢筋在基础内的锚固长度，应按《混凝土结构设计规范（2015 年版）》（GB 50010—2010）的有关规定确定。

抗震设防烈度为 6、7、8、9 度地区的建筑工程，纵向受力钢筋最小锚固长度 l_{aE} 应按以下公式计算。

一、二级抗震等级：　　$l_{aE}=1.15l_a$　　（5-18）

三级抗震等级：　　$l_{aE}=1.05l_a$　　（5-19）

四级抗震等级：　　$l_{aE}=l_a$　　（5-20）

式中：l_a——受拉钢筋的锚固长度，m。

现浇柱的基础，其插筋的数量、直径以及钢筋种类应与柱内纵向受力钢筋相同。插筋的锚固长度应满足式（5-18）、式（5-19）、式（5-20）的规定，插筋与柱内纵向受力钢筋的连接方法，应符合《混凝土结构设计规范（2015 年版）》（GB 50010—2010）的规定。插筋的下端宜做成直钩放在基础底板钢筋网上。当符合下列条件之一时，可仅将四角的插筋伸至底板钢筋网上，其余插筋锚固在基础顶面下 l_a 或 l_{aE} 处（有抗震设防要求时），如图 5.26 所示。

当柱为轴心受压或小偏心受压时，基础高度大于或等于 1200mm。当柱为大偏心受压时，基础高度大于或等于 1400mm。

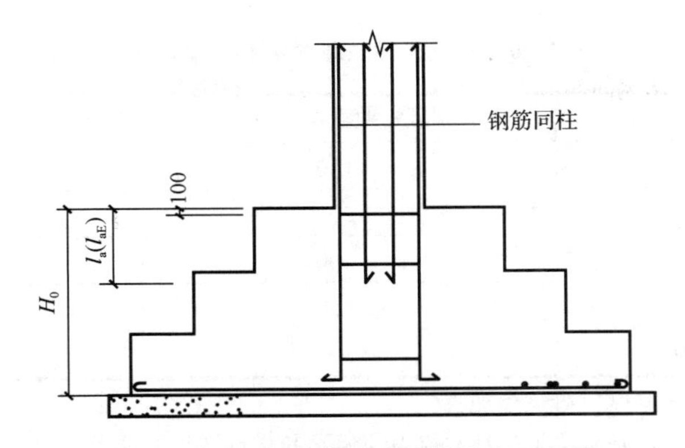

图 5.26　现浇柱的基础中插筋构造示意图

预制柱下独立基础通常做成杯口基础，如图 5.27 所示，预制柱与杯口基础的连接应符合下列要求。

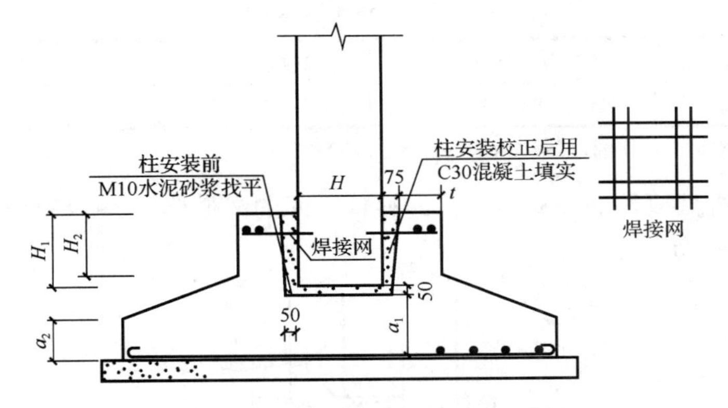

图 5.27　预制柱与杯口基础连接示意图

（1）柱插入杯口深度 H_1，可按表 5-9 选用，并应满足钢筋锚固长度的要求及吊装时柱的稳定性（即不小于吊装时柱长的 5%）。

（2）基础的杯底厚度 a_1 和杯壁厚度 t，可按表 5-10 选用。

（3）当柱为轴心受压或小偏心受压且 $t/H_2 \geqslant 0.65$，或大偏心受压且 $t/H_2 \geqslant 0.75$ 时，杯壁可不配筋，H_2 为杯口基础侧面竖直部分的高度；当柱为轴心受压或小偏心受压且 $0.5 \leqslant t/H_2 < 0.65$ 时，杯壁可按表 5-11 构造配筋；其他情况下，应按计算配筋。

表 5-9　柱插入杯口深度 H_1

单位：mm

矩形或工字形柱				双肢柱
$H<500$	$500 \leqslant H<800$	$800 \leqslant H \leqslant 1000$	$H>1000$	
$H \sim 1.2H$	H	$0.9H$ 且 $\geqslant 800$	$0.8H$ 且 $\geqslant 1000$	$\left(\frac{1}{3} \sim \frac{2}{3}\right) H_a$ $(1.5 \sim 1.8) H_b$

注：1. H 为柱截面长边尺寸；H_a 为双肢柱全截面长边尺寸；H_b 为双肢柱全截面短边尺寸。

2. 柱轴心受压或小偏心受压时，H_1 可适当减小，偏心距大于 $2H$ 时，H_1 则应适当加大。

表 5-10　基础的杯底厚度 a_1 和杯壁厚度 t

柱截面长边尺寸 H /mm	杯底厚度 a_1 /mm	杯壁厚度 t /mm
H＜500	≥150	150～200
500≤H＜800	≥200	≥200
800≤H＜1000	≥200	≥300
1000≤H＜1500	≥250	≥350
1500≤H＜2000	≥300	≥400

注：1．双肢柱的杯底厚度值可适当加大。
2．当有基础梁时，基础梁下的杯壁厚度应满足其支承宽度的要求。
3．柱插入杯口部分的表面应凿毛，柱与杯口之间的空隙，应用比基础混凝土强度等级高一级的细石混凝土充填密实，当达到材料设计强度的 70%以上时，方能进行上部吊装。

表 5-11　杯壁构造配筋

柱截面长边尺寸 H/mm	H＜1000	1000≤H＜1500	1500≤H≤2000
钢筋直径/mm	8～10	10～12	12～16

注：表中钢筋置于杯口顶部，每边两根（图 5.27）。

（4）对伸缩缝处双柱的杯口基础，两杯口之间的杯壁厚度 t ＜400mm 时，杯壁可按图 5.28 所示进行配筋。

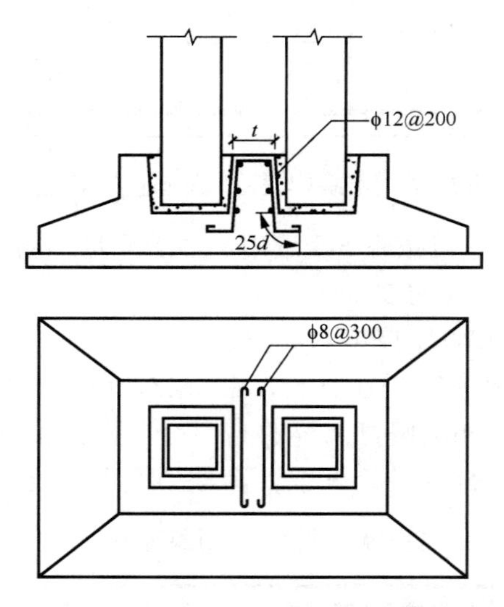

图 5.28　双柱的杯口基础中间杯壁构造配筋示意图

（5）对于预制钢筋混凝土柱（包括双肢柱）与高杯口基础的连接，应满足《建筑地基基础设计规范》（GB 50007—2011）的有关规定，这里不再赘述。

3．扩展基础的设计计算

1）柱下钢筋混凝土独立基础的设计计算

柱下钢筋混凝土独立基础的设计计算，主要包括基础底面尺寸的确定，基础受冲切承载力验算以及基础底板配筋计算，一些情况下还要验算基础受剪切承载力、局部受压承载力。

在基础受冲切承载力验算和基础底板配筋计算时，上部结构传来的作用的组合和相应的基底反力应按承载能力极限状态下作用的基本组合，采用相应的分项系数。分项系数可按《建筑结构荷载规范》（GB 50009—2012）的规定选用。

（1）柱下钢筋混凝土独立基础受冲切承载力验算。

当基础承受柱传来的荷载时，若底板面积较大，而高度较薄，基础就会发生冲切破坏，即基础从柱（或变阶处）四周开始，沿着45°斜面拉裂，从而形成冲切破坏锥体，如图 5.29 所示。

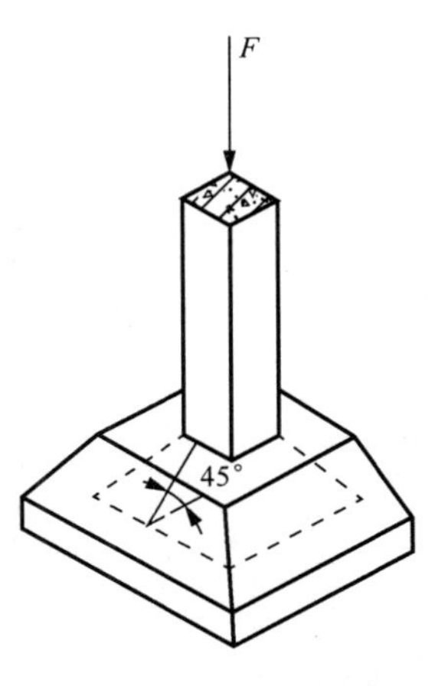

图 5.29　基础冲切破坏

为了防止这种破坏，基础应进行受冲切承载力验算。即在基础冲切破坏锥体以外，由基底反力产生的冲切荷载 F 应小于基础冲切面上的抗冲切强度。对矩形截面柱的矩形基础，在柱与基础交接处以及基础变阶处的抗冲切强度可按下列公式计算，如图 5.30 所示。

$$F_l \leqslant 0.7\beta_{\mathrm{hp}} f_{\mathrm{t}} a_{\mathrm{m}} h_0 \tag{5-21}$$

$$a_{\mathrm{m}} = \frac{a_{\mathrm{t}} + a_{\mathrm{b}}}{2} \tag{5-22}$$

$$F_l = p_{\mathrm{j}} A_l \tag{5-23}$$

式中：β_{hp}——受冲切承载力截面高度影响系数，当 $h \leqslant 800$mm 时，β_{hp} 取 1.0；当 $h \geqslant 2000$mm 时，β_{hp} 取 0.9；当 $800 < h < 2000$mm 时，β_{hp} 按线性内插法取用。

f_{t}——混凝土轴心抗拉强度设计值，kN/m^2。

h_0——基础冲切破坏锥体的有效高度，m。

a_{m}——冲切破坏锥体最不利一侧计算长度，m，即斜截面上、下边长 a_{t}、a_{b} 的平均值，如图 5.30 所示。

a_{t}——冲切破坏锥体最不利一侧斜截面的上边长，m，当计算柱与基础交接处的受冲切承载力时，取柱宽；当计算基础变阶处的受冲切承载力时，取上阶宽。

a_{b}——冲切破坏锥体最不利一侧斜截面在基础底面积范围内的下边长，m，当冲切破坏锥体的底面落在基础底面以内［图 5.31（a）、（b）］，计算柱与基础交接处的受冲切承载力时，取柱宽加两倍基础有效高度；当计算基础变阶处的受冲切承载力时，取上阶宽加两倍该处的基础有效高度；当冲切破坏锥体的底面在 l 方向落在基底以外，即 $a_t + 2h_0 > l$ 时［图 5.31（c）］，$a_{\mathrm{b}} = l$。

p_{j}——扣除基础自重及其上土重后相应于荷载效应基本组合时的基底单位面积净反力，kPa，对偏心受压基础可取基础边缘处最大基底单位面积净反力。

F_l——相应于荷载效应基本组合时作用在 A_l 上的基底净反力设计值，kN。

A_l——受冲切承载力验算时取用的部分基底面积，m^2，见图 5.31（a）、（b）的阴影面积 $ABCDEF$ 或图 5.31（c）的阴影面积 $ABDC$。

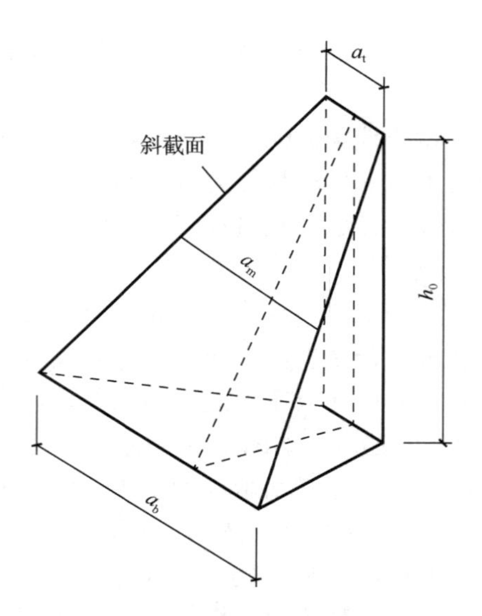

图 5.30　冲切破坏锥体

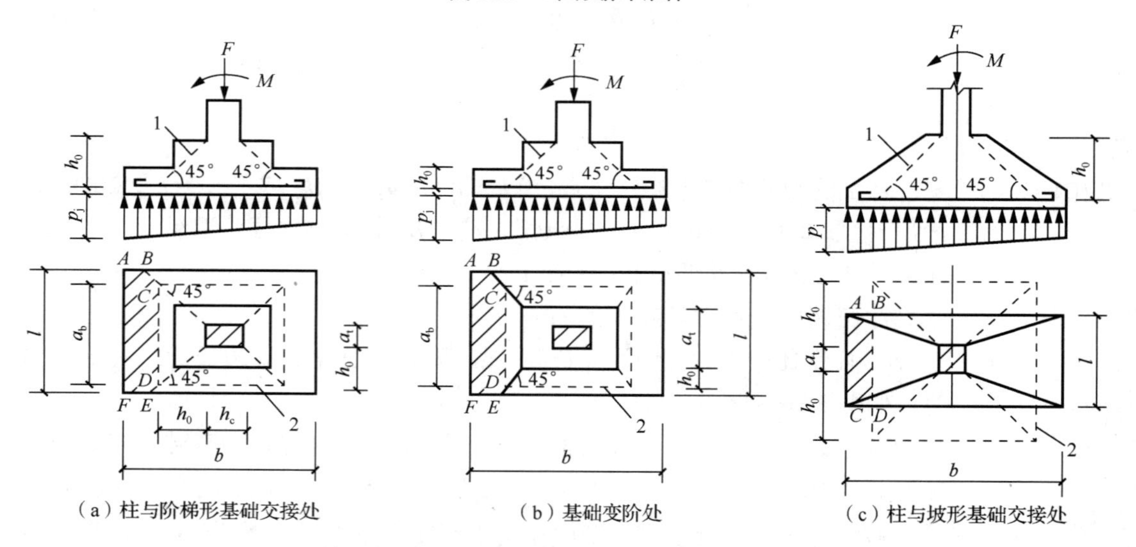

1—冲切破坏锥体最不利一侧的斜截面；2—冲切破坏锥体的底面线

图 5.31　基础受冲切承载力验算计算图

验算时分下列两种情况。

① 当 $l \geqslant a_t + 2h_0$ 时［图 5.31（a）、（b）］，冲切破坏锥体的底面落在基底以内。

$$A_l = \left(\frac{b}{2} - \frac{h_c}{2} - h_0\right)l - \left(\frac{l}{2} - \frac{a_t}{2} - h_0\right)^2 \tag{5-24}$$

② 当 $l < a_t + 2h_0$ 时［图 5.31（c）］，冲切破坏锥体的底面落在基底以外。

$$A_l = \left(\frac{b}{2} - \frac{h_c}{2} - h_0\right)l \tag{5-25}$$

当基底边缘在 45°冲切破坏线以内时，可不进行受冲切承载力验算。

对于柱下钢筋混凝土独立基础的受冲切承载力验算，一般来说，应先按经验假定基础高度，确定 h_0，然后按式（5-21）进行受冲切承载力验算，当不满足要求时，调整基础高度尺寸，直到满足要求为止。

一般来说，锥形基础只需进行柱边的受冲切承载力验算，阶梯形基础需验算柱边及变阶处的受冲切承载力。

（2）柱下钢筋混凝土独立基础底板配筋计算。

在基底净反力作用下，基础底板在两个方向均发生向上的弯曲，底部受拉，顶部受压。在危险截面内的弯曲应力超过底板的受弯承载力时，底板就会发生弯曲破坏，为了防止这种破坏，需要在基础底板下部配置钢筋。

对于矩形基础，在轴心荷载或单向偏心荷载作用下，当台阶的宽高比小于或等于 2.5 且偏心距小于或等于 1/6 基础宽度时，基础底板任意截面的弯矩可按下列公式计算（图 5.32）。

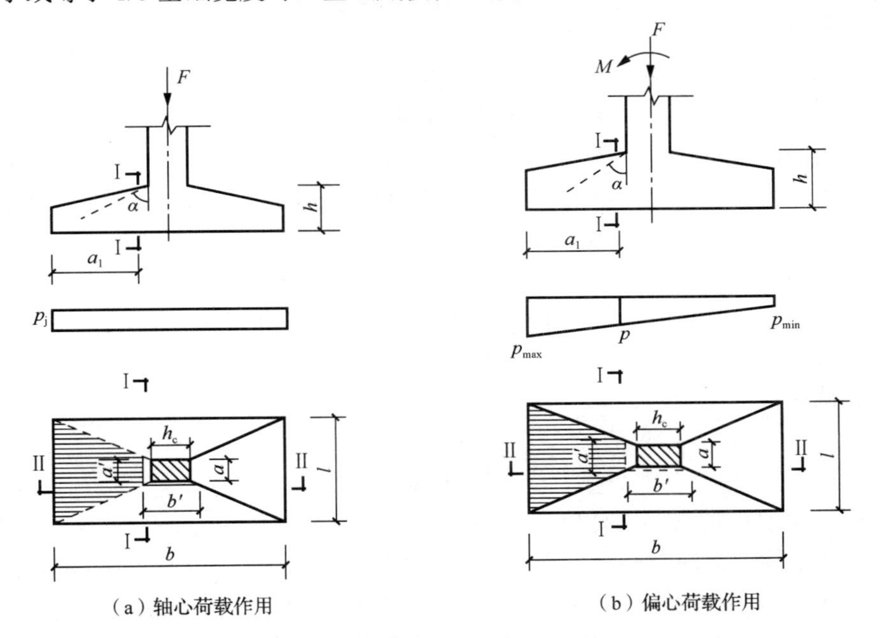

图 5.32 矩形基础底板配筋计算示意图

① 轴心荷载作用［图 5.32（a)］。

Ⅰ—Ⅰ截面：

$$M_{\mathrm{I}}=\frac{1}{24}(b-b')^2(2l+a')p_{\mathrm{j}} \tag{5-26}$$

Ⅱ—Ⅱ截面：

$$M_{\mathrm{II}}=\frac{1}{24}(l-a')^2(2b+b')p_{\mathrm{j}} \tag{5-27}$$

② 偏心荷载作用［图 5.32（b)］。

Ⅰ—Ⅰ截面：

$$M_{\mathrm{I}}=\frac{1}{12}a_1^2\left[(2l+a')\left(p_{\max}+p-\frac{2G}{A}\right)+(p_{\max}-p)l\right] \tag{5-28}$$

Ⅱ—Ⅱ截面：

$$M_{\mathrm{II}}=\frac{1}{48}(l-a')^2(2b+b')\left(p_{\max}+p_{\min}-\frac{2G}{A}\right) \tag{5-29}$$

式（5-26）～式（5-29）中：

M_{I}、M_{II}——任意截面Ⅰ—Ⅰ、Ⅱ—Ⅱ处相应于荷载效应基本组合时的弯矩设计值，kN·m；

a_1——任意截面Ⅰ—Ⅰ至基底边缘最大反力处的距离，m；

l、b——基底的边长，m；

a'、b'——设计控制截面尺寸，m；

$p_{\max}$、$p_{\min}$——相应于荷载效应基本组合时的基底边缘最大和最小基底反力设计值，kPa；

p——相应于荷载效应基本组合时在任意截面Ⅰ—Ⅰ处基底反力设计值，kPa；

p_{j}——基底净反力，kPa；

G——考虑荷载分项系数的基础自重及其上的土自重，kN，当组合值由永久荷载控制时，$G=1.35G_{\mathrm{k}}$，G_{k}为基础及其上土的标准自重。

③ 配筋计算。

当求得截面弯矩后，可用式(5-30)、式(5-31)分别计算基础底板纵横两个方向的钢筋面积。

Ⅰ—Ⅰ截面：

$$A_{\mathrm{s,I}}=\frac{M_{\mathrm{I}}}{0.9f_{\mathrm{y}}h_0} \tag{5-30}$$

Ⅱ—Ⅱ截面：

$$A_{\mathrm{s,II}}=\frac{M_{\mathrm{II}}}{0.9f_{\mathrm{y}}h_0} \tag{5-31}$$

式中：f_{y}——钢筋抗拉强度设计值，N/mm^2。

【例5.6】某柱下钢筋混凝土独立基础的底面尺寸$l\times b$=3000mm×2200mm，柱截面尺寸$a_{\mathrm{t}}\times h_{\mathrm{c}}$=400mm×400mm，基础埋深$d$=1500mm，基础底板厚度$h$=500mm，$h_0$=460mm，如图5.33所示。柱传来相应于荷载效应基本组合时的轴向力设计值F=750kN，弯矩设计值M=110kN·m，混凝土强度等级C20，f_{t}=1.1N/mm^2，HPB300级钢筋，f_{y}=300N/mm^2，基础下设置100mm厚C10混凝土垫层。试进行受冲切承载力验算，并计算基础底板配筋。

解：（1）计算基底净反力的偏心距。

$$e_0=\frac{M}{F}=\frac{110}{750}\approx 0.15\text{（m）}<\frac{l}{6}=0.5\text{（m）}$$

基底净反力呈梯形分布。

（2）计算基底边缘处的最大和最小基底净反力。

$$p_{\mathrm{j,max}}=\frac{F}{A}\left(1+\frac{6e}{l}\right)=\frac{750}{3\times 2.2}\times\left(1+\frac{6\times 0.15}{3}\right)\approx 147.7\text{（kPa）}$$

$$p_{\mathrm{j,min}}=\frac{F}{A}\left(1-\frac{6e}{l}\right)=\frac{750}{3\times 2.2}\times\left(1-\frac{6\times 0.15}{3}\right)\approx 79.5\text{（kPa）}$$

（3）验算受冲切承载力。

基础短边长度l=2.2m，柱截面尺寸为400mm×400mm，$l > a_t + 2h_0$=0.4+2×0.46=1.32（m），于是：

$$A_l = \left(\frac{b}{2} - \frac{h_c}{2} - h_0\right)l - \left(\frac{l}{2} - \frac{a_t}{2} - h_0\right)^2$$

$$= \left(\frac{3}{2} - \frac{0.4}{2} - 0.46\right) \times 2.2 - \left(\frac{2.2}{2} - \frac{0.4}{2} - 0.46\right)^2 \approx 1.65（m^2）$$

$$a_m = \frac{a_t + a_b}{2} = (0.4+0.4+2\times0.46)/2=0.86（m）$$

$$F_l = p_{j,max} A_l = 147.7\times1.65\approx243.71（kN）$$

$$0.7\beta_{hp} f_t a_m h_0 = 0.7\times1.0\times1.1\times10^3\times0.86\times0.46 \approx 304.61（kN）$$

满足$F_l \leqslant 0.7\beta_{hp} f_t a_m h_0$条件。

（4）计算基础底板配筋。

设计控制截面在柱边处，此时相应的a'、b'和p_{jI}值为

$$a' = 0.4m，\quad b' = 0.4m$$

$$a_1 = \frac{3-0.4}{2} = 1.3（m）$$

$$p_{jI} = 79.5 + (147.7 - 79.5) \times \frac{(3-1.3)}{3} \approx 118（kPa）$$

长边方向：

$$M_I = \frac{1}{12} a_1^2 \left[(2l + a')\left(p_{max} + p - \frac{2G}{A}\right) + (p_{max} - p)l\right]$$

$$= \frac{1}{12} a_1^2 [(2l + a')(p_{j,max} + p_{jI}) + (p_{j,max} - p_{jI})l]$$

$$= \frac{1}{12} \times 1.3^2 \times [(2\times2.2 + 0.4)\times(147.7 + 118) + (147.7 - 118)\times2.2]$$

$$\approx 188.8（kN•m）$$

短边方向：

$$M_{II} = \frac{1}{48}(l - a')^2 (2b + b')\left(p_{max} + p_{min} - \frac{2G}{A}\right)$$

$$= \frac{1}{48}(l - a')^2 (2b + b')(p_{j,max} + p_{j,min})$$

$$= \frac{1}{48} \times (2.2 - 0.4)^2 \times (2\times3 + 0.4) \times (147.7 + 79.5)$$

$$\approx 98.2（kN•m）$$

则长边方向配筋 $A_{s,I} = \dfrac{M_I}{0.9 f_y h_0} = \dfrac{188.8\times10^6}{0.9\times300\times460} \approx 1520（mm^2）$

选用①11ϕ16@210（$A_{s,I}$=2211mm^2）。

短边方向配筋 $A_{s,II}=\dfrac{M_{II}}{0.9f_yh_0}=\dfrac{98.2\times10^6}{0.9\times300\times460}\approx791$（mm^2）

选用②15ϕ10@200（$A_{s,II}=1178\text{mm}^2$）。

柱下钢筋混凝土独立基础计算与配筋布置如图 5.33 所示。

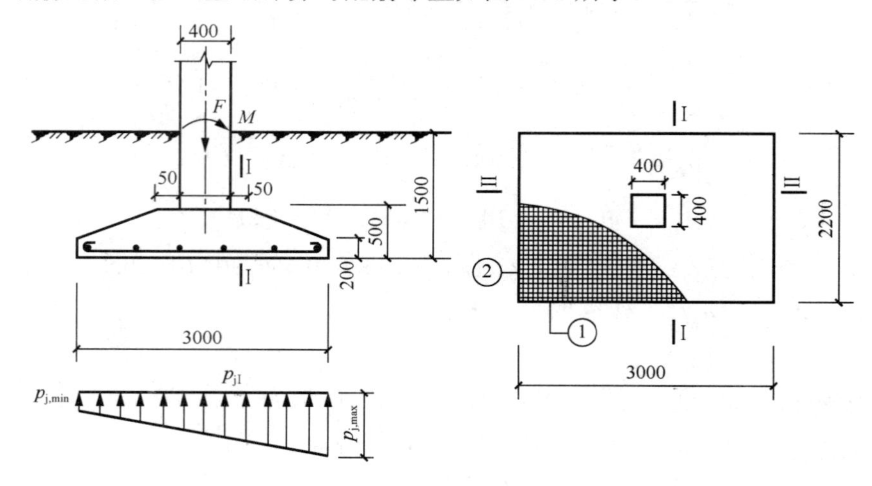

图 5.33　例 5.6 图

2）墙下钢筋混凝土条形基础的设计计算

（1）轴心荷载作用。

① 计算基础宽度 b（方法、步骤详见任务 5.4）。

② 计算基底净反力 p_j。仅由基础顶面上的荷载 F 在基底处所产生的基底反力（不包括基础自重和基础上方回填土重所产生的反力），称为基底净反力。计算时，通常沿条形基础长度方向取 l=1m 进行计算。基底净反力为

$$p_j=\frac{F}{b} \tag{5-32}$$

式中：F ——相应于荷载效应基本组合时作用在基础顶面上的荷载，kN；

b ——基础宽度，m。

③ 确定基础底板厚度 h。如图 5.34 所示，基础底板如同倒置的悬臂板，在基底净反力作用下，基础底板内将产生弯矩 M 和剪力 V，在基础任意截面 I — I 处的弯矩 M 和剪力 V 为

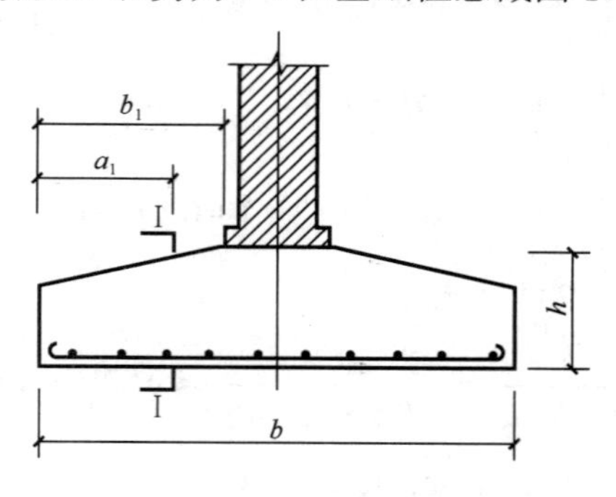

图 5.34　基础底板厚度计算示意图

$$M = \frac{1}{2} p_j a_1^2 \tag{5-33}$$

$$V = p_j a_1 \tag{5-34}$$

当墙体材料为混凝土时，取 $a_1 = b_1$；当墙体材料为砖墙且大放脚伸出 1/4 砖长时，取 $a_1 = b_1 + 1/4$ 砖长，b_1 为每侧基础边缘距墙脚边缘的距离。

基础内最大弯矩 M 和剪力 V 实际发生在悬臂板的根部。

对于基础底板厚度 h 的确定，一般根据经验采用试算法，即一般取 $h \geqslant b/8$（b 为基础宽度），然后进行受剪切承载力验算，要求

$$V \leqslant 0.7\beta_{hs} f_t b h_0 \tag{5-35}$$

式中：b——通常沿基础长边方向取 1m；

β_{hs}——受剪切承载力截面高度影响系数，$\beta_{hs} = \left(\frac{800}{h_0}\right)^{\frac{1}{4}}$，当 h_0 ＜800mm 时，h_0 取 800mm，当 h_0 ＞2000mm 时，h_0 取 2000mm；

h_0——基础底板有效高度，当设垫层时，$h_0 = h - 40 - \frac{\phi}{2}$（$\phi$ 为受力钢筋直径，单位为 mm），当不设垫层时，$h_0 = h - 70 - \frac{\phi}{2}$。

④ 计算基础底板配筋。基础底板配筋一般可近似按式（5-36）计算，即

$$A_s = \frac{M}{0.9 f_y h_0} \tag{5-36}$$

式中：A_s——条形基础底板每米长度受力钢筋截面面积，mm²。

（2）偏心荷载作用。

基础在偏心荷载作用下，基底净反力一般呈梯形分布，如图 5.35 所示。

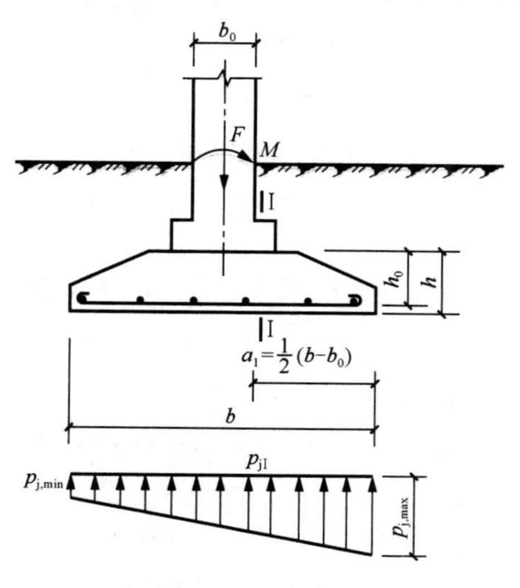

图 5.35　墙下钢筋混凝土条形基础受偏心荷载作用

① 计算基底净反力的偏心距。

$$e_0 = \frac{M}{F} \tag{5-37}$$

② 计算基底边缘处的最大和最小基底净反力。

当偏心距 $e_0 \leqslant \frac{b}{6}$ 时，基底边缘处的最大基底净反力和最小基底净反力分别按式（5-38）和式（5-39）计算。

$$p_{j,\max} = \frac{F}{b}\left(1+\frac{6e_0}{b}\right) \tag{5-38}$$

$$p_{j,\min} = \frac{F}{b}\left(1-\frac{6e_0}{b}\right) \tag{5-39}$$

③ 计算悬臂支座处，即截面Ⅰ—Ⅰ处的基底净反力、弯矩 M 和剪力 V。

$$p_{j\mathrm{I}} = p_{j,\min} + \frac{b-a_1}{b}(p_{j,\max}-p_{j,\min}) \tag{5-40}$$

$$M = \frac{1}{4}(p_{j,\max}+p_{j\mathrm{I}})a_1^2 \tag{5-41}$$

$$V = \frac{1}{2}(p_{j,\max}+p_{j\mathrm{I}})a_1 \tag{5-42}$$

【例 5.7】某办公楼砖墙承重，底层墙厚 370mm，相应于荷载效应基本组合时，作用于基础顶面上的荷载 F=486kN，已知条形基础宽度 b=2800mm，基础埋深 d=1300mm，室内外高差为 0.9m，基础材料采用 C20 混凝土，f_t=1.1N/mm^2，其下采用 C10 素混凝土垫层，如图 5.36 所示。试确定墙下钢筋混凝土条形基础的底板厚度及配筋。

解：（1）计算基底净反力，即

$$p_j = \frac{F}{b} = 486/2.8 \approx 174\ (\text{kN/m})$$

（2）初步确定基础底板厚度。一般取 $h \geqslant \frac{b}{8} = \frac{2800}{8} = 350$（mm），初选基础底板厚度 $h=350$mm，则 $h_0 = h-40 = 350-40 = 310$（mm）。

（3）计算基础悬臂部分截面Ⅰ—Ⅰ处的最大弯矩 M 和最大剪力 V，即

$$a_1 = \frac{1}{2}\times(2.8-0.37) = 1.215\ (\text{m})$$

$$M = \frac{1}{2}p_j a_1^2 = \frac{1}{2}\times 174\times 1.215^2 \approx 128.4\ (\text{kN·m})$$

$$V = p_j a_1 = 174\times 1.215 \approx 211.4\ (\text{kN})$$

（4）受剪切承载力验算，即

$$0.7\beta_{hs}f_t b h_0 = 0.7\times 1.0\times 1.1\times 1000\times 0.31 = 238.7\ (\text{kN}) > V$$

满足抗剪要求。

（5）计算基础底板配筋。如果受力钢筋选用 HPB300 级钢筋，$f_y = 300$N/mm^2，则

$$A_s = \frac{M}{0.9f_y h_0} = \frac{128.4\times 10^6}{0.9\times 300\times 310} \approx 1534\ (\text{mm}^2)$$

配筋实际选用ϕ16@120（实配 $A_s = 1675\text{mm}^2 > 1534\text{mm}^2$），分布钢筋选用ϕ8@250，如图 5.36 所示。

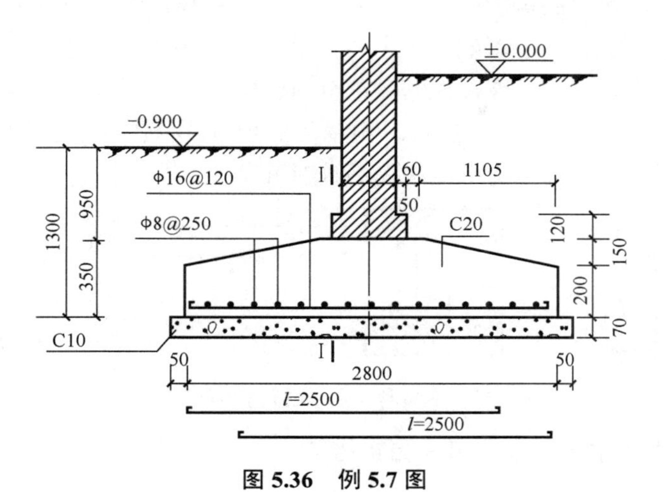

图 5.36　例 5.7 图

任务 5.8　减轻不均匀沉降损害的措施

任务描述

工作任务	（1）了解不均匀沉降的解决方法。 （2）了解在具体解决不均匀沉降方面采取的建筑措施、结构措施、施工措施
工作手段	《建筑地基基础设计规范》（GB 50007—2011）、《混凝土结构施工图平面整体表示方法制图规则和构造详图（独立基础、条形基础、筏形基础、桩基础）》（22G101—3）、《建筑地基基础工程施工规范》（GB 51004—2015）
提交成果	每位学生独立完成本学习情境的实训练习里的相关内容

相关知识

地基不均匀沉降可导致墙体开裂、梁板拉裂、构配件损坏、影响建筑物正常使用等。通常的解决方法有：①采用柱下条形基础、筏形基础或箱形基础；②采用桩基础或其他深基础；③地基处理；④在建筑、结构和施工方面采取相应措施。前三种方法往往造价较高，深基础和许多地基处理方法还需要具备一定的施工条件，有时还不能完全解决问题。如能在建筑、结构和施工方面采取一些措施，则可降低对地基基础处理的要求和难度，取得较好的效果。

为减轻不均匀沉降损害而采取的建筑措施

5.8.1　建筑措施

1. 建筑物的体型力求简单

建筑物体型是指其平面形状与立面轮廓。平面形状复杂（如 H、L、T、E 形等）的建筑物，在其纵、横交叉处基础密集，地基中附加应力互相重叠，使该处产生较大沉降，引起墙体开裂；同时，此类建筑物整体刚度差，刚度不对称，当地基出现不均匀沉降时容易产生扭曲应力，因此更容易使建筑物开裂。平面形状复杂建筑物的裂缝位置如图 5.37 所示。建筑物高低（或轻重）变化悬殊，地基各部分所受的荷载差异大，也容易出现过量的不均匀沉降。因此，建筑物的体型设计应力求简单，平面尽量少转折（如采用一字形），立面体型变化不宜过大，砌体承重结构房屋高差不宜超过 1～2 层。

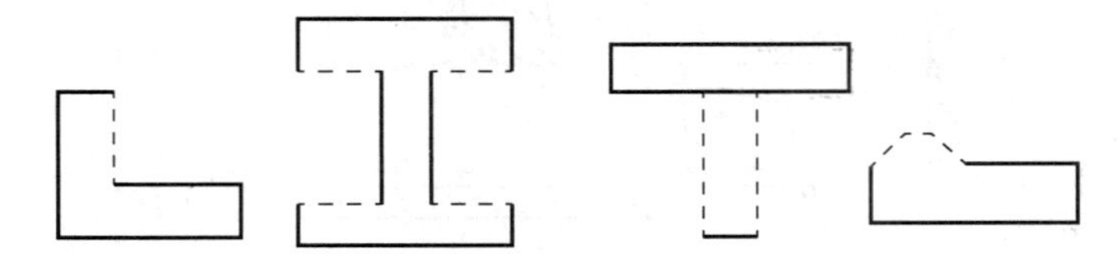

图 5.37　平面形状复杂建筑物的裂缝位置

2. 控制建筑物的长高比及合理布置纵横墙

纵横墙的连接和房屋的楼（屋）面共同形成了砌体承重结构的空间刚度。建筑物在平面上的长度 L 和从基底算起的高度 H 之比称为建筑物的长高比，它是决定砌体承重结构房屋刚度的一个主要因素。L/H 越小，建筑物的刚度就越好，调整地基不均匀沉降的能力越大。合理布置纵横墙，是增强砌体承重结构房屋整体刚度的重要措施之一。一般来说，房屋的纵向刚度较弱，故地基不均匀沉降的损害主要表现为纵墙的挠曲破坏。内、外纵墙的中断、转折都会削弱建筑物的纵向刚度，当遇地基不良时，应尽量使内、外纵墙都贯通。另外，缩小横墙的间距，也可有效地改善房屋的整体性，从而增强房屋调整不均匀沉降的能力。

3. 设置沉降缝

用沉降缝将建筑物从屋面到基础断开，划分成若干个长高比较小、体型简单、整体刚度较好、结构类型相同、自成沉降体系的独立单元，可以有效减少不均匀沉降的危害。建筑物的下列部位宜设置沉降缝。

① 建筑平面的转折部位。

② 高度差异或荷载差异处。

③ 长高比过大的砌体承重结构或钢筋混凝土框架结构的适当部位。

④ 地基土的压缩性有显著差异处。

⑤ 建筑结构或基础类型不同处。

⑥ 分期建造房屋的交界处。

沉降缝可结合伸缩缝设置，在抗震区最好与防震缝共用。

沉降缝的构造如图 5.38 所示。缝内一般不能填塞材料，寒冷地区为防寒可填充松软材料。沉降缝要求有一定的宽度，以防止缝两侧单元发生互倾沉降时造成单元结构间的挤压破坏。

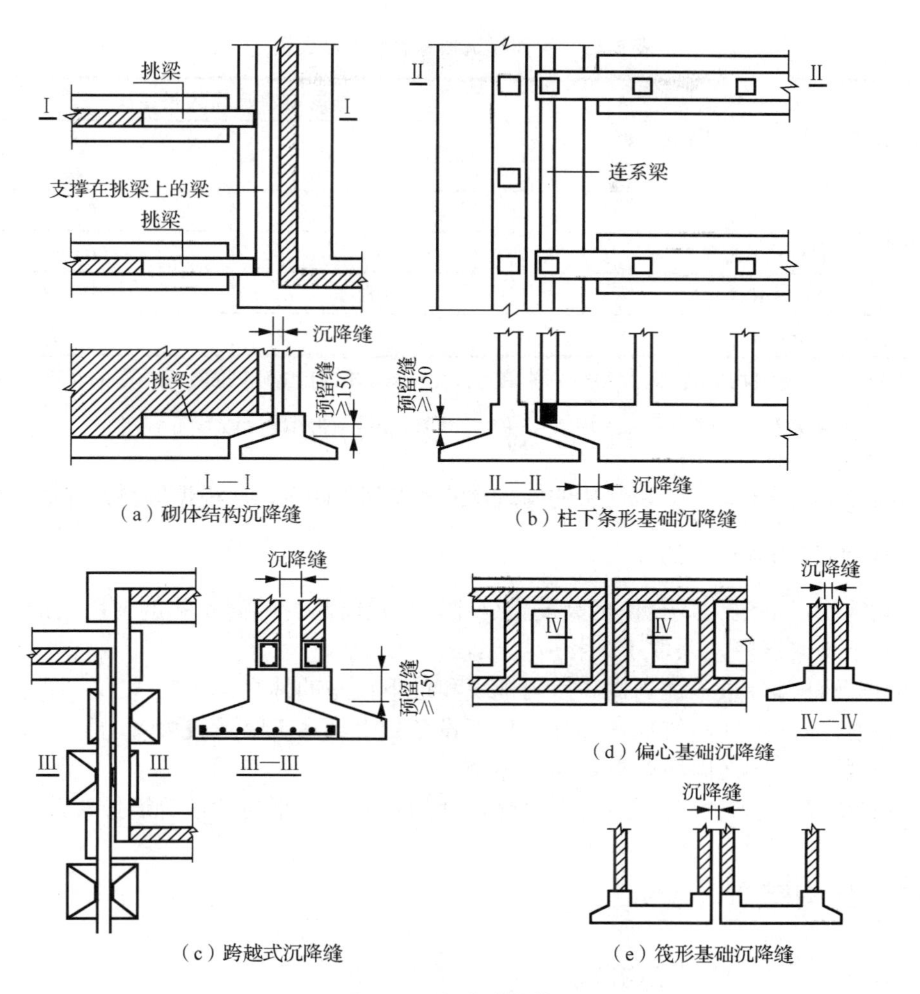

（a）砌体结构沉降缝
（b）柱下条形基础沉降缝
（c）跨越式沉降缝
（d）偏心基础沉降缝
（e）筏形基础沉降缝

图 5.38　沉降缝的构造

建筑物沉降缝的宽度参数见表 5-12。

表 5-12　建筑物沉降缝的宽度参数

建筑物层数	沉降缝宽度/mm	建筑物层数	沉降缝宽度/mm
2～3	50～80	＞5	≥120
4～5	80～120		

4．控制相邻建筑物基础间的净距离

地基附加应力的扩散作用使相邻建筑物产生附加不均匀沉降，可能导致建筑物的开裂或互倾。高层建筑在施工阶段深基坑开挖，也易对邻近原有建筑物产生影响。

为了减少或避免对相邻建筑物的影响和损害，建造在软弱地基上的建筑物基础之间要有一定的净距离，其值视地基土的压缩性、影响建筑物的预估平均沉降量以及被影响建筑物的长高比等因素而定，具体参数见表 5-13。

表 5-13　相邻建筑物基础间的净距离　单位：m

影响建筑物的预估平均沉降量 s/mm	被影响建筑物的长高比	
	$2.0\leqslant \frac{L}{H} < 3.0$	$3.0\leqslant \frac{L}{H} < 5.0$
70～150	2～3	3～6
160～250	3～6	6～9
260～400	6～9	9～12
＞400	9～12	≥12

注：1. 表中 L 为建筑物长度或沉降缝分隔的单元长度（m），H 为自基础底面标高算起的建筑物高度（m）。

2. 当被影响建筑物的长高比为 $1.5 < \frac{L}{H} < 2.0$ 时，其间净距离可适当缩小。

相邻高耸结构或对倾斜要求严格的构筑物的外墙间隔距离，应根据倾斜允许值计算确定。

5. 调整建筑物各部分的标高

如果建筑物沉降过大，会使标高发生变化，严重时将影响建筑物的使用功能，应根据可能产生的不均匀沉降，采取下列相应措施。

① 根据预估沉降量，适当提高室内地坪和地下设施的标高。

② 将相互有联系的建筑物各部分（包括设备）中预估沉降量较大者的标高适当提高。

③ 建筑物与设备之间应留有足够的净空。

④ 有管道穿过建筑物时，应留有足够尺寸的孔洞，或采用柔性管道接头。

5.8.2 结构措施

为减轻不均匀沉降损害而采取的结构措施

1. 减轻结构自重

建筑物的自重在基底压力中占有较大比例，在一般民用建筑中可高达60%～70%，在工业建筑中约占 50%。因此，减少基础不均匀沉降应首先考虑减轻结构自重，措施如下。

① 选用轻型结构，如轻钢结构、预应力混凝土结构及各种轻型空间结构。

② 采用轻质材料，如空心砖、空心砌块或其他轻质墙等。

③ 减轻基础及其回填土的自重，尽可能考虑采用浅埋基础；采用架空地板代替室内填土，设置半地下室或地下室等，尽量采用覆土少、自重轻的基础形式。

2. 加强基础整体刚度

根据地基、基础与上部结构共同作用的概念，当上部结构的整体刚度很大时，上部结构能调整和改善地基的不均匀沉降。当建筑物体型复杂、框架结构荷载差异较大及地基比较软弱时，可采用桩基础、筏板基础、箱形基础等。这些基础整体性好、刚度大，可以调整和减少基础的不均匀沉降。

3. 选用适合的结构形式

应选用当支座发生相对变位时不会在结构内引起很大的附加应力的结构形式，如排架、三铰拱（架）等非敏感性结构。例如，采用三铰门架结构做小型仓库和厂房，当基础倾斜时，上部结构不产生次应力，可以取得较好的效果。必须注意，采用这些结构后，还应当采取相应的防范措施，如避免用连续吊车梁及刚性屋面防水层，在墙内加设圈梁等。

4. 设置钢筋混凝土圈梁和钢筋混凝土构造柱

对于砖石承重墙房屋，不均匀沉降的损害主要表现为墙体的开裂。因此，常在墙内设置钢筋混凝土圈梁来增强其承受变形的能力。当墙体弯曲时，圈梁主要承受拉应力，弥补了砌体抗拉强度不足的弱点，增加了墙体的刚度，能防止墙体出现裂缝及阻止裂缝的开展。

如在墙体转角及适当部位设置现浇钢筋混凝土构造柱，并用锚筋与墙体拉结，可更有效地提高房屋的整体刚度和抗震能力。钢筋混凝土圈梁和钢筋混凝土构造柱的设置及构造要求详见有关规定。

5.8.3 施工措施

合理安排施工顺序，注意某些施工方法，也能调整或减少不均匀沉降。

为减轻不均匀沉降损害而采取的施工措施

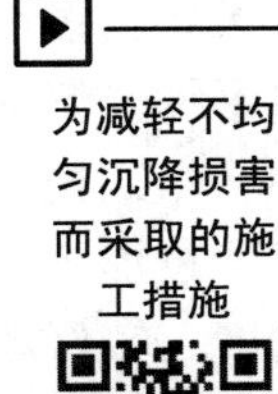

1. 建筑物施工之前使地基预先沉降

活荷载较大的建筑物，如料仓、油罐等，当条件许可时，在施工前可采用控制加载速率预压措施，使地基预先沉降，以减少建筑物施工后的沉降及不均匀沉降。

2. 合理安排施工顺序

在软弱地基上进行工程建设时，当拟建的相邻建筑物之间轻重相差悬殊时，一般应先建重建筑物，后建轻建筑物，或先施工主体部分，再施工附属部分，可调整一部分沉降差。

3. 加强基坑开挖时对坑底土的保护

基坑开挖时，要注意对坑底土的保护，特别是当坑底土为淤泥或淤泥质土时，应尽可能避免对土体原状结构的扰动。若槽底已发生扰动，可先挖去扰动部分，再用砂、碎石等进行回填处理。当坑底土为粉土或粉砂时，可采用坑内降水和合适的支护结构，以避免产生流砂现象。

拓展讨论

党的二十大报告指出，统筹乡村基础设施和公共服务布局，建设宜居宜业和美乡村。2022 年 12 月 23 日，浙江省 2023 年度省级美丽宜居示范村创建名单公布，共有 178 个村入选。改善农民住房条件，是农村民生的重点难点，也是美丽乡村建设的关键所在。请思考怎样才能建造一座安全、舒适、坚固的房子？

小　结

1. 浅基础的类型与特点

（1）无筋扩展基础。

无筋扩展基础又称为刚性基础，是指由砖、毛石、混凝土、毛石混凝土、灰土和三合土等材料组成的不配置钢筋的墙下条形基础或柱下独立基础，适用于多层民用建筑和轻型厂房。无筋扩展基础构成材料具有抗压性能较好，而抗拉、抗剪性能较差的共同特点，通常采用控制基础台阶宽高比不超过规定限值的方法使基础获得较大的抗弯刚度，防止基础发生弯曲破坏。

（2）扩展基础。

扩展基础即柱下钢筋混凝土独立基础和墙下钢筋混凝土条形基础。这些基础的抗弯和抗剪性能较好，不受台阶宽高比的限制，适用于需要宽基浅埋的情况。

（3）柱下条形基础。

柱下条形基础主要用于框架结构，也可用于排架结构；可将同一柱列的柱下基础连通成条形，也可采用十字交叉条形基础，这样可以增强基础整体刚度，使基础具有良好的调整不均匀沉降的能力。

（4）筏形基础。

筏形基础是将整个基础底板连成一个整体的基础，可扩大基底面积，增强基础的整体刚度，较好地调整基础各部分之间的不均匀沉降，可做成平板式和梁板式。

筏形基础可用于框架结构、框架-剪力墙结构和剪力墙结构，还广泛应用于砌体结构。

（5）箱形基础。

箱形基础是由钢筋混凝土顶板、底板和纵横交错的内、外墙组成的空间结构，可做成多层，整体抗弯刚度很大，调整不均匀沉降能力较强，多用于高层建筑。

（6）壳体基础。

壳体基础有正圆锥壳、M 形组合壳和内球外锥组合壳等形式，适用于一般工业与民用建筑柱基和筒形的构筑物（如烟囱、水塔、料仓、中小型高炉等）基础。这种基础结构合理、节省材料，但施工工艺复杂、技术要求较高。

（7）岩层锚杆基础。

岩层锚杆基础适用于直接建在基岩上的柱基，以及承受拉力或水平力较大的建（构）筑物基础。这种基础对锚杆的孔直径、锚固长度、灌浆等均有一定要求，以确保锚杆基础与基岩有效地连成整体。

2. 基础埋深的选择

基础埋深是指从室外设计地面至基础底面的距离。

高层建筑的基础埋深应满足地基承载力、变形和稳定性要求。位于岩石地基上的高层建筑，其基础埋深应满足抗滑移稳定性要求。

在满足地基稳定性和变形要求的前提下，当上层土的承载力大于下层土时，宜利用上层土做持力层。基础埋深，应综合考虑各种因素后加以确定。

3．基础底面尺寸的确定

确定基础底面尺寸时，首先应满足地基承载力要求，包括持力层土的承载力计算和软弱下卧层的验算；其次对部分建（构）筑物，仍需考虑地基变形的影响，验算建（构）筑物的变形特征值，并对基础底面尺寸做必要的调整。

在计算过程中，应注意上部结构传至基础的作用力为相应于作用的标准组合时的作用力，计算方法可采用试算法。

4．基础剖面设计

无筋扩展基础主要是满足材料刚性角的要求。扩展基础除进行基础厚度和配筋计算外，重点是注意满足其构造要求。

5．减轻不均匀沉降损害的措施

地基不均匀沉降可导致建筑物损坏，影响正常使用。在建筑、结构和施工方面采取一些措施，可降低对地基基础处理的要求和难度，取得较好的效果。

实 训 练 习

一、单选题

1．根据《建筑地基基础设计规范》(GB 50007—2011）的规定，计算地基承载力设计值时必须用内摩擦角的（　　）来查表求承载力系数。

A．设计值　　B．标准值
C．平均值　　D．以上都不对

2．在进行浅基础内力计算时，应采用（　　）。

A．基底净反力　　B．基底总压力
C．基底附加压力　　D．以上都不对

3．砖石条形基础属于（　　）。

A．刚性基础　　B．柔性基础　　C．轻型基础　　D．以上都不对

4．浅基础设计时，属于正常使用极限状态验算的是（　　）。

A．持力层承载力　　B．地基变形
C．软弱下卧层承载力　　D．地基稳定性

5．对于四层框架结构，地基表层土存在 4m 厚的“硬壳层”，其下卧层上的承载力明显低于“硬壳层”承载力。下列基础形式中较为合适的是（　　）。

A．柱下混凝土独立基础　　B．柱下钢筋混凝土独立基础
C．灰土基础　　D．砖基础

二、多选题

1．以下基础形式属浅基础的是（　　）。

A．沉井基础　　B．扩展基础　　C．　地下连续墙

D．柱下条形基础　E．箱形基础

2．下列关于浅基础的定义，正确的是（　　）。

A．做在天然地基上、埋深小于 5m 的一般基础

B．在计算中基础的侧壁摩阻力不必考虑的基础

C．基础下没有基桩或地基未经人工加固的，与埋深无关的基础

D．只需经过挖槽、排水等普通施工程序建造的、一般埋深小于基础宽度的基础

E．埋深虽超过 5m，但小于基础宽度的大尺寸基础

3．下列确定基础埋深所必须考虑的条件中，论述错误的是（　　）。

A．在任何条件下，基础埋深都不应小于 0.5m

B．基础的埋深必须大于当地地基土的设计冻深

C. 岩石地基上的高层建筑的基础埋深必须大于 1/15 建筑物高度以满足抗滑移稳定性的要求

D．确定基础的埋深时应考虑作用在地基上的荷载大小和性质

E．基础埋深可随意设置

4．为解决新建建筑物与已有的相邻建筑物距离过近，且基础埋深又深于相邻建筑物基础埋深的问题，可以采取下列哪些措施？（　　）

A．增大建筑物之间的距离

B．增大新建建筑物基础埋深

C．在基坑开挖时采取可靠的支护措施

D．采用无埋式筏形基础

E．减小建筑物之间的距离

5．下列哪几条是减少基础不均匀沉降的有效措施？（　　）

A．在适当的部位设置沉降缝

B．调整各部分的荷载分布、基础宽度或埋深

C．采用覆土少、自重轻的基础形式或采用轻质材料作回填土

D．加大建筑物的层高和柱网尺寸

E．设置地下室和半地下室

三、简答题

1．简述刚性基础与柔性基础有何区别。

2．基础为何要有一定埋深？如何确定基础埋深？

3.影响基础埋深的主要因素有哪些？为什么基底下面可以保留一定厚度的冻土层？

4．当有软弱下卧层时如何确定基底面积？

5．简述减少基础不均匀沉降可以采取的有效措施。

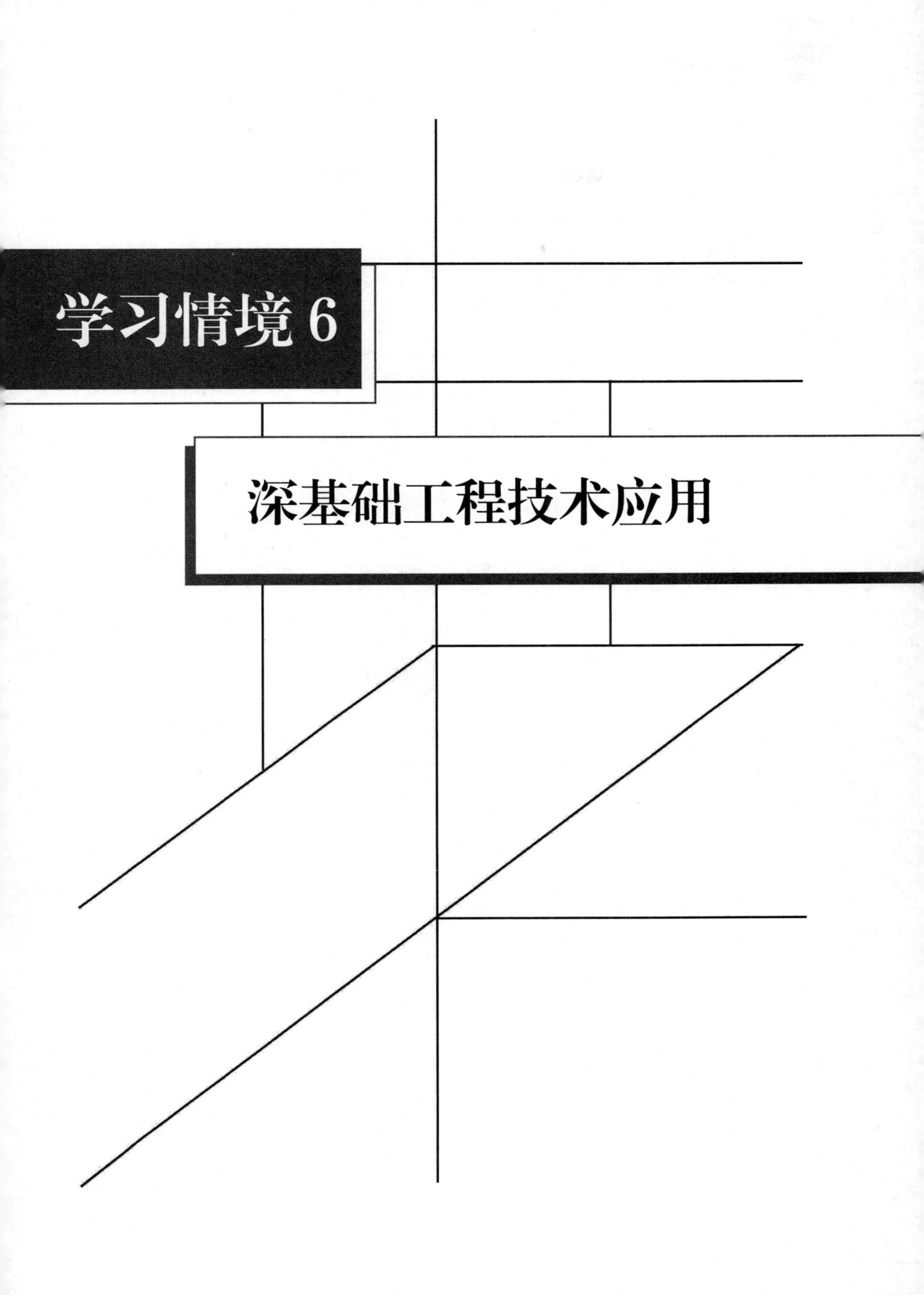

学习情境 6

深基础工程技术应用

教学目标

1. 掌握桩的分类方法。
2. 掌握单桩竖向承载力特征值的计算方法。
3. 了解竖向荷载群桩效应原理。
4. 掌握桩基设计的方法。
5. 掌握沉井和地下连续墙的施工技术。

思维导图

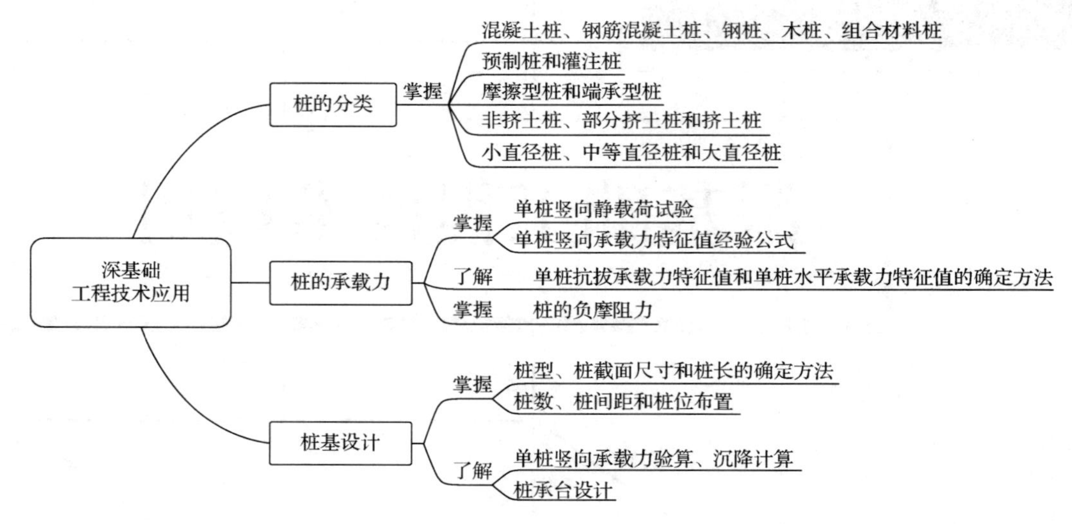

任务 6.1 概 述

任务描述

工作任务	（1）掌握桩基的定义、作用及特点。 （2）了解桩基的适用范围。 （3）熟悉深基础的特点
工作手段	《建筑地基基础设计规范》（GB 50007—2011）
提交成果	每位学生独立完成本学习情境的实训练习里的相关内容

相关知识

天然地基上的浅基础一般造价低廉，施工简便，所以在工程建设中应优先考虑采用。当建筑场地的浅层土质不能满足建筑物对地基承载力和变形的要求，而又不适宜采取地基处理措施时，就要考虑采用深基础方案了。深基础是埋深较大、以下部坚实土层或岩层作为持力层的基础，其作用是把所承受的荷载相对集中地传递到地基的深层，而不像浅基础那样，是通过基础底面把所承受的荷载扩散分布于地基的浅层。深基础主要有桩基础、地下连续墙和沉井等几种类型。

桩基

1．桩基的定义、作用及特点

桩基础简称桩基，是由设置于岩土中的桩和与桩顶连接的承台共同组成的基础或由柱与桩直接连接的单桩基础。承台将桩群连接成一个整体，并把建筑物上部结构的荷载传至桩上，再将荷载传递到地基土体（持力层）。

按照承台位置的高低，可将桩基分为低承台桩基础和高承台桩基础。若桩身全部埋于土中，承台底面位于地面以下，则称为低承台桩基础，如图 6.1（a）所示；若桩身上部露出地面，承台底面位于地面以上，则称为高承台桩基础，如图 6.1（b）所示。低承台桩基础受力性能好，具有较强的抵抗水平荷载的能力，但施工不方便，一般用于房屋建筑工程；而高承台桩基础受力性能差，但施工方便，多用于大跨径桥梁、码头港口、海洋石油平台。

桩基根据工程的特点，可以发挥各种不同的作用，不仅能有效地承受竖向荷载，还能承受水平力和上拔力，也可用来减少机械设备基础的振动。桩基可用于抗压、抗拔（如水下抗浮力的锚桩、输电塔和微波发射塔的桩基等）、抗水平荷载（如港口工程的板桩、深基坑的护坡桩及坡体抗滑桩等），具有承载力高、沉降量小、稳定性好、便于机械化施工、适应性强等特点。

2．桩基的适用范围

桩基的适用范围有以下几种情况。

（1）地基的上层土质太差而下层土质较好；或地基软硬不均或荷载分布不均，不能满足上部结构对不均匀变形的要求。

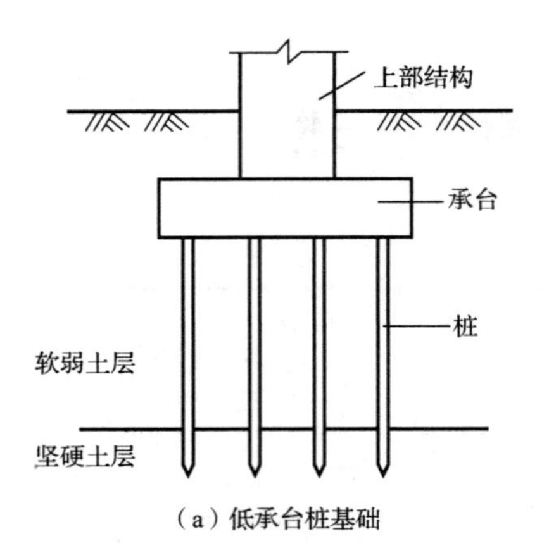

（a）低承台桩基础

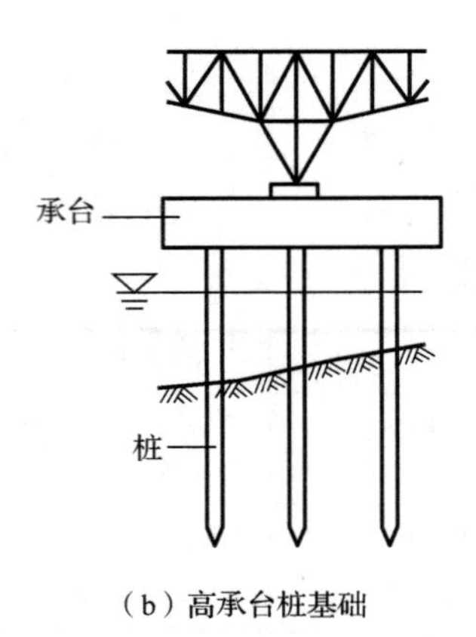

（b）高承台桩基础

图 6.1　桩基

（2）建筑物内外有大量堆载会造成地基过量变形而产生不均匀沉降的情况，或为防止对邻近建筑物产生影响的新建建筑物的情况。

（3）高层或高耸建筑物需采用桩基，可防止在水平力作用下发生倾覆。

（4）地基软弱，采取地基加固措施不合适；或地基土特殊，如存在可液化土层、自重湿陷性黄土、膨胀土及季节性冻土等。

（5）地下水位很高，采用其他基础形式施工困难；或位于水中的构筑物（如桥梁、码头、钻井平台）基础。

（6）需要减少基础振幅或应控制基础沉降和沉降速率的精密或大型设备基础。

（7）设有大吨位的重级工作制吊车的重型单层工业厂房。

（8）当浅土层中软弱层较厚，或为杂填土或局部有暗浜、溶洞、古河道、古井等不良地质现象。

不属于上述情况时，可根据具体情况，依据“经济合理、技术可靠”的原则，经分析比较后确定是否采用桩基。

3．深基础的特点

深基础与浅基础比较，具有下列特点。

（1）深基础承载力高。

（2）深基础的技术较为复杂，必须有专业技术人员负责施工技术和质量检查。

（3）深基础施工需要专门的设备，例如，冲击钻、旋挖钻、铣槽机、泥浆搅拌设备等。

（4）深基础工期比较长。

（5）深基础的造价比较高。

任务 6.2　桩的分类

任务描述

工作任务	（1）掌握混凝土桩、钢筋混凝土桩、钢桩、木桩、组合材料桩的应用特点。 （2）掌握预制桩和灌注桩的定义和分类，熟悉两类桩的施工工艺。 （3）掌握摩擦型桩、端承型桩的受力特点。 （4）能正确区分非挤土桩、部分挤土桩和挤土桩。 （5）掌握小直径桩、中等直径桩、大直径桩的定义及用途
工作手段	《建筑地基基础设计规范》（GB 50007—2011）、《建筑桩基技术规范》（JGJ 94—2008）
提交成果	每位学生独立完成本学习情境的实训练习里的相关内容

相关知识

6.2.1 按桩身材料分类

1．混凝土桩

小型工程中，当桩基主要承受竖向桩顶受压荷载时，可采用混凝土桩。混凝土强度等级一般采用 C20 和 C25。这种桩的价格比较便宜，截面刚度大，易于制成各种尺寸。

2．钢筋混凝土桩

钢筋混凝土桩应用较广，常做成实心的方形或圆形，亦可做成十字形截面，可用于承压、抗拔、抗弯等，可工厂预制或现场预制后打入，也可现场钻孔浇灌混凝土成桩。当桩的截面较大时，也可以做成空心管桩，常通过施加预应力制作管桩，以提高自身抗裂能力。

3．钢桩

用各种型钢制作的钢桩承载力高，质量轻，施工方便；但价格高，费钢材，易腐蚀。其一般在特殊、重要的建筑物中才使用，常见的有钢管桩、宽翼工字型钢桩等。

4．木桩

木桩在我国古代的建筑工程中早已使用。木桩虽然经济，但由于承载力低，易腐烂，木材又来之不易，现在已很少使用，只在乡村小桥、临时小型构筑物中还少量使用。木桩常用松木、杉木、柏木和橡木制成。木桩在使用时，应打入地下水位 0.5m 以下。

5．组合材料桩

组合材料桩是一种新桩型，由两种材料组合而成，以发挥各种材料的特点。如在素混

凝土中掺入适量粉煤灰形成粉煤灰素混凝土桩、在水泥土搅拌桩中插入型钢或预制钢筋混凝土小截面桩。由于采用组合材料桩相对造价较高，故只在特殊地质情况下才采用。

6.2.2 按桩施工方法分类

桩按施工方法可分为预制桩和灌注桩两大类。

1. 预制桩的种类和施工工艺

预制桩是指借助于专用机械设备将预先制作好的具有一定形状、刚度与构造的构件打入、压入或振入土中的桩型。

1）普通钢筋混凝土桩

普通钢筋混凝土桩最常用的是实心方桩，该桩型质量可靠，制作方便，沉桩快捷，是近几十年来应用最普遍的一种桩型。普通钢筋混凝土桩断面尺寸从200mm×200mm 到 600mm×600mm，可在现场制作，也可在工厂预制，每节桩长一般不超过 12m。分节制作的桩应保证桩头的质量，满足桩身承受轴力、弯矩和剪力的要求，接桩的方法有钢板与角钢焊接，法兰盘螺栓连接和硫磺胶泥锚固等。当采用静力压桩法沉桩时，常用空心方桩；在软土层中亦可采用三角形断面，以节省材料，增加侧面积和摩阻力。

2）预应力钢筋混凝土桩

预应力钢筋混凝土桩是预先将钢筋混凝土桩的部分或全部主筋作为预应力张拉，对桩身混凝土施加预应力，以提高桩的抗冲（锤）击能力与抗弯能力，简称预应力桩。

预应力钢筋混凝土桩与普通钢筋混凝土桩比较，其比强度大，含钢率低，耐冲击、耐久性和抗腐蚀性能高，以及穿透能力强，因此特别适合于用作超长桩（$l>50$m）和需要穿越夹砂层的情况，是高层建筑的理想桩型之一，但制作工艺要求较复杂。

预应力钢筋混凝土桩按其制作工艺分为两类：一类是立模浇制的，断面形状为含内圆孔的正方形，称为预应力空心方桩，简称预应力空心桩；另一类是离心法旋转制作的，断面形状为圆环形的高强预应力管桩，简称 PHC 桩。

目前常用的预应力空心方桩主要有两种规格：500mm×500mm 和 600mm×600mm。PHC 桩常用截面外径为 500～1000mm，壁厚为 90～130mm，桩段长为 4～15m，钢板电焊或螺栓连接，混凝土强度达 C60～C80。

3）钢桩

钢桩有两种：钢管桩和 H 型钢桩。

钢管桩由钢板卷焊而成，常见直径有 406mm、609mm、914mm 和 1200mm 几种，壁厚通常是按使用阶段应力设计的，约 10mm。

钢管桩具有强度高、抗冲击和抗疲劳性能好、贯入能力强、抗弯刚度大、单桩承载力高、便于割接、质量可靠、便于运输、沉桩速度快以及挤土影响小等优点。但钢管桩抗腐蚀性能较差，须做表面防腐蚀处理，且价格昂贵。因此，在我国一般只在必须穿越砂层或其他桩型无法施工和质量难以保证，必须控制挤土影响，工期紧迫、重大工程等情况下才选用。

H 型钢桩一次轧制成型，与钢管桩相比，其挤土效应更小，割接与沉桩更便捷，穿透性能更强。H 型钢桩的不足之处是侧向刚度较弱，打桩时桩身易向刚度较弱的一侧倾斜，甚至产生施工弯曲。在这种情况下，采用普通钢筋混凝土或预应力钢筋混凝土桩身加 H 型钢桩尖的组合桩则是一种性能优越的桩型。

4）预制桩的施工工艺

预制桩的施工工艺包括制桩与沉桩两部分，沉桩工艺又随沉桩机械而变，主要有三种：锤击法、静力压桩法和振动法。

锤击法是利用桩锤的冲击克服土对桩的阻力，使桩沉到预定持力层。这是最常用的一种沉桩方法。锤击法的施工参数是不同深度的累计锤击数和最后贯入度。

静力压桩法是通过静力压桩机的压桩机构，将预制桩分节压入地基土层中成桩，一般采取分段压入、逐段接长的方法。静力压桩法的施工参数是不同深度的压桩力。

振动法是在桩顶装上振动器，让桩身产生高频振动，从而使桩尖和桩身周围的阻力减小，桩体利用自身重量或稍加压力下沉进入土层之中。振动法适用于砂土地基，尤其在地下水位以下的砂土，受振动时其会发生液化，使桩易于下沉。

2. 灌注桩的种类和施工工艺

灌注桩

灌注桩是指在工程现场通过机械钻孔、钢管挤土或人力挖掘等手段在地基土中形成桩孔，然后在孔内放置钢筋笼，并浇筑混凝土而做成的桩。依照成孔方法不同，灌注桩分为钻（冲）孔灌注桩、人工挖孔灌注桩和沉管灌注桩等几大类。

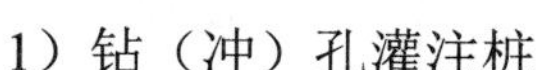

1）钻（冲）孔灌注桩

钻孔灌注桩（简称钻孔桩）与冲孔灌注桩（简称冲孔桩）是指在地面用机械方法（如旋转、冲击、冲抓等）取土成孔的灌注桩，施工过程主要为成孔→放置钢筋笼→导管法浇筑混凝土成桩。水下钻孔桩在成孔过程中，通常采用具有一定重度和黏度的泥浆进行护壁，泥浆不断循环，同时完成携土和运土的任务。两者的区别仅在于前者以旋转钻机成孔，后者以冲击钻机成孔。

这种成孔工艺可穿过任何类型的地层，桩长可达 100m，桩端不仅可进入微风化基岩，而且可扩底。目前常用钻（冲）孔灌注桩的直径为 600mm 和 800mm，较大的可做到 2000mm 以上的大直径桩，单桩承载力和横向刚度较预制桩大大提高。

钻（冲）孔灌注桩施工过程无挤土、无（少）振动、无（低）噪声，环境影响较小。

2）人工挖孔灌注桩

人工挖孔灌注桩简称挖孔桩，其先用人力挖土形成桩孔，在向下掘进的同时，将孔壁衬砌以保证施工安全，在清理完孔底后，接着安装或绑扎钢筋笼，最后浇筑混凝土。这种方法可形成大尺寸的桩（桩径不宜小于 0.8m），满足了高层建筑对大直径桩的需求，成本较低，对周围环境也没有影响，成为一些地区高层建筑和桥梁桩基础的一种常用桩型。

护壁可有多种形式，最早用木板钢环梁或套筒式金属壳等，现在多用混凝土现浇，整体性和防渗性更好，构造形式灵活多变，并可扩底。当地下水位很低、孔壁稳固时，亦可无护壁挖土。由于工人在挖土时的安全问题，挖孔桩挖深有限，故严禁在含水砂层中开挖，其主要适用于场地土层条件较好，在地表下不深的位置有硬持力层，而且上部覆土透水性较低或地下水位较低的情况。挖孔桩可做成嵌岩端承桩或摩擦端承桩，等截面桩或扩底桩，实心桩或空心桩。

挖孔桩的优点：可直接观察地层情况，孔底易清除干净，桩身质量容易得到保证，施工设备简单，无挤土作用。缺点：由于挖孔是井下作业，施工中必须注意防止孔内有害气体、塌孔、落物等危及人员安全。

3）沉管灌注桩

沉管灌注桩又称套管成孔灌注桩，这类灌注桩是采用振动沉管打桩机或锤击沉管打桩机，将带有活瓣式桩尖，或锥形封口桩尖，或预制桩尖的钢管沉入土中，然后边浇筑混凝土、边振动或边锤击、边拔出钢管而形成的灌注桩。该方法有施工方便、快捷及造价低的优点。沉管灌注桩常用桩径为 325mm、377mm 和 425mm，桩长受机具限制不超过 30m，因此，单桩承载力较低，主要适用于中小型的工业与民用建筑。

沉管灌注桩施工工艺如图 6.2 所示。

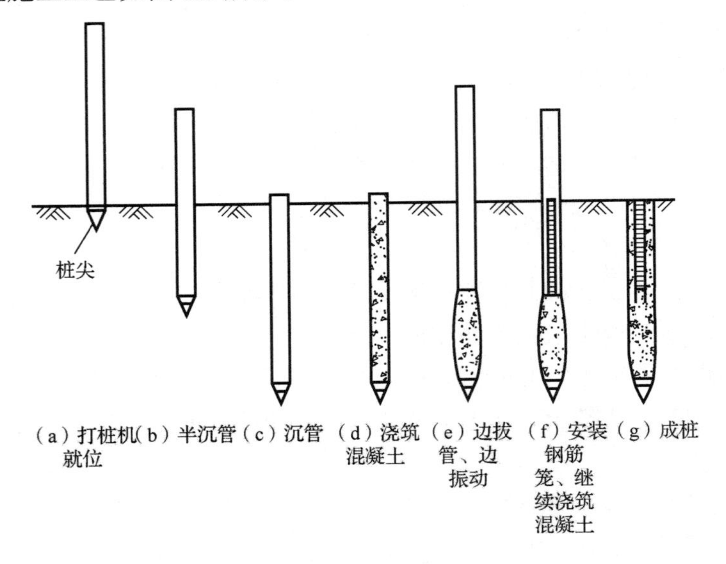

图 6.2　沉管灌注桩施工工艺

① 打桩机就位，钢管底端带有混凝土预制桩尖。

② 沉管。

③ 沉管至设计标高后，立即浇筑混凝土，尽量减少间隔时间。

④ 拔钢管并振捣混凝土，使桩径扩大。

⑤ 下放钢筋笼。

⑥ 浇筑混凝土至桩顶成桩。

6.2.3 按桩的承载性状分类

1. 摩擦型桩

摩擦桩：在承载能力极限状态下，桩顶竖向荷载由桩侧阻力承受，桩端阻力小到可忽略不计，如图 6.3（a）所示。

端承摩擦桩：在承载能力极限状态下，桩顶竖向荷载主要由桩侧阻力承受，如图 6.3（b）所示。

2. 端承型桩

端承桩：在承载能力极限状态下，桩顶竖向荷载由桩端阻力承受，桩侧阻力较小，可忽略不计，如图 6.3（c）所示。

摩擦端承桩：在承载能力极限状态下，桩顶竖向荷载主要由桩端阻力承受，如图 6.3（d）所示。

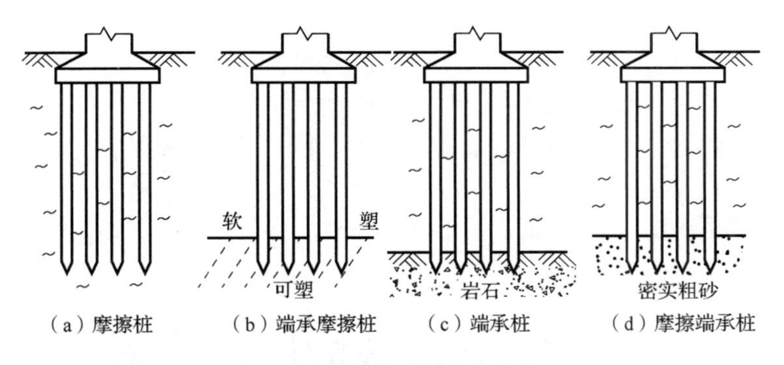

图 6.3　按桩的承载性状分类

6.2.4 按成桩方法分类

1. 非挤土桩

成桩过程中对桩周围的土无挤压作用的桩称为非挤土桩。非挤土桩根据成桩方法分为干作业法钻（挖）孔灌注桩、泥浆护壁法钻（挖）孔灌注桩、套管护壁法钻（挖）孔灌注桩。

2. 部分挤土桩

成桩过程中对桩周围的土产生部分挤压作用的桩称为部分挤土桩。部分挤土桩包括冲孔灌注桩、钻孔挤扩灌注桩、搅拌劲芯桩、预钻孔打入（静压）预制桩、打入（静压）式敞口钢管桩、敞口预应力混凝土空心桩和 H 型钢桩。

3. 挤土桩

成桩过程中桩孔中的土全部挤压到桩的四周，这类桩称为挤土桩。挤土桩包括沉管灌注桩、沉管夯（挤）扩灌注桩、打入（静压）预制桩、闭口预应力混凝土空心桩和闭口钢管桩。

6.2.5 按桩径大小分类

1．小直径桩

（1）定义：桩径 $d\leqslant250$mm 的桩称为小直径桩。
（2）特点：由于桩径小，沉桩的施工机械、施工场地与施工方法都比较简单。
（3）用途：中小型工程和基础加固。

2．中等直径桩

（1）定义：桩径 250mm$<d<$800mm 的桩称为中等直径桩。
（2）特点：承载力较大，成桩方法和施工工艺种类很多，量大面广，成为最主要的桩型。
（3）用途：在工业与民用建筑物中大量使用。

3．大直径桩

（1）定义：桩径 $d\geqslant800$mm 的桩称为大直径桩。
（2）特点：因为桩径大，而且桩端还可扩大，所以单桩承载力高。大直径桩多为端承型桩。
（3）用途：高层建筑、重型设备基础。

任务 6.3　基桩的质量检测

任务描述

工作任务	了解低应变法、声波透射法和钻芯法的检测目的及检测原理
工作手段	《建筑基桩检测技术规范》（JGJ 106—2014）
提交成果	每位学生独立完成本学习情境的实训练习里的相关内容

相关知识

近年来，涉及桩基工程质量问题而直接影响建筑物结构正常使用与安全的事例很多。桩基工程属于隐蔽工程，容易出现缩径、夹泥、断桩或沉渣过厚等质量缺陷，影响单桩承载力和桩身结构的完整性。为此，须加强基桩（桩基中的单桩）施工过程中的质量管理和施工后的质量检测，提高基桩检测工作的质量和检测评定结果的可靠性，从而确保整个桩基工程的质量和安全。

按照《建筑基桩检测技术规范》（JGJ 106—2014），目前较为常用的质量检测技术有低应变法、声波透射法和钻芯法等。下面简单进行介绍。

6.3.1 低应变法

1. 检测目的与方法

1）检测目的

低应变法用于检测混凝土桩的桩身完整性，判定桩身缺陷的程度及位置。

2）检测设备

低应变法的瞬态激振设备为能激发宽脉冲和窄脉冲的力锤和锤垫，力锤和锤垫的材质可通过现场试验确定，多选用工程塑料、高强尼龙、铝、铜、铁、橡皮等，锤的质量可为几百克至几十千克不等。低应变法的稳态激振设备为扫频信号发生器、功率放大器及电磁式激振器。由扫频信号发生器输出等幅值、频率可调的正弦信号，通过功率放大器放大至电磁式激振器，其输出同频率正弦激振力作用于桩顶。桩、土处于弹性状态。

低应变动力检测采用的测量响应传感器主要是压电式加速度传感器，对于桩的瞬态响应测量，习惯上将加速度传感器的实测信号曲线积分成速度曲线，并以此进行判读。

3）受检桩条件

桩顶和桩头的处理好坏直接影响测试信号的质量。因此，要求受检桩桩顶的混凝土质量、截面尺寸应与桩身设计条件基本相同。灌注桩应凿去桩顶浮浆或松散、破损部分，并露出坚硬的混凝土表面；桩顶表面应平整、干净且无积水；妨碍正常测试的桩顶外露主筋应割掉。对于 PHC 桩，当法兰盘与桩身混凝土之间结合紧密时，可不进行处理，否则，应采用电锯将桩头锯平。

当桩头与承台或垫层相连时，相当于桩头处存在很大的截面阻抗变化，对测试信号会产生影响。因此，测试时桩头应与混凝土承台断开；当桩头侧面与垫层相连时，除非对测试信号没有影响，否则应断开。

2. 成果整理

人员水平、测试过程以及测量系统各环节出现异常，均直接影响结论判断的正确性，因此只能根据原始信号曲线进行鉴别。规范规定低应变检测报告应给出桩身完整性检测的实测信号曲线。

检测报告应包含的信息如下。

（1）工程概述。

（2）桩身波速取值。

（3）检测方法、原理、仪器设备和过程叙述。

（4）受检桩的桩号、桩位平面图和相关施工记录。

（5）受检桩的检测数据，实测与计算分析曲线、表格和汇总结果。

（6）桩身完整性描述、缺陷的位置及桩身完整性类别。

（7）时域信号时段所对应的桩身长度标尺、指数或线性放大的范围及倍数；或幅频信号曲线分析的频率范围、桩底或桩身缺陷对应的相邻谐振峰间的频差。

6.3.2 声波透射法

混凝土灌注桩的声波透射法检测是在结构混凝土声学检测的基础上发展起来的。结构混凝土的声学检测始于 1949 年，经过几十年的研究、探索和实践，这项技术得到了很大的发展，到 20 世纪 70 年代，声波透射法开始用于检测混凝土灌注桩的完整性。

建筑基桩常用的质量检测技术——声波透射法

声波透射法利用声波的透射原理对桩身混凝土介质状况进行检测，适用于桩在浇筑成型时已经埋设了 2 根或 2 根以上声测管的情况。

声波透射法已成为目前混凝土灌注桩（尤其是大直径灌注桩）完整性检测的重要手段，在工业与民用建筑、水利电力、铁路、公路和港口等工程建设的多个领域得到了广泛应用。

1. 检测目的与方法

1）检测目的

声波透射法用于检测混凝土灌注桩的桩身完整性，判定桩身缺陷的位置、范围和程度。对于桩直径小于 0.6m 的桩，不宜采用声波透射法检测桩身完整性。

2）检测设备

声波透射法的检测设备主要有声波发射与接收换能器、声波检测仪。声波发射与接收换能器的水密性应满足 1MPa 水压不渗水。

3）方法与特点

其基本方法是：基桩成孔后，浇筑混凝土之前，在桩内埋入若干根声测管作为声波发射与接收换能器的通道，在桩身混凝土浇筑若干天之后开始检测，用声波检测仪沿桩的纵轴方向以一定的间距逐点检测声波穿过桩身各横截面的声学参数，然后对这些检测数据进行处理、分析和判断，确定桩身混凝土缺陷的位置、范围、程度，从而推断桩身混凝土的连续性、完整性和均匀性状况，评定桩身完整性等级。

声波透射法与其他方法比较，有其明显的特点：检测全面、细致，声波检测的范围可覆盖全桩长的各个横截面，信息量相当丰富，结果准确可靠，且现场操作简便、迅速，不受桩长、长径比的限制，一般也不受场地限制。

2. 成果整理

声波透射法检测混凝土灌注桩的成果以及质量检测报告，主要包括以下内容。

(1) 工程名称，建设、设计、勘察和施工单位，基础结构形式，检测目的与检测依据，检测数量，检测日期。

(2) 受检桩的桩号、桩位和相关施工记录。

(3) 检测方法、仪器设备、过程叙述。

(4) 受检桩的检测数据，实测与计算分析曲线、表格和汇总结果。

(5) 声测管布置图。

(6) 受检桩每个检测剖面声速-深度曲线、波幅-深度曲线，并将相应的临界值所对应的标志线绘制于同一个坐标系中。

（7）各检测剖面实测波列图。

6.3.3 钻芯法

在实际工程中，可能由于现场条件、当地试验设备能力等条件限制无法进行基桩静载荷试验和低应变法（或高应变法）检测，也可能由于没有预埋声测管而无法进行声波透射法检测，这时可采用钻芯法。

钻芯法借鉴了地质勘探技术，在混凝土中抽取芯样，通过芯样表观质量和芯样试件抗压强度试验结果，综合评价钻（冲）孔、人工挖孔等现浇混凝土灌注桩的成桩质量，其不受场地条件限制，特别适合于大直径混凝土灌注桩的成桩质量检测。

1．检测目的与规定

1）检测目的

钻芯法适用于检测混凝土灌注桩的桩长、桩身混凝土强度、桩底沉渣厚度，判定桩身完整性，判定或鉴别桩底持力层的岩土性状等。具体目的如下。

（1）检测桩身混凝土的质量情况，如桩身混凝土胶结状况、有无气孔、蜂窝麻面、松散或断桩等，桩身混凝土强度是否符合设计要求，判定桩身完整性类别。

（2）桩底沉渣厚度是否符合设计或规范的要求。

（3）桩底持力层的岩土性状（强度）和厚度是否符合设计或规范要求。

（4）测定桩长是否与施工记录桩长一致。

2）检测设备

钻取芯样宜采用液压操纵的高速钻机。基桩桩身混凝土钻芯检测，采用单动双管钻具钻取芯样，严禁使用单动单管钻具，钻头应根据混凝土设计强度等级选用合适的金刚石钻头（外径不宜小于 100 mm）。

3）钻芯孔数与孔位

桩径小于 1.2m 的桩的钻孔数量可为 1～2 个孔，桩径为 1.2～1.6m 的桩宜为 2 个孔，桩径大于 1.6m 的桩宜为 3 个孔。

当钻芯孔为 1 个时，宜在距桩中心 10～15cm 的位置开孔；当钻芯孔为 2 个或 2 个以上时，宜在距桩中心 0.15～0.25 倍桩径范围内均匀对称开孔。

对桩底持力层的钻探，每根受检桩不应少于 1 个孔。

4）芯样直径

芯样直径为 70～100mm，一般不宜小于骨料最大粒径的 3 倍，在任何情况下不得小于骨料最大粒径的 2 倍。

2．成桩质量评定

由于建筑场地地质条件是复杂多变和非均匀性的，故成桩质量变化较大。为保证工程质量，应按单桩进行桩身完整性和混凝土强度评价。当出现下列情况之一时，应判定该受检桩不满足设计要求。

（1）混凝土芯样试件抗压强度检测值小于混凝土设计强度等级。

（2）桩长、桩底沉渣厚度不满足设计要求。

（3）桩底持力层岩土性状（强度）或厚度不满足设计要求。

工程师寄语

未来的数字化时代会对使用现代工具的信息化人才提出更高的要求，同学们要有前瞻意识，不断接受新技术，不断进行创新。

任务 6.4　桩的承载力分析

任务描述

工作任务	（1）掌握桩的承载力的概念及分类。 （2）掌握单桩竖向承载力特征值的确定方法。 （3）了解单桩抗拔承载力特征值和单桩水平承载力特征值的确定方法。 （4）了解群桩效应、桩承效应。 （5）掌握负摩阻力的定义、产生原因、减小措施
工作手段	《建筑地基基础设计规范》（GB 50007—2011）
提交成果	每位学生独立完成本学习情境的实训练习里的相关内容

相关知识

桩的承载力是设计桩基的关键所在。我国确定桩的承载力的方法有两种：①根据《建筑地基基础设计规范》（GB 50007—2011）方法；②根据《建筑桩基技术规范》（JGJ 94—2008）方法。桩的承载力，包括单桩竖向承载力、群桩竖向承载力和桩的水平承载力。现主要介绍《建筑地基基础设计规范》（GB 50007—2011）方法。

6.4.1　桩的承载力的概念

由于桩的承载力条件不同，桩的承载力可分为竖向承载力及水平承载力两种，其中竖向承载力又包括竖向抗压承载力和抗拔承载力。

单桩竖向极限承载力是指单桩在竖向荷载作用下，在桩身强度和稳定性均可得到保证，且桩基不产生过大沉降的前提下，桩所能承受的最大荷载。

桩基在荷载作用下，主要有两种破坏模式：一种是桩身破坏，桩端支承于很硬的地层上，而桩侧土又十分软弱时，桩相当于一根细长柱，此时有可能发生纵向弯曲破坏；另一种是地基破坏，桩穿过软弱土层支承在坚实土层时，其破坏模式类似于浅基础下地基的整体剪切破坏，土从桩端两侧隆起。此外，当桩端持力层为中等强度土层或软弱土层时，在荷载作用下，桩“切入”土中，称为冲剪破坏或贯入破坏。

6.4.2 单桩竖向承载力特征值的确定

1. 一般规定

（1）设计等级为甲级的建筑桩基，应通过单桩竖向静载荷试验确定，如图 6.4 所示。在同一条件下的试桩数量，不宜少于总桩数的 1%，且不应少于 3 根。

（2）设计等级为乙级的建筑桩基，当地质条件简单时，可参照地质条件相同的试桩资料，结合静力触探等原位测试和经验参数综合确定；其余均应通过单桩竖向静载荷试验确定。

（3）设计等级为丙级的建筑桩基，可采用静力触探及标准贯入试验参数确定。

图 6.4 单桩竖向静载荷试验

2. 按静载荷试验确定

1）试验目的

在建筑工程现场实际工程地质和实际工作条件下，采用与工程规格尺寸完全相同的试桩，进行竖向抗压静载荷试验，由此确定单桩竖向极限承载力，其为桩基设计的依据。这是确定单桩竖向承载力特征值最可靠的方法。

2）试验准备

（1）在建筑工地选择有代表性的桩位，采用与设计工程桩的截面、长度及质量完全一致的试桩，用设计采用的施工机具与方法，将试桩沉至设计标高。

（2）确定试桩加载装置，根据工程的规模、试桩的尺寸、地质情况、设计采用的单桩竖向承载力及经费情况，全面考虑后确定。

（3）筹备荷载与沉降的量测仪表。

（4）由于打桩会对土体产生扰动，必须待试桩周围土体的强度恢复后方可开始试验，用以消散沉桩时产生的孔隙水压力和触变等影响，此时才能反映真实的桩的端承力与桩侧摩阻力的数值。

预制桩被打入土中后到开始静载荷试验所需的间歇时间：打入砂类土中不得少于 7 天；粉土和一般黏性土不得少于 15 天，饱和软黏土不得少于 25 天。灌注桩应待桩身混凝土达到设计强度后才能进行试验。

3）试验加载装置

通常试验采用油压千斤顶加载，千斤顶的反力装置常用下列三种形式。

（1）锚桩横梁反力装置。这种装置如图 6.5（a）所示。试桩与两侧锚桩之间的中心距不小于 4 倍桩径，且不小于 2.0m。如采用工程桩作锚桩，锚桩数量不得少于 4 根，并应检测静载荷试验过程中锚桩的上拔量。

（2）压重平台反力装置。这种装置如图 6.5（b）所示。要求压重平台的支墩边至试桩的净距，不应小于 4 倍桩径，且不小于 2.0m。压重量不得少于预计试桩破坏荷载的 1.2 倍。压重应在试验开始前一次加上，并均匀稳固放置于平台上。

（3）锚桩压重联合反力装置。当试桩最大加载量超过锚桩的抗拔力时，可在横梁上放置或悬挂一定重物，由锚桩和重物共同随千斤顶加载反力。

千斤顶应平放于试桩中心，当采用 2 个以上千斤顶加载时，应将千斤顶并联同步工作，并使千斤顶的合力通过试桩中心。

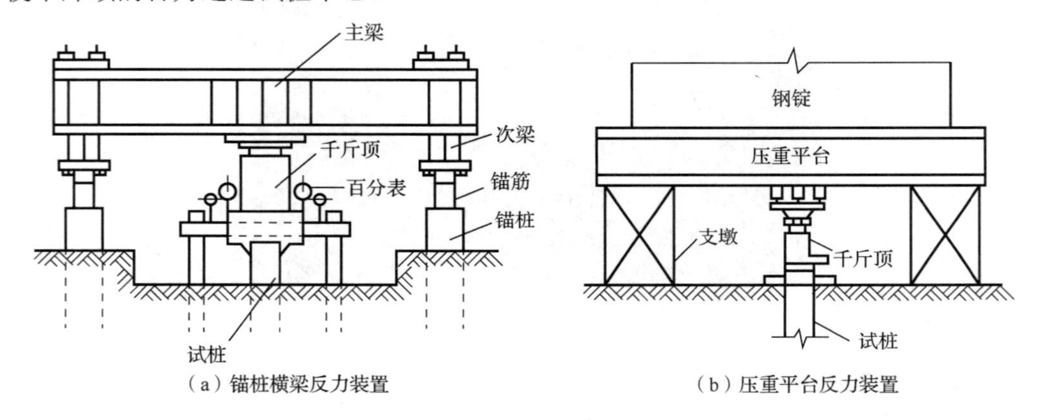

（a）锚桩横梁反力装置　　（b）压重平台反力装置

图 6.5　单桩竖向静载荷试验装置示意图

4）荷载与沉降的量测

（1）桩顶荷载量测。荷载可在千斤顶上安置应力环、应变式压力传感器直接测定，或采用连接千斤顶的压力表测定油压，根据千斤顶的换算曲线算出荷载。

（2）试桩沉降量测。通常采用百分表或电子位移计量测试桩的沉降量。对于大直径桩，应在其两个正交直径方向对称安置 4 个位移测试仪表；中等或小直径桩可安置 2～3 个位移测试仪表。

沉降测定平面离桩顶距离不应小于桩径的 1/2。固定和支承百分表的夹具和基准梁，在构造上应确保不受气温、振动及其他外界等因素的影响而发生竖向变位。

5）静载荷试验要点

（1）试验加载方式。试验加载采用慢速维持荷载法，即逐级加载。每级荷载达到相对稳定后，加下一级荷载，直到试桩达到终止加载条件，然后分级卸载到零。

（2）加载分级。加载分级不应小于 8 级，每级加载量宜为预估极限荷载 p_u 的 1/10～1/8，即

$$\Delta p=\left(\frac{1}{10}\sim\frac{1}{8}\right)p_{\mathrm{u}}$$

第一级可按 2 倍分级荷载，即 2Δp 加载。

（3）桩顶沉降观测。每级加载后间隔 5min、10min、15min、15min、15min、30min、30min、30min 测记一次沉降。

（4）沉降相对稳定标准。当持力层为黏性土时，沉降速率不大于 0.1mm/h；当持力层为砂土时，沉降速率不大于 0.5mm/h。以上情况在 2h 观测时间内连续出现两次时，认为沉降已达到相对稳定，可加下一级荷载。

（5）终止加载条件。当出现下列情况之一时，即可终止加载。

① 在荷载-沉降（p-s）曲线上，有可判定极限承载力的陡降段，且桩顶总沉降量 s>40mm。

② 桩顶总沉降量 s=40mm 后，继续增二级或二级以上荷载仍无陡降段。

③ 某级荷载作用下，桩的沉降量大于前一级荷载作用下沉降量的 5 倍。

④ 某级荷载作用下，桩的沉降量大于前一级荷载作用下沉降量的 2 倍，且经 24h 尚未达到相对稳定。

⑤ 桩端支承在坚硬岩土层上，桩的沉降量很小时，最大加载量已达到设计荷载的 2 倍。

⑥ 已达到锚桩最大抗拔力或压重平台的最大重量时。

（6）卸载与卸载沉降观测。

① 每级卸载值为每级加载值的 2 倍。

② 每级卸载后，间隔 15min、30min、60min 各测记一次，即可卸下一级荷载。

③ 全部卸载后，间隔 3～4h 再测记一次。

6）单桩竖向极限承载力的确定

（1）单桩竖向极限承载力实测值。取直角坐标，以桩顶荷载 p 为横坐标，桩顶沉降量 s 为纵坐标（向下），绘制荷载-沉降（p-s）曲线，如图 6.6 所示。

① p-s 曲线有明显的陡降段，取陡降段起点相应的荷载值，如图 6.6 曲线Ⅰ、Ⅲ中 b 点对应的荷载 p_{u}。

② 对于直径或桩宽在 550mm 以下的预制桩，在某级荷载 p_i 作用下，其沉降量与相应荷载增量的比值 $\left(\frac{\Delta s_i}{\Delta p_i}\right)\geqslant$0.1mm/kN 时，取前一级荷载 p_{i-1} 之值为极限承载力 p_{u}。

③ 当 p-s 曲线为缓变型，无陡降段时，如图 6.6 曲线Ⅱ、Ⅳ，则根据桩顶沉降量确定极限承载力。

a．一般可取 s=40～60mm 对应的荷载。

b．大直径桩可取 s=（0.03～0.06）D（D 为桩端直径）对应的荷载。

c．细长桩（l/d>80）可取 s=60～80mm 对应的荷载。

单桩竖向极限承载力也可根据沉降随时间的变化特征确定，即取 s-lg$t$ 曲线尾部出现明显向下弯曲的前一级荷载，如图 6.7 所示。

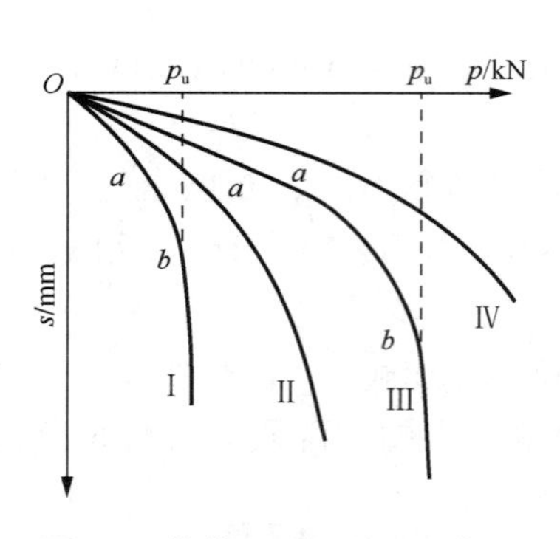

图 6.6　荷载-沉降（p-s）曲线

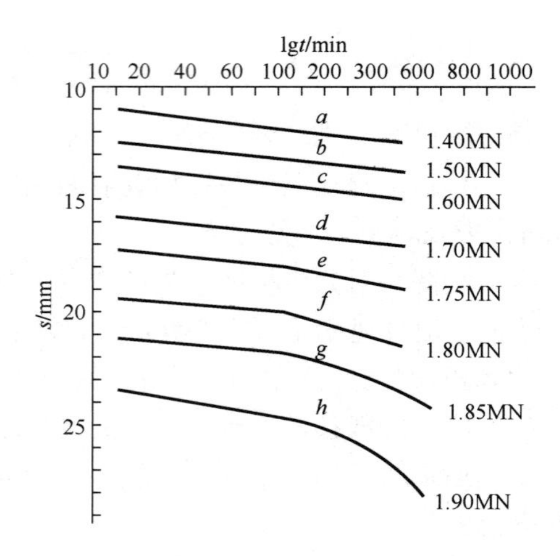

图 6.7　s-lgt 曲线

（2）单桩竖向极限承载力的取值。参加统计的试桩，当满足其极差不超过平均值的 30%时，可取其平均值为单桩竖向极限承载力 p_u；极差超过平均值的 30%时，宜增加试桩数量，并分析离差过大的原因，结合工程具体情况确定极限承载力。对桩数为 3 根及以下的桩承台，取最小值。

7）单桩竖向承载力特征值

将单桩竖向极限承载力 p_u 除以安全系数 K，即为单桩竖向承载力特征值。

$$R_a = \frac{p_u}{K} \tag{6-1}$$

式中：R_a——单桩竖向承载力特征值，kN；

p_u——单桩竖向极限承载力，kN；

K——安全系数，取 2.0。

3．按规范中的经验公式确定

对于二级建筑物，可参照地质条件相同的试验资料，根据具体情况确定，初步设计时，假定同一土层中的摩擦力沿深度方向是均匀分布的，以经验公式进行单桩竖向承载力特征值估算。

摩擦桩：

$$R_a = q_{pa}A_p + u_p \sum q_{sia} l_i \tag{6-2}$$

端承桩：

$$R_a = q_{pa}A_p \tag{6-3}$$

式中：R_a——单桩竖向承载力特征值，kN；

q_{pa}、q_{sia}——桩端阻力、桩侧阻力特征值，kPa，由当地静载荷试验结果统计分析算得，当无资料时，可分别按表 6-1～表 6-5 采用；

A_p——桩端横截面面积，m^2；

u_p——桩身周边长度，m；

l_i——第 i 层岩土的厚度，m。

当同一承台下桩数大于 3 根时，单桩竖向承载力设计值 $R=1.2R_a$；当桩数小于或等于 3 根时，取 $R=1.1R_a$。

表 6-1　预制桩桩端阻力特征值 q_{pa}　　单位：kPa

土的名称	土的状态	桩的入土深度/m		
		5	10	15
黏性土	$0.5<I_L\leqslant0.75$	400～600	700～900	900～1100
	$0.25<I_L\leqslant0.5$	800～1000	1400～1600	1600～1800
	$0<I_L\leqslant0.25$	1500～1700	2100～2300	2500～2700
粉土	$e<0.7$	1100～1600	1300～1800	1500～2000
粉砂	中密、密实	800～1000	1400～1600	1600～1800
细砂		1100～1300	1800～2000	2100～2300
中砂	中密、密实	1700～1900	2600～2800	3100～3300
粗砂		2700～3000	4000～4300	4600～4900
砾砂、角砾、圆砾、碎石、卵石	中密、密实	3000～5000		
		3500～5500		
		4000～6000		
软质岩石	微风化	5000～7500		
硬质岩石		7500～10000		

注：1．表中数值仅用作初步设计时估算。

2．入土深度超过 15m 时按 15m 考虑。

表 6-2　沉管灌注桩桩端阻力特征值 q_{pa}　　单位：kPa

土的名称	土的状态	桩的入土深度/m		
		5	10	15
淤泥质土		100～200		
一般黏性土与粉土	$0.4<I_L\leqslant0.6$	500	800	1000
	$0.25<I_L\leqslant0.4$	800	1500	1800
	$0<I_L\leqslant0.25$	1500	2000	2400
粉砂	中密、密实	900	1100	1200
细砂		1300	1600	1800
中砂		1650	2100	2450
粗砂		2800	3900	4500
卵石	中密、密实	3000	4000	5000
软质岩石	微风化	5000～7500		
硬质岩石		7500～10000		

表 6-3　钻、挖、冲孔灌注桩桩端阻力特征值 q_{pa}　　单位：kPa

土的名称	土的状态	地下水位	桩的入土深度/m		
			5	10	15
一般黏性土与粉土	$0< I_L \leqslant 0.25$	以上	300	450	600
	$0.25< I_L \leqslant 0.75$		260	410	570
	$0.75< I_L \leqslant 1.0$		240	390	550
		以下	100	160	220
粉砂、细砂	中密	以上	400	700	1000
		以下	150	300	400
	密实	以上	600	900	1250
		以下	200	350	500
中砂、粗砂	中密	以上	600	1100	1600
		以下	250	450	650
	密实	以上	850	1400	1900
		以下	350	550	800

注：表列值适用于地下水位以上孔底虚土≤10cm；地下水位以下孔底回淤土≤30cm。

表 6-4　预制桩桩侧阻力特征值 q_{sia}　　单位：kPa

土的名称	土的状态	q_{sia}
填土		9～13
淤泥		5～8
淤泥质土		9～13
黏性土	$I_L >1$	10～17
	$0.75< I_L \leqslant 1.0$	17～24
	$0.5< I_L \leqslant 0.75$	24～31
	$0.25< I_L \leqslant 0.5$	31～38
	$0< I_L \leqslant 0.25$	38～43
	$I_L \leqslant 0$	43～48
红黏土	$0.75< I_L \leqslant 1.0$	6～15
	$0.25< I_L \leqslant 0.75$	15～35
粉土	$e >0.9$	10～20
	$e =0.7\sim0.9$	20～30
	$e <0.7$	30～40
粉砂、细砂	稍密	10～20
	中密	20～30
	密实	30～40

续表

土的名称	土的状态	q_{sia}
中砂	中密	25～35
	密实	35～45
粗砂	中密	35～45
	密实	45～55
砾砂	中密、密实	55～65

注：1. 表中数值仅用作初步设计时估算。

2. 尚未完成固结的填土和以生活垃圾为主的杂填土可不计其摩擦力。

表 6-5　灌注桩桩侧阻力特征值 q_{sia}　　单位：kPa

土的名称	土的状态	沉管灌注桩	钻、挖、冲孔灌注桩
炉灰填土	已完成自重固结		8～13
室内回填土、粉质黏土填土	已完成自重固结	20～30	20～30
淤泥	$\omega>\omega_L$，$e\geqslant1.5$	5～8	5～8
淤泥质土	$\omega>\omega_L$，$1\leqslant e<1.5$	10～15	10～15
黏土、粉质黏土	软塑	15～20	20～30
	可塑	20～35	30～35
	硬塑	35～40	35～40
粉土	软塑	15～25	22～30
	可塑	25～35	30～35
	硬塑	35～40	35～45
粉砂、细砂	稍密	15～25	20～30
	中密	25～35	30～40
	密实	35～40	40～60
中砂	中密	35～40	
	密实	40～50	

注：钻、挖、冲孔灌注桩 q_{sia} 值适用于地下水位以上的情况。如在地下水位以下，可根据成孔工艺对桩周土的影响，参照采用。

6.4.3 单桩抗拔承载力特征值的确定

主要承受竖向抗拔荷载的桩称为竖向抗拔桩。工业烟囱、海上钻井平台、高压输电铁塔、跨海大桥等，它们所受的荷载往往会使其下的桩基中的某部分受到上拔力的作用。桩的抗拔承载力主要取决于桩身材料强度及桩与土之间的抗拔侧阻力和桩身自重。

单桩抗拔承载力的计算公式可以分成两大类。第一类为理论计算公式，此类公式是先假定不同桩的破坏模式，然后以土的抗剪强度和侧压力系数等主要参数进行承载力计算。假定的破坏模式也多种多样，比如圆锥台状破裂面、曲面状破裂面和圆柱状破裂面等。第二类为经验公式，以试桩实测资料为基础，建立起桩的抗拔侧阻力与抗压侧阻力之间的关系和抗拔破坏模式。前一类公式，由于抗拔剪切破坏面的不同假设，以及设置桩的方法对桩周土强度指标确定的复杂性和不确定性，使用起来比较困难。因此，现在一般应用经验公式计算单桩抗拔承载力。

影响单桩抗拔承载力的因素主要有桩周土的土类、土层的形成条件、桩的长度、桩的类型和施工方法、桩的加载历史和荷载的特点等。总之，凡是引起桩周土内应力状态变化的因素，都将对单桩抗拔承载力产生影响。

一级建筑物的单桩抗拔承载力特征值应通过现场单桩竖向抗拔载荷试验确定，如图 6.8 所示，并应加载至破坏。单桩竖向抗拔载荷试验，应按《建筑地基基础设计规范》(GB 50007—2011）附录 T 进行。

图 6.8　单桩竖向抗拔载荷试验

二级、三级建筑物可用当地经验或按式（6-4）计算。

$$U_{\mathrm{k}}=\sum \lambda_i q_{\mathrm{sik}} u_i l_i \tag{6-4}$$

式中：U_{k}——单桩抗拔承载力特征值，kN；

u_i——第 i 层土的破坏表面周长，m，对于等直径桩，取 $u_i=\pi d$，对于扩底桩，自桩底起算的长度 $l_i \leqslant 5d$ 时，$u_i=\pi D$（D 为扩大端设计直径），其余 $u_i=\pi d$；

q_{sik}——桩侧表面第 i 层土的抗压侧阻力特征值，kPa，可按表 6-4 取值；

λ_i——第 i 层土的抗拔系数，砂土λ=0.50～0.70，黏性土、粉土λ=0.70～0.80，桩的长径比 $\dfrac{l}{d}<20$ 时，λ取小值。

6.4.4　单桩水平承载力特征值的确定

在工业与民用建筑中的桩基，大多以承受竖向荷载为主，但在风荷载、地震荷载或土压力、水压力等作用下，桩基上也作用有水平荷载。在此情况下，也可能出现作用于桩基上的外力主要为水平力的情况，因此必须对桩基的水平承载力进行验算。

桩在水平力和力矩作用下，作为受弯构件，桩身产生水平变位和弯曲应力，外力的一部分由桩身承担，另一部分通过桩传给桩侧土体。随着水平力和力矩增加，桩的水平变位和弯曲应力也继续增大，当桩顶或地面变位过大时，将引起上部结构的损坏；弯曲应力过大则将使桩身断裂。对于桩侧土，随着水平力和力矩增加，土体由地面向下逐渐产生塑性变形，导致塑性破坏。

影响桩的水平承载力的因素很多，如桩的截面尺寸、材料强度、刚度、桩顶嵌固程度和桩的入土深度及地基土的土质条件。桩的截面尺寸和地基强度越大，桩的水平承载力就越高；桩的入土深度越大，桩的水平承载力也就越高，但深度达一定值时继续增加入土深度，桩的水平承载力也不会再提高。桩抵抗水平荷载作用所需的入土深度，称为有效长度。当桩的入土深度大于有效长度时，桩嵌固在某一深度的地基中，地基的水平抗力得到充分发挥，桩产生弯曲变形，不至于被拔出或倾斜。桩头嵌固于承台中的桩，其抗弯刚度大于桩头自由的桩，桩的抗弯刚度提高，桩抵抗横向弯曲的能力也随着提高。

确定单桩水平承载力的方法，有静载荷试验和理论计算两大类。

（1）单桩水平承载力特征值应通过现场单桩水平静载荷试验确定，如图 6.9 所示。单桩水平静载荷试验，应按《建筑地基基础设计规范》（GB 50007—2011）附录 S 进行。

图 6.9　单桩水平静载荷试验

（2）承受水平荷载的单桩，其水平位移一般要求限制在很小的范围内，可以把它视为一根直立的弹性地基梁，通过挠曲微分方程解答，计算桩身的弯矩和剪力，并考虑由桩顶竖向荷载产生的轴力，进行桩的强度计算。

实际工程中，通常设置斜桩来承受水平荷载。例如，上海宝钢在长江中设置的深水桩基栈桥就采用斜桩来承受风浪水平荷载。

6.4.5　桩身材料验算

在桩基计算中，按土对桩的阻力确定单桩承载力后，还要验算桩身材料强度是否满足桩的承载力设计要求。对混凝土桩而言，要验算混凝土强度是否满足桩的承载力设计要求。《建筑地基基础设计规范》（GB 50007—2011）规定，按桩身混凝土强度计算桩的承载力时，应按桩的类型、成桩工艺的不同将混凝土的轴心抗压强度设计值乘以工作条件系数 φ_c，桩轴心受压时桩身强度应符合式（6-5）的规定。

$$Q \leqslant A_p f_c \varphi_c \tag{6-5}$$

式中：f_c——混凝土的轴心抗压强度设计值，kPa；

Q——相应于作用的基本组合时的单桩竖向力设计值，kN；

A_p——桩身横截面面积，m^2；

φ_c——工作条件系数，非预应力预制桩取0.75，预应力桩取0.55～0.65，灌注桩取0.60～0.80（水下灌注桩、长桩或混凝土强度等级高于C35时用低值）。

对于预制桩，尚应进行运输、起吊和锤击等过程中的强度验算。预制桩运输与起吊的强度不足，可以掺混凝土早强剂或高效减水剂来解决，特别要注意为抢工期，工厂现制现运，混凝土养护期龄短的情况。至于桩锤击的强度，除保证桩身混凝土达到设计强度等级外，还应注意施工工艺，如控制桩身垂直度，检查桩帽与锤垫是否合适，一旦打裂，必须修补后再打等。

6.4.6 群桩竖向承载力

当建筑物上部荷载远远大于单桩竖向承载力时，通常由多根桩组成群桩，共同承受上部荷载。

工程师寄语

一滴水只有放进大海才永远不会干涸，一个人只有融入集体才最有力量。

1．群桩效应

桩基一般由若干根单桩组成，上部用承台连成整体，通常称为群桩。群桩基础因承台、桩、土的相互作用使其桩侧阻力、桩端阻力、沉降等性状发生变化而与单桩明显不同，承载力往往不等于各单桩承载力之和，这一现象称为群桩效应。

端承桩组成的群桩，因桩的承载力主要是桩端较硬土层的支撑力，受压面积小，各桩间相互影响小，其工作性状与独立单桩相近，可以认为不发生应力叠加，故群桩基础的承载力就是各单桩承载力之和。

摩擦桩组成的群桩，由于桩周摩擦力要在桩周土中传递，并沿深度向下扩散，故桩间土受到压缩，产生附加应力。在桩端平面，附加应力的分布直径D比桩径d大得多，当桩距小于D时在桩尖处将发生应力叠加。因此，在相同条件下，群桩的沉降量比单桩的大，如图6.10所示。如果保持相同的沉降量，就要减少各桩的荷载（或加大桩距）。因此，群桩的承载力小于单桩承载力与桩数的乘积，即

$$R_n < nR \tag{6-6}$$

式中：R_n——群桩竖向承载力设计值，kN；

n——群桩中的桩数；

R——单桩竖向承载力设计值，kN。

R_n与nR之比值称为群桩效应系数，以η表示。

$$\eta = \frac{R_n}{nR} \tag{6-7}$$

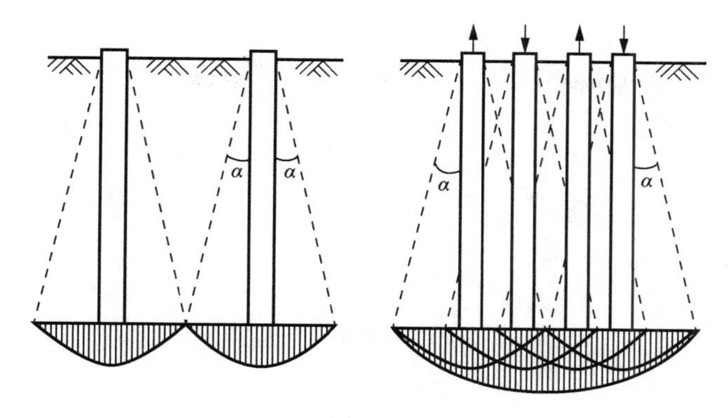

图 6.10 摩擦群桩下土体内应力分布

影响群桩承载力和沉降量的因素较多，除土的性质外，主要是桩距、桩数、桩的长径比、桩长与承台宽度比、成桩方法等，可以用群桩效应系数 η 和沉降比 ν 两个指标反映群桩的工作特性。效应系数 η 是群桩极限承载力与各单桩独立工作时极限承载力之和的比值，可用来评价群桩中单桩承载力发挥的程度。沉降比 ν 是相同荷载下群桩的沉降量与单桩工作时沉降量的比值，可用来反映群桩的沉降特性。群桩的工作状态亦分为以下两类。

（1）桩距大于或等于 3 倍桩径而桩数少于 9 根的端承摩擦桩，条形基础下的桩不超过两排的桩基，竖向抗压承载力为各单桩竖向抗压承载力的总和。

（2）桩距小于 6 倍桩径而桩数大于或等于 9 根的摩擦桩，可视作一假想的实体深基础，群桩承载力即按实体深基础进行地基强度设计或验算，并验算该桩基中各单桩所承受的外力（轴心受压或偏心受压）。当建筑物对桩基的沉降有特殊要求时，应作变形验算。

2. 桩承效应

传统的桩基设计中，考虑承台与地基土脱空，承台只起分配上部荷载至各桩并将桩联合成整体共同承担上部荷载的联系作用。大量工程实践表明，这种考虑是不合理的。承台与地基土脱空的情况是极少数特殊情况，例如，承台底面以下存在可液化土、湿陷性黄土、高灵敏度软土、欠固结土、新填土，或可能出现震陷、降水，沉桩过程产生高孔隙水压和土体隆起时。绝大多数情况承台为现浇钢筋混凝土结构，与地基土直接接触，而且在上部荷载作用下，承台与地基土压得更紧。因此，这时可将桩基视为实体基础来验算地基承载力和地基变形。

6.4.7 桩的负摩阻力

1. 负摩阻力的概念

1）定义

在固结稳定的土层中，桩受荷产生向下的位移，因此桩周土产生向上的摩阻力，称为（正）摩阻力。与此相反，当桩周土层的沉降超过桩的沉降时，则桩周土产生向下的摩阻力，称为负摩阻力。

2）产生负摩阻力的原因

① 在桩附近地面有大面积的堆载，引起地面沉降。

② 大面积的地下水位下降，使土层自重应力增加，导致地面沉降。

③ 桩穿过欠压密土层（如填土），在自重应力作用下使地面发生沉降。

④ 处于黄土、冻土中的桩，因黄土湿陷、冻土融化产生地面下沉。

3）减小负摩阻力的措施

① 对于填土地基场地：施工过程应保证填土的密实度，且待填土地面变形基本稳定后再成桩。

② 对于软土地基场地：可采取排水固结法处理地基，减小软土后期变形。

③ 沥青涂层法：在桩基表面涂上具有润滑作用的特殊沥青，有效降低负摩阻力，材料消耗和施工费用节省约 20%。

4）中性点

桩截面沉降量与桩周土层沉降量相等之点，桩与桩周土相对位移为零，称为中性点，即负摩阻力与（正）摩阻力交界点无任何摩阻力。中性点的位置：当桩周为产生固结的土层时，大多在桩长的 70%～75%（靠下方）处。中性点处，桩所受的下拉荷载最大。

5）负摩阻力的数值

负摩阻力的数值与作用在桩侧的有效应力成正比；负摩阻力的极限值近似地等于土的不排水抗剪强度。

2. 单桩负摩阻力特征值

中性点以上单桩桩周第 i 层土负摩阻力特征值可按下式计算。

$$q_{si}^{n}=\zeta_{n}\sigma_{i}' \tag{6-8}$$

式中：q_{si}^{n}——第 i 层土负摩阻力特征值，kPa。

ζ_{n}——桩周土负摩阻力系数，可按表 6-6 取值。

σ_{i}'——桩周第 i 层土平均竖向有效应力，kPa，当填土、自重湿陷性黄土、欠固结土层产生固结和地下水位低时，$\sigma_{i}'=\sigma_{\gamma i}'$；当地面有大面积堆载时，$\sigma_{i}'=P+\sigma_{\gamma i}'$。

P——地面均布荷载，kPa。

$\sigma_{\gamma i}'$——由土自重引起的桩周第 i 层土平均竖向有效应力，kPa，桩群外围桩自地面算起，桩群内部桩自承台底面算起。

$$\sigma_{\gamma i}'=\sum_{e=1}^{i=1}\left(\gamma_{e}\Delta Z_{e}+\frac{1}{2}\gamma_{i}\Delta Z_{i}\right) \tag{6-9}$$

γ_{i}、γ_{e}——第 i 层计算土层和第 e 层计算土层的重度，地下水位以下取浮重度，kN/m³。

ΔZ_{i}、ΔZ_{e}——第 i 层土、第 e 层土的厚度，m。

表 6-6　负摩阻力系数 ζ_{n}

土的种类	饱和软土	黏性土、粉土	砂土	自重湿陷性黄土
ζ_{n}	0.15～0.25	0.25～0.40	0.35～0.50	0.20～0.35

3. 中性点深度

中性点深度 l_n 应按桩周土层沉降与桩沉降相等的条件计算确定，也可参照表 6-7 确定。

表 6-7　中性点深度 l_n

持力层性质	黏性土、粉土	中密以上砂土	砾石、卵石	基岩
l_n/l_0	0.50～0.60	0.70～0.80	0.90	1.00

注：1. l_n、l_0 分别为自桩顶算起的中性点深度和桩周软土下限深度。

2. 桩穿过自重湿陷性黄土时，l_n 可按表列值增大 10%，持力层为基岩除外。

3. 当桩周土层固结与桩基固结沉降同时完成时，取 l_n 为零。

4. 当桩周土层计算沉降小于 20mm 时，l_n 应按表列值乘以 0.4～0.8 折减。

任务 6.5　桩 基 设 计

任务描述

工作任务	（1）了解桩基设计的目的，掌握桩基设计的内容及步骤。 （2）掌握桩型、桩截面尺寸和桩长的确定方法。 （3）掌握计算桩的数量进行平面布置的方法。 （4）了解桩基验算方法。 （5）了解桩身结构设计、桩承台设计内容
工作手段	《建筑地基基础设计规范》（GB 50007—2011）
提交成果	每位学生独立完成本学习情境的实训练习里的相关内容

相关知识

与浅基础一样，桩基设计也应符合安全、合理、经济的要求。对桩来说，其应具有足够的强度、刚度和耐久性；对地基来说，其要有足够的承载力和不产生过量的变形。考虑到桩基相应于地基破坏的极限承载力甚高，大多数桩基设计的首要问题在于控制沉降量。

6.5.1 桩基设计的目的

桩基设计的目的是使支承上部结构的地基和基础结构必须具有足够的承载力，其变形不超过上部结构安全和正常使用所允许的范围。桩基在设计之前必须有以下资料。

（1）建筑物上部结构的情况，如结构形式、平面布置、荷载大小、结构构造及使用要求。

（2）工程地质勘察资料，必须在提出工程地质勘察任务时，说明拟定的桩基方案。

（3）当地建筑材料供应情况。

（4）当地的施工条件，包括沉桩机具、施工方法及施工质量。

（5）施工现场及周围环境的情况，交通和施工机械进出场地条件，周围是否有对振动敏感的建筑物。

（6）当地及现场周围建筑基础设计及施工的经验等。

6.5.2 桩基设计的内容及步骤

桩基设计的主要内容及步骤如下。

（1）选择桩型、桩长和桩截面尺寸。

（2）确定桩的数量、间距和布置方式。

（3）验算桩基的承载力和沉降。

（4）桩身结构设计。

（5）桩承台设计。

6.5.3 桩基设计的详细勘察

设计桩基之前必须充分掌握设计原始资料，包括建筑类型、荷载、工程地质勘察资料、施工技术设备及材料来源，并尽量了解当地使用桩基的经验。

对桩基的详细勘察除满足现行勘察规范要求外还应满足以下要求。

① 勘探点间距：端承桩和嵌岩桩，勘探点间距一般为12～24m，主要根据桩端持力层顶面坡度决定；摩擦桩，勘探点间距一般为20～30m，若土层性质或状态变化较大，可适当加密勘探点；在复杂地质条件下的柱下单桩基础，应按桩列线布置勘探点。

② 勘探深度：布置1/3～1/2的勘探孔作为控制性勘察孔，一级建筑桩基场地至少应有3个，二级建筑桩基场地不少于2个。控制性勘察孔应穿透桩端平面以下压缩层厚度，一般性勘探孔应深入桩端平面以下3～5倍桩径；嵌岩桩钻孔应深入持力岩层不小于3～5倍桩径；当持力层较薄时，部分钻孔应钻穿持力岩层。对于岩溶地区，应查明溶洞、溶沟、溶槽、石笋等的分布情况。

在勘察深度范围内的每一地层，都应进行室内试验或原位测试，提供设计所需参数。

6.5.4 确定桩型、桩长和桩截面尺寸

桩基设计的第一步就是根据结构类型及层数、荷载情况、地层条件和施工能力，确定桩型、桩长和桩截面尺寸。

1．确定桩型

桩型的选择是桩基设计的最基本环节之一，应综合考虑建筑物对桩基的功能要求、土层分布及物理性质、桩施工工艺及环境等方面因素，充分利用各桩型的特点来适应建筑物在安全、经济及工期等方面的要求。

根据土层竖向分布特征，结合建筑物的荷载和上部结构类型等条件，选择桩端持力层，应尽可能使桩支承在承载力相对较高的坚实土层上，采用嵌岩桩或端承桩。当坚硬土层埋藏很深时，则宜采用摩擦桩，桩端应尽量达到低压缩性、中等强度的土层上。如为低层房屋，可采用摩擦桩；如为大中型工程，可用端承摩擦桩，长桩穿透软弱层，桩端进入坚实土层。

根据当地材料供应、施工机具与技术水平、造价、工期及场地环境等具体情况，选择桩的材料与施工方法。例如，中小型工程可用素混凝土灌注桩，以节省投资；如为大型工程则应采用钢筋混凝土桩，通常用锤击法施工；深基槽护坡桩有一次性混凝土灌注桩与多次使用的钢板桩两种类型供比较；对于高层建筑与重型设备基础，则可考虑选用扩底桩。

2．确定桩长

由桩端持力层深度可初步确定桩长，为提高桩的承载力和减小沉降，桩端全断面必须进入持力层一定深度，具体为：对黏性土、粉土，进入的深度不宜小于 2 倍桩径；对砂类土不宜小于 1.5 倍桩径；对碎石类土不宜小于 1 倍桩径。当存在软弱下卧层时，桩端以下硬持力层厚度不宜小于 3 倍桩径。对于嵌岩桩，嵌岩深度应综合荷载、上覆土层、基岩、桩径、桩长等因素确定；对于嵌入倾斜的完整和较完整岩的全断面深度不宜小于桩径的 40%且不小于 0.5m，倾斜度大于 30%的中风化岩，宜根据倾斜度及岩石完整性适当加大嵌岩深度；对于嵌入平整、完整的坚硬岩和较硬岩的全断面深度不宜小于桩径的 20%且不小于 0.2m。

3．确定桩截面尺寸

在确定桩型和桩端持力层后，便可相应地决定桩截面尺寸。桩的横截面面积根据桩顶荷载大小与当地施工机具及建筑经验确定。如为钢筋混凝土预制桩，中小型工程常用 250mm×250mm 或 300mm×300mm，大型工程常用 350mm×350mm 或 400mm×400mm。若小型工程用大截面桩，则浪费；大型工程用小截面桩，因桩承载力低，需要桩的数量增多，不仅桩的排列难、承台尺寸大，而且打桩费工，不可取。

6.5.5 计算桩的数量进行平面布置

1．桩的数量估算

1）轴心受压时

$$n=\frac{F_{\mathrm{k}}+G_{\mathrm{k}}}{R_{\mathrm{a}}} \tag{6-10}$$

2）偏心受压时

$$n=\mu\frac{F_{\mathrm{k}}+G_{\mathrm{k}}}{R_{\mathrm{a}}} \tag{6-11}$$

式中：n——桩的数量，根；

F_k——相应于荷载效应标准组合时，作用于桩基承台顶面的竖向力，kN；

G_k——桩基承台自重及承台上土自重标准值，kN；

R_a——单桩竖向承载力特征值，kN；

μ——偏心受压桩基增大系数，$\mu=1.1\sim1.2$。

2. 桩的平面布置

在桩的数量初步确定后，可根据上部结构的特点与荷载性质，进行桩的平面布置。

1）桩的中心距

通常桩的中心距宜取3～4倍桩径。若中心距过小，桩施工时互相挤土影响桩的质量；反之，桩的中心距过大，则桩承台尺寸太大，不经济。桩的最小中心距应符合表6-8的规定。对于大面积桩群，尤其是挤土桩，宜按表列值适当加大。

表6-8　桩的最小中心距

土类与成桩工艺		排数不少于3排且桩数不少于9根的摩擦型桩桩基	其他情况
非挤土灌注桩		3.0*d*	3.0*d*
部分挤土桩	非饱和土、饱和非黏性土	3.5*d*	3.0*d*
	饱和黏性土	4.0*d*	3.5*d*
挤土桩	非饱和土、饱和非黏性土	4.0*d*	3.5*d*
	饱和黏性土	4.5*d*	4.0*d*

注：*d*为圆柱设计直径或方桩设计边长。

对于扩底灌注桩，还应满足表6-9的规定。

表6-9　扩底灌注桩的最小中心距

土类与成桩工艺		排数不少于3排且桩数不少于9根的摩擦型桩桩基	其他情况
钻、挖孔扩底桩		2*D*或*D*+2.0m（当*D*>2m）	1.5*D*或*D*+1.5m（当*D*>2m）
沉管夯扩、钻孔挤扩桩	非饱和土、饱和非黏性土	2.2*D*且4.0*d*	2.0*D*且3.5*d*
	饱和黏性土	2.5*D*且4.5*d*	2.2*D*且4.0*d*

注：*D*为扩大端设计直径。

2）桩的平面布置

桩的平面布置，尽量使桩群承载力合力点与长期荷载重心重合，并使桩基受水平力和力矩较大方向即承台的长边有较大的抗弯截面模量。桩离桩承台边缘的净距应不小于桩径的1/2。

同一结构单元，宜避免采用不同类型的桩。同一基础相邻桩的桩底标高差：对于非嵌岩端承型桩，不宜超过相邻桩的中心距；对于摩擦型桩，在相同土层中不宜超过桩长的1/10。

（1）独立基础可采用梅花形布置，如图 6.11（a）所示，受力条件均匀；也可采用行列式布置，如图 6.11（b）所示，施工方便。

（2）条形基础可布置成一字形，小型工程采用一排桩，大中型工程采用多排桩，如图 6.11（c）所示。

（3）烟囱、水塔基础通常为圆形，桩的平面布置为圆环形，如图 6.11（d）所示。

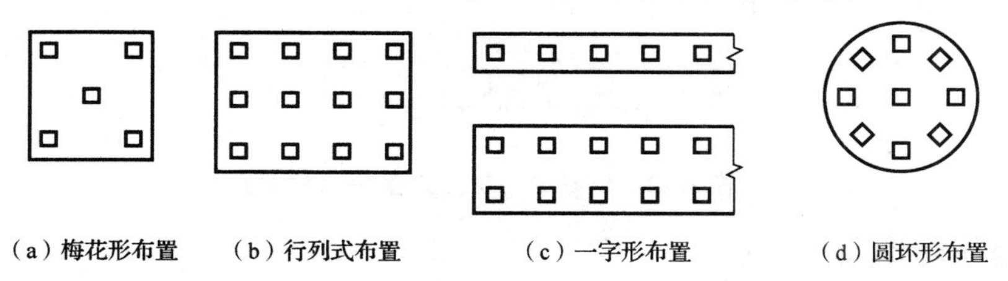

图 6.11　桩的平面布置

（4）桩箱基础宜将桩布置于内外墙下。

（5）带梁（肋）桩筏基础宜将桩布置于梁（肋）下。

（6）大直径桩宜采用一柱一桩。

6.5.6　桩基验算

1．单桩竖向承载力验算

确定单桩竖向承载力特征值和初步选定桩的布置以后，要按照荷载效应小于或等于抗力效应的原则验算桩基中各桩所承受的外力。

1）轴心受压

轴心受压时，群桩中单桩竖向承载力要求不大于单桩竖向承载力特征值，按下式验算。

$$N_k=\frac{F_k+G_k}{n}\leqslant R_a \tag{6-12}$$

2）偏心受压

偏心受压时，除满足式（6-12）外，尚应满足下式要求。

$$N_{ik\max}=\frac{F_k+G_k}{n}+\frac{M_{xk}y_{\max}}{\sum y_i^2}+\frac{M_{yk}x_{\max}}{\sum x_i^2}\leqslant 1.2\,R_a \tag{6-13}$$

式中：N_k——相应于荷载效应标准组合时，轴心竖向荷载作用下单桩所承受的竖向力，kN；

$N_{ik\max}$——相应于荷载效应标准组合时，偏心竖向荷载作用下第 i 根单桩所承受的最大竖向力，kN；

M_{xk}、M_{yk}——相应于荷载效应标准组合时，作用于桩群上的外力，对通过桩群形心的 x、y 轴的力矩，kN·m；

x_i、y_i——第 i 根桩至通过桩群形心的 y、x 轴线的距离，m，如图 6.12 所示；

$x_{\max}$、$y_{\max}$——自桩基主轴到最远桩的距离，m，如图 6.12 所示。

其余符号意义同前。

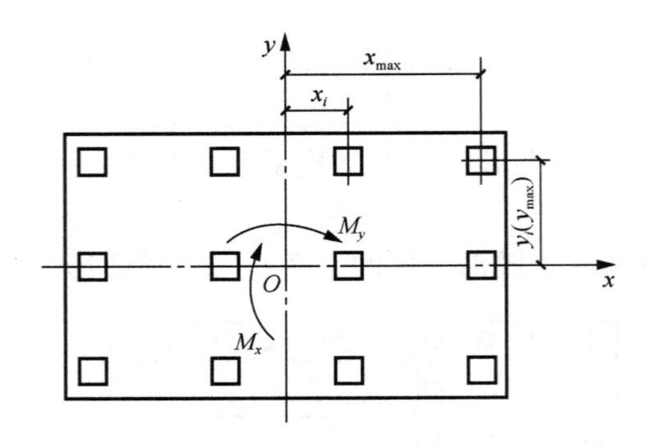

图 6.12　群桩中各桩受力验算示意图

2．桩基沉降验算

1）沉降验算范围

下列建筑的桩基应进行沉降验算。

（1）地基基础设计等级为甲级的建筑桩基。

（2）体型复杂、荷载不均匀或桩端以下存在软弱土层的地基基础设计等级为乙级的建筑桩基。

（3）摩擦型桩桩基。

2）验算方法

《建筑地基基础设计规范》（GB 50007—2011）规定，计算桩基沉降时可将桩基视为实体深基础，如图 6.13 所示，采用单向压缩分层总和法计算。

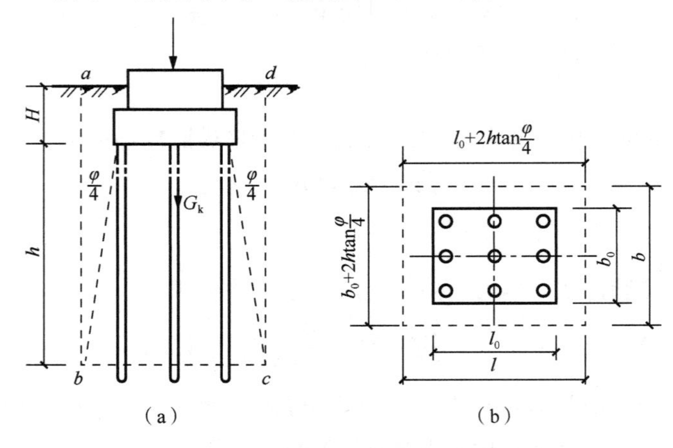

图 6.13　按实体深基础计算桩基沉降

$$s=\psi_{\mathrm{p}}\sum_{j=1}^{m}\sum_{i=1}^{n_j}\frac{\sigma_{j,i}\Delta h_{j,i}}{E_{\mathrm{s}j,i}} \tag{6-14}$$

式中：s——桩基最终沉降量，mm；

m——桩端平面以下压缩层范围内土层总数；

$E_{sj,i}$——桩端平面下第 j 层土第 i 分层在自重应力至自重应力加附加应力作用段的压缩模量，MPa；

n_j ——桩端平面下第 j 层土的计算分层数；

$\Delta h_{j,i}$ ——桩端平面下第 j 层土的第 i 分层厚度，m；

$\sigma_{j,i}$ ——桩端平面下第 j 层土第 i 分层的竖向附加应力，kPa；

ψ_p ——桩基沉降计算经验系数，各地区应根据当地的工程实测资料统计对比确定，在不具备条件时，ψ_p 值可按表 6-10 选用。

表 6-10　桩基沉降计算经验系数 ψ_p

$\bar{E}_s$ /MPa	≤15	25	35	≥45
ψ_p	0.50	0.40	0.35	0.25

注：表内数值可以内插。

桩基沉降不得超过建筑物的沉降允许值。

6.5.7 桩身结构设计

桩的构造应符合下列要求。

（1）摩擦型桩的中心距不宜小于桩身直径的 3 倍；扩底灌注桩的中心距不宜小于扩底直径的 1.5 倍，当扩底直径大于 2m 时，则桩端净距不宜小于 1m。在确定桩距时尚应考虑施工工艺中挤土等效应对邻近桩的影响。

（2）扩底灌注桩的扩底直径不应大于桩身直径的 3 倍。

（3）桩底进入持力层的深度宜为桩身直径的 1～3 倍。在确定桩底进入持力层深度时，尚应考虑特殊土、岩溶以及震陷液化等影响。嵌岩灌注桩周边嵌入完整和较完整的未风化、微风化、中风化硬质岩体的最小深度不宜小于 0.5m。

（4）设计使用年限不少于 50 年时，非腐蚀环境中预制桩的混凝土强度等级不应低于 C30，预应力桩不应低于 C40，灌注桩不应低于 C25；二 b 类环境、三类及四类、五类微腐蚀环境中不应低于 C30；在腐蚀环境中的桩，桩身混凝土的强度等级应符合现行国家标准《混凝土结构设计规范（2015 年版）》（GB 50010—2010）的有关规定。设计使用年限不少于 100 年的桩，桩身混凝土的强度等级宜适当提高。水下灌注混凝土的桩身混凝土强度等级不宜高于 C40。

（5）桩身混凝土的材料、最小水泥用量、水灰比、抗渗等级等应符合现行国家标准《混凝土结构设计规范（2015 年版）》（GB 50010—2010）、《工业建筑防腐蚀设计标准》（GB/T 50046—2018）及《混凝土结构耐久性设计标准》（GB/T 50476—2019）的有关规定。

（6）桩的主筋配置应经计算确定。预制桩的最小配筋率不宜小于 0.8%（锤击沉桩）、0.6%（静压沉桩），预应力桩不宜小于 0.5%，灌注桩最小配筋率不宜小于 0.2%～0.65%（小直径桩取大值）。桩顶以下 3～5 倍桩身直径范围内，箍筋宜适当加强、加密。

（7）桩身纵向钢筋配筋长度应符合下列规定。

① 受水平荷载和弯矩较大的桩，配筋长度应通过计算确定。

② 桩基承台下存在淤泥、淤泥质土或液化土层时，配筋长度应穿过淤泥、淤泥质土层或液化土层。

③ 坡地岸边的桩、8 度及 8 度以上地震区的桩、抗拔桩、嵌岩端承桩应通长配筋。

④ 钻孔灌注桩构造钢筋的长度不宜小于桩长的 2/3；桩施工在基坑开挖前完成的，其钢筋长度不宜小于基坑深度的 1.5 倍。

（8）桩身配筋可根据计算结果及施工工艺要求，沿桩身纵向不均匀配筋。腐蚀环境中的灌注桩主筋直径不宜小于 16mm，非腐蚀性环境中灌注桩主筋直径不应小于 12mm。

（9）桩顶嵌入承台内的长度不应小于 50mm。主筋伸入承台内的锚固长度不应小于钢筋直径（HPB300）的 30 倍和钢筋直径（HRB400）的 35 倍。对于大直径灌注桩，当采用一柱一桩时，可设置承台或将桩和柱直接连接。桩和柱的连接可按《建筑地基基础设计规范》（GB 50007—2011）中第 8.2.5 条高杯口基础的要求选择截面尺寸和配筋，柱纵筋插入桩身的长度应满足锚固长度的要求。

（10）灌注桩主筋混凝土保护层厚度不应小于 50mm，预制桩不应小于 45mm，预应力管桩不应小于 35mm，腐蚀环境中的灌注桩不应小于 55mm。

6.5.8 桩承台设计

桩承台设计是桩基设计的一个重要组成部分，承台应具有足够的强度和刚度，以便将上部结构的荷载可靠地传给各单桩，并将各单桩连成整体。桩承台设计主要包括构造设计和强度设计两部分，其中强度设计包括抗弯、抗冲切和抗剪切计算。

（1）桩承台的平面尺寸一般由上部结构、桩数及布桩形式决定。通常，墙下桩基做成条形承台，即梁式承台；柱下桩基宜采用板式承台（矩形或三角形），如图 6.14（a）所示。其剖面形状可做成锥形、台阶形或平板形。

① 承台厚度≥300mm，宽度≥500mm，承台边缘至边桩的中心距不小于桩的直径或边长，且边缘挑出部分≥150mm，对于条形承台梁，应≥75mm。

② 为保证群桩与承台之间连接的整体性，桩顶应嵌入承台一定长度，对大直径桩，宜≥100mm；对中等直径桩，宜≥50mm，如图 6.14（c）所示。混凝土桩的桩顶主筋应伸入承台内，其锚固长度宜≥30 倍钢筋直径，对于抗拔桩基，应≥40 倍钢筋直径。

（2）承台的混凝土强度等级宜≥C15，采用 HRB400 级钢筋时宜≥C20。

（3）承台的配筋按计算确定。

① 对于矩形承台，宜双向均匀配置，钢筋直径宜≥10mm，间距应为 100～200mm。

② 对于三桩承台，应按三向板带均匀配置，最里面 3 根钢筋相交围成的三角形应位于柱截面范围以内，如图 6.14（b）所示。

③ 承台底钢筋的混凝土保护层厚度宜≥70mm，承台梁的纵向主筋应≥12mm。

④ 筏形、箱形承台板的厚度应满足整体刚度、施工条件及防水要求。对于桩布置于墙下或基础梁下的情况，承台板厚度宜≥250mm，且板厚与计算区段最小跨度之比不宜小于 1/20。承台板的分布构造钢筋可用 ϕ10～ϕ12@150～200mm，考虑到整体弯矩的影响，纵横两方向的支座钢筋应有 1/3～1/2 贯通全跨，且配筋率≥0.15%；跨中钢筋应按配筋率全部连通计算。

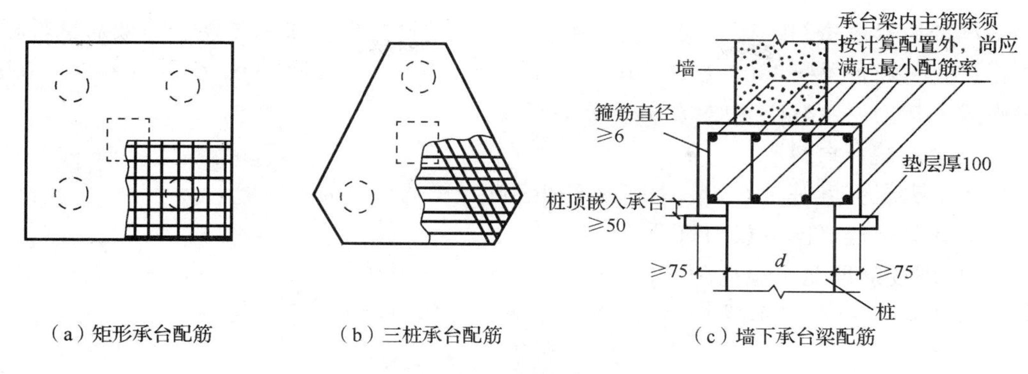

（a）矩形承台配筋　（b）三桩承台配筋　（c）墙下承台梁配筋

图 6.14　承台配筋示意图

⑤ 两桩桩基的承台宜在其短向设置连系梁。连系梁顶面宜与承台顶位于同一标高，梁宽应≥25mm，梁高可取承台中心距的 1/15～1/10，并配置不少于 4Φ12mm 的钢筋。

⑥ 承台埋深应≥600mm，在季节性冻土、膨胀土地区宜埋设在冰冻线、大气影响线以下，但当冰冻线、大气影响线深度≥1m 且承台高度较小时，应视土的冻胀性、膨胀性等级分别采取换填无黏性垫层、预留空隙等隔胀措施。

（4）桩承台的内力可按简化计算方法确定，并按《混凝土结构设计规范（2015 年版）》（GB 50010—2010）进行局部受压、受冲切、受剪切及受弯的强度计算，防止桩承台破坏，保证工程的安全。

【例 6.1】某工程位于软土地区，采用桩基。已知基础顶面竖向荷载设计值 F =3900kN，标准值 F_k =3120kN，弯矩设计值 M =400kN・m，标准值 M_k =320kN・m。水平方向剪力设计值 T =50kN，标准值 T_k =40kN。工程地质勘察查明地基土层如下。

第一层为人工填土，松散，层厚 h_1 =2.0m；

第二层为软塑状态黏土，层厚 h_2 =8.5m；

第三层为可塑状态粉质黏土，层厚 h_3 =6.8m。

地下水位埋深 2.0m，位于第二层黏土层顶面。地基土的物理力学性质试验结果，见表 6-11。该工程采用钢筋混凝土预制桩，桩的横截面面积为 300mm×300mm，桩长 10m。进行单桩现场静载荷试验，试验成果 p–s 曲线如图 6.15 所示。试设计此工程的桩基。

表 6-11　地基土的物理力学性质试验结果

编号	土层名称	土层厚度/m	ω/(%)	γ/(kN/m³)	e	ω_L/(%)	ω_P/(%)	I_P	I_L	S_r	C/kPa	ϕ/(%)	E_s/MPa	f_{ak}/kPa
1	人工填土	2.0		16.0										
2	灰色黏土	8.5	38.2	18.9	1.0	38.2	18.4	19.8	1.0	0.96	12	18.6	4.6	115
3	粉质黏土	6.8	26.7	19.6	0.78	32.7	17.7	15.0	0.6	0.98	18	28.5	7.0	220

解：（1）确定桩的规格。

根据地质勘察资料，确定第三层粉质黏土为桩端持力层。采用与现场静载荷试验相同的规格：桩横截面面积 300mm×300mm，桩长 10m。桩承台埋深 2.0m，桩顶嵌入承台 0.lm，则桩端进入持力层 1.4m，如图 6.16 所示。

（2）确定桩身材料。

采用混凝土强度等级 C30；钢筋用 HPB300 级钢筋 4Φ16。

（3）计算单桩竖向承载力特征值。

① 按现场静载荷试验从图 6.15 中的 p-s 曲线，取明显的第二拐点 b 对应的荷载 600kN 为极限荷载 p_u。取安全系数 K=2.0，则单桩竖向承载力特征值为

$$R_a = \frac{p_u}{K} = \frac{600}{2.0} = 300\text{（kN）}$$

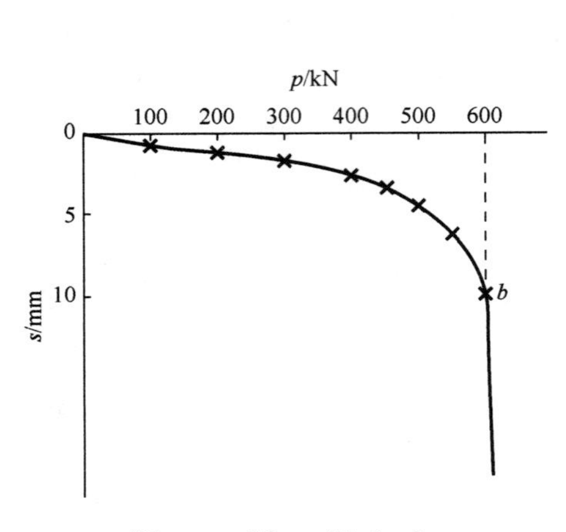

图 6.15　例 6.1 图（一）

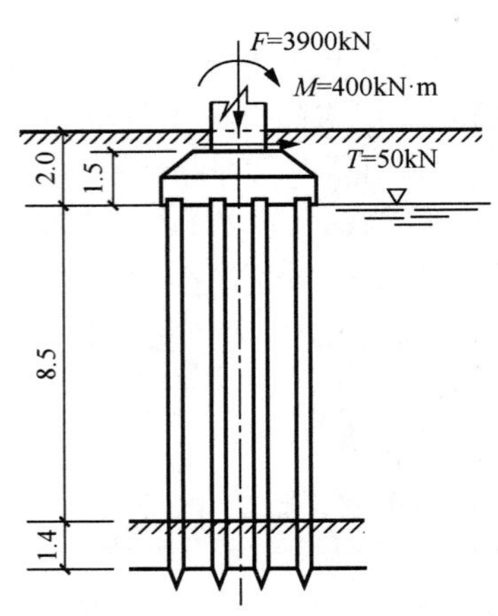

图 6.16　例 6.1 图（二）

② 按式（6-2）计算单桩竖向承载力特征值为

$$R_a = q_{pa}A_p + u_p\sum q_{sia}l_i$$

式中：q_{pa}——桩端阻力特征值，已知桩入土深=10+2.0−0.1=11.9（m），粉质黏土 I_L=0.6，查表 6-1，用内插法得 q_{pa}=900kPa。

q_{sia}——桩侧阻力特征值，根据表 6-11 试验指标 I_L 值，查表 6-4，用内插法得第二层黏土 q_{sia}=17kPa；第三层粉质黏土 q_{sia}=28.2kPa。

A_p——桩端横截面面积，$A_p = (0.3)^2 = 0.09$（m²）。

u_p——桩身周边长度，$u_p = 4\times0.3 = 1.2$（m）。

l_i——按土层划分的各段桩长，根据地质勘察资料与设计桩长可知，第二层黏土层中桩长 l_2=8.5m；第三层粉质黏土层中桩长 l_3=1.4m。

将上述数值代入式中，可得：

$$R_a = q_{pa}A_p + u_p\sum q_{sia}l_i = 900\times0.09 + 1.2\times(17\times8.5 + 28.2\times1.4)$$
$$= 81 + 1.2\times(144.5 + 39.48) \approx 302\text{（kN）}$$

比较以上两种方法，所得 R_a 非常接近，应取较低值，即取现场静载荷试验值：R_a=300kN。

（4）确定桩的数量和排列。

① 桩的数量。

先不计承台和承台上覆土重量。因偏心荷载，桩数初定为

$$n=\mu\frac{F_{k}}{R_{a}}=1.1\times\frac{3120}{300}=1.1\times10.40=11.44\approx12$$

② 桩的中心距。

通常桩的中心距为 $3d$～$4d$=0.9～1.2m，取 1.0m。

③ 桩的排列。

桩采用行列式布置。桩基受弯矩方向排列 4 根，另一方向排列 3 根，如图 6.17 所示。

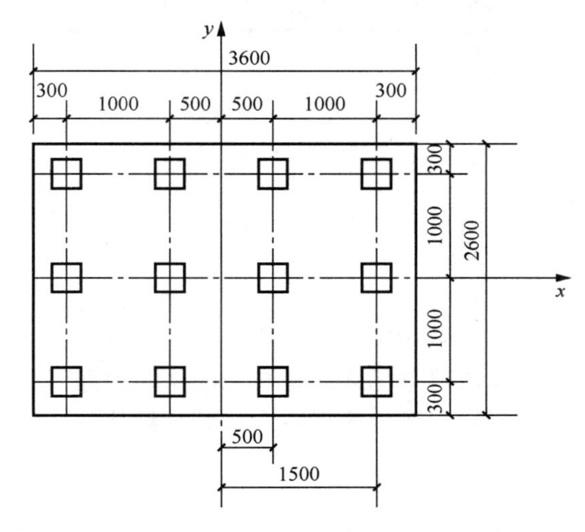

图 6.17　例 6.1 图（三）

④ 桩承台设计。

a．桩承台尺寸。根据桩的排列，桩的外缘每边外伸净距为 1/2d=150（mm）。则桩承台长度 l=3600mm。承台埋深设计为 2.0m，位于人工填土层底面、黏土层顶面。

b．承台及其上覆土重量。取承台及其上覆土的平均重度 γ_G =20kN/m^3，则承台及其上覆土重为

$$G_{k}=3.6\times2.6\times2\times20=374.4\text{（kN）}$$

（5）单桩承载力验算。

按轴心受压式（6-12）计算各桩平均受力。

$$N_{k}=\frac{F_{k}+G_{k}}{n}=\frac{3120+374.4}{12}=291.2\text{（kN）}<R_{a}=300\text{kN}$$

按偏心受压式（6-13）计算单桩最大竖向力。

$$N_{ik\max}=\frac{F_{k}+G_{k}}{n}+\frac{M_{yk}x_{\max}}{\sum x_{i}^{2}}=291.2+\frac{(320+40\times1.5)\times1.5}{6\times(0.5^{2}+1.5^{2})}=329.2\text{（kN）}$$

$$N_{ik\max}=329.2\text{kN}<1.2R_{a}=1.2\times300=360\text{（kN）}$$

桩基设计符合要求。

任务 6.6　沉井基础简介

任务描述

工作任务	（1）掌握沉井基础的概念、特点、适用条件、应用范围。 （2）掌握沉井的构造和施工工艺
工作手段	《建筑地基基础工程施工规范》（GB 51004—2015）
提交成果	每位学生独立完成本学习情境的实训练习里的相关内容

相关知识

6.6.1　沉井基础概述

1．概念

沉井是一个井筒状的结构物，常用混凝土或钢筋混凝土在施工地点预制好，然后在井内不断除土，井体借自重克服外壁与土的摩阻力而不断下沉至设计标高，并经过封底、填心以后，成为桥梁墩台或其他结构的基础。

沉井基础

2．特点

（1）沉井基础埋深可以很大，整体性强，稳定性好，有较大的承载面积，能承受较大的垂直荷载和水平荷载。

（2）沉井在下沉过程中，作为坑壁支护结构，起挡土挡水作用。

（3）施工中不需要很复杂的机械设备，施工技术也较简单。

（4）沉井施工工期较长。

（5）在饱和细砂、粉砂和亚砂土中施工沉井，井内抽水易发生流砂现象，造成沉井倾斜。

（6）沉井下沉过程中遇到大孤石、树干或井底沿岩层表面倾斜过大，均会给施工带来一定的困难。

3．适用条件

（1）上部荷载较大而表层地基土的容许承载力不足，做扩大基础开挖工作量大，以及支承困难，但在一定深度下有较好的持力层时。

（2）采用沉井与其他基础相比，经济上较为合理时。

（3）在山区河流中，虽然土质较好，但冲刷大，或河中有较大卵石不便采用桩基施工时。

（4）岩层表面较平坦且覆盖层薄，但河水较深，采用扩大基础施工围堰有困难时。

4．应用范围

沉井在深基础或地下结构中得到广泛应用，如桥梁墩台、大型设备、地下工业厂房、污水泵站、地下仓（油）库、人防隐蔽所、矿用竖井、地下车道与车站、高层和超高层建（构）筑物基础等。

6.6.2 沉井的构造和施工工艺

1．沉井的构造

沉井的外观形状在平面上可设计成单孔、单排孔或多排孔，形状有圆形、方形、矩形、椭圆形等。在竖直平面有柱形、阶梯形等。

沉井由刃脚、井壁、内隔墙、凹槽、封底、顶板等部分组成，如图6.18所示。

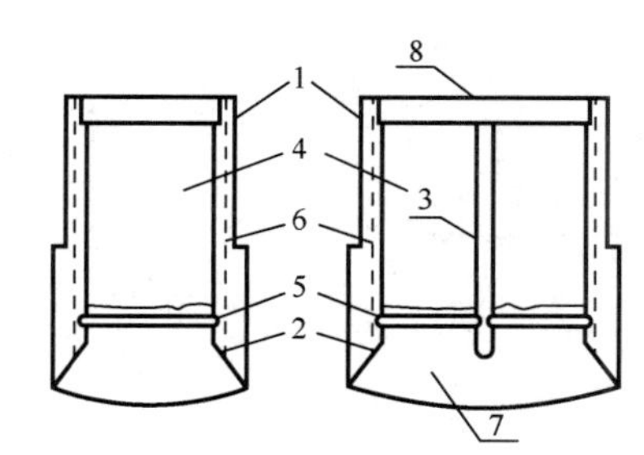

1—井壁；2—刃脚；3—内隔墙；4—井孔；5—凹槽；6—射水管组；7—封底；8—顶板

图6.18 沉井构造

1）刃脚

刃脚在井筒下端，形如刀刃，下沉时其切入土中。刃脚必须有足够的强度，以免产生挠曲或破坏。刃脚底面也称踏面，宽度一般为100～200mm，当需要穿过坚硬土层或岩层时，踏面宜用钢板或角钢保护。刃脚内侧的倾斜角为45°～60°。

2）井壁

井壁是沉井的主体部分，必须具有足够的强度用以挡土，又需要有足够的重力克服外壁与土体之间的摩阻力和刃脚土的阻力，使沉井在自重作用下节节下沉。井壁厚度一般为0.8～1.2m。

3）内隔墙

内隔墙的作用是加强沉井的刚度。其底面标高应比刃脚踏面高0.5m，以利于沉井下沉。内隔墙间距一般不超过5～6m，厚度一般为0.5～1.2m。

4）凹槽

凹槽位于刃脚内侧上方，其作用是使封底混凝土与井壁有较好的接合，使封底混凝土底面的反力更好地传给井壁，深度为0.15～0.25m，高约为1.0m。

5）封底

沉井下沉到设计标高后进行清基，然后用混凝土封底。封底可以防止地下水涌入井内，其厚度由应力验算决定，根据经验也可取不小于井孔最小边长的 1.5 倍。混凝土强度等级一般不低于 C15。

6）顶板

沉井用于地下建筑物时，顶部需要浇筑钢筋混凝土顶板。顶板厚度一般为 1.5～2.0m，钢筋配置由计算确定。

2. 沉井的施工工艺

沉井施工一般分为旱地施工和水中施工。施工前应详细了解场地的地质和水文条件，制订出详细的施工计划及必要的措施，确保施工安全。

1）旱地施工

旱地施工可分为就地制造、挖土下沉、封底、填充井孔及浇筑底板等步骤，如图 6.19 所示，其一般工序如下。

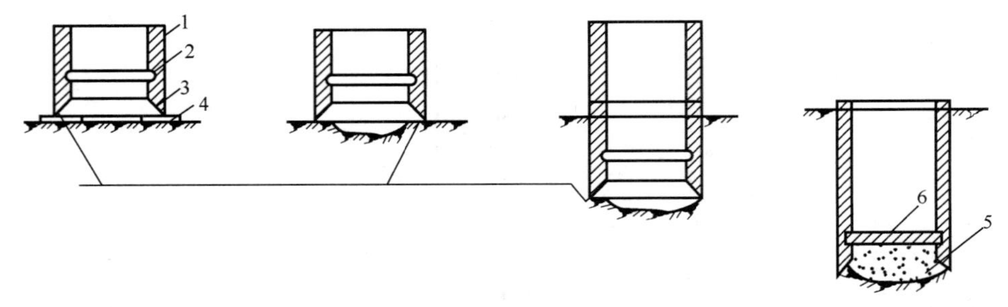

（a）制作第一节井筒　（b）抽垫木，挖土下沉　（c）沉井接高继续下沉　（d）封底，并浇筑混凝土底板

1—井壁；2—凹槽；3—刃脚；4—垫木；5—素混凝土封底；6—底板

图 6.19　旱地施工示意图

（1）定位放样，平整场地，浇筑底节沉井。在定位放样以后，应先将基础所在地的地面进行整平和夯实，在地面上铺设厚度不小于 0.5m 的砂或砂砾垫层。其次铺垫木、立底节沉井模板和绑扎钢筋。然后在垫木上面放出刃脚踏面大样，铺上踏面底模，安放刃脚的型钢，立刃脚斜面底模、内隔墙底模和沉井内模，绑扎钢筋，最后立外模和模板拉杆。

在浇筑底节沉井混凝土之前，必须检查核对模板各部位尺寸和钢筋布置是否符合设计要求，支撑及各种紧固联系是否安全可靠。浇筑混凝土要随时检查有无漏浆和支撑是否良好。混凝土浇好后要注意养护，夏季防暴晒，冬季防冻结。

（2）拆除模板和垫木。当沉井混凝土强度达到设计强度的 25%以上时，即可拆除侧面直立模板；而刃脚斜面底模和内隔墙底模，当强度达到设计强度的 70%以上时，才可以拆除。垫木必须在沉井混凝土强度达到设计强度 100%后方可拆除。在拆除垫木前，需对所有的垫木进行分组编号。分组的一般方法是：以沉井四角为第一组，跨中为第二组，然后应间隔对称进行分组，定位垫木最后拆除。先拆除内隔墙下的垫木，再拆除沉井短边下的垫木，最后拆除长边下的垫木。长边下的垫木是隔一拆一，以四个定位垫木为中心，由远而近对称拆除，最后拆除四个定位垫木。每拆除一根垫木，在刃脚处随即用砂土回填捣实，以免引起沉井开裂、移动或倾斜。

（3）挖土下沉沉井。当沉井穿过稳定的土层，不会因排水产生流砂时，可采用排水挖土下沉，土的挖除可采用人工挖土或机械除土。通常是先挖井孔中心，再挖内隔墙下的土，后挖刃脚下的土。不排水下沉一般采用抓土斗或水力吸泥机。使用吸泥机时要不断向井内补水，使井内水位高出井外水位1～2m，以免发生流砂或涌土现象。

（4）沉井接高。当沉井顶面离地面1～2m时，如还要下沉，应停止挖土，接筑上一节沉井。每节沉井高度以4～6m为宜。接高的沉井中轴应与底节沉井中轴重合。混凝土施工接缝应按设计要求，布置好接缝钢筋，清除浮浆并凿毛，然后立模浇筑混凝土。

（5）地基检验及处理。沉井下沉至设计标高后，必须检验基底的地质情况是否与设计资料相符，地基是否平整。能抽干水的可直接检验，否则要由潜水员下水检验，必要时用钻机取样鉴定。基底应尽量整平，清除污泥，并使基底没有软弱夹层。

（6）封底、填充井孔及浇筑底板。地基经检验、处理合格后，应立即封底，宜在排水情况下进行。抽干水有困难时应用水下浇筑混凝土的方法，待封底混凝土达到设计强度后方可抽水，然后填充井孔及浇筑底板。对填砂砾或空孔的沉井，还必须在井顶浇筑钢筋混凝土顶板。顶板达到设计强度后，方可砌筑墩台。

2）水中施工

水中施工包括水中筑岛和浮运沉井两种。

（1）水中筑岛。在河流的浅滩或最高施工水位不超过4m处，可采用砂或砾石在水中筑岛，周围用草袋围护，如图6.20（a）所示；若水深或流速加大，可采用围堰防护筑岛，如图6.20（b）所示；当水深较大（通常不超过15m）或流速较大时，宜采用钢板桩围堰筑岛，如图6.20（c）所示。岛面应高出最高施工水位0.5m以上，砂岛地基强度应符合要求，围堰筑岛时，围堰距井壁外缘距离$b \geq H\tan(45° - \varphi/2)$，且大于2.0m（$H$为筑岛高度，$\varphi$为砂在水中的内摩擦角）。其余施工方法与旱地施工相同。

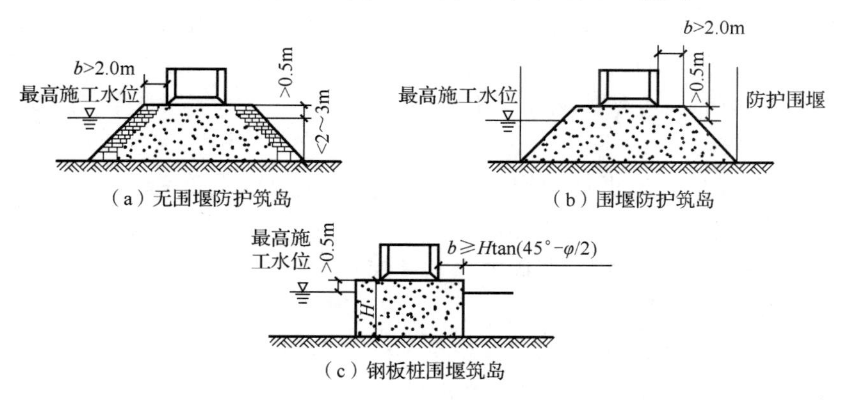

图6.20　水中筑岛示意图

（2）浮运沉井。当水深较大（如超过10m）造成水中筑岛困难或不经济时，可采用浮运法施工，即将沉井在岸边做成空体结构，利用在岸边铺成的滑道滑入水中，或采用其他措施（如带钢气筒等）使沉井浮于水上，然后用绳索牵引至设计位置，如图6.21所示。在悬浮状态下，逐步将水或混凝土注入空体中，使沉井徐徐下沉至河底。若沉井较高，需分段制造，在悬浮状态下逐节接长下沉至河底，但整个过程应保证沉井本身稳定。当刃脚切入河床一定深度后，即可按一般沉井下沉方法施工。

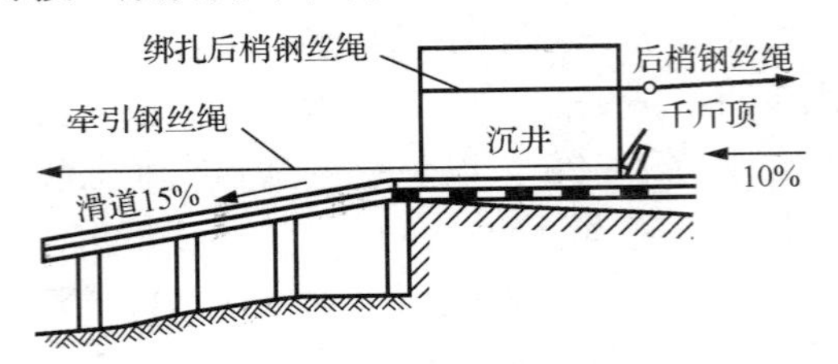

图 6.21　浮运沉井示意图

3）沉井下沉过程中常遇到的问题及处理方法

（1）突然下沉。突然下沉的原因是井壁外的摩阻力很小，当刃脚附近土体被挖除后，沉井失去支承而剧烈下沉。这样容易使沉井产生较大的倾斜或超沉，应予避免。采用均匀挖土、增大踏面宽度或加设底梁等措施可以解决沉井突然下沉的问题。

（2）偏斜。沉井偏斜大多发生在下沉不深时。导致偏斜的主要原因如下。

① 土体表面松软，或制作场地或河底高低不平，软硬不均。

② 刃脚制作质量差，井壁与刃脚中线不重合。

③ 抽垫木方法欠妥，回填不及时。

④ 除土不均匀对称，下沉时有突沉和停沉现象。

⑤ 刃脚遇障碍物被顶住而未及时发现，排土堆放不合理，或单侧受水流冲击淘空等导致沉井受力不对称。

纠正偏斜，通常可用除土、压重、顶部施加水平力或刃脚下支垫等方法处理，空气幕沉井也可采用单侧压气纠正偏斜。若沉井倾斜，可在高侧集中除土，加重物，或用高压射水冲松土层，低侧回填砂石，必要时在井顶施加水平力扶正。若中心偏移则先除土，使井底中心向设计中心倾斜，然后在对侧除土，使沉井恢复竖直，如此反复至沉井逐步移近设计中心。当刃脚遇障碍物时，须先清除再下沉。如遇树根、大孤石或钢料铁件，排水施工时可人工排除，必要时用少量炸药（少于 200g）炸碎；不排水施工时，可由潜水员进行水下切割或爆破。

（3）难沉，即沉井下沉过慢或停沉。导致难沉的主要原因如下。

① 开挖面深度不够，正面阻力大。

② 偏斜或刃脚下遇障碍物、坚硬岩层和土层。

③ 井壁摩阻力大于沉井自重。

④ 井壁无减阻措施或泥浆润滑套、空气幕等遭到破坏。

解决难沉的措施主要是增加沉井自重和减小沉井井壁的摩阻力。减小沉井井壁摩阻力的方法有：将沉井设计成台阶形、倾斜形，或在施工中尽量使井壁光滑；在井壁内埋设高压射水管组，利用高压水流冲松井壁附近的土，水沿井壁上升润滑井壁，减小井壁摩阻力，帮助沉井下沉。

对下沉较深的沉井，为减小井壁摩阻力常用泥浆润滑套或空气幕下沉沉井的方法。泥浆润滑套是把按一定比例配制好的泥浆灌注在沉井井壁周围，形成一个具有润滑作用的泥浆套，可大大减小沉井下沉时的井壁摩阻力，使沉井顺利下沉。

（4）流砂。在粉、细砂层中下沉沉井，经常出现流砂现象，若不采取适当措施将造成沉井严重倾斜。产生流砂的主要原因是土中动水压力的水头梯度大于临界值。故防止流砂的措施有：排水下沉时发生流砂可向井内灌水，采取不排水除土，减小水头梯度；也可采用井点、深井或深井泵降水，降低井外水位，改变水头梯度方向使土层稳定。

任务 6.7　地下连续墙简介

任务描述

工作任务	（1）掌握地下连续墙的概念、特点、适用条件、应用范围。 （2）掌握地下连续墙的施工要点。 （3）掌握地下连续墙施工质量通病防治措施
工作手段	《建筑地基基础工程施工规范》（GB 51004—2015）
提交成果	每位学生独立完成本学习情境的实训练习里的相关内容

相关知识

6.7.1　地下连续墙概述

1．概念

基础工程在地面上采用一种挖槽机械，沿着深开挖工程的周边轴线，在泥浆护壁条件下，开挖出一条狭长的深槽，清槽后，在槽内吊放钢筋笼，然后用导管法浇筑水下混凝土筑成一个单元槽段，如此逐段进行，在地下筑成一道连续的钢筋混凝土墙壁，称为地下连续墙，其可作为截水、防渗、承重、挡水结构。

2．特点

（1）墙体强度高，刚度大，可承重、挡水、截水、防渗，耐久性能好。

（2）对周围地基无扰动，对相邻建筑物、地下设施影响较小，可在狭窄场地条件下施工，对附近地面交通影响较小。

（3）施工机械化程度高，施工速度快，施工振动小，噪声低。

（4）比常规方法挖槽施工可节省大量土石方，且无须降低地下水位。

（5）在地面作业，无须放坡、支模，施工操作安全。

（6）适用于各种土质。

（7）需要较多的机具设备，一次性投资较高，施工工艺较复杂，技术要求高。

（8）制浆及处理系统占地面积较大，管理不善易造成现场泥泞和污染。

（9）接头质量难保证，易形成结构薄弱点。

3．适用条件

（1）基坑深度大于 10m。
（2）软土地基或砂土地基。
（3）在密集的建筑群中施工基坑，周围沉降有严格限制时。
（4）围护结构和主体结构相结合，且对抗渗有严格限制时。
（5）采用逆作法施工，内衬与护臂形成复合结构的工程。

4．应用范围

地下连续墙适用于建造建筑物的地下室、地下商场、地下油库、停车场、挡土墙、高层建筑的深基础、逆作法施工的围护结构；工业建筑的深池、坑、竖井；邻近建筑物基础的支护以及水工结构的堤坝防渗墙、护岸、码头、船坞；桥梁墩台、地下铁道、地下车站、通道或临时围堰工程等。

6.7.2 地下连续墙的施工要点

1．构筑导墙

沿设计轴线两侧开挖导沟，构筑钢筋混凝土（钢、木）导墙，以供成槽机械钻进导墙、维护表土和保持泥浆稳定液面。

导墙的平面轴线应与地下连续墙轴线平行，两导墙的内侧间距宜为地下连续墙体设计厚度加 40～60mm；墙体厚度应满足施工要求，一般为 0.1～0.2m；导墙底端埋入土内深度宜大于 1m；导墙顶端应高出地面，遇地下水位较高时，导墙顶端应高于地下水位，墙后应填土与墙顶齐平，全部导墙顶面应保持水平，内墙面应保持竖直；每隔 1～1.5m 设置一个导墙支撑。

2．制备泥浆

泥浆是地下连续墙施工中深槽槽壁稳定的关键，必须根据地质、水文资料，采用膨润土、CMC（羧甲基纤维素的简称，即人造糨糊粉，加入以膨润土为主要成分的泥浆中，会增加泥浆的黏性及形成泥皮的能力）、纯碱等原料，按一定比例配制而成。在地下连续墙成槽中，依靠槽壁内充满的触变泥浆固壁，并使泥浆液面保持高出地下水位 0.5～1.0m。泥浆液柱压力作用在开挖槽段土壁上，除平衡地下水压力、土压力外，由于泥浆在槽壁内的压差作用，部分水渗入土层，从而在槽壁表面形成一层组织致密、透水性很小的固体颗粒状胶结物——泥皮，其维护槽壁稳定而不致坍塌，具有较高的黏结力，并起到携渣、防渗等作用。

泥浆的比重（1.05～1.10）应大于地下水的比重。合格的泥浆有一定的指标要求，主要有浓度、黏度、pH 值、比重、含水率、含沙量、泥皮厚度及胶体率等指标，要严格控制指标并随时测定、调整，以保证泥浆的稳定性，达到最经济的配制方法。

3. 成槽

成槽是地下连续墙施工中最主要的工序，应根据地质情况和施工条件选用能满足成槽要求的机具与设备。对于不同土质条件和槽壁深度应采用不同的成槽机具进行开挖。例如一般土层，特别是软弱土，常用铲斗、导板抓斗或回转钻头抓铲；含有大卵石或孤石等比较复杂的土层可采用冲击钻等。当采用多头钻机开挖时，每段槽孔长度可取 6～8m；采用抓斗或冲击钻成槽，每段开挖长度可更大。墙体深度可达几十米。

成槽机具开挖一定深度后，应立即输入调制好的泥浆，并宜保持槽内泥浆面不低于导墙顶面 300mm。挖掘的槽壁及接头处应保持竖直。接头处相邻两槽段的挖槽中心线在任一深度的偏差值不得大于墙厚的 1/3。槽底高度不得高于墙底设计高度。槽段开挖达到槽底设计标高后，应对成槽质量进行检查，符合要求后，方可进行下一工序施工。

4. 槽段的连接

地下连续墙各单元槽段之间靠接头连接。接头通常要满足受力和防渗要求，并力争施工简单。采用接头管连接的非刚性接头是目前国内使用最多的接头形式。在单元槽段内土体被挖除后，在槽段的一端先吊放接头管，再吊入钢筋笼，浇筑混凝土，然后逐渐将接头管拔出，形成半圆形接头，如图 6.22 所示。

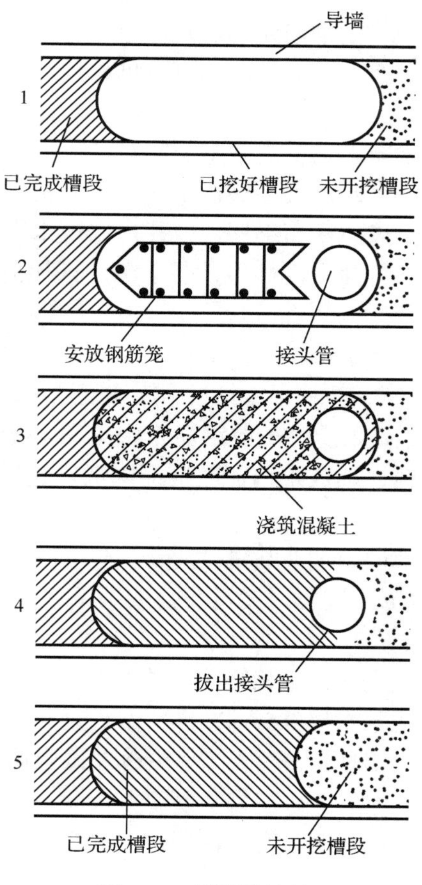

图 6.22 槽段的连接

6.7.3 地下连续墙施工质量通病防治措施

1. 导墙破坏或变形

1）产生原因

（1）导墙的强度和刚度不足。

（2）地基发生坍塌或受到冲刷。

（3）导墙内侧没有设支撑。

（4）作用在导墙上的施工荷载过大。

2）预防措施和处理方法

（1）预防措施：按要求施工导墙，导墙内钢筋应连接；适当加大导墙深度，加固地基；墙周围设排水沟；导墙内侧加支撑；施加荷载分散设施，使受力均匀。

（2）处理方法：已破坏或变形的导墙应拆除，并用优质土（或掺入适量水泥、石灰）回填夯实，重新建导墙。

2. 槽壁坍塌

槽壁坍塌是指在槽壁成槽、下钢筋笼和浇筑混凝土时，槽段内局部孔坍塌，出现水位突然下降，孔口冒出细密的水泡，出土量增加而不见进尺，钻机负荷显著增加等现象。

1）产生原因

（1）遇竖向层理发育的软弱土层或流砂土层。

（2）护壁泥浆选择不当，泥浆密度不够，不能形成坚实可靠的护壁。

（3）地下水位过高，泥浆液面标高不够，或孔内出现水压力，降低了静水压力。

（4）泥浆水质不合要求，含盐和泥砂多，易于沉淀，使泥浆性质发生变化，起不到护壁作用。

（5）泥浆配制不合要求，质量不符合要求。

（6）在松软砂层中挖槽，进尺过快，或钻机回旋速度过快，空转时间过长，将槽壁扰动。

（7）成槽后搁置时间过长，未及时吊放钢筋笼、浇筑混凝土，泥浆沉淀失去护壁作用。

（8）漏浆或施工操作不慎，造成槽内泥浆液面降低，超过了安全范围，或下雨使地下水位急剧上升。

（9）单元槽段过长，或地面附加荷载过大等。

（10）下钢筋笼、浇筑混凝土间隔时间过长，或地下水位过高，槽壁受冲刷。

2）预防措施和处理方法

（1）在竖向层理发育的软弱土层或流砂土层中成槽，应采取慢速成槽，适当加大泥浆密度，控制槽段内液面高于地下水位 0.5m 以上。

（2）成槽应根据土质情况选用合格泥浆，并通过试验确定泥浆密度，一般应不小于 $1.05g/cm^3$。

（3）泥浆必须按要求配制，并使其充分溶胀，储存 3h 以上，严禁将膨润土、纯碱等直接倒入槽中。

（4）所用水质应符合要求，在松软砂层中成槽，应控制进尺，不要过快；槽段成槽后，紧接着吊放钢筋笼并浇筑混凝土，尽量不使其搁置时间过长。

（5）根据成槽情况，随时调整泥浆密度和液面标高。

（6）单元槽段一般不超过 6m，注意地面附加荷载不要过大。

（7）加快施工进度，缩短挖槽时间和浇筑混凝土间隔时间，降低地下水位，减少冲击和高压水流冲刷。

（8）严重坍塌，要在槽内填入较好的黏土重新下钻；局部坍塌可加大泥浆密度；如发现大面积坍塌，用优质黏土（掺入 20%水泥）回填至坍塌处以上 1～2m，待沉积密实后再进行成槽。

3．槽段偏斜（弯曲）

槽段偏斜是指槽段向一个方向偏斜，垂直度超过规定数值。

1）产生原因

（1）成槽机柔性悬吊装置偏心，抓斗未安置水平。

（2）成槽中遇坚硬土层。

（3）在有倾斜度的软硬地层处成槽。

（4）入槽时抓斗摆动，偏离方向。

（5）未按仪表显示纠偏。

（6）成槽掘削顺序不当，压力过大。

2）预防措施和处理方法

（1）预防措施：成槽机使用前调整悬吊装置，防止偏心，机架底座应保持水平，并安设平稳；遇软硬土层交界处采取低速成槽，合理安排挖掘顺序，适当控制挖掘速度。

（2）处理方法：查明成槽偏斜的位置和程度，一般可在受偏斜处吊住挖机上下往复扫孔，使槽壁正直，偏差严重时，应回填黏土到偏槽处 1m 以上，待沉积密实后，再重新施钻。

4．钢筋笼难以放入槽孔内或上浮

1）产生原因

（1）槽壁凹凸不平或弯曲。

（2）钢筋笼尺寸不准，纵向接头处产生弯曲。

（3）钢筋笼重量太轻，槽底沉渣过多。

（4）钢筋笼刚度不够，吊放时产生变形，定位块过于凸出。

（5）导管埋入深度过大或混凝土浇筑速度过慢，钢筋笼被托起上浮。

2）预防措施和处理方法

（1）预防措施：成槽时要保持槽壁面平整；严格控制钢筋笼外形尺寸，其截面长宽比槽孔小 140mm。

（2）处理方法：如因槽壁弯曲钢筋笼不能放入，应修整后再放入钢筋笼；钢筋笼上浮，可在导墙上设置锚固点固定钢筋笼，清除槽底沉渣，加快浇筑速度，控制导管的最大埋深不超过 6m。

5. 混凝土浇筑时导管进泥

1）产生原因

（1）初灌混凝土数量不足。

（2）导管底距槽底间距过大。

（3）导管插入混凝土内深度不足。

（4）提导管过度，泥浆挤入管内。

2）预防措施和处理方法

（1）预防措施：首批混凝土应经计算，保持足够数量，导管底离槽底间距保持不小于1.5*D*（*D* 为导管直径），导管插入混凝土内深度保持不小于 1.5m；测定混凝土上升面，确定高度后再距此提导管。

（2）处理方法：如槽底混凝土深度小于 0.5m，可重新放隔水塞浇混凝土，否则应将导管提出，将槽底混凝土用空气吸泥机清出，重新浇筑混凝土，或改用带活底盖导管插入混凝土内，重新浇混凝土。

6. 导管内卡混凝土

1）产生原因

（1）导管底离槽底距离过小或插入槽底泥砂中。

（2）隔水塞卡在导管内。

（3）混凝土坍落度过小，石粒粒径过大，砂率过小。

（4）浇筑间歇时间过长。

2）预防措施和处理方法

（1）预防措施：导管底离槽底距离保持不小于 1.5*D*；混凝土隔水塞保持与导管内径有5mm 空隙；按要求选定混凝土配合比，加强操作控制，保持连续浇筑；浇筑间隙要上下小幅度提动导管。

（2）处理方法：已堵管可敲击、抖动、振动或提动导管，或用长杆捣导管内混凝土进行疏通；如无效，在顶层混凝土尚未初凝时，将导管提出，重新插入混凝土内，并用空气吸泥机将导管内的泥浆排出，再恢复浇捣混凝土。

7. 接头管拔不出

地下连续墙接头处的接头管，在混凝土浇筑后抽拔不出来。

1）产生原因

（1）接头管本身弯曲，或安装不直，与顶升装置、土壁及混凝土之间产生较大摩擦力。

（2）抽拔接头管的千斤顶能力不够，或不同步，不能克服管与土壁混凝土之间的摩阻力。

（3）拔管时间未掌握好，混凝土已终凝，摩阻力增大；混凝土浇筑时未经常上下活动接头管。

（4）接头管表面的耳槽盖漏盖。

2）预防措施

接头管制作精度（垂直度）应在 1/1000 以内，安装时必须垂直插入，偏差不大于 50mm；拔管装置能力应大于 1.5 倍摩阻力；接头管抽拔要掌握时机，一般混凝土达到自立强度（3.5～4h），即应开始预拔，5～8h 内将管子拔出，混凝土初凝后，即应上下活动，每 10～15min 活动一次；吊放接头管时要盖好上月牙槽盖。

8．夹层

混凝土浇筑后，地下连续墙墙壁混凝土内存在夹层。

1）产生原因

（1）导管摊铺面积不够，部分角落浇筑不到，被泥渣填充。

（2）导管埋深不够，泥渣从底口进入混凝土内。

（3）导管接头不严密，泥浆渗入导管内。

（4）首批下混凝土量不足，未能将泥浆与混凝土隔开。

（5）混凝土未连续浇筑，造成间断或浇筑时间过长，首批混凝土初凝失去流动性，而继续浇筑的混凝土顶破顶层而上升，与泥渣混合，导致在混凝土中夹有泥渣，形成夹层。

（6）导管提升过猛，或测探错误，导管底口超出原混凝土面底口，涌入泥浆。

（7）混凝土浇筑时局部塌孔。

2）预防措施和处理方法

（1）预防措施：采用多槽段浇筑时，应设 2～3 个导管同时浇筑，并有多辆混凝土车轮流浇筑；导管埋入混凝土深度应为 1.2～4m；导管接头应采用粗丝扣，设橡胶圈密封；首批灌入混凝土量要足够充分，使其有一定的冲击量，能把泥浆从导管中挤出，同时始终保持快速连续进行，中途停歇时间不超过 15min，槽内混凝土上升速度不应低于 2m/h；导管提升速度不要过快，采取快速浇筑，防止时间过长塌孔。

（2）处理方法：遇塌孔，可将沉积在混凝土上的泥土吸出，继续浇筑，同时应采取加大水头压力等措施；如混凝土凝固，可将导管提出，将混凝土清出，重新下导管，浇筑混凝土，混凝土已凝固出现夹层，应在清除后采取压浆补强方法处理。

9．槽段接头渗水、漏水、涌水

基坑开挖后，在槽段接头处出现渗水、漏水、涌水等现象。

1）产生原因

成槽机成槽时，黏附在已浇筑段混凝土接头面上的泥皮、泥渣未清除掉，就下钢筋笼浇筑混凝土。

2）预防措施和处理方法

（1）预防措施：在清槽的同时，对已浇筑段混凝土接头面用钢丝刷或刮泥器将泥皮、泥渣清理干净。

（2）处理方法：如渗水、漏水不大，可采用防水砂浆修补；渗水、涌水较大时，可根据水量大小，用短钢管或胶管引流，周围用砂浆封住，然后在背面用化学灌浆，最后堵引流管；漏水孔很大时，用土袋堆堵，然后用化学灌浆封闭，阻水后，再拆除土袋。

任务 6.8　高层建筑深基础简介

任务描述

工作任务	（1）了解大直径桩墩基础的特点及施工工艺。 （2）了解箱桩基础的概念
工作手段	《建筑地基基础工程施工规范》（GB 51004—2015）
提交成果	每位学生独立完成本学习情境的实训练习里的相关内容

相关知识

随着生产的发展和社会需求的增加，高层建筑越来越多，深基础工程发展迅速。高层建筑基于地基稳定性的需求，对基础的承载力、结构刚度、施工工艺等都提出了很高要求。

深基础的类型很多，如前面的桩基、沉井基础、地下连续墙，以及大直径桩墩基础、箱桩基础等。下面对大直径桩墩基础和箱桩基础进行简单介绍。

1．大直径桩墩基础

随着高层建筑的兴建，天然地基已无法承受上部结构的荷载，即使采用传统的桩基也无法解决问题。因此，大直径桩墩基础应运而生。

1）大直径桩墩基础特点

大直径桩墩基础是在地基中成孔后浇筑混凝土而形成的大口径深基础。大直径桩墩基础主要以混凝土及钢材作为建筑材料，其结构由三部分组成：墩承台（或墩帽）、墩身和扩大头，如图 6.23 所示，能承受很高的竖向荷载和水平荷载。大直径桩墩基础与桩基有一定相似之处，但也存在区别，主要表现为：桩是一种长细的地下结构物，而墩的断面尺寸一般较大，长细比则较小；墩不能以打入或压入法施工；墩往往单独承担荷载，且承载力比桩高得多。如上海宝钢一号高炉，高 120m，总荷载 5×10^5kN，地基为淤泥质软土，天然地基不满足强度要求，如用传统的钢筋混凝土桩，单桩承载力按 250kN 计算，则需 2000 根桩，高炉下承台面积内无法排列，如按群桩计算，又无法满足群桩承载力要求。因此，宝钢一号高炉最终采用了 ϕ914.6mm、长 60m 的大直径钢管桩，共 144 根，满足了地基承载力要求。

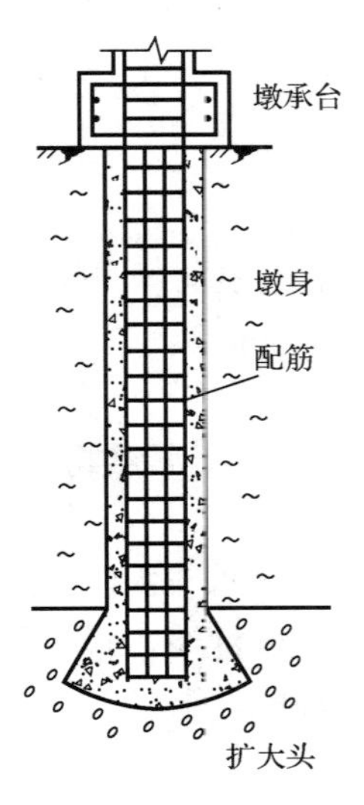

图 6.23　大直径桩墩基础构造

2）大直径桩墩基础设计

大直径桩墩基础按一柱一桩设计，不需要承台。通常这类工程为一级建筑，单桩承载力应由桩的静载荷试验确定，但因大直径桩墩基础的单桩承载力极大，难以进行静载荷试验，故只能采用经验参数法计算。由于大直径桩墩基础施工精细，通常在成孔后由人员下至孔底检查合格才浇筑混凝土，因此质量可以保证。

为节省混凝土量与造价，将上下一般粗的大直径桩墩发展为桩身减小、底部增大的扩底桩墩，可用较少的混凝土量获得较大的承载力，技术可靠，经济效益显著，是目前最佳的桩型。

3）大直径桩墩基础施工

大直径桩墩基础施工包括：准确定桩位，开挖成孔，清除孔底虚土，验孔，安设钢筋笼，装导管，混凝土一次连续浇成。开挖成孔要规整、足尺，如用人工挖桩孔应注意安全，预防孔壁坍塌，同时应有通风设备，防止中毒。每一根桩都必须有详细的施工记录，以确保质量。

2. 箱桩基础

当高层建筑的地基土质较好时，通常采用箱形基础，既可以满足地基承载力的要求，又可以满足地震区对基础埋深即稳定性的要求。箱形基础埋深大，基坑开挖土方量大，为空心结构，自重小于挖除的土重，因此箱形基础为部分补偿性设计。箱形基础的空间可以作为高层建筑地下商业、文化、体育场所及设备层。

若高层建筑的地基土质软弱，仅用箱形基础无法满足地基承载力的要求，则必须在箱形基础底板下做桩基，如图 6.24 所示。这类箱形基础加桩基的基础简称箱桩基础。箱桩基础这种形式改变了软弱地基难以建高层建筑的观念。

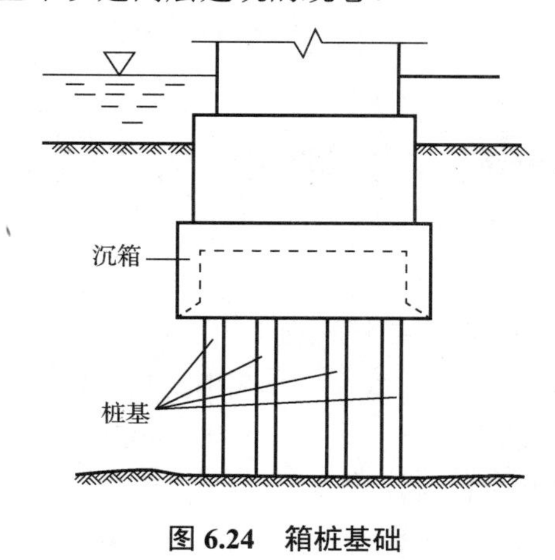

图 6.24　箱桩基础

1. 桩的分类

（1）桩按桩身材料分为混凝土桩、钢筋混凝土桩、钢桩、木桩、组合材料桩。

（2）桩按施工方法分为预制桩、灌注桩。

（3）桩按承载性状分为端承型桩和摩擦型桩。

（4）桩按成桩方法分为挤土桩、部分挤土桩、非挤土桩。

（5）桩按桩径大小分为小直径桩、中等直径桩和大直径桩。

2．基桩常用的质量检测技术

目前较为常用的基桩质量检测技术有低应变法、声波透射法和钻芯法等。

3．桩的承载力分析

由于桩的承载力条件不同，桩的承载力可分为竖向承载力及水平承载力两种，其中竖向承载力又包括竖向抗压承载力和抗拔承载力。

单桩竖向承载力特征值有按静载荷试验确定和按规范中的经验公式确定两种方法。

4．桩基设计步骤

（1）选择桩型、桩长和桩截面尺寸。
（2）确定桩的数量、间距和布置方式。
（3）验算桩基的承载力和沉降。
（4）桩身结构设计。
（5）桩承台设计。

5．其他深基础介绍

深基础主要包括桩基、沉井基础、地下连续墙、大直径桩墩基础、箱桩基础等。

实 训 练 习

一、单选题

1．与预制桩相比，灌注桩的主要不足是（　　）。

A．截面较小　　B．桩长较小
C．桩身质量不易保证　　D．施工机具复杂

2．人工挖孔灌注桩的孔径不得小于（　　）。

A．0.8m　　B．1.0m　　C．1.2m　　D．1.5m

3．桩基承台发生冲切破坏的原因是（　　）。

A．承台有效高度不够　　B．承台总高度不够
C．承台平面尺寸太大　　D．承台底配筋率不够

4．桩基承台的最小埋深为（　　）。

A．500mm　　B．600mm　　C．800mm　　D．1000mm

5．下列哪种情况无须采用桩基？（　　）

A．高大建筑物，深部土层软弱　　B．普通低层住宅
C．上部荷载较大的工业厂房　　D．变形和稳定要求严格的特殊建筑物

二、多选题

1．桩按施工工艺可分为（　　）两大类。

A．预制桩　　B．摩擦型桩
C．灌注桩　　D．端承型桩
E．挤土桩

2．桩按承载性状可分为（　　）两大类。

A．预制桩　　B．摩擦型桩
C．灌注桩　　D．端承型桩
E．挤土桩

3．沉管灌注桩常用桩径为（　　）。

A．325mm　　B．350mm
C．377mm　　D．425mm
E．450mm

4．对于低承台桩基础，下列情况需考虑承台底土的分担荷载作用的是（　　）。

A．桥墩桩基　　B．砂土中的挤土摩擦群桩
C．非挤土摩擦群桩　　D．软土中的挤土摩擦群桩
E．以上都不对

5．下列方法可用于对桩身缺陷及其位置进行判定的是（　　）。

A．静载荷试验法　　B．低应变法
C．声波透射法　　D．钻芯法
E．以上都不可以

三、简答题

1．在什么情况下可以考虑采用桩基？
2．何谓端承桩？何谓摩擦桩？它们有何区别？
3．在端承桩中，群桩承载力是否为单桩承载力之和？为什么？
4．什么是群桩效应？
5．桩基设计包括哪些内容？
6．沉井施工中应注意哪些问题？如果沉井在施工过程中发生倾斜该怎么处理？
7．什么是地下连续墙？地下连续墙施工有何特点？

学习情境 7

软弱地基及特殊土地基处理

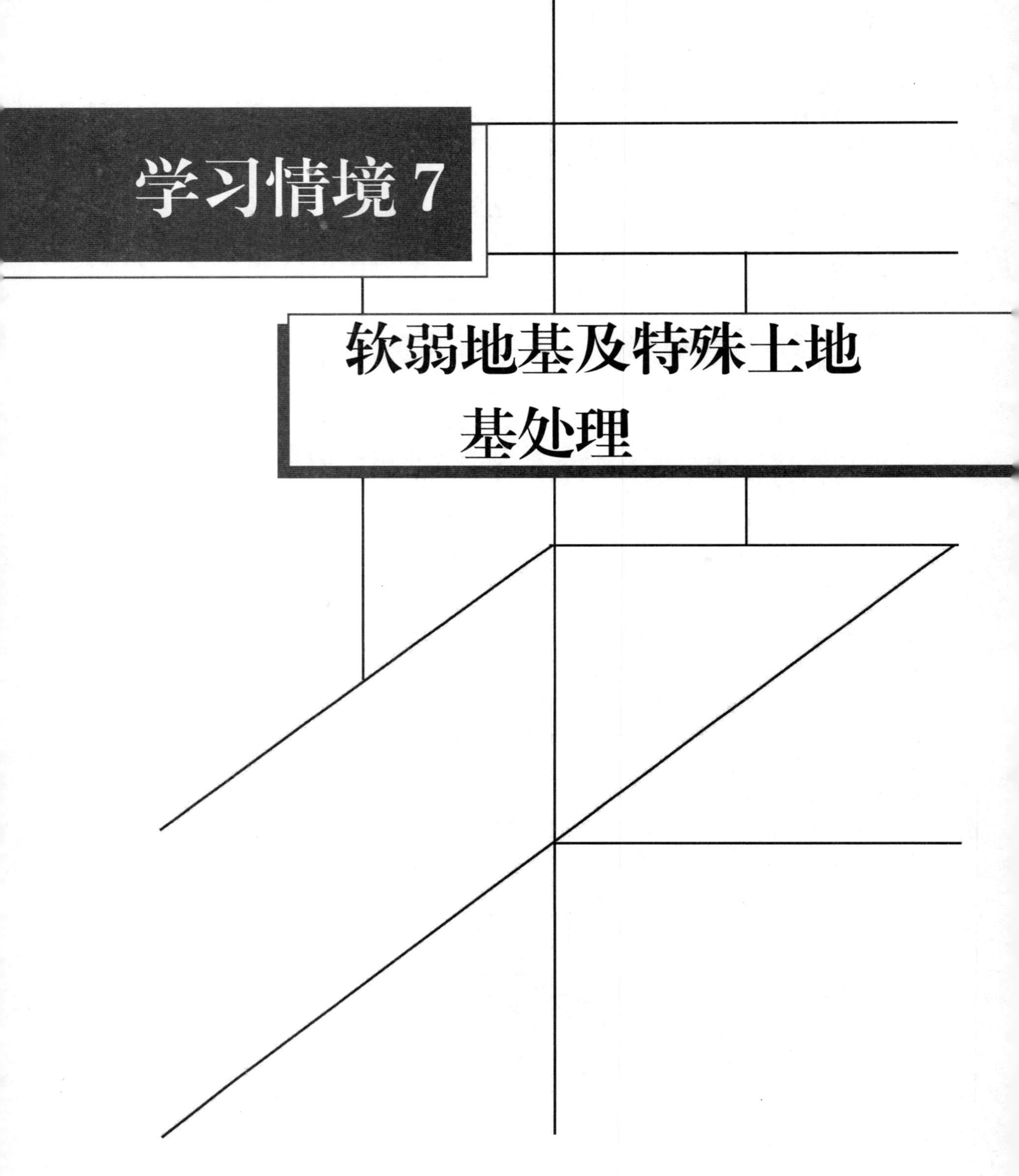

教学目标

1. 掌握软弱地基的处理方法。
2. 掌握砂垫层的设计方法。
3. 掌握袋装砂井堆载预压法、真空预压法。
4. 了解特殊土地基的相关知识，掌握特殊土地基的处理措施。

思维导图

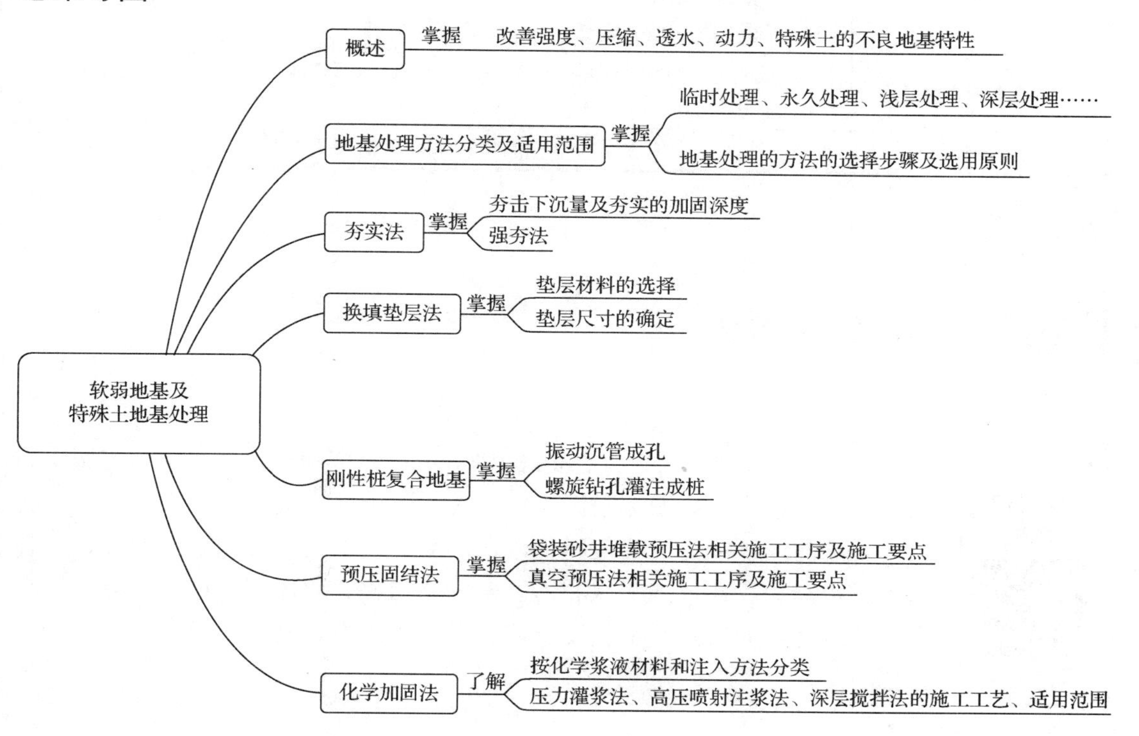

任务 7.1　概　　述

任务描述

工作任务	（1）掌握各类软弱地基土的概念。 （2）了解地基面临的问题。 （3）掌握地基处理的定义、目的、对象、特点
工作手段	《建筑地基基础设计规范》（GB 50007—2011）、《建筑地基基础工程施工规范》（GB 51004—2015）
提交成果	每位学生独立完成本学习情境的实训练习里的相关内容

相关知识

7.1.1 软弱地基土的概念

1．软土

软土是指天然含水率大、压缩性高、承载力低的一种从软塑到流塑状态的黏性土和粉土，如淤泥及淤泥质土等。软土的生成年代较晚，一般为第四纪后期的产物或为近代沉积物，在沿海地区多为滨海相、潟湖相、溺谷相和三角洲相，在内陆平原和山区多为湖泊相、沼泽相。在我国沿海地区及内陆地区，如广州、福州、宁波、温州、上海、杭州、天津等地其广为分布。

2．淤泥

淤泥是指在静水或缓慢的流水环境中沉积，并经生物化学作用形成，天然含水率大于液限、天然孔隙比大于或等于 1.5 的黏性土。

3．淤泥质土

淤泥质土是指天然含水率大于液限而天然孔隙比小于 1.5，但大于或等于 1.0 的黏性土或粉土。

4．冲填土

冲填土也称吹填土，是指由水力冲填泥砂形成的沉积土，它主要是在整治或疏通江河航道，或者因工农业生产需要填平或加高江河附近的一些地段，采用高压泥浆泵将挖泥船挖出的淤积泥沙，通过输送管道，送到需要填高地段沉积而成。

5. 杂填土

杂填土是指含有大量建筑垃圾、生活垃圾、工业废料等杂物的堆积层，这种填土层除强度低、压缩性大外，由于堆积时间短、结构疏松，往往还具有浸水湿陷变形的特点。

6. 特殊土

由于我国地域辽阔，各处地理环境、气候条件、地质成因、土的生成条件以及母岩种类和性质均不同，因此，在不同地区常常分布着具有特殊性质的区域性土，即特殊土，例如其中经常遇到的有湿陷性黄土、胀缩土（膨胀土）、红黏土及冻土等。

7.1.2 地基面临的问题

在建筑地基基础设计中，有时会遇到距地表以下一定深度内的土层工程性质很差的情况，例如土层的孔隙比大、压缩性高，抗剪强度指标 c、φ 低，如果选择这种工程性质差的土层作为天然地基的持力层，显然是不能满足在建筑物荷重和相邻荷载作用下，严格控制地基变形和强度要求的，这就需要在建筑物施工前，先对软弱地基土采取有效的处理措施。

建筑物地基面临的主要问题如下。

（1）承载力及稳定性问题。当地基的抗剪强度不足以支承上部结构的自重及外荷载时，地基就会产生局部或整体剪切破坏。

（2）沉降、不均匀沉降、水平位移等问题。

（3）地基的渗透量或水力梯度超过容许值时，会发生水量损失，或因潜蚀和管涌而可能导致失事。

（4）地震、机器及车辆的振动、海浪作用和爆破等动力荷载可能引起地基土，特别是饱和无黏性土的液化、失稳和震陷等危害。这类地基问题也可以分别概括于上述稳定和变形问题中，只不过是由动力荷载引起的。

7.1.3 地基处理的定义及目的

地基处理是指天然地基不满足工程要求，需提高地基承载力，改善地基变形性质、渗透性质，而采取的工程技术措施。

地基处理的目的是利用换填、夯实、挤密、排水、胶结、加筋和热化学等方法对地基土进行加固，用以改良地基土的工程特性，主要包括以下几方面。

（1）提高地基承载力，增加地基的整体稳定性。地基的剪切破坏表现在建筑物的地基承载力不够，如偏心荷载及侧向土压力的作用使结构物失稳；填土或建筑物荷载使邻近地基产生隆起；土方开挖时边坡失稳；基坑开挖时坑底隆起。因此，为了防止剪切破坏，需要采取一定措施以增加地基的抗剪强度。

（2）降低土体的压缩性，减少基础沉降。地基的高压缩性表现为建筑物的沉降和差异沉降大，如填土或建筑物荷载使地基产生固结沉降；建筑物基础的负摩阻力引起建筑物的沉降；基坑开挖引起邻近地基沉降；降水产生地基固结沉降。因此，需要采取措施以提高地基土的压缩模量，以减少地基的沉降或不均匀沉降。

（3）改善土体的渗透性，防止地基发生渗透破坏。地基的透水性表现在堤坝等基础产生的地基渗漏，如市政工程在开挖过程中，因土层内常夹有薄层粉砂或粉土而产生流砂和管涌。地下水的运动会使地基出现一些问题，因此，需要采取一定措施使地基土变成不透水层或降低其水压力。

（4）改善土体的动力特性，提高地基的抗震性能。地基的动力特性表现在地震时饱和松散粉砂、细砂（包括部分粉土）产生液化，如交通荷载或打桩等原因使邻近地基产生振动下沉。为此，需要研究采取何种措施防止地基土液化，并改善其动力特性以提高地基的抗震性能。

（5）改善特殊土的不良地基特性，如采取措施以消除或减少黄土的湿陷性和膨胀土的胀缩性等。

拓展讨论

党的二十大报告指出，必须牢固树立和践行绿水青山就是金山银山的理念，站在人与自然和谐共生的高度谋划发展。我国黄土高原大部分地质疏松，抗侵蚀能力极低，遇雨水极易分解，造成该地区的水土流失十分严重，建筑物地基沉陷、边坡塌方等事故灾害频发。针对以上地基面临的问题，该采取怎样的措施予以消除或减少呢？

7.1.4 地基处理的对象

地基处理的对象包括淤泥和淤泥质土、软黏土、人工填土、细粉砂土和粉土、湿陷性土、有机质土、膨胀土、多年冻土、岩溶、土洞和山区地基等。

7.1.5 地基处理的特点

（1）大部分地基处理方法的加固效果不是在施工结束后就能全部发挥的。

（2）每一项地基处理工程都有它的特殊性。

（3）地基处理是隐蔽工程，很难直接检验其加固效果。

任务 7.2　地基处理方法分类及适用范围

任务描述

工作任务	（1）掌握地基处理方法分类及适用范围。 （2）了解地基处理方法的选择步骤。 （3）掌握地基处理方法选用原则
工作手段	《建筑地基基础设计规范》（GB 50007—2011）、《建筑地基基础工程施工规范》（GB 51004—2015）
提交成果	每位学生独立完成本学习情境的实训练习里的相关内容

相关知识

无论是软土地基，还是因基底压力过大而需处理的一般工程性质的地基，处理的最终目的都是要提高地基的强度，减少地基土的压缩变形。但是由于地基土的种类不同，工程性质的差异，因此对于它们最适宜采用的地基处理方法也不相同。

1．地基处理方法分类

地基处理方法的分类多种多样，具体如下。

（1）按处理时间可分为临时处理和永久处理。

（2）按处理深度可分为浅层处理和深层处理。

（3）按处理土的性质可分为砂性土处理和黏性土处理，饱和土处理和非饱和土处理。

（4）按地基处理作用机理可分为机械压实、夯实、换填垫层、振动及挤密、刚性桩复合地基、预压固结、化学加固等处理方法。

以上分类中，最本质的是根据地基处理作用机理进行分类，其具体分类及加固原理、适用范围详见表 7-1。

表 7-1　地基处理方法分类及加固原理、适用范围

序号	分类	处理方法	加固原理及作用	适用范围及要求
1	机械压实及夯实	机械碾压、振动压实、重锤夯实、强夯	利用压实原理，通过机械碾压夯击，把表层地基土压实；重锤夯实是利用夯锤自由下落能量压实地基土表层；强夯则是利用强大夯击功能迫使深层土液化、动力固结，使深层地基土密度增加	适用于碎石土、砂土、粉土、低饱和度的黏性土、杂填土等，强夯时应注意其振动对邻近建筑物的影响
2	换填垫层	砂垫层、碎石垫层、素土垫层	挖除地下水位以上浅层软弱土层，换上砂、碎石等强度较高的材料分层夯实，从而提高持力层的承载能力，减少地基变形	适用于处理地下水位不高，软弱土层埋藏较浅，且建筑物荷重不大的情况

续表

序号	分类	处理方法	加固原理及作用	适用范围及要求
3	振动及挤密	挤密砂桩、振冲桩、挤密土桩、生石灰桩	通过振动或挤密成孔，使深层土密实，并在振动或挤密过程中向孔中回填砂、碎石等形成砂桩、碎石桩，与土层一起组成复合地基，从而提高地基承载力和减少建筑沉降	适用于处理砂土、粉砂或者黏粒含量不高的黏性土层，有时也可用来处理软弱黏土层
4	刚性桩复合地基	水泥粉煤灰碎石桩（CFG 桩）、素混凝土桩	较常采用的方法为利用长螺旋钻一次下钻成孔，提钻前灌注水泥、粉煤灰、碎石搅拌料或流动性大的混凝土护孔并成桩，对于粉土、黏性土地基可用振动沉管工艺成桩。桩端应放置在较好土层上，桩顶铺15～30cm 碎石垫层，充分发挥原有地基土的承载力，形成桩土共同作用的复合地基	适用于基底压力较大的土层，或当采用天然地基时，地基变形较大的一般性土层，可用于加固一般高层建筑筏板下的地基
5	预压固结	堆载预压、薄膜下抽真空预压	通过在地基上施加堆载（或在覆盖在地基上的薄膜下抽真空）以及采取改善地基排水条件（如设砂井或排水纸板）以加速地基在荷载作用下固结，地基强度增长、压缩性减小，在建筑物荷重作用下地基变形减小、稳定性提高	适用于处理大面积软弱土层，但需要有预压条件（如预压堆土荷载、预压时间），预压前要作出周密细致的预压工程设计
6	化学加固	电硅化、高压旋喷、水泥或石灰深层搅拌	通过向土孔隙中注入化学浆液，将土粒胶结，改善土的性质	适用于处理软弱土层，特别是用来处理已建成建筑物工程事故或加固地基，但造价一般较高

工程师寄语

中国工程院院士、浙江大学建筑工程学院教授龚晓南及其团队创建的地基处理“良方”——复合地基理论攻克了世界级难题而获得2018年度国家科技进步奖一等奖，希望同学们向龚教授学习，崇尚科学、追求真理、勇攀高峰。

2．地基处理方法的选择步骤

（1）根据上部结构及建筑场地条件和环境，初步选定几种可供考虑的处理方案。

（2）对初步选定的各种地基处理方案进行综合分析，经技术经济分析和对比确定最佳的地基处理方案。

（3）对已确定的地基处理方案，在有代表性的场地上进行相应的现场试验或试验性施工及必要的测试，以期达到最佳处理效果。

3. 地基处理方法选用原则

（1）技术先进、经济合理、安全适用、确保质量。
（2）地基条件适合。
（3）处理要求明确（处理后地基应达到的各项指标、处理的范围、工程进度等）。
（4）工程费用节省。
（5）材料尽量就地取材，机具、设备运输调动方便。

任务 7.3 夯实法的应用

任务描述

工作任务	（1）掌握重锤表面夯实法及强夯法的概念和原理。 （2）掌握重锤表面夯实法及强夯法的施工技术要点
工作手段	《建筑地基基础设计规范》（GB 50007—2011）、《建筑地基基础工程施工规范》（GB 51004—2015）
提交成果	每位学生独立完成本学习情境的实训练习里的相关内容

相关知识

夯实法利用夯锤自由下落的能量压实软弱或松散的地基，使得一定深度内的土层得到压密，从而改善土的工程性质。在工程中常用的夯实法有重锤表面夯实法和强夯法两种，后一种方法是在重锤表面夯实法基础上发展起来的一种新的地基夯实方法。工程中除用自由落锤能量夯实地基外，有时也可以用机械压实方法压实地基，例如采用平碾、羊足碾、拖拉机、振动碾等机械压实土层。上述机械压实方法更多用于大面积、大方量填土工程，如路堤、土坝等填方工程，而在工业与民用建筑地基加固中采用得不多。由于机械压实方法已在前面的学习中有详细介绍，故这里只介绍重锤表面夯实法及强夯法两种方法。

7.3.1 重锤表面夯实法

重锤表面夯实法利用起重机械将重量一般不小于 15kN，锤底直径为 0.7～1.5m 的重锤，提升至 2.5～4.5m 高后，使锤自由下落，反复夯打地基表面，以达到加固地基的目的，如图 7.1 所示。经过重锤夯击的地基，在地基表面形成一层密实“硬壳”层，从而明显提高地基表层土的强度。这种方法适用于处理距地下水位 0.8m 以上、土的天然含水率不太高的各种黏性土、砂土、湿陷性黄土及人工填土等。由于土在最优含水率条件下，才能达到理想的压实效果，因此，如果地基中黏性土含水率较高，在使用重锤夯实时，可能在夯坑周围出现“橡皮土”现象，达不到压实效果，甚至使地基土的工程性质变得更差；若土的含水率很低，欲达到相同的压实效果，则需要消耗较大的压实功能。所以需根据地基土的含水率情况，确定可否采用重锤表面夯实法。为了达到经济的、最优的压实效果，应当根据设计的土的夯实密度及加固深度，通过现场试夯确定夯锤重、落距、夯击数及最后夯击下沉量，以便选出合理施工方案。

在夯击能量一定的情况下，随着夯击数增加，每次夯击下沉量将逐渐减少，当夯击到一定次数后，再继续夯击，压实效果就不明显了。因此，最后夯击下沉量是决定夯击数的一个重要因素。实际工程中，最后夯击下沉量通常是根据最后两次夯击的平均下沉量来确定的。对于黏性土及湿陷性黄土最后夯击下沉量可定为1～2cm，砂土可定为0.55～1cm，亦即当夯击下沉量不超过上列数值时，可停止夯击。若停止夯击后仍达不到设计密度及加固深度要求，可考虑通过加大夯锤重、提高落距来达到设计要求，这比维持原来夯锤重、落距，只靠加大夯击数来达到设计密度、加固深度要经济、合理得多。

图 7.1　重锤表面夯实法

根据工程经验，一般认为夯实的影响深度约与锤底直径相当，例如对湿的、稍湿的、稍密的杂填土，如果采用夯锤重15kN，锤底直径1m，落距3～4m，夯击6～8遍，其影响深度为1.1～1.2m。经过处理后的这种填土地基承载力可达到100～150kPa。

7.3.2 强夯法

强夯法也称动力固结法或动力压实法，如图7.2所示。其于1969年由法国工程师梅纳等人研究并提倡，首先在欧洲推广采用，以后在美洲及日本相继采用，随后也引起我国工程界的重视，并于1979年在国内采用该法加固地基。强夯法利用夯锤自由下落时巨大的夯击能量，对地基土进行强力夯实，夯击深度大大增加，夯实效果显著。该法的锤重一般为80～400kN，落距一般为6～25m，有的落距甚至为40m，锤底面积4～6m^2。利用强夯法夯击地基土，夯击能量一般为1000～10000kN·m，地基土在如此巨大夯击能量作用下，产生下述现象：①土体孔隙被压缩；②土体内孔隙水压力骤然上升；③夯坑周围及土体内部出现贯通裂缝，形成良好的排水网络，使得孔隙水压力得以迅速消散，土体产生很大瞬时沉降，土体被压密，强度大幅度提高。

图 7.2　强夯法

据实地观测资料，强夯法所产生的瞬时沉降平均为 40～50cm，用强夯法加固地基后，其压缩性可降低 200%～1000%，强度可提高 200%～500%。强夯法和重锤表面夯实法加固地基的机理不完全相同，后者主要以土体孔隙体积压缩为主，而强夯法则是在土体内形成网络状排水通道，使孔隙水压力得以迅速消散，从而产生较大瞬时沉降，影响深度较大。当单击夯击能量达到 8000kN • m 时，根据工程实践资料，它的有效加固深度可达 10m。根据梅纳建议，强夯法加固深度 H 的经验表达式为

$$H = \sqrt{Qh}/3.16 \tag{7-1}$$

式中：Q——夯锤重，kN；

h——落距，m。

根据式（7-1）计算出的加固深度与我国的实践结果比较，发现计算值较高。因此，可以将由式（7-1）得到的计算值乘以不同条件下的影响系数 K 以修正加固深度。K 值变化范围可取 0.35～0.55。对于黏性土，或地下水位较高，单击夯击能量较大时，建议 K 取小值，对于无黏性土，或地下水位较低，单击夯击能量较小时，建议 K 取大值。

表 7-2 为根据我国工程实践资料汇总的强夯法有效加固深度。工作中当缺少试验资料或当地实践经验时，也可参照该表预估有效加固深度。

表 7-2　强夯法有效加固深度　　单位：m

单击夯击能量/（kN · m）	碎石土、砂土等粗粒土	粉土、黏性土、湿陷性黄土等细粒土
1000	5.0～6.0	4.0～5.0
2000	6.0～7.0	5.0～6.0
3000	7.0～8.0	6.0～7.0
4000	8.0～9.0	7.0～8.0
5000	9.0～9.5	8.0～8.5
6000	9.5～10.0	8.5～9.0
8000	10.0～10.5	9.0～9.5

注：强夯法的有效加固深度应从最初起始夯面算起。

强夯法夯击点平面位置可按等边三角形、等腰三角形或正方形布置。夯击点间距可取夯锤直径的 2.5～3.5 倍，第二遍夯击点应安排在第一遍夯击点之间。夯击数与所需加固地基土的种类和性质有关。

对于渗透性较差的黏性土，可适当增加夯击数，并在两遍夯击之间留有一定间歇时间，使孔隙中超静水压力得到消散。根据现场夯击前与夯击后原位测试结果对比，一般情况下采用 2～3 遍点夯可以达到加固效果。合理、经济的夯击数，应通过现场夯击数-夯击下沉量关系曲线确定。工程中一般规定最后两次夯击平均下沉量应不大于下列数值：当单击夯击能量小于 4000kN・m 时为 50mm；介于 4000～6000kN・m 时为 100mm；大于 6000kN・m 时为 200mm。

强夯法夯锤底板单位面积上的夯击能量称为平均能量，地基土质条件不同，所需平均能量也不同。砂类土地基平均能量多为 500～1000kN・m/m^2，黏性土地基平均能量多为 1500～3000kN・m/m^2。

强夯法虽然是一种新的有效加固地基的方法，但到目前为止还没有一套比较成熟、合理的设计计算方法，目前工程中主要还是通过现场试夯及参照室内固结、强度试验所得参数，制定强夯法加固地基工程的施工方案。

强夯法是一种造价低、工期短的地基加固方法，可以用于多种土加固，如砂类土、一般黏性土及湿陷性黄土、杂填土等。但不能用它直接加固饱和的淤泥和淤泥质土，此时可采用强夯置换法，如图 7.3 所示，即在夯击点处铺设级配良好的碎石、块石等粗粒材料，强夯后形成强夯置换墩，墩穿过软弱土层到达下卧硬土层，其间距可取夯锤直径的 2～3 倍，墩长不宜超过 7m。对于地下水位埋深小于 2m 的饱和黏性土和易于液化流动的饱和粉砂层，在强夯前需在地面铺垫 0.5～2.0m 厚的砂或碎石垫层。强夯法的不足之处是施工噪声大、振动大，在城市建筑物密度大的地方，采用时应特别慎重。

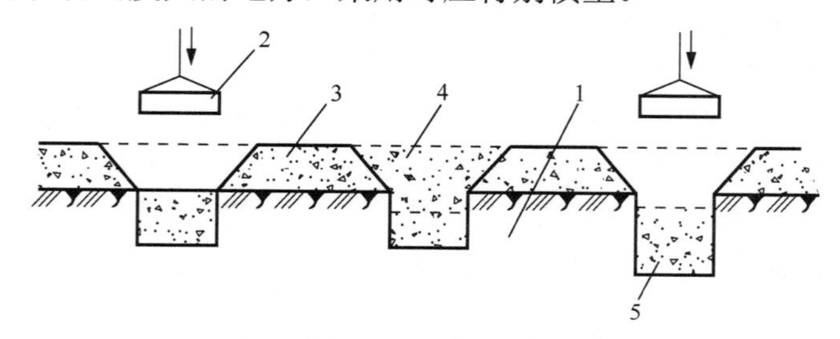

1—高压缩性软土地基；2—夯锤；3—堆料；
4—填料；5—碎石墩

图 7.3　强夯置换法

任务 7.4　换填垫层法的应用

任务描述

工作任务	（1）掌握换填垫层法的作用及适用范围。 （2）掌握砂垫层的设计与计算。 （3）了解砂垫层的施工要求
工作手段	《建筑地基基础设计规范》（GB 50007—2011）、《建筑地基基础工程施工规范》（GB 51004—2015）
提交成果	每位学生独立完成本学习情境的实训练习里的相关内容

相关知识

当软弱地基的承载力和变形满足不了建筑物的要求，而软弱土层的厚度又不很大时，可将基底以下处理范围内的软弱土层的部分或全部挖去，然后分层换填强度较大的砂（碎石、素土、灰土、高炉干渣、粉煤灰）或其他性能稳定、无侵蚀性的材料，并压（夯、振）实至要求的密实度为止，这种地基处理的方法称为换填垫层法。

7.4.1 换填垫层法的作用及适用范围

1. 换填垫层法的作用

（1）提高基底附近地基土的承载力。

（2）垫层可使地基中垂直附加应力得以扩散，满足天然地基对承载力的要求。

（3）基底下砂、卵石、碎石垫层可以形成良好的排水垫层，有利于地基土的加速固结。

（4）砂石垫层可以防止水聚集而产生的冻胀，在膨胀土地基上使用砂石垫层可以有效地避免土的胀缩作用。

2. 换填垫层法的适用范围

（1）常用于基坑面积宽大和开挖土方量较大的回填土方工程，一般适用于处理浅层（处理深度为 0.5～3m）软弱土层（淤泥质土、湿陷性黄土、松散素填土、杂填土、浜填土以及已完成自重固结的冲填土等）与低洼区域的填筑。

（2）常用于处理轻型建筑、地坪、堆料场及道路工程等。

7.4.2 垫层材料的选择

垫层按换填材料的不同，可分为砂垫层、粉质黏土垫层、灰土垫层、粉煤灰垫层、矿渣垫层等。

（1）砂垫层。砂垫层宜选用碎石、卵石、角砾、砾砂、粗砂、中砂或石屑，并应级配良好，不含植物残体、垃圾等杂质。当使用粉砂、细砂或石粉时，应掺入不少于总质量 30% 的碎石或卵石。砂石的最大粒径不宜大于 50mm。对湿陷性黄土或膨胀土地基，不得选用砂石等透水性材料。

（2）粉质黏土垫层。粉质黏土垫层的土料中有机质含量不得超过 5%。当含有碎石时，其最大粒径不宜大于 50mm。用于湿陷性黄土或膨胀土地基的粉质黏土垫层，土料中不得夹有砖、瓦或石块等。

（3）灰土垫层。灰土垫层的体积配合比宜为 2∶8 或 3∶7。石灰宜选用新鲜的消石灰，其最大粒径不得大于 5mm。土料宜选用粉质黏土，土料最大粒径不得大于 15mm。

（4）粉煤灰垫层。粉煤灰应满足相关标准对腐蚀性和放射性的要求。粉煤灰垫层上宜覆土 0.3～0.5m，防止干石灰飞扬。

（5）矿渣垫层。矿渣垫层宜选用分级矿渣、混合矿渣及原状矿渣等高炉重矿渣。矿渣的松散重度不应小于 11kN/m^3，有机质及含泥总量不得超过 5%。

下面就以砂垫层为例介绍垫层的设计与计算、施工要求。

7.4.3 砂垫层的设计与计算

砂垫层的设计关键是决定其回填土厚度 z 和宽度 b'，既要求有足够的厚度以置换部分软弱土层，又要求有足够大的宽度以防止砂垫层向两侧挤出。

1. 砂垫层的厚度

用一定厚度的砂垫层置换软弱土层后，上部荷载通过砂垫层按一定扩散角传递到下卧土层顶面上的全部压力，不应超过下卧土层的容许承载力，如图 7.4 所示，相应的计算式如下。

$$p_z + p_{cz} \leqslant f_{az} \tag{7-2}$$

式中：p_z——相应于荷载效应标准组合时，垫层底面处的附加压力值，kPa；

p_{cz}——垫层底面处土的自重压力标准值，kPa；

f_{az}——垫层底面处下卧土层经深度修正后的地基承载力特征值，kPa。

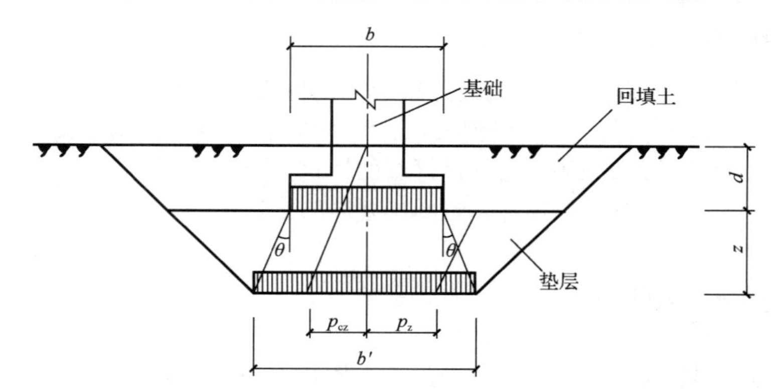

图 7.4　垫层内压力的分布

垫层的厚度不宜大于 3m。垫层底面处的附加压力值 p_z，也可按压力扩散角 θ 简化计算。

① 对于条形基础，计算式如下。

$$p_z = \frac{b(p_k - p_c)}{b + 2z\tan\theta} \tag{7-3}$$

② 对于矩形基础，计算式如下。

$$p_z = \frac{bl(p_k - p_c)}{(b + 2z\tan\theta)(l + 2z\tan\theta)} \tag{7-4}$$

式中：b——矩形基础或条形基础底面的宽度，m；

l——矩形基础底面的长度，m；

p_k——相应于荷载效应标准组合时，基础底面处的平均压力值，kPa；

p_c——基础底面处土的自重压力值，kPa；

z——基础底面下垫层的厚度，m；

θ——垫层的压力扩散角，(°)。

垫层的压力扩散角 θ 可按表 7-3 取值。

表 7-3　垫层的压力扩散角 θ

z/b	换填材料		
	碎石、砾砂、圆砾、角砾、中砂、粗砂、石屑、卵石、矿渣	粉质黏土和粉煤灰（$8< I_P <14$）	灰土
0.25	20°	6°	28°
0.50	30°	23°	

注：当 z/b<0.25 时，除灰土取 θ=28°外，其余材料均取 0°；当 0.25<z/b<0.50 时，θ 值可内插求得；当 z/b>0.50 时，θ 值不变。

2．砂垫层的宽度

砂垫层宽度应满足两方面要求：一是满足应力扩散要求，二是防止侧面土的挤出。目前常用地区经验确定或参照下式计算。

$$b' = b + 2z\tan\theta \tag{7-5}$$

式中：b'——垫层底面宽度，m。

其余符号意义同前。

垫层顶面宽度宜超出基底每边不小于 300mm，或从垫层底面两侧向上按开挖基坑的要求放坡。

砂垫层的承载力应通过现场试验确定。一般工程当无试验资料时可按《建筑地基处理技术规范》(JGJ 79—2012）选用，并应验算下卧层的承载力。

对于重要的建筑物或垫层下存在软弱下卧层的建筑物，还应进行地基变形计算。对超出原地面标高的垫层或换填材料密度显然高于天然土密度的垫层，应考虑其附加荷载对建筑物的沉降影响。

【例 7.1】某市新建住宅工程为钢筋混凝土结构的条形基础，宽 1.2m，埋深 0.8m，上部建筑物作用于基础的荷载为 125kN/m，基础及基础上土的平均重度为 25kN/m^3。地基表层为粉质黏土，厚度为 1.2m，重度为 17.5kN/m^3；第二层为淤泥，厚度为 10m，重度为 17.8kN/m^3，地基承载力特征值 $f_{ak} = 50$kPa。地下水距离地表 1.2m。因地基土较软弱，不能承受上部建筑物的荷载，故需换填垫层，此处采用砂垫层。试设计砂垫层的厚度和宽度。

解：(1）假设砂垫层的厚度为 1m。

(2）垫层厚度的验算。

① 基础底面处的平均压力值 $p_k = \dfrac{F_k + G_k}{b} = \dfrac{125 + 25\times1.2\times0.8}{1.2} \approx 124$（kPa）。

② 垫层底面处的附加压力值 p_z 的计算。

由于 $z/b = 1/1.2 \approx 0.83 > 0.5$，通过查表 7-3，垫层的压力扩散角 θ=30°。

$$p_z = \frac{b(p_k - p_c)}{b + 2z\tan\theta} = \frac{1.2\times(124 - 17.5\times0.8)}{1.2 + 2\times1\times\tan30^\circ} \approx 56.1\ \text{(kPa)}$$

③ 垫层底面处土的自重压力标准值 p_{cz} 的计算。

$$p_{cz}=\gamma_1 h_1+\gamma'(d+z-h_1)=17.5\times1.2+(17.8-10)\times(0.8+1-1.2)\approx25.7\text{（kPa）}$$

④ 垫层底面处下卧土层经深度修正后的地基承载力特征值 f_{az} 的计算。

根据下卧土层淤泥地基承载力特征值 $f_{ak}=50\text{kPa}$，再经深度修正后得地基承载力特征值。

$$f_{az}=f_{ak}+\eta_d\gamma_m(d+z-0.5)$$
$$=50+1.0\times\frac{17.5\times1.2+(17.8-10)\times(0.8+1-1.2)}{0.8+1}\times(1.8-0.5)\approx68.5\text{（kPa）}$$

⑤ 验算垫层下卧土层的强度。

$$p_z+p_{cz}=56.1+25.7=81.8\text{（kPa）}>f_{az}=68.5\text{kPa}$$

这说明垫层的厚度不够，假设垫层厚 1.7m，重新计算。

$$p_z=\frac{1.2\times(124-17.5\times0.8)}{1.2+2\times1.7\times\tan30^\circ}\approx41.7\text{（kPa）}$$

$$p_{cz}=17.5\times1.2+(17.8-10)\times(0.8+1.7-1.2)\approx31.1\text{（kPa）}$$

$$f_{az}=50+1.0\times\frac{17.5\times1.2+(17.8-10)\times(0.8+1.7-1.2)}{0.8+1.7}\times(0.8+1.7-0.5)\approx74.9\text{（kPa）}$$

$$p_z+p_{cz}=41.7+31.1=72.8\text{（kPa）}<f_{az}=74.9\text{kPa}$$

垫层厚度满足要求。

（3）确定垫层底面的宽度。

$$b'=b+2z\tan\theta=1.2+2\times1.7\times\tan30^\circ\approx3.2\text{（m）}$$

（4）绘制砂垫层剖面图，如图 7.5 所示。

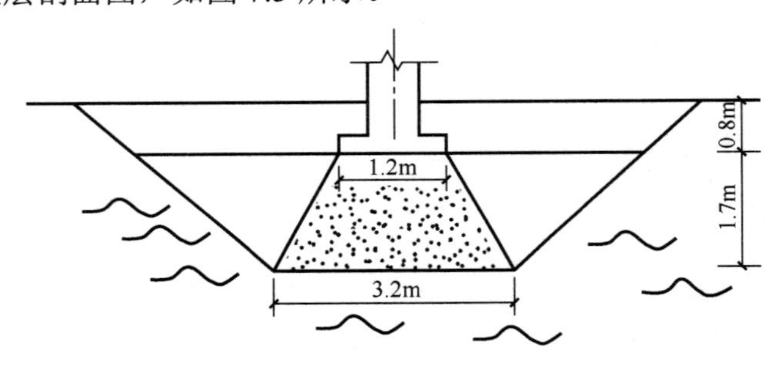

图 7.5　例 7.1 图

7.4.4　砂垫层的施工要求

砂垫层的施工要求如下。

（1）砂垫层所用材料必须具有良好的压实性，宜采用中砂、粗砂、砾砂、碎（卵）石等粒料。细砂也可作为垫层材料，但不易压实，且强度不高，宜掺入一定数量碎（卵）石；砂和砂石材料不得含有草根和垃圾等有机物质；用作排水固结的垫层材料含泥率不宜超过 3%；碎（卵）石的最大粒径不宜大于 50mm。

（2）在地下水位以下施工时，应采用排水或降低地下水位的措施，使基坑保持无积水状态。

（3）砂垫层底面宜铺设在同一标高处，若深度不同，基坑底土面应挖成阶梯或斜坡搭接，并按先深后浅的顺序进行垫层施工，搭接处应夯压密实。

（4）砂垫层的施工可采用碾压法、振动法、夯实法等多种方法。施工时应分层铺筑，在下层密实度经检验达到质量检验标准后，方可进行上层施工。砂垫层施工时含水率对压实效果影响很大，含水率低，碾压效果不好；砂若浸没于水，效果也很差。其最优含水率应湿润或接近饱和最好。

（5）人工级配的砂石地基，应将砂石拌和均匀后，再进行铺填捣实。

7.4.5 施工质量检验

垫层的施工质量检验是保证工程建设安全的必要手段，一般包括分层施工质量检查和工程质量验收。垫层的施工质量检查必须分层进行，并在每层的压实系数符合设计要求后铺填上层土。换填结束后，可按工程的要求进行垫层的工程质量验收。

对粉质黏土垫层、灰土垫层、粉煤灰垫层和砂石垫层的分层施工质量检查可用环刀法、静力触探试验、轻型动力触探试验或标准贯入试验，对砂石垫层、矿渣垫层可用重型动力触探试验。压实系数也可采用环刀法、灌砂法、灌水法或其他方法检验。

采用环刀法检验垫层的施工质量时，取样点应位于每层厚度的 2/3 深度处。检验点数量，对大基坑每 50～100m^2 不应少于 1 个，对基槽每 10～20m 不应少于 1 个，对每个独立柱基不应少于 1 个。采用动力触探试验检验垫层的施工质量时，每分层检验点的间距应小于 4m。

工程质量验收可通过载荷试验进行，在有充分试验依据时，也可采用标准贯入试验或静力触探试验。采用载荷试验检验垫层承载力时，每个单体工程不宜少于 3 个检验点，对于大型工程则应按单体工程的数量或工程的面积确定检验点数。

任务 7.5 挤密桩及振冲桩的应用

任务描述

工作任务	（1）掌握挤密桩的施工原理及平面布置。 （2）掌握振冲桩的施工工艺
工作手段	《建筑地基基础设计规范》（GB 50007—2011）、《建筑地基基础工程施工规范》（GB 51004—2015）
提交成果	每位学生独立完成本学习情境的实训练习里的相关内容

相关知识

为了加固较大深度范围内工程性质差的地基土，特别是对于由松砂、粉土、粉质黏土及杂填土等构成的地基，可以采用挤密法或振冲法加固。这种加固地基方法的作用是在桩的成孔过程中，将桩周松散土挤紧或者振实，在桩孔内填料后，桩和四周被挤密的土将组成复合地基，共同支承建筑的自重及荷重，可以有效地提高地基土的强度，减少地基变形。

7.5.1 挤密桩

挤密法可以利用沉管灌注桩的成孔机械设备成孔，即向地基内打入一尖端封闭的桩管，或者利用振动设备将桩管下沉到地基中。在沉管过程中，桩管四周的土将被挤紧或振实。成孔后，边拔桩管边向孔内分层填料并夯实，形成挤密桩。

工程中常用的填料有砂、塑性指数不高的黏性土、灰土等。由于填料种类不同，挤密桩又可分为挤密砂桩、挤密土桩和挤密灰土桩等。挤密砂桩常用来加固松砂易液化的地基以及结构疏松的杂填土地基，挤密土桩及挤密灰土桩常用来加固湿陷性黄土地基。

对于黏性大的饱和软黏土，用挤密桩加固效果不明显，这是由于软黏土的渗透系数较小，在沉管成孔过程中由于时间短，桩孔四周软土孔隙中的水来不及排出，桩周土挤密效果差；再者，当桩孔分层填入填料组成复合地基时，位于复合地基中的柔性挤密桩在基础荷重作用下，桩周软土对桩的侧向约束力差。因此，挤密桩在提高复合地基的承载力及减少地基变形方面的作用有限。在工程实践中，当地基为饱和软土，它的不排水抗剪强度指标 c_u <20kPa 时，采用挤密砂桩、挤密土桩（也包括振冲碎石桩）加固地基，应持慎重态度。但是在软弱土层上采用堆载顶压加固时，对于缩短排水路径而设置的排水砂井（砂桩）的挤密加固效果却很明显。由于两者设置目的不同，自然它们的直径、桩距也就不同。一般情况下，挤密砂桩的直径大于排水砂井直径，而间距却小于排水砂井的间距。在工程中常采用的挤密砂桩直径为 0.6～0.8m，间距为 1～2.5m。用于处理湿陷性黄土地基的挤密灰土桩及挤密土桩的直径一般为 0.4m，桩距为 2.5～3 倍桩径。

挤密桩在平面布置上有正方形或梅花形（等边三角形）两种排列方式，如图 7.6 所示，根据图中所示的每根桩与邻近桩所构成的几何图形关系，可以计算出每根桩控制的挤密范围。

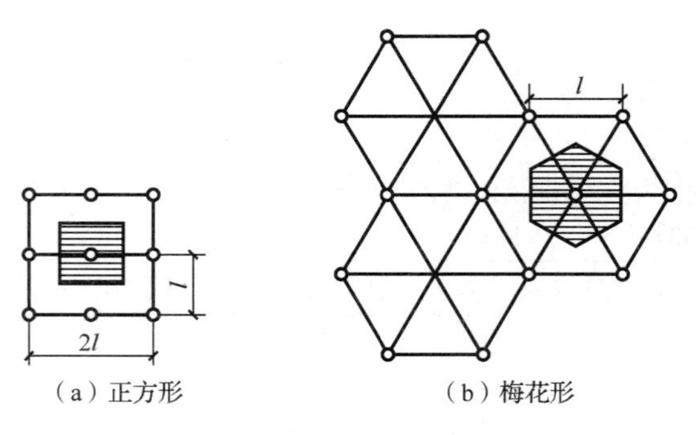

（a）正方形　　（b）梅花形

图 7.6　挤密桩排列方式

假设挤密控制面积为 A（图 7.6 中阴影面积），则：

正方形排列的桩

$$A = l^2 \tag{7-6}$$

梅花形排列的桩

$$A = \frac{\sqrt{3}}{2} l^2 \tag{7-7}$$

式中：l——桩距，m。

设计中若已选定了桩距 l，并要求经过挤密处理的地基土的孔隙比由 e_0 降到 e，则每根桩每米长所需的灌砂量或填土量 q 应为

$$q = \frac{e_0 - e}{1 + e_0} A \tag{7-8}$$

挤密桩加固后的复合地基强度及变形模量的提高幅度与地基置换率 m 成正比。置换率 m 为每根挤密桩截面积 A_p 与它的挤密控制面积 A 之比，即 $m= A_p/A$。

根据我国的淤泥质粉质黏土及淤泥质黏土中的挤密砂桩复合地基的现场载荷试验结果，在同等荷载作用下，经过挤密桩处理的地基沉降可比天然地基减少 30%；而用挤密土桩加固湿陷性黄土地基，其承载力可比天然地基提高 50%。由于目前对由挤密桩形成的复合地基的设计理论，尚有待进一步改进，因此，在工程设计中，对于重要建筑物的挤密桩复合地基，在确定它们的地基承载力及变形模量时，通过现场载荷试验确定较妥。

7.5.2 振冲桩

振冲法是饱和砂土在振动作用下，由原来疏松状态达到紧密状态的一种加固松砂地基的方法。在振动过程中，向振冲孔内回填砂或者碎石形成的圆柱体称为振冲桩。振冲桩也可用来加固深层黏性土地基，但它仅适用于加固黏粒含量为 5%～10%的黏性土地基。对黏粒含量较高的土，以及不排水抗剪强度指标 c_u <20kPa 的黏性土，则需要通过现场试验才能确定可否使用振冲桩。

振冲法的主要设备为类似棒式混凝土振捣器的振冲器，如图 7.7 所示，振冲器外径为 0.2～0.37m，长约 3m，自重约 30kN。在振冲器下半部设有一组由电动机驱动的偏心块，电动机功率为 30～75kW，转速为 1800～3500r/min。在振冲器上设有上下喷水口，可喷射压力为 200～600kPa 的压力水，水量为 200～400L/min。

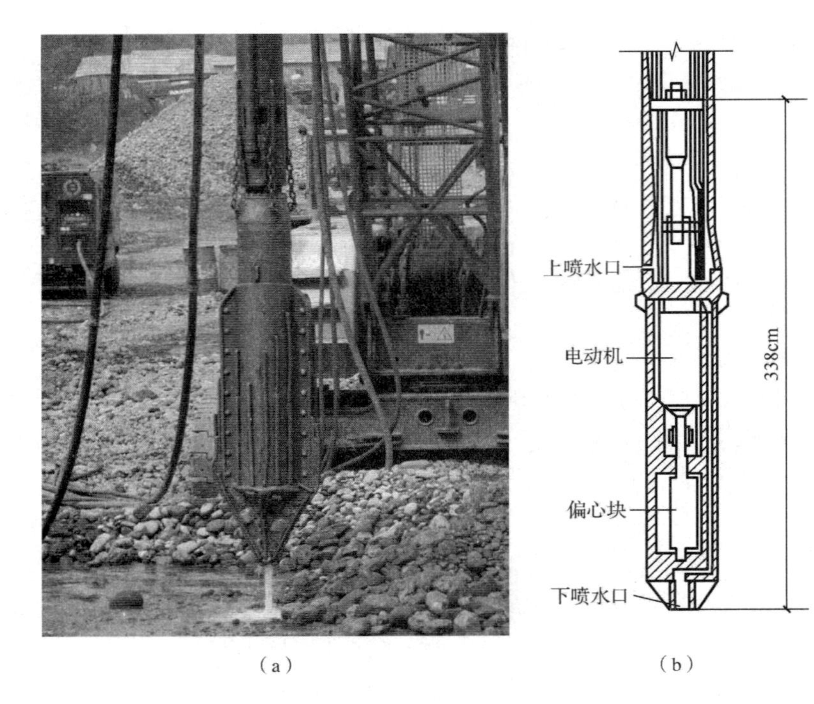

（a）　　　　（b）

图 7.7　振冲器

利用起重设备将振冲器吊至需加固的位置，打开下喷水口并使振冲器振动，振冲器将逐渐沉到预定加固深度处。由于振冲孔四周砂土被振实，因此，靠近孔口附近地面将产生凹陷。关闭下喷水口，打开上喷水口，边振冲边向孔内回填砂或碎石。当所填砂、碎石已达到加固深度后，逐步上提振冲器，直至将振冲孔填满，形成由砂或碎石构成的振冲桩。振冲桩施工工艺如图 7.8 所示。在工程中，振冲桩的直径可达 1m 左右，桩距约 2m，置换率一般采用 m=0.25～0.40。假设振冲桩直径 D=1m，若采用梅花形布置，上述 m 值相当于桩距为 1.5～1.9m。振冲桩所填碎石料，应有良好级配，宜于振实，最大粒径一般不大于 8cm，含泥量不能超过 5%。

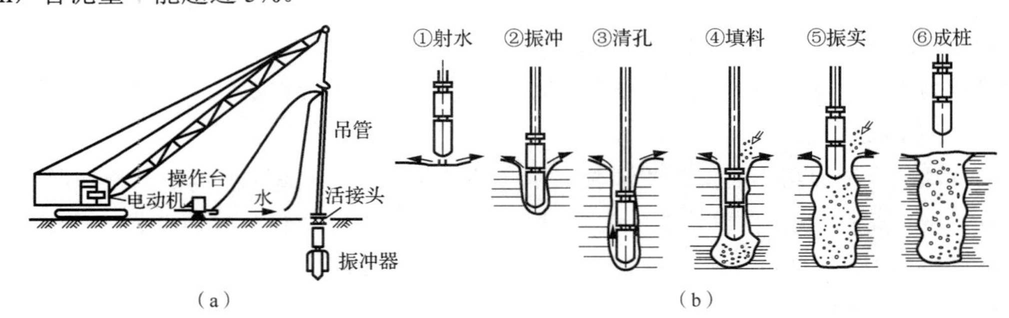

（a）　　　　（b）

图 7.8　振冲桩施工工艺

经过振冲处理后的复合地基，它的承载力特征值应通过现场复合地基载荷试验确定，但初步设计时，也可根据单桩和处理后桩间土承载力特征值按下式计算。

$$f_{spk}=mf_{pk}+(1-m)f_{sk} \tag{7-9}$$

其中，

$$m=\frac{d^2}{d_e^2} \tag{7-10}$$

式中：f_{spk}——振冲桩复合地基承载力特征值，kPa。

f_{pk}——振冲桩桩体承载力特征值，宜通过现场单桩载荷试验荷重求得，kPa。

f_{sk}——处理后桩间土承载力特征值，宜通过现场载荷试验确定，或按当地经验取值，kPa。

m——桩土面积置换率。

d——桩身平均直径，m。

d_e——每根桩分担的处理面积的等效圆直径，m。正方形排列桩 d_e=1.13l；等边三角形排列桩 d_e=1.05l，l 为桩距；矩形排列桩 $d_e=1.13\sqrt{l_1l_2}$，l_1、l_2 分别为桩纵横向间距。

振冲处理后的复合土层压缩模量 E_{sp} 可按下式估算。

$$E_{sp}=[1+m(n-1)]E_s \tag{7-11}$$

式中：E_s——桩间土压缩模量，宜按当地经验取值，或取相应天然地基压缩模量，MPa；

n——桩土应力比，无实测资料时，黏性土可取 2～4，粉土及砂可取 1.5～3。

经过振冲加固后的复合地基，它的承载力特征值及压缩模量均有明显提高，根据一些工程资料统计，振冲桩复合地基承载力特征值 f_{spk} 可达到 200～250kPa，压缩模量 E_{sp} 可达到 8～15MPa。

任务 7.6　刚性桩复合地基的应用

任务描述

工作任务	（1）掌握刚性桩复合地基的概念。 （2）掌握复合地基承载力的计算
工作手段	《建筑地基基础设计规范》（GB 50007—2011）、《建筑地基基础工程施工规范》（GB 51004—2015）
提交成果	每位学生独立完成本学习情境的实训练习里的相关内容

相关知识

在地基中，通过钻孔或冲孔后，在孔中灌注低强度黏结性混合料，形成加固地基的刚性桩体，这些桩体与桩间土组成复合地基，即刚性桩复合地基，共同承担建筑物的自重及荷重。由于刚性桩体强度远较由黏性土、砂、碎石等材料填筑的柔性桩强度大，因此用刚性桩体加固后的复合地基，可以达到较大范围提高地基承载力和明显减少地基变形

的目的。工程中它除了可以用来处理软弱地基，目前更多情况是用来加固一般性土层和天然地基承载力特征值 f_{sk} 为 150～200kPa 的土层，以便进一步提高地基承载力，在其上建造高层建筑。

施工中桩成孔工艺，最常用的有两种方法。一种方法为振动沉管成孔，属挤土成桩工艺，该法形成的振动沉管桩如图 7.9 所示。它的优点是对桩间土有挤密效应，但难以穿透硬土层、砂层、卵石层等，且因振动及噪声较大，在城市居民区中施工常受到限制。桩孔中灌注的黏结性材料可以用混凝土，但工程中经常采用的是掺和粉煤灰的碎石混凝土，用它灌注成水泥粉煤灰碎石桩，工程中常简称 CFG 桩，这种桩体的泵压混合料每方掺和粉煤灰质量约 80kg，坍落度应控制在 160～200mm，以保证混合料能顺利在管内泵压输送。水泥粉煤灰碎石桩桩径通常为 350～600mm，桩位平面布置可以采用正方形或等边三角形，桩距一般宜取桩径的 3～5 倍。

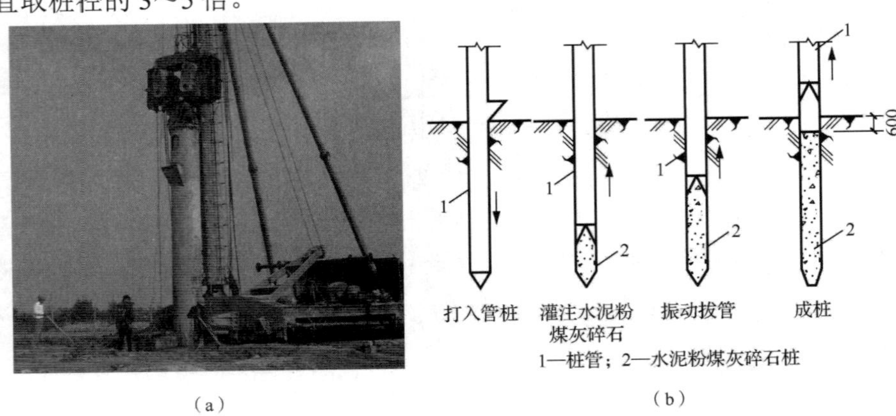

(a)　　(b)

图 7.9　振动沉管桩

另一种方法为螺旋钻孔灌注成桩，其用长螺旋钻一次钻至桩端深度，之后在管内边泵压黏结性混合料护孔，边提钻成桩，如图 7.10 所示。这种工艺可用于地下水位以下的黏性土、粉土、中等密实的砂土及素填土等地层，为非挤土成桩工艺，并具有低噪声、无振动、无泥浆污染、施工质量易于控制等优点。

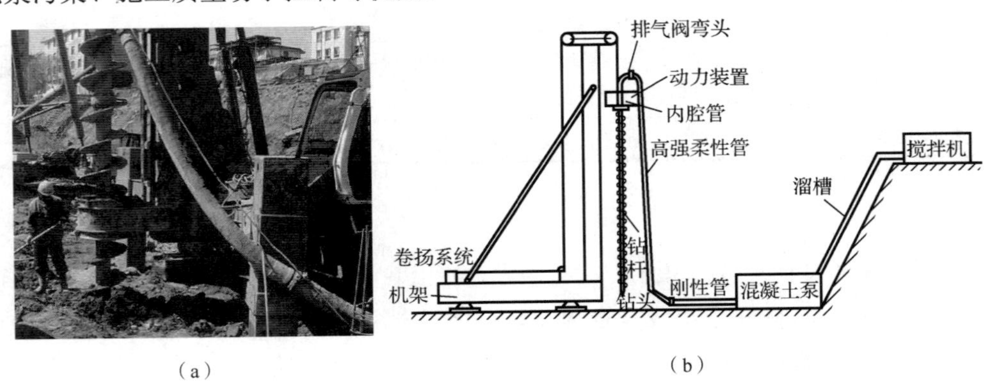

(a)　　(b)

图 7.10　螺旋钻孔灌注成桩

工程实践表明，在桩顶铺设 150～300mm 的褥垫层，对于发挥桩间土与桩的共同支承作用，形成复合地基有重要作用。垫层材料宜采用粗砂、级配砂石或碎石，最大粒径不宜大于 30mm。褥垫层宜采用静力压实，但是当桩间土的含水率不大时，也可采用动力夯实。为了更好发挥桩土共同支承作用，褥垫层夯填度不宜大于 0.9，即夯实后的褥垫层厚度与虚土垫铺厚度之比不宜大于 0.9。为了有效减少复合地基变形及提高复合地基承载力，刚性桩或 CFG 桩桩端应放置在较好土层上。

由 CFG 桩或低强度混凝土桩组成的复合地基的承载力特征值 f_{spk}，应通过现场载荷试验确定。初步设计时可按下式计算。

$$f_{spk} = \lambda m \frac{R_a}{A_p} + \beta(1-m) f_{sk} \tag{7-12}$$

式中：R_a——单桩竖向承载力特征值，无载荷试验资料时，可按规范有关公式估算，kN。

A_p——桩的截面积，m^2。

λ——单桩承载力发挥系数，对于水泥土搅拌桩、夯实水泥土桩，可取 1.0；对于 CFG 桩，应按地区经验取值，无经验时可取 0.8～0.9。

β——桩间土承载力折减系数，对于水泥土搅拌桩，淤泥、淤泥质土和流塑状软土等处理土层，可取 0.1～0.4，其他土层可取 0.4～0.8；对于夯实水泥土桩，可取 0.9～1.0；对于 CFG 桩，应按地区经验取值，无经验时可取 0.9～1.0。

其余符号意义同式（7-9）。

式（7-12）中 $\frac{R_a}{A_p}$ 为桩的压应力值，它应满足 $f_{cu} \geqslant 3\frac{R_a}{A_p}$ 要求，f_{cu} 为桩体黏结性混合料试块的 28 天抗压强度。

经处理加固后的刚性桩复合地基应进行地基变形计算，计算方法按《建筑地基基础设计规范》（GB 50007—2011）有关条文进行。复合地基土层与天然地基相同，但它的分层土层压缩模量为天然地基压缩模量的 ε 倍，ε 值按下式确定。

$$\varepsilon = \frac{f_{spk}}{f_{ak}} \tag{7-13}$$

式中：f_{ak}——基础底面下天然地基承载力特征值，kPa。

地基变形计算中的经验系数 ψ_s，可按《建筑地基基础设计规范》（GB 50007—2011）中基底附加压力 p_0≤0.75 f_{sk} 条件选用；地基变形计算深度应大于复合土层厚度，并符合《建筑地基基础设计规范》（GB 50007—2011）相应条文规定要求。

【例 7.2】 某矩形基础底面尺寸 $b=2.4$m、$a=1.6$m，埋深 $d=2.0$m，所承受荷载 $M=100$kN·m，$F=450$kN，基础底面采用 CFG 桩处理，桩径为 0.5m，桩长为 8m，$\lambda=0.9$，$\beta=1.0$，$m=0.15$，其他条件如图 7.11 所示。试验算地基承载力是否符合要求。

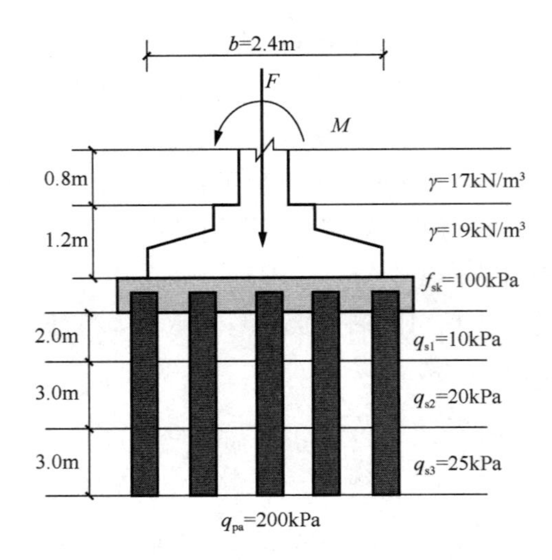

图 7.11　例 7.2 图

解：（1）轴心荷载下基底压力为

$$p_{\mathrm{k}}=\frac{F_{\mathrm{k}}+G_{\mathrm{k}}}{A}=\frac{450+20\times2.4\times1.6\times2.0}{2.4\times1.6}\approx157.2\text{（kPa）}$$

（2）偏心荷载下最大基底压力为

$$p_{\mathrm{kmax}}=p_{\mathrm{k}}+\frac{M}{W}=157.2+\frac{100}{\frac{1}{6}\times2.4^2\times1.6}\approx222.3\text{（kPa）}$$

（3）单桩竖向承载力特征值为

$$\begin{aligned}R_{\mathrm{a}}&=q_{\mathrm{pa}}A_{\mathrm{p}}+u_{\mathrm{p}}\sum q_{sia}l_i\\&=200\times3.14\times0.25^2\\&\quad+3.14\times0.5\times(2\times10+3\times20+3\times25)\\&=282.6\text{（kN）}\end{aligned}$$

（4）复合地基承载力特征值为

$$\begin{aligned}f_{\mathrm{spk}}&=\lambda m\frac{R_{\mathrm{a}}}{A_{\mathrm{p}}}+\beta(1-m)f_{\mathrm{sk}}=0.9\times0.15\times\frac{282.6}{3.14\times0.25^2}+1.0\times(1-0.15)\times100\\&=279.4\text{（kPa）}\end{aligned}$$

由于同时满足以下两个条件。

① $p_{\mathrm{k}}=157.2\mathrm{kPa}<f_{\mathrm{spk}}=279.4\mathrm{kPa}$

② $p_{\mathrm{kmax}}=222.3\mathrm{kPa}<1.2f_{\mathrm{spk}}=1.2\times279.4\approx335.3\text{（kPa）}$

因此地基承载力符合要求。

任务 7.7　预压固结法的应用

任务描述

工作任务	（1）掌握预压固结法的主要作用、适用范围及原理。 （2）掌握袋装砂井堆载预压法的施工工序。 （3）掌握真空预压法的施工工艺
工作手段	《建筑地基基础设计规范》（GB 50007—2011）、《建筑地基基础工程施工规范》（GB 51004—2015）
提交成果	每位学生独立完成本学习情境的实训练习里的相关内容

相关知识

预压固结法亦称排水法，是通过在天然地基中设置竖向排水体（砂井或塑料排水板）和水平排水体，利用建（构）筑物自身重量分级逐级加载，或在建（构）筑物建造前先对地基进行加载预压，根据地基土排水固结的特性，使土体提前完成固结沉降，从而增加地基强度的一种软土地基加固方法。

7.7.1　预压固结法概述

1．预压固结法的主要作用

（1）使地基沉降在加载预压期间基本完成或大部分完成，减少竣工后地基的不均匀沉降。

（2）通过排水固结，加速增加地基土的抗剪强度，提高地基的承载力和稳定性。

（3）消除欠固结软土地基中桩基承受的负摩阻力等。

2．预压固结法的适用范围

预压固结法适用于处理深厚的淤泥、淤泥质土和冲填土等饱和黏性土地基。

3．预压固结法原理

为了达到排水固结效果，预压固结法必须由排水系统和加压系统两部分共同组成。设置排水系统的目的在于改变地基原有的排水边界条件，增加孔隙水排出的途径，缩短排水距离，加快排水速度，使地基在预压期间尽快完成设计要求的沉降量，并及时提高地基土强度。该系统由水平排水垫层和竖向排水体构成。设置加压系统的目的是对地基施加预压荷载，使地基土孔隙中的水产生压力差，从饱和地基中自然排出，使地基土固结完成压缩。

4．预压固结法分类

预压固结法可以分为以下两类。

1）堆载预压法

堆载预压法是指饱和土体在预压荷载作用下，孔隙中的水慢慢排出，土体孔隙体积逐渐减小，土体发生固结，使地基承载力逐渐提高的地基处理方法。

堆载预压法根据土质情况分为单级加荷或多级加荷，根据堆载材料分为自重预压、加荷预压和加水预压。如现浇桥梁板支架可以用填土、碎石等散粒材料进行堆载预压，如图 7.12（a）所示；也可用放置在支架上的水袋充水后进行预压，如图 7.12（b）所示。油罐通常用充水对地基进行预压。对堤坝等以稳定为控制要求的工程，则以其本身的重量有控制地分级逐级加载，直至设计标高，有时也采用超载预压的方法来减少堤坝使用期间的沉降。

（a）土石堆载

（b）水袋堆载

图 7.12　堆载预压法

堆载预压法特别适用于存在连续薄砂层的地基，但只能加速主固结而不能减少次固结，对有机质和泥炭等次固结土，不宜只采用堆载预压法，可以利用超载预压的方法来克服次固结。

2）真空预压法

堆载需大量土石料，而且要经过挖、装、运、卸、铺等工序才能完成，既费时又费力。1958 年，美国费城国际机场跑道扩建工程成功应用真空预压法，其利用大气压力代替实际土石料加压，大大缩短了加压时间。真空预压法是通过在覆盖于地面的密封膜下抽真空，让膜内外形成气压差，使黏土层产生固结压力，即是在总应力不变的情况下，通过减小孔隙水压力来增加有效应力的方法。采用真空预压法处理软土地基时，固结压力可一次加上，地基不会发生破坏。

真空预压法适用于均质黏性土及含薄粉砂夹层黏性土等，尤其适用于新冲填土地基的加固。该方法由于不增加剪应力，地基不会产生剪切破坏，因此也适用于很软弱黏土地基的排水固结处理。对于在加固范围内有足够补给水源的透水层，而又没有采取隔断措施时，不宜采用该方法。

5．预压固结法的发展

（1）真空预压法代替堆载预压法，可节省大量的工程量和工程造价。

（2）袋装砂井代替砂井，可节省砂料，且可避免砂井成孔时缩颈，提高质量，加快速度。

（3）塑料排水带代替袋装砂井，使投资与工期进一步减小。

下面详细叙述常用的两种方法。

7.7.2 袋装砂井堆载预压法

软土在我国沿海和内陆地区都有相当大的分布范围。软土地基具有高压缩性、低渗透性、固结变形持续时间长等特点，排水固结是对软土地基进行处理的有效方法。袋装砂井技术就是通过在软土地基中设置竖向排水以改变原有地基的排水边界条件，增加孔隙水的排出途径，大大缩短软土地基的固结时间，从而达到使原有地基满足使用要求的目的，如图 7.13 所示。

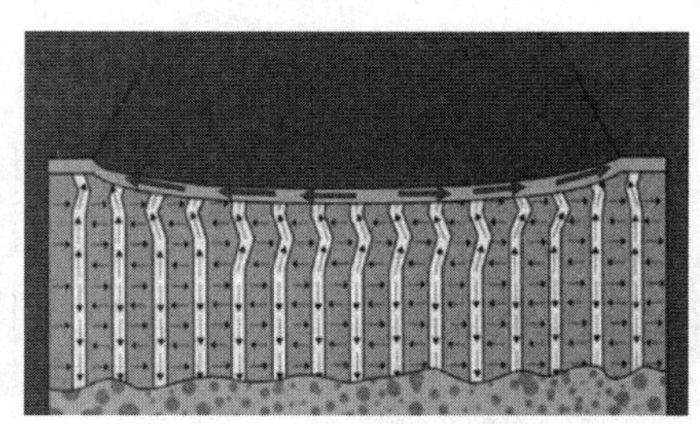

图 7.13　袋装砂井堆载预压法

袋装砂井堆载预压地基是在软土地基中用钢管打孔，装入砂袋作为竖向排水通道井，并在其上部设置砂砾垫层，作为水平排水通道。在砂砾垫层上压载以增加土中附加应力，使土体中孔隙水较快地通过袋装砂井和砂砾垫层排出，从而加速土体固结，使地基得到加固。

袋装砂井堆载预压地基可加速饱和软黏土的排水固结，使沉降及早完成和稳定，同时可大大提高地基的抗剪强度和承载力，防止地基土发生滑动破坏。该工艺施工机具简单，可就地取材，缩短了施工周期，降低了施工造价。

袋装砂井堆载预压法的施工工序如下。

（1）整平原地面。若原地面为稻田、藕田或荒地，应在路基两侧开沟排干地表水，清除表面杂草，平整地面。若原地面为鱼塘，应抽干塘水，清除表层淤泥 50～100cm，后换填砂。

（2）摊铺下层砂垫层。在整平的地面或经换填砂后的鱼塘上摊铺 30cm 厚的砂垫层，砂垫层应延伸出坡脚外 1m，确保排水畅通。

（3）现场灌砂成井。按照砂井平面位置图（砂桩间距为 1.5m），将打桩机具定位在砂井位置。打入套管，套管打入深度为砂井长度加 30cm 砂垫层。砂袋灌入砂后，露天放置井应有遮盖，忌长时间暴晒，以免砂袋老化。砂井可用锤击法或振动法施工。导管应垂直，钢套管不得弯曲，沉桩时应用经纬仪或垂球控制垂直度。

（4）土工格栅、土工布铺设。砂井施工完成后，平整好原砂垫层。将土工格栅平整地铺设在砂垫层上，最大拉力方向应沿横断面方向铺设，接头处采用铅丝绑扎。

在土工格栅上铺 20cm 砂垫层，伸出的砂袋应竖直埋设在砂垫层内，不得卧倒。在 20cm 砂垫层上铺设土工布，沿路堤横向铺设，土工布两端施以不小于 5kN/m 的预拉力，在路基两侧挖沟锚固。土工布之间采用缝接，缝接长度为 15cm。

7.7.3 真空预压法

真空预压法是指在软土地基中打设竖向排水体后，在地面铺设排水用砂垫层和抽气管线，然后在砂垫层上铺设不透气的密封膜使其与大气隔绝，再用真空泵抽气，如图 7.14 所示，从而使排水系统维持较高的真空度，利用大气压力作为预压荷载，增加地基的有效应力，以利于土体排水固结的地基处理方法。

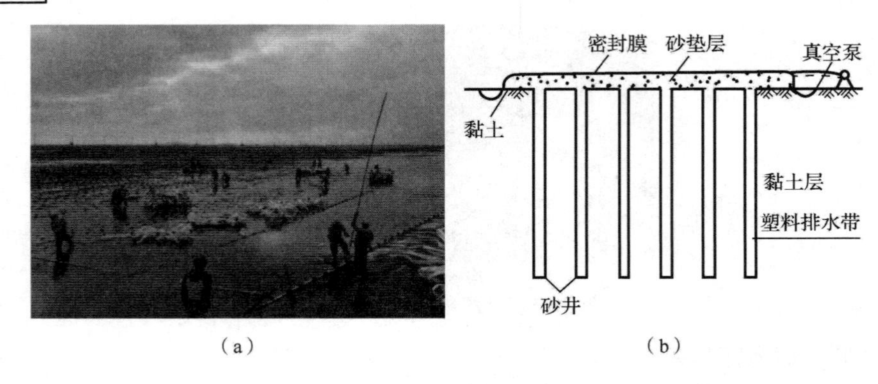

（a）　　（b）

图 7.14　真空预压法

真空预压法的施工工艺流程：场地平整→施作密封墙→排水砂垫层施工、塑料排水带埋设→管网铺设→开挖密封沟→铺设土工布及密封膜→回填密封沟→真空泵安装、加固区抽真空。

真空预压法的施工要点如下。

（1）真空预压法的抽气设备宜采用射流真空泵，空抽时必须达到 95kPa 以上的真空吸力，真空泵的设置应根据预压面积大小和形状、真空泵效率和工程经验确定，但每块预压区至少应设置两台真空泵。

（2）真空管路设置应符合如下规定：真空管路的连接应严格密封，在真空管路中应设置止回阀和截门；水平分布滤水管可采用条状、梳齿状及羽毛状等形式，滤水管布置宜形成回路；滤水管应设在砂垫层中，其上覆盖厚度 100～200mm 的砂层；滤水管可采用钢管或塑料管，外包尼龙纱或土工织物等滤水材料。

（3）密封膜应符合如下要求：密封膜应采用抗老化性能好、韧性好、抗穿刺性能强的不透气材料；密封膜热合时宜采用双热合缝的平搭接，搭接宽度应大于 15mm；密封膜宜铺设 3 层，膜周边可采用挖沟埋膜，平铺并用黏土覆盖压边、围埝沟内及膜上覆水等方法进行密封。地基土渗透性强时应设置黏土密封墙。黏土密封墙宜采用双排水泥土搅拌桩，搅拌桩直径不宜小于 700mm。当搅拌桩深度小于 15m 时，搭接宽度不宜小于 200mm；当搅拌桩深度大于 15m 时，搭接宽度不宜小于 300mm。成桩搅拌应均匀，黏土密封墙的渗透系数应满足设计要求。

任务 7.8　化学加固法

任务描述

工作任务	（1）掌握化学加固法的定义，了解化学浆液材料的种类。 （2）掌握化学浆液注入方法。 （3）了解压力灌浆法、高压喷射注浆法、深层搅拌法的施工工艺及适用范围
工作手段	《建筑地基基础设计规范》（GB 50007—2011）、《建筑地基基础工程施工规范》（GB 51004—2015）
提交成果	每位学生独立完成本学习情境的实训练习里的相关内容

相关知识

化学加固法是指利用水泥浆液、黏土浆液或其他化学浆液，通过灌注压入、高压喷射或机械搅拌，使浆液与土颗粒胶结起来，以改善地基土的物理力学性质的地基处理方法。

7.8.1　化学加固法概述

化学加固法加固地基的化学浆液种类很多，根据不同加固目的可以选择不同的材料。根据向土中加入化学浆液的方法不同，化学加固法又可区分为不同地基处理技术。

1．化学浆液材料

1）水泥浆液

水泥浆液通常采用高标号的硅酸盐水泥，水灰比为 1∶1。为调节水泥浆的性能，可掺入速凝剂或缓凝剂等外加剂。常用的速凝剂有水玻璃和氯化钙，其用量为水泥用量的 1%～2%；常用的缓凝剂有木质素磺酸钙和酒石酸，其用量为水泥用量的 0.2%～0.5%。水泥浆液为无机系浆液，取材充足，配方简单，价格低廉又不污染环境，是世界各国最常用的浆液材料。

2）以水玻璃为主剂的浆液

水玻璃（$Na_2O \cdot nSiO_2$）在酸性固化剂作用下可以产生凝胶，常用水玻璃-氯化钙浆液与水玻璃-铝酸钠浆液。以水玻璃为主剂的浆液也是无机系浆液，无毒，价廉，可灌性好，也是目前常用的浆液。

3）以丙烯酰胺为主剂的浆液

这种浆液以水溶液状态注入地基，其与土体发生聚合反应，形成具有弹性而不溶于水的聚合体。其材料性能优良，浆液黏度小，凝胶时间可准确控制在几秒至几十分钟内，抗渗性能好，抗压强度低。但浆液材料中的丙凝对神经系统有毒，且污染空气和地下水。

4）以纸浆废液为主剂的浆液

这种浆液属于“三废利用”，源广价廉。但其中的铬木素浆液，含有六价铬离子，毒性大，会污染地下水。

2. 化学浆液注入方法

1）压力灌浆法（简称灌浆法）

该法原则上不破坏岩体或土体的结构，在静压力作用下将胶凝材料的浆液灌注到岩体或土体的裂隙或孔隙中，硬化后形成固结体，起防渗堵漏和加固作用。

2）高压喷射注浆法

该法通过特殊喷嘴，用高压水、气流切割土体，随之喷入水泥浆液，使浆液与土混合，固化后形成水泥土的柱状或壁状固结体。

3）深层搅拌法

该法用特制的深层搅拌机械，在地基深处不断旋转，同时将水泥或石灰的浆体或粉体喷入，与软土就地混合硬化后形成水泥土或灰土桩柱体。

4）电动化学加固法

该法利用电渗原理，将高价金属离子及化学加固剂引入软黏土中，起加固作用。

上述方法中以灌浆法发展较早，应用范围也最广泛，但对细砂、黏土等细孔隙不易灌入，需使用特殊技术和材料。高压喷射注浆法适用于松散土层，不受可灌性的限制，但对砂粒太大、砾石含量过多及含纤维质多的土层有困难。深层搅拌法仅适用于软黏土。电动化学加固法成本较高，国内很少使用。

7.8.2 压力灌浆法

压力灌浆法是指利用液压、气压或电化学原理，通过注浆管把浆液均匀地注入地层中，浆液以填充、渗透和挤密等方式，替代土颗粒间或岩石裂隙中的水分和空气以占据其位置，经一段时间硬化后，浆液将原来松散的土颗粒或裂隙胶结成一个整体，形成一个结构新、强度大、防水性能好和化学稳定性良好的固结体。

1. 灌浆设备

（1）压力泵。根据不同的浆液可选用清水泵、泥浆泵或砂浆泵，并按设计要求选用合适的压力型号。

（2）浆液搅拌机。

（3）注浆管。它常用钢管制成，使用时可选择合适的直径，并有一段带孔的花管。

2. 设计基本要求

灌浆设计前应进行室内浆液配比试验和现场灌浆试验，以确定设计参数和检验施工方法及设备，具体设计应满足下列要求。

（1）软弱地基应优先选用水泥浆液，也可选用水泥和水玻璃的双液型混合浆液。

（2）注浆孔之间间距不应太大，宜为1～2m，并能使被加固的土体在深度范围内连成整体。

（3）注浆量和注浆有效范围应通过现场灌浆试验确定，在黏性土地基中，浆液注入率宜为15%～20%。

（4）对劈裂灌浆的注浆压力，在砂土中，宜为 0.2～0.5MPa；在黏性土中，宜为 0.2～0.3MPa。对压密注浆，当采用水泥砂浆浆液时，坍落度宜为 25～75mm，注浆压力宜为 1.0～7.0MPa。当采用水泥和水玻璃的双液型混合浆液时，注浆压力不应大于 1.0MPa。

3. 灌浆方法

1）渗透灌浆

此法通常用钻机成孔，将注浆管放入孔中需要灌浆的深度，钻孔四周顶部封死。启动压力泵，将搅拌均匀的浆液压入土的孔隙和岩石的裂隙中，同时挤出土中的自由水。凝固后，土体与岩石裂隙胶结成整体。此法基本上不改变原状土的结构和体积，所用注浆压力较小。灌浆材料用水泥浆液或水泥砂浆浆液，适用于卵石、中砂、粗砂和有裂隙的岩石。

2）挤密灌浆

此法与渗透灌浆相似，但需用较高的压力灌入浓度较大的水泥浆液或水泥砂浆浆液。注浆管管壁为封闭型，浆液在注浆管底端挤压土体，形成“浆泡”，使地层上抬。硬化后的浆土混合物为坚固球体。此法适用于黏性土。

3）劈裂灌浆

此法与挤密灌浆相似，但需采用更高的压力，以超过地层的初始应力和抗拉强度，引起岩石和土体的结构破坏。其使地层中原有的裂隙或孔隙张开，形成新的裂隙或孔隙，促成浆液的可灌性并增大扩散距离。凝固后，效果良好。

7.8.3 高压喷射注浆法

高压喷射注浆法利用钻机把带有喷嘴的注浆管钻进土层的预定位置，然后以高压设备使浆液成为 20～40MPa 的高压射流从喷嘴中喷射出来，冲击破坏土体，同时钻杆以一定速度渐渐向上提升，将浆液与土颗粒强制搅拌混合，浆液凝固后，在土中形成一个固结体。

1. 分类

1）按注浆形式分类

高压喷射注浆法按注浆形式分类，可分为以下 3 种，如图 7.15 所示。

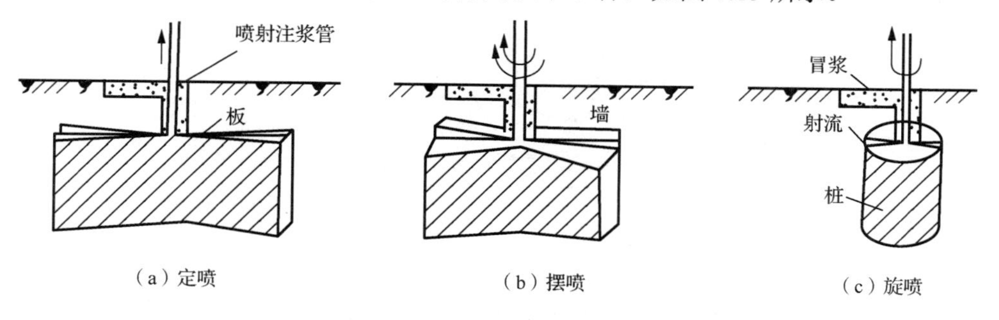

图 7.15 高压喷射注浆法按注浆形式分类

（1）定喷法。若在高压喷射过程中，钻杆只进行提升运动，而不旋转，称为定喷。

（2）摆喷法。若在高压喷射过程中，钻杆边提升，边左右旋摆某角度，称为摆喷。

（3）旋喷法。若在喷射固化浆液的同时，喷嘴以一定的速度旋转、提升，喷射的浆液和土体混合形成圆柱形桩体（旋喷桩），称为旋喷。

旋喷常用于地基加固，定喷和摆喷常用于形成截水帷幕。

2）按注浆管的结构分类

（1）单管法。单管法利用钻机把安装在注浆管（单管）底部侧面的特殊喷嘴，置入土层预定深度后，用高压泥浆泵等装置，以 20MPa 左右的压力，把浆液从喷嘴中喷射出去冲击破坏土体，使浆液与从土体上崩落下来的土搅拌混合，经过一段时间凝固，便在土中形成一定形状的固结体。

（2）二重管法。二重管法使用双通道的二重注浆管。当二重注浆管钻进土层的预定深度后，通过在管底部侧面的一个同轴双重喷嘴，同时喷射出高压浆液和空气两种介质的喷射流冲击破坏土体。即以高压泥浆泵等高压装置用 20MPa 左右的压力，用浆液从内喷嘴中高速喷出，并用 0.7MPa 左右的压力把压缩空气从外喷嘴中喷出。在高压浆液和它外圈环绕气流的共同作用下，破坏土体的能量显著增大，最后在土中形成较大的固结体。

（3）三亘管法。三重管为三根同心圆的管子，内管通水泥浆，中管通高压水，外管通压缩空气。在钻机成孔后，把三重管吊放入孔底，打开高压水泵与空压机阀门，通过旋喷管底端侧壁上直径 2.5mm 的喷嘴，喷射出压力为 20MPa 的高压水和 0.7MPa 压力的圆筒状气流，冲切土体，在土中形成大孔隙。再由泥浆泵注入压力为 2～5MPa 的高压水泥浆液，从内管的另一喷嘴喷出，使水泥浆与冲散的土体拌和。三重管慢速边旋转、边喷射、边提升，可把孔周围地基加固成直径为 1.2～2.5m 的坚硬柱体，如图 7.16 所示。

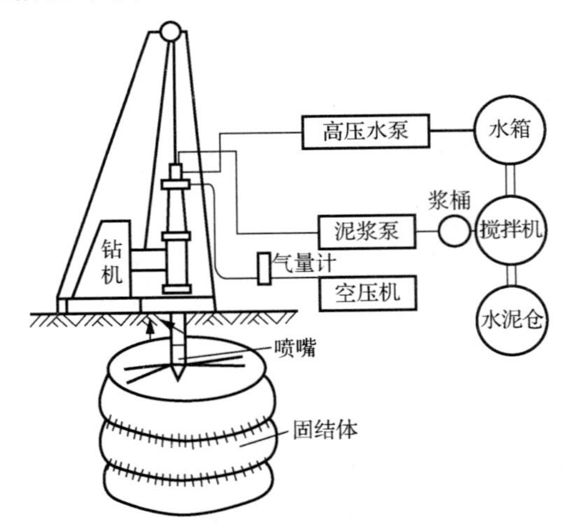

图 7.16　三重管旋喷注浆示意图

2．适用范围

1）适用土质

高压喷射注浆法适用于处理淤泥、淤泥质土、黏性土、粉土、黄土、砂土、人工填土和碎石土等地基。

2）适用工程

（1）既有建筑和新建建筑的地基处理，尤其对事故处理，地面只需钻一个小孔，地下即可加固直径大于 1m 的旋喷桩，优点突出。

（2）深基坑侧壁挡土或挡水工程。

（3）基坑底部加固。

（4）防止管涌与隆起的地基加固。

（5）大坝加固与防水帷幕等工程。

3．施工要点

（1）施工前应根据现场环境和地下埋设物的位置等情况，复核高压喷射注浆法的设计孔位。

（2）高压旋喷注浆的施工参数应根据土质条件、加固要求通过试验或工程经验确定，并在施工中严格加以控制。单管法及二重管法的高压水泥浆和三重管法的高压水的压力宜大于 20MPa，流量大于 30L/min，气流压力宜取 0.7MPa，提升速度可取 0.1～0.2m/min。

（3）高压喷射注浆，对于无特殊要求的工程宜采用强度等级为 P·O42.5 级及以上的普通硅酸盐水泥，根据需要可加入适量的外加剂及掺合料。外加剂和掺合料的用量，应通过试验确定。

（4）水泥浆液的水灰比应按工程要求确定，可取 0.8～1.2，常用 0.9。

（5）高压喷射注浆法的施工工序为机具就位、贯入喷射管、喷射注浆、拔管和冲洗等。

（6）喷射孔与高压泥浆泵的距离不宜大于 50m。钻孔的位置与设计位置的偏差不得大于 50mm。垂直度偏差不大于 1%。

7.8.4 深层搅拌法

深层搅拌法利用水泥（或石灰）等材料作为固化剂，通过特制的深层搅拌施工机械，在地基深处将软土和固化剂（浆液或粉体）强制搅拌，硬化后形成具有整体性、水稳定性和一定强度的水泥加固土，从而提高地基强度，增大其变形模量。

1．施工工艺

1）水泥浆搅拌法

水泥浆搅拌法的具体步骤如下。

（1）用起重机悬吊深层搅拌机，将搅拌头定位对中。

（2）预搅下沉。启动电机，搅拌轴带动搅拌头，边旋转搅松地基边下沉。

（3）制备水泥浆压入地基。当搅拌头沉到设计深度后，略为提升搅拌头，将制备好的水泥浆由泥浆泵通过中心管，压开球形阀，注入地基土中。边喷浆、边搅拌、边提升，使水泥浆和土体强制拌和，直至设计加固的顶面，停止喷浆。

（4）重复搅拌。将搅拌机重复搅拌下沉、提升一次，使水泥浆与地基土充分搅拌均匀。

（5）清洗管道中残存的水泥浆，移至新孔。

水泥浆搅拌法施工具体步骤如图 7.17 所示。

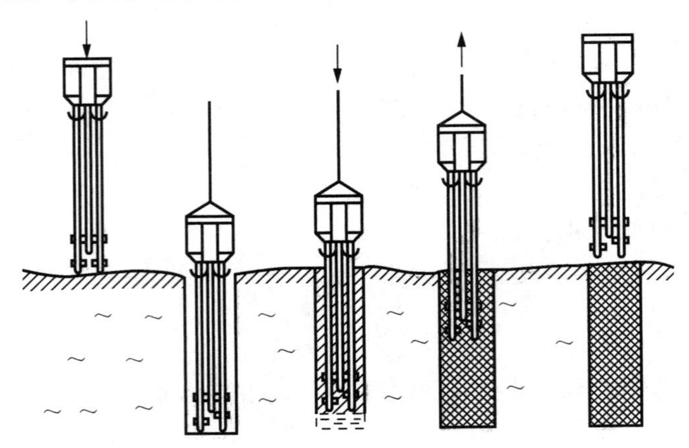

图 7.17　水泥浆搅拌法施工具体步骤

2）粉体喷搅法

粉体喷搅法的具体步骤如下。

（1）移动钻机，准确对孔，主轴调直。

（2）启动电机，逐级加速，正转预搅下沉并在钻杆内连续送压缩空气，以干燥通道。

（3）启动 YP-1 型粉体发送器，在搅拌头沉至设计深度并在原位钻动 1～2min 后，将强度等级为 P·O42.5 级的普通硅酸盐水泥呈雾状喷入地基。掺和量为 180～240kg/m^3。按 0.5m/min 的速度反转提升搅拌头，边喷粉、边提升、边搅拌，至设计停灰标高后，应慢速原地搅拌 1～2min。

（4）重复搅拌，再次将搅拌头下沉与提升一次，使粉体搅拌均匀。

（5）钻具提升到地面后，移位进行下一根桩施工。

2. 适用范围

1）适用土质

（1）适用于处理正常固结的淤泥与淤泥质土、粉土（稍密、中密）、饱和黄土、素填土、黏性土（软塑、可塑）。

（2）不适用于含大孤石或障碍物较多且不易清除的杂填土、欠固结的淤泥和淤泥质土、硬塑及坚硬的黏性土、密实的砂类土，以及地下水渗流影响成桩质量的土层。

（3）当地基土的天然含水率小于 30%（黄土含水率小于 25%）时不宜采用粉体喷搅法。冬期施工时，应注意负温对处理效果的影响。

2）适用工程

（1）加固较深较厚的淤泥、淤泥质土、粉土和含水率较高且地基承载力不大于 120kPa 的黏性土地基，对超软土效果更为显著，多用于墙下条形基础、大面积堆料厂房地基。

（2）用作挡土墙，深基坑开挖时防止坑壁及边坡塌滑。

（3）坑底加固，防止坑底隆起。

（4）做地下防渗墙或截水帷幕。

深层搅拌形成的桩体的直径一般为200～800mm，形成的连续墙的厚度一般为120～300mm。加固深度一般大于5m，国内最大加固深度已达27m，国外最大加固深度可达60m。

3. 深层搅拌法的特点

在地基加固过程中无振动、无噪声，对环境无污染；对土壤无侧向挤压，对邻近建筑物影响很小；可按建筑物要求做成柱状、壁状、格子状和块状等加固形状；可有效提高地基强度；施工期较短，造价低廉，效益显著。

任务7.9 特殊土地基处理

任务描述

工作任务	（1）掌握特殊土的概念及分类。 （2）了解湿陷性黄土、膨胀土的分布特征和工程性质。 （3）掌握湿陷性黄土、膨胀土地基的工程措施
工作手段	《建筑地基基础设计规范》（GB 50007—2011）、《建筑地基基础工程施工规范》（GB 51004—2015）
提交成果	每位学生独立完成本学习情境的实训练习里的相关内容

相关知识

我国地域辽阔，土类众多。某些土类由于受不同的地理环境、气候条件、地质历史及物质成分等因素的影响，而具有不同于一般土的特殊工程性质，称为特殊土，这些特殊土在分布上表现出明显的区域性，所以也称为区域性特殊土。当其作为建筑物地基时，如果不注意到土的这些特殊性，很容易造成工程事故。我国的特殊土主要有湿陷性黄土、膨胀土、红黏土、软土、多年冻土等。本节主要介绍湿陷性黄土、膨胀土两种特殊土的分布特征和特殊工程性质，以及为防止其危害应采取的工程措施。

7.9.1 湿陷性黄土地基

1. 黄土的特征与分布

黄土是一种在第四纪地质历史时期干旱条件下产生的沉积物，其内部物质成分和外部形态特征均不同于同时期的其他沉积物，地理分布上具有一定的规律性。

黄土颗粒组成以粉粒为主，富含碳酸钙盐类等可溶性盐类，孔隙比较大，外观颜色主要呈黄色或黄褐色。

黄土在天然含水率状态下，一般强度较高，压缩性较小，能保持直立的陡坡。但在一定压力下受水浸湿后，其结构迅速破坏，并产生显著的附加下沉（其强度也随之迅速降低），这种现象称为湿陷性。具有湿陷性的黄土，称为湿陷性黄土；而不具有湿陷性的黄土，称为非湿陷性黄土，非湿陷性黄土地基的设计与施工和一般黏性土地基无差别。

湿陷性黄土又分为自重湿陷性和非自重湿陷性两种。在上覆土的饱和自重压力作用下受水浸湿，产生显著附加下沉的称为自重湿陷性黄土；在上覆土的饱和自重压力作用下受水浸湿，不产生显著附加下沉的称为非自重湿陷性黄土。

黄土在我国分布广泛，面积达 $6.4\times10^5\mathrm{km}^2$，其中湿陷性黄土约占 3/4。我国湿陷性黄土主要分布在山西、陕西、甘肃的大部分地区，河南西部和宁夏、河北的部分地区，新疆、内蒙古和山东、辽宁、黑龙江等省、自治区的局部地区亦有分布。

《湿陷性黄土地区建筑标准》（GB 50025—2018）给出了我国湿陷性黄土工程地质分区略图。

2．黄土湿陷性发生的原因和影响因素

黄土的湿陷现象是一个复杂的地质、物理、化学过程，其原因和机理有多种不同的理论和假说，至今尚无大家公认的理论能够充分解释所有的湿陷现象和本质；但归纳起来，可分为外因和内因两个方面，外因即黄土受水浸湿和荷载作用，内因即黄土的物质成分及结构特征。

黄土发生湿陷性的影响因素主要有以下几点。

1）物质成分的影响

在组成黄土的物质成分中，黏粒含量对湿陷性有一定的影响。一般情况下，黏粒含量越多，湿陷性越小。在我国分布的黄土中，其湿陷性存在着由西北向东南递减的趋势，这与自西北向东南方向砂粒含量减少而黏粒增多的情况相一致。另外，黄土中盐类及其存在的状态对湿陷性有着更为直接的影响。例如，起胶结作用而难溶解的碳酸钙含量增大时，黄土的湿陷性减弱；而中溶盐石膏及其他碳酸盐、硫酸盐和氯化物等易溶盐的含量越多，则黄土的湿陷性越强。

2）物理性质的影响

黄土的湿陷性与孔隙比和含水率的大小有关。孔隙比越大，湿陷性越强；而含水率越高，则湿陷性越小，但当天然含水率相同时，黄土的湿陷变形随湿度增长程度的增加而增大。饱和度 $S_t\geqslant80\%$的黄土称为饱和黄土，其湿陷性已退化。

除以上两项因素外，黄土的湿陷性还受外加压力的影响，外加压力越大，湿陷量也将显著增加，但当压力超过某一数值时，再增加压力，湿陷量反而减小。

3．湿陷性黄土地基的工程措施

在湿陷性黄土地区进行建设，除必须遵循一般地基的设计和施工原则外，还应根据湿陷性黄土的特点、工程要求和工程所处水环境，因地制宜，采取以地基处理为主的综合措施，防止地基湿陷对建筑物产生危害。

1）地基基础措施

（1）地基措施。通过地基处理使全部或部分湿陷性黄土地基变为非湿陷性黄土地基，消除地基的全部或部分湿陷量。地基处理的目的在于破坏湿陷性黄土的大孔结构，以便消

除或部分消除黄土地基的湿陷性，从根本上避免或削弱湿陷现象的发生。《湿陷性黄土地区建筑标准》（GB 50025—2018）规定，拟建建筑物应根据重要性、高度、体形、地基受水浸湿可能性大小和对不均匀沉降限制的严格程度等分为甲、乙、丙、丁四类。

甲类建筑基底压力大，压缩层深度深，一般湿陷性黄土地基（基底下湿陷性黄土层厚度小于 20m），考虑到此范围内土层被水渗入的可能性较大，应对全部湿陷性黄土层进行处理；但大厚度湿陷性黄土地基（基底下湿陷性黄土层厚度不小于 20m），对甲类建筑除将自重湿陷性黄土层全部处理外，对附加压力和上覆土饱和自重压力之和大于湿陷起始压力的非自重湿陷性黄土层也应进行处理。

乙类、丙类建筑应消除地基的部分湿陷量，且对处理深度等参数提出了要求。

丁类属次要建筑，地基可不做处理。

常用的地基处理方法有换填垫层法、强夯法、挤密法、预浸水法、注浆法等。

（2）基础措施。将基础设置在非湿陷性黄土层上，即在湿陷性黄土层较薄、持力层深度不够时可将基础直接放置于持力层上；也可采用桩基穿透全部湿陷性黄土层，使上部荷载通过桩基传递至压缩性低或较低的非湿陷性黄土（岩）层上，从而将地基浸水引起的附加沉降控制在允许范围内。

2）防水措施

在建筑物施工和使用期间，应采取防水措施防止和减少水浸入地基，从而消除黄土产生湿陷性的外在条件。需综合考虑整个建筑场地以及单体建筑物的排水、防水。防水措施包括以下内容。

（1）基本防水措施：在总平面设计、场地排水、地面防水、排水沟、管道敷设、建筑物散水、屋面排水、管道材料和连接等方面采取措施，防止雨水或生产、生活用水的渗漏。

（2）检漏防水措施：在基本防水措施的基础上，对防护范围内的地下管道，增设检漏管沟和检漏井。

（3）严格防水措施：在检漏防水措施的基础上，提高防水地面、排水沟、检漏管沟和检漏井等设施的材料标准，如增设可靠的防水层、采用钢筋混凝土排水沟等。

（4）侧向防水措施：在建筑物周围采取防止水从建筑物外侧渗入地基中的措施，如设置防水帷幕、增大地基处理外放尺寸等。

3）结构措施

结构措施的目的是减小或调整建筑物的不均匀沉降，或使结构适应地基的变形，它是对前两项措施非常必要的补充。工程中应选择适宜的结构体系；宜采取能调整建筑物沉降变形的基础形式，如钢筋混凝土条形基础或筏板基础等，尽可能避免使用独立基础；加强结构的整体性和空间刚度；基础预留适当的沉降净空等。

工程中应根据场地湿陷类型、地基湿陷等级和地基处理后下部未处理湿陷性黄土层的湿陷起始压力值或剩余湿陷量，结合当地建筑经验和施工条件等因素，针对建筑物的不同类别（甲类～丁类），综合确定采取的地基基础措施、防水措施、结构措施，具体规定详见《湿陷性黄土地区建筑标准》（GB 50025—2018）。

对场地自重湿陷量较小、已消除地基全部湿陷量和采用桩基情况，可选较低标准防水措施。对场地自重湿陷量较大、建筑物地基尚有剩余湿陷量的情况，应选择较高级别防水措施和结构措施。对丁类建筑以防水措施为主。

7.9.2 膨胀土地基

1．膨胀土的特征与分布

膨胀土是指土中黏粒成分主要由亲水性矿物组成，同时具有显著的吸水膨胀和失水收缩两种变形特性的黏性土。

膨胀土多出现于二级或二级以上阶地、山前和盆地边缘丘陵地带，所处地形平缓，无明显自然陡坎。旱季时地表常见裂缝（长达数十米至百米，深数米），雨季时裂缝闭合。

我国膨胀土形成的地质年代大多为第四纪晚更新世（Q_3）及其以前，少量为全新世（Q_h）。其颜色呈黄色、黄褐色、红褐色、灰白色或花斑色等；结构致密，多呈坚硬或硬塑状态（$I_L \leqslant 0$），压缩性小。其黏土矿物成分中含有较多的蒙脱石、伊利石等亲水性矿物，这类矿物具有较强的与水结合的能力，即吸水膨胀；塑性指数 $I_P > 17$，孔隙比中等偏小，一般在 0.7 及以上。

裂隙发育是膨胀土的一个重要特征，常见光滑面或擦痕。裂隙有竖向、斜交和水平三种，竖向裂隙常出露地表，裂隙宽度随深度的增加而逐渐尖灭；斜交剪切裂隙越发育，胀缩性越严重。裂隙间常充填灰绿、灰白色黏土。

膨胀土在我国分布范围较广，云南、广西、湖北、安徽、四川、河南、河北及山东等 20 多个省和自治区均分布有膨胀土。

2．膨胀土的危害

一般黏性土都具有胀缩性，但其量不大，对工程没有太大影响。而膨胀土的膨胀—收缩—膨胀的周期性变形特性非常显著。建在膨胀土地基上的建筑物，随季节气候变化会反复不断地产生不均匀的抬升和下沉，从而使建筑物被破坏。其破坏具有下列规律。

（1）建筑物的开裂破坏具有地区性成群出现的特点，建筑物裂缝随气候的变化不停地张开和闭合，而且以低层轻型、砖混结构损坏最为严重，因为这类房屋的质量小、整体性较差，且基础埋深浅，地基土易受外界环境变化的影响而产生胀缩变形。

（2）房屋在垂直和水平方向都受弯和受扭，故在房屋转角处首先开裂，墙上出现对称或不对称的正八字形裂缝、倒八字形裂缝和 X 形裂缝。外纵墙基础由于受到地基在膨胀过程中产生的竖向切力和侧向水平推力的作用，造成基础移动而产生水平裂缝和位移。室内地坪和楼板发生纵向隆起开裂。

（3）边坡上的建筑物不稳定，地基会产生垂直和水平方向的变形，故损坏比平地上更严重。

3．膨胀土地基的工程措施

1）设计措施

（1）场址选择。尽量布置在地形条件比较简单、土质较均匀、胀缩性较弱的场地上。

（2）建筑体形力求简单。在地基土显著不均匀处、建筑平面转折处和高差（荷重）较大处以及建筑结构类型不同部位应设置沉降缝。

（3）加强隔水、排水措施，尽量减少地基土的含水率变化。室外排水应畅通，避免积水，屋面排水宜采用外排水。采用宽散水，其宽度不小于 1.2m，并加隔热保温层。

（4）使用要求特别严格的房屋地坪可采取地面配筋或地面架空等措施，尽量与墙体脱开。一般要求可采用预制块铺砌，块体间嵌填柔性材料。大面积地面可做分格变形缝。

（5）合理确定建筑物与周围树木间距离，绿化避免选用吸水量大、蒸发量大的树种。建筑物周围宜种植草皮。

（6）膨胀土地区的民用建筑层数宜多于 2 层，以加大基底压力，防止膨胀变形。

（7）承重砌体结构采用拉结较好的实心砖墙，不得采用空斗墙、砌块墙或无砂混凝土砌体，不宜采用砖拱结构、无砂大孔混凝土和无筋中型砌块等对变形敏感的结构。

（8）较均匀的膨胀土地基可采用条形基础；基础埋深较大或条形基础基底压力较小时，宜采用墩基础。

（9）加强建筑物整体刚度。基础顶部和房屋顶层宜设置圈梁，其他层隔层设置或层层设置。

（10）基础埋深的选择应综合考虑膨胀土地基胀缩等级以及大气影响深度等因素，基础不宜设置在季节性干湿变化剧烈的土层内，一般膨胀土地基上建筑物基础埋深不应小于 1m。当膨胀土位于地表下 3m，或地下水位较高时，基础可以浅埋。若膨胀土层不厚，则尽可能将基础埋置在非膨胀土上。

（11）钢和钢筋混凝土排架结构的山墙和内隔墙应采用与柱基相同的基础形式，围护墙应砌置在基础梁上，基础梁下宜预留 100mm 空隙，并应做防水处理。

（12）膨胀土地基可采用地基处理方法减小或消除地基胀缩对建筑物的危害，常用的方法有换填垫层、土性改良、深基础等。换土可采用非膨胀性的黏土、砂石或灰土等材料，换土厚度应通过变形计算确定，垫层宽度应大于基础宽度。土性改良可通过在膨胀土中掺入一定量的石灰、水泥来提高土的强度。工程中可采用压力灌浆法将石灰浆液灌注入膨胀土的裂隙中起加固作用。当大气影响深度较深、膨胀土层较厚、选用地基加固或墩基础施工有困难时，可选用桩基穿越。

2）施工措施

膨胀土地区的建筑物应根据设计要求、场地条件和施工季节，做好施工组织设计。在施工中应尽量减少地基中含水率的变化。

（1）基础施工前，应完成场区土方、挡土墙、排水沟等工程，使排水畅通、边坡稳定。

（2）施工用水应妥善管理，防止管网漏水，应做好排水措施，防止施工用水流入基槽内。临时水池、洗料场等与建筑物外墙的距离不应小于 10m。需大量浇水的材料，距基坑（槽）边缘不应小于 10m。

（3）基础施工宜采取分段快速作业法，施工过程中不得使基坑暴晒或浸泡。地基基础工程宜避开雨天施工，雨季施工应采取防水措施。施工灌注桩时，在成孔过程中不得向孔内注水。

（4）基础施工出地面后，基坑（槽）应及时分层回填并夯实。填料宜选用非膨胀土或经改良后的膨胀土。

小　　结

地基处理的目的是利用换填、夯实、挤密、排水、胶结、加筋和热化学等方法对地基土进行加固，用以改良地基土的工程特性，主要包括以下几方面。

（1）提高地基承载力，增加地基的整体稳定性。

（2）降低土体的压缩性，减少基础沉降。

（3）改善土体的渗透性，防止地基发生渗透破坏。

（4）改善土体的动力特性，提高地基的抗震性能。

（5）改善特殊土的不良地基特性。

地基处理的对象包括淤泥和淤泥质土、软黏土、人工填土、细粉砂土和粉土、湿陷性土、有机质土、膨胀土、多年冻土、岩溶、土洞和山区地基等。

1. 软弱地基处理

地基处理方法的分类多种多样，具体如下。

（1）按处理时间可分为临时处理和永久处理。

（2）按处理深度可分为浅层处理和深层处理。

（3）按处理土的性质可分为砂性土处理和黏性土处理，饱和土处理和非饱和土处理。

（4）按地基处理作用机理可分为机械压实、夯实、换填垫层、振动及挤密、刚性桩复合地基、预压固结、化学加固等处理方法。

以上分类中，最本质的是根据地基处理作用机理进行分类。各种地基处理方法具有不同的加固原理和适用范围。

2. 特殊土地基处理

我国的特殊土主要有湿陷性黄土、膨胀土、红黏土、软土、多年冻土等。

黄土有湿陷性黄土和非湿陷性黄土之分，湿陷性黄土又分为自重湿陷性和非自重湿陷性两种。

湿陷性黄土常用的地基处理方法有换填垫层法、强夯法、挤密法、预浸水法、注浆法等；也可采用使桩端进入非湿陷性黄土层的桩基。地基措施是主要的工程措施，基础措施、防水措施和结构措施应根据实际情况配合使用。

膨胀土的胀缩性不同于一般黏性土。其膨胀—收缩—膨胀的周期性变形特性非常显著，使建造在其上的建筑物，随季节气候变化会反复不断地产生不均匀的抬升和下沉，导致建筑物破坏。

膨胀土地基的工程措施主要从设计措施、施工措施等方面加以考虑。

实训练习

一、单选题

1．换填垫层法不适用于（　　）。

A．湿陷性黄土　　B．杂填土

C．深层松砂地基　　D．淤泥质土

2．采用真空预压法处理软土地基时，固结压力（　　）。

A．应分级施加，防止地基破坏

B．应分级施加以逐级提高地基承载力

C．最大固结压力可根据地基承载力提高幅度的需要确定

D．可一次加上，地基不会发生破坏

3．当采用强夯法施工时，两遍夯击之间时间间隔的确定主要依据是（　　）。

A．土中超静孔隙水压力的消散时间

B．夯击设备的起落时间

C．土压力的恢复时间

D．土中有效应力的增长时间

4．对下列（　　）地基进行加固，不适用强夯置换法。

A．砂类土　　B．一般黏性土　　C．淤泥质土　　D．杂填土

5．高压喷射注浆法的三重管旋喷注浆（　　）。

A．分别使用输送水、气和浆三种介质的三重管

B．分别使用输送外加剂、气和浆三种介质的三重管

C．向土中分三次注入水、气和浆三种介质

D．向土中分三次注入外加剂、气和浆三种介质

二、多选题

1．换填垫层法的垫层设计的主要内容是（　　）。

A．垫层土的性质　　B．垫层的厚度　　C．垫层顶面的附加压力

D．垫层底的宽度　　E．垫层底面的附加压力

2．强夯法是 20 世纪 60 年代末由法国开发的，至今已在工程中得到广泛的应用，强夯法又称为（　　）。

A．静力固结法　　B．动力压实法　　C．重锤夯实法

D．动力固结法　　E．化学加固法

3．下列土层中，强夯法适用的有（　　）。

A．饱和砂土　　B．饱和黏土　　C．不饱和黏性土

D．淤泥质土　　E．黄土

4．对于湿陷性黄土，以下哪些方法可以适用？（　　）

A．换填垫层法　　B．注浆法　　C．强夯法

D．重锤夯实法　　E．机械压实法

5．搅拌桩主要适用于（　　）。

A．高层建筑地基　　B．坝基　　C．防渗帷幕

D．重力式挡土墙　　E．加固地基

三、简答题

1．地基处理的目的包括哪些方面？地基处理的对象包括哪些？

2．换填垫层法的作用是什么？其适用范围有哪些？

3．强夯法的作用是什么？

4．什么是堆载预压法和真空预压法？各自的适用范围有哪些？

5．化学加固法常用的化学浆液有哪几种？化学浆液注入方法有哪些？

6．湿陷性黄土和膨胀土的地基处理常用方法有哪些？

附　　录

附录一：国家、行业部门颁布的现行规范和标准

《土的工程分类标准》
（GB/T 50145—2007）

《建筑桩基技术规范》
（JGJ 94—2008）

《岩土工程勘察规范（2009 年版）》
（GB 50021—2001）

《砌体结构设计规范》
（GB 50003—2011）

《建筑地基基础设计规范》
（GB 50007—2011）

《建筑结构荷载规范》
（GB 50009—2012）

《建筑基坑支护技术规程》
（JGJ 120—2012）

《建筑地基处理技术规范》
（JGJ 79—2012）

《建筑边坡工程技术规范》
（GB 50330—2013）

《建筑基桩检测技术规范》
（JGJ 106—2014）

《混凝土结构设计规范（2015 版）》
（GB 50010—2010）

《建筑地基检测技术规范》
（JGJ 340—2015）

《建筑地基基础工程施工规范》
（GB 51004—2015）

《建筑变形测量规范》
（JGJ 8—2016）

《建筑地基基础工程施工质量验收标准》
（GB 50202—2018）

《湿陷性黄土地区建筑标准》
（GB 50025—2018）

《土工试验方法标准》
（GB/T 50123—2019）

附录二：土工试验实训指导手册

土的密度试验

土的含水率试验

土的液塑限试验

土的击实试验

土的固结试验

土的直接剪切试验

参考文献

张浩华，崔秀琴，2010．土力学与地基基础[M]．武汉：华中科技大学出版社．

刘国华，2016．地基与基础[M]．2 版．北京：化学工业出版社．

徐云博，2012．土力学与地基基础[M]．2 版．北京：中国水利水电出版社．

陈书申，陈晓平，2015．土力学与地基基础[M]．5 版．武汉：武汉理工大学出版社．

陈兰云，吴育萍，盛海洋，2015．土力学及地基基础[M]．3 版．北京：机械工业出版社．

张琳，程玉龙，2018．地基与基础[M]．北京：科学技术文献出版社．

周晖，万正河，2019．土力学与地基基础[M]．北京：中国建筑工业出版社．

周斌，毛会永，2020．土力学与地基基础[M]．北京：清华大学出版社．

董桂花，2020．土力学与地基基础[M]．2 版．北京：清华大学出版社．

马宁，赵心涛，吕金昕，等，2021．地基与基础[M]．北京：清华大学出版社．

肖明和，张成强，张毅，2021．地基与基础[M]．3 版．北京：北京大学出版社．